高等职业教育系列教材

计算机网络安全与应用技术

第2版

张兆信　赵永葆　赵尔丹　张照枫　编著

机械工业出版社

本书以计算机网络安全为中心，对网络安全相关的理论、工具及实施方法进行了系统介绍，全书包括计算机网络安全的基础知识、硬件实体的防护技术、加密技术、备份技术、防火墙技术、计算机操作系统的安全与配置，以及计算机病毒、黑客技术和入侵检测技术。

本书本着“理论知识以够用为度，重在实践应用”的原则，以“理论+工具+分析实施”为主要形式编写。主要章节都配合内容提供了应用工具及分析实施的相关实例，每章都配有习题或实训。

本书适合高职高专院校计算机专业、网络专业及相关专业作为教材，也可供有关工程人员和自学者使用。

本书配有授课电子课件，需要的教师可登录 www.cmpedu.com 免费注册、审核通过后下载，或联系编辑索取（QQ：1239258369，电话：010-88379739）。

图书在版编目（CIP）数据

计算机网络安全与应用技术 / 张兆信等编著. —2 版. —北京：机械工业出版社，2017.9（2024.3 重印）

高等职业教育系列教材

ISBN 978-7-111-58475-9

Ⅰ. ①计… Ⅱ. ①张… Ⅲ. ①计算机网络－安全技术－高等职业教育－教材 Ⅳ. ①TP393.08

中国版本图书馆 CIP 数据核字（2017）第 278390 号

机械工业出版社（北京市百万庄大街 22 号　邮政编码 100037）

策划编辑：鹿　征　　责任编辑：鹿　征

责任校对：张艳霞　　责任印制：李　昂

北京捷迅佳彩印刷有限公司印刷

2024 年 3 月第 2 版 · 第 5 次印刷

184mm×260mm · 16.5 印张 · 402 千字

标准书号：ISBN 978-7-111-58475-9

定价：46.80 元

凡购本书，如有缺页、倒页、脱页，由本社发行部调换

电话服务

服务咨询热线：（010）88379833

读者购书热线：（010）88379649

网络服务

机 工 官 网：www.cmpbook.com

机 工 官 博：weibo.com/cmp1952

教育服务网：www.cmpedu.com

金　书　网：www.golden-book.com

前　言

本书被教育部评定为普通高等教育“十一五”国家级规划教材，按照高职高专实施素质教育的实际需求进行编写。作者均为多年从事网络安全教学和网络安全设计及实践，并有丰富高职高专教学经验的教师。

本书是以网络安全为重点，兼顾基础理论，以“理论+工具+分析实施”的形式，由浅入深，以通俗的语言和丰富的实例帮助读者快速掌握教材内容。本书在编写过程中，注重内容的取舍，以反映新技术的发展。对于所用的一些软件，为了便于读者查找，都给出了相关网址。本书建议授课学时为40学时，其中理论20学时，实践20学时。

本书的9章内容中，第1章介绍计算机网络安全的基础知识，包括计算机网络安全事件、计算机网络安全的含义及安全等级、计算机网络系统的脆弱性及安全威胁、计算机网络安全的体系结构、计算机网络安全的设计、网络安全意识与教育和网络安全的管理策略；第2章介绍硬件实体的防护技术，包括物理实体、计算机硬件的防护以及机房的防护；第3章介绍加密技术，包括对称加密和非对称加密及其具体应用等；第4章介绍备份技术，包括备份的层次与备份方法、Windows 7中的备份与恢复、克隆利器—Ghost和WinRAR的使用、网络备份方案的设计等；第5章介绍防火墙技术，包括防火墙的分类、防火墙的选择和使用、防火墙的发展趋势、防火墙产品实例等；第6章介绍计算机操作系统的安全与配置，主要内容为Windows 7操作系统的安全性介绍，另外对Windows Server 2008的安全基础、UNIX系统的安全性及Linux系统的安全性也进行了讲解；第7章介绍计算机病毒，包括计算机病毒的分类、计算机病毒的工作原理、反病毒技术，常见计算机病毒中当前影响最为广泛的几类病毒，常用杀毒软件中当前最常用的几种杀毒软件；第8章介绍黑客技术，包括黑客攻击的步骤与防范、端口扫描与安全防范、拒绝服务攻击与防范、网络监听与防范、木马与安全防范等；第9章介绍网络入侵与入侵检测，内容包括入侵检测、常用入侵检测软硬件系统等，对常用软件入侵检测系统Snort的安装配置及应用进行了系统介绍。每章后附有与内容紧密结合的习题或实训。本书还配有电子教案，选择本书的读者可在机械工业出版社教育服务网（http://www.cmpedu.com）上获取。

本书由张兆信、赵永葆、赵尔丹、张照枫编著，其中第1、2、3、9章由张兆信编写，第4、5、8章由赵永葆编写，第6、7章由赵尔丹、张照枫编写，全书由张兆信统稿。

由于作者水平有限，书中出现的错误和不妥之处，敬请读者批评、指正。

作　者

目　　录

第 1 章　计算机网络安全概述

1.1　计算机网络安全事件

互联网已渗透到人们生活的方方面面，而 Internet 市场仍具有巨大发展潜力，网络在给人们带来极大便利的同时，也带来了巨大风险，无论是电子商务、电子政务、网上银行、网上支付，还是企业的内部网络管理、财务管理、信息管理都在不断出现被入侵、信息被盗取的事件，使得网络安全问题变得越来越重要。计算机网络犯罪所造成的经济损失令人吃惊，而且在许多时候网络入侵造成的损失远远不能用经济损失来衡量。下面是来自公开媒体的一些典型安全事件。

Pakistan 病毒：巴锡特（Basit）和阿姆杰德（Amjad）两兄弟是巴基斯坦的拉合尔（Lahore）人，经营着一家销售 IBM-PC 机及其兼容机的小商店。1986 年初，他们编写了 Pakistan 病毒，即 C-Brain 病毒。一般而言，业界都公认这是真正具备完整特征的计算机病毒始祖。他们的目的主要是为了防止他们的软件被任意盗拷，只要有人盗拷他们的软件，C-Brain 就会发作，将盗拷者硬盘的剩余空间给吃掉。

1988 年美国典型计算机病毒入侵计算机网络事件：1988 年 11 月 2 日，美国 6 000 多台计算机被病毒感染，造成 Internet 不能正常运行。这次非常典型的计算机病毒入侵计算机网络事件，迫使美国政府立即作出反应，国防部也成立了计算机应急行动小组。这次事件中遭受攻击的有 5 个计算机中心和 12 个地区结点，它们连接着政府、大学、研究所和拥有政府合同的 250 000 台计算机。这次病毒事件造成的计算机系统直接经济损失就达 9 600 万美元。这个病毒程序的设计者是罗伯特·莫里斯（Robert T.Morris），当年 23 岁，在康乃尔（Cornell）大学攻读研究生学位。

黑客侵入美国军方及美国航空航天局网络典型事件：1996 年 12 月，黑客侵入美国空军的全球网网址并将其主页肆意改动，迫使美国国防部一度关闭了其他 80 多个军方网址。2002 年 11 月 12 日，美国联邦政府对一名英国计算机管理员提起控诉，指控他非法侵入了美军和美国航空航天局的 92 处计算机网络，其中在侵入新泽西州一处海军设施的网络时导致该设施系统陷入崩溃。

考生答卷被删事件：2002 年江苏省普通高中信息技术等级考试，由于“黑客”入侵，有近万考生答卷被删，造成了非常恶劣的后果。“黑客”后来以破坏网上考试罪名被判刑 6 个月。

17 岁黑客害了 11 万台计算机：17 岁犯罪嫌疑人池勇是黑龙江省七台河市一所高级中学的在校生，他自己经营了一个名为“混客帝国”的网站，从事病毒攻击、盗取数据、非法交易等危害网络安全的行为，据其个人主页上的计数器统计，仅从 2001 年 12 月 17 日到 2002 年 1 月 27 日，网络安全人员开始对其跟踪侦查并将其捕获的短短 42 天时间里，就有超过 11 万名各地计算机用户因登录“混客帝国”而遭受严重损失。池勇在审讯过程中还承认自己盗取的QQ号就有5 000多个。

互联网的“9·11”——“蠕虫王”病毒：2003年1月25日，互联网遭遇到全球性的病毒攻击。受此病毒袭击，中国80%以上的网民不能上网，很多企业的服务器被此病毒感染导致网络瘫痪。美国、泰国、日本、韩国、马来西亚、菲律宾和印度等国家的互联网也受到严重影响。这个病毒名叫Win32.SQLExp.Worm，病毒体极其短小，却具有极强的传播性，它利用Microsoft SQL Server的漏洞进行传播，由于Microsoft SQL Server在世界范围内普及度极广，因此此次病毒攻击导致全球范围内的互联网瘫痪。此次蠕虫发作，对人们的震撼不亚于恐怖袭击“9·11”事件。这是继红色代码、尼姆达、求职信病毒后的又一起极速病毒传播案例。“蠕虫王”病毒的发作在全世界范围内的损失额保守估计可高达12亿美元。

“冲击波”病毒肆虐全球：2003年8月11日，一种名为“冲击波”（WORM_MSBlast.A）的新型蠕虫病毒开始在国内互联网和部分专用信息网络上传播。该病毒运行时会扫描网络，寻找操作系统为Windows 2000/XP的计算机，然后通过RPC漏洞进行感染，并且该病毒会操纵135、4444、69端口，危害系统。受到感染计算机中的Word、Excel、PowerPoint等文件无法正常运行，弹出找不到链接文件的对话框，“粘贴”等一些功能无法正常使用，计算机出现反复重新启动等现象。该病毒传播速度快、波及范围广，对计算机正常使用和网络运行造成严重影响。

近年来，网络犯罪事件更是频发，2015年12月20日至2016年1月20日，病毒中心在全国范围内组织开展了信息网络安全状况暨计算机和移动终端病毒疫情调查。结果显示，2015年，感染病毒、木马等恶意代码成为最主要的网络安全威胁，更多的恶意代码向灰色地带过渡。传统PC和移动终端共同面临着安全问题，网络钓鱼、网络欺诈日趋严重。网络诈骗不再像以往单纯依靠病毒，而是更多地与数据泄露的信息相结合，将大数据统计分析得出的结果应用于网络诈骗，使诈骗定位更精准，得手机率大大提高。

APT攻击愈演愈烈：APT攻击是指高级持续性威胁，2015年出现了多起高水准的APT事件，“方程式（EQUATION）”“DUQU2.0”“APT－TOCS”等事件都极具代表性。2015年5月出现的“毒液漏洞（VENOM）”使数以百万计的虚拟机处于网络攻击风险之中，攻击者可以使监控程序崩溃，并获得目标机及其运行的虚拟机的控制权。该漏洞威胁到全球各大云服务提供商的数据安全，并有可能影响到成千上万的机构和数以百万计的终端用户。

泄露窃密性攻击步入“高发期”：2015年，全球发生多起以泄露和窃密为目的的网络安全攻击事件。2015年5月，美国超过10万名纳税人的信息被盗，造成约5 000万美元的损失；6月，日本养老年金信息系统泄露约125万份个人信息；10月，英国电信运营商Talktalk的约400万用户信息泄露，包括电子邮件、名字和电话号码，以及数万银行账户信息；12月，香港伟易达集团发生客户信息泄露事件，导致全球多达500万消费者的资料泄露。2016年12月，美国人事管理办公室2 000多万前联邦政府雇员及在职员工的数据泄露。

黑客和网络恐怖组织破坏力加大：2015年，以匿名者为代表的黑客团体和以ISIS为代表的网络恐怖组织，制造了多起网络安全事件，其影响力和破坏力巨大。2015年3月，匿名者发布视频称将对以色列发动“电子大屠杀”，进攻政府、军事、金融、公共机构网站，将以色列从网络世界抹去；5月，匿名者入侵了WTO的数据库、攻击以色列武器经销进口商并在#OpIsrael计划中泄露大量在线客户端登录的数据；11月，ISIS利用互联网组织实施巴黎恐怖袭击。2016年，出于政治原因，以匿名者和ISIS组织为代表的黑客团体和网络恐怖组织，对部分国家的政府网站、国家关键基础设施频繁发动攻击，其破坏力显著增加。

上述事件只是安全事件中极典型的几例，有媒体报道，实际上中国 95%与 Internet 相连的网络管理中心都遭到过境内外黑客的攻击或侵入。而美国由于网络安全事故造成的损失在 2000 年就达 3.78 亿美元，2001 年则更达到 4.56 亿美元。

2015 年，全球有近 60 个国家发布网络安全战略，其中美国出台了 15 份战略文件，日本发布了 5 份战略文件，爱沙尼亚颁布 3 份战略文件，加拿大、英国、法国等国家也制定了两份战略文件。2016 年 12 月 27 日，中国也公布了《国家网络空间安全战略》。

网络安全需求的持续推动，使得网络安全产业面临巨大增长机遇。据赛迪统计，2015 年，我国网络安全产业规模突破 550 亿元，增幅达到 30%。2016 年，我国网络安全产业发展预计产业规模达到 700 亿元。

各国围绕互联网关键资源和网络空间国际规则的角逐越来越激烈，工业控制系统、智能技术应用、云计算、移动支付等领域，网络安全更是面临风险加大的危机，黑客组织和网络恐怖组织等非国家行为体发起的网络安全攻击持续增加，影响力和破坏性显著增强，网络安全的问题成为当今世界极其重要的问题。

1.2 计算机网络安全的含义及安全等级

上述的网络安全事例，一定已经使读者对计算机网络安全有了一个初步的概念，但是计算机网络安全的真正含义是什么呢？从不同角度来说，网络安全具有不同的含义。从运行管理角度是要求网络正常、可靠、连续运行。从国家、社会的角度是要过滤有害信息。但就一般用户而言，所希望的就是个人隐私或具有商业利益的信息在网络上传输时受到机密性、完整性和真实性的保护，避免他人利用不法手段对用户信息的损害和侵犯。总的来说，网络安全是指网络系统的硬件、软件及其系统中的数据安全。

实际上网络安全所涉及的领域是相当广泛的，因为计算机网络中的安全威胁来自各个方面，有自然因素也有人为因素。自然因素有地震、火灾、空气污染和设备故障等，而人为因素有无意和有意，无意的比如误操作造成的数据丢失，而有意就如诸多的黑客侵入。

衡量网络安全的指标主要有保密性、完整性、可用性、可控性与可审查性。

1）保密性：即防泄密，确保信息不泄露给未授权的实体或进程。

2）完整性：主要防篡改，只有得到允许的人才能修改实体或进程，并且能够判别出实体或进程是否已被修改。

3）可用性：防中断，只有得到授权的实体才可获得服务，攻击者不能占用所有的资源而阻碍授权者的工作。

4）可控性：主要指信息的传播及内容具有控制能力。使用授权机制控制信息传播范围、内容，必要时能恢复密钥，实现对网络资源及信息的可控性。

5）可审查性：对出现的安全问题提供调查的依据和手段。

网络安全的目标是确保网络系统的信息安全。网络信息主要包括两方面：信息存储安全和信息传输安全。信息存储安全是指信息在静态存放状态下的安全，而信息传输安全主要是指在动态传输过程中的安全。信息传输安全尤其需要防护的是截获、伪造、篡改、中断和重发。

换种说法，网络安全的目的是使用访问控制机制使非授权用户“进不来”；使用授权机制使不该拿走的信息“拿不走”；使用加密机制使得信息即使不慎被拿走了，未授权实体或进程也“看不懂”；使用数据完整鉴别机制使未授权者对数据“改不了”；使用审记、监控、防抵赖机制使得攻击者、破坏者、抵赖者“逃不脱”。

随着计算机安全问题的被重视，1983 年，美国国防部提出一套《可信计算机评估标准》（Trusted Computer System Evaluation Critetia，TCSEC），又称“橘皮书”，它将计算机的安全等级划分为 4 个大类——D、C、B、A，7 个小类——D、C1、C2、B1、B2、B3 和 A1。

1）D 类：最低保护。无账户，任意访问文件，没有安全功能。拥有这个级别的操作系统是完全不可信的。

2）C1 类：选择性安全保护。系统能够把用户和数据隔开，用户根据需要采用系统提供的访问控制措施来保护自己的数据，系统中必有一个防止破坏的区域，其中包含安全功能。C1 级保护的不足之处在于用户可直接访问操作系统的根用户。C1 级不能控制进入系统的用户的访问级别，所以用户可以将系统中的数据任意移走，可以控制系统配置，获取比系统管理员更高的权限。

3）C2 类：受控的访问控制。控制粒度更细，使得允许或拒绝任何用户访问单个文件成为可能。系统必须对所有的注册、文件的打开、建立和删除进行记录。审计跟踪必须追踪到每个用户对每个目标的访问。使用附加身份认证就可以让一个 C2 级系统用户在不是超级用户的情况下有权执行系统管理工作。还有就是用户权限可以以个人为单位对某一程序所在目录进行访问，如果其他程序或数据在同一目录下，那么用户也将自动得到访问这些信息的权限。

4）B1 类：有标签的安全保护。系统中的每个对象都有一个敏感性标签，每个用户都有一个许可级别。许可级别定义了用户可处理的敏感性标签。系统中的每个文件都按内容分类并标有敏感性标签，任何对用户许可级别和成员分类的更改都受到严格控制，即使文件所有者也不能随意改变文件许可权限。B1 级计算机系统的安全措施由操作系统而定，政府机构和防御系统的承包商是 B1 级计算机系统的主要拥有者。

5）B2 类：结构化安全保护。系统的设计和实现要经过彻底的测试和审查。系统应结构化为明确而独立的模块，遵循最小特权原则，必须对所有目标和实体实施访问控制。政策要有专职人员负责实施，要进行隐蔽信道分析。系统必须维护一个保护域，保护系统的完整性，防止外部干扰。它是提供较高安全级别的对象与较低级别的对象相通的第一个级别。

6）B3 类：安全域机制。系统的安全功能足够小，以利于广泛测试。必须满足参考监视器需求，以传递所有的主体到客体的访问。要有安全管理员、安全硬件装置、审计机制，扩展到用信号通知安全相关事件，还要有恢复规程，系统高度抗侵扰。该级别也要求用户通过一条可信任的途径连接到系统上。

7）A1 类：核实保护。这是当前橘皮书中的最高级别。它包含了一个严格的设计、控制和验证过程。与前面提到的各级别一样，这一级别包含了较低级别的所有特性。设计必须是从数学角度上经过验证的，而且必须进行秘密通道和可信任分布的分析。

近 20 年来，人们一直在努力发展安全标准，并将安全功能与安全保障分离，制定了复杂而详细的条款。但真正实用、在实践中相对易于掌握的还是 TCSEC 及其改进版本。在现实中，安全技术人员也一直将 TCSEC 的 7 级安全划分当作默认标准。我国《计算机信息系统安全保护等级划分准则》已经正式颁布，并于 2001 年 1 月 1 日起实施。该准则将信息系统安全分为以下 5 个等级。

1）自主保护级：相当于 C1 级。

2）系统审计保护级：相当于 C2 级。

3）安全标记保护级：相当于 B1 级属于强制保护。

4）结构化保护级：相当于 B2 级。

5）访问验证保护级：相当于 B3～A1 级。

实际应用中主要考核的安全指标有身份认证、访问控制、数据完整性、安全审计、隐蔽信道分析等。

1.3 计算机网络系统的脆弱性及安全威胁

计算机网络的脆弱性通常包括计算机系统本身的脆弱性、通信设施脆弱性和数据库安全的脆弱性。操作系统的不安全性、网络通信协议的缺陷、网络软件和网络服务的漏洞、数据库数据容易丢失以及通信硬件的不安全性等都会给危害网络安全的人和事留下许多后门。

前面已经介绍了安全等级，可以看到，有的操作系统属于 D 级，这一级别的操作系统根本就没有安全防护措施，如 Windows 95 等，它根本不能用于安全性要求高的服务器。即使 Windows 最新版和 UNIX 等用于服务器，也会因设计时的疏忽和考虑不周仍然存在许多安全漏洞，使入侵者有机可乘。可以说操作系统的不安全性是计算机系统不安全的根本原因。

一是操作系统程序支持程序与数据的动态连接，包括 I/O 的驱动程序与系统服务都可以用打“补丁”的方式进行动态连接。UNIX 操作系统的某些版本升级、开发也是用打“补丁”的方式进行的。既然厂商可以使用这种方法，“黑客”同样也可以使用，当然也就成了计算机病毒产生的好环境。

再有操作系统的一些功能，比如，支持在网络上传输文件的功能，在带来许多方便的同时必然也带来不安全的因素，而且这种相互矛盾很难解决。

操作系统不安全性的另一原因还在于它可以创建进程，更重要的是创建的进程可以继承创建进程的权力，如同网络上加载程序的结合就可以在远端服务器上安装“间谍”软件。

操作系统运行时，一些系统进程总是等待一些条件出现，一旦满足条件，程序将继续运行下去，黑客可以利用这样的软件为进程创造条件，使系统程序运行方向偏离正常轨道。

还有，操作系统安排有无口令入口，这原是为系统开发人员提供的便捷入口，但也可能成为黑客的通道；另外，操作系统还有隐蔽通道，“黑客”一旦测得，便可控制他人操作系统。

网络通信协议和网络软件，也都包含许多不安全的因素，存在许多漏洞，比如 TCP/IP（传输控制协议/网络协议）在包监视、泄露、地址欺骗、序列号攻击、路由攻击、拒绝服务、鉴别攻击等方面存在漏洞；应用层比如 FTP（文件传输协议）、E-mail（电子邮件）、RPC（远程程序通信协议）、NFS（网络文件系统）等也同样有许多安全隐患。

计算机系统硬件和通信设施极易遭受到自然环境因素（如温度、湿度、灰尘度和电磁场等）的影响以及自然灾害（如洪水、地震等）的物理破坏，一旦硬件发生故障则必然造成通信中断。

对于通信设施的人为破坏（包括故意损坏和非故意损坏），一旦信息进入通信线路，就存在被他人获取或破坏的可能。通过无源线路窃听，“黑客”可以获取网络中的信息内容；通过有源线路窃听，破坏者可以对信息流内容进行伪造或删除，甚至可以模仿合法用户破坏信息传输；信息进入通信线路，还容易受到电磁辐射和串音的干扰，这些都可对传输的信号造成严重的破坏。

另外，数据库系统因为其共享性、独立性、一致性、完整性和可访问性等诸多优点，已成为计算机系统存储数据的主要形式，但由于它的应用在安全方面考虑较少，容易造成存储数据的丢失、泄漏和破坏。

以上种种问题都是网络系统的脆弱性所在，而在这些问题中有些是难以避免的。网络系统存在诸多弱点，黑客的攻击手段却在不断提高，这就对本来十分脆弱的网络系统造成了严重的安全威胁。

安全威胁是对安全的一种潜在的侵害，威胁的实施就是攻击。网络系统安全面临的威胁主要表现在以下几类。

1）非授权访问：没有预先经过同意就使用网络或计算机资源，如有意避开系统访问控制机制，对网络设备及资源进行非正常的使用或擅自扩大权限，越权访问信息。如假冒、身份攻击、非法用户进入网络系统进行违法操作等都属于非授权访问。

2）泄漏信息：指敏感数据在有意或无意中被泄漏或丢失，它通常包括信息在传输中丢失或泄漏，信息在存储介质中丢失或泄漏。如黑客通过各种手段截获用户的口令、账号等。

3）破坏信息：以非法手段窃得对数据的使用权，删除、修改、插入或重发某些重要信息，以取得有益于攻击者的响应；恶意添加、修改数据，以干扰用户的正常使用。

4）拒绝服务：通过不断对网络服务系统进行干扰，影响正常用户的使用，甚至使合法用户被排斥而不能进入计算机网络系统或不能得到相应的服务。典型的拒绝服务有资源耗尽和资源过载。最早的拒绝服务攻击是“电子邮件炸弹”，它能使用户在短时间内收到大量电子邮件，使用户系统不能处理正常业务，严重时会使系统崩溃、网络瘫痪。

5）计算机病毒：通过网络传播计算机病毒，破坏性巨大，而且很难防范。

上述威胁有内部威胁也有外部威胁。内部威胁就如系统的合法用户以非授权方式访问系统，多数已知的计算机犯罪都和系统安全遭受损害的内部攻击有密切的关系。外部威胁的实施也称远程攻击。外部攻击可以使用的办法有搭线（主动的与被动的）、截取辐射、冒充为系统的授权用户或冒充为系统的组成部分、为鉴别或访问控制机制设置旁路等。

1.4 计算机网络安全的体系结构

因为网络软硬件都可能存在安全漏洞，不可能十全十美、无懈可击，又有各种威胁的存在，使得网络安全事件频有发生，要想使网络尽可能安全可靠，损失尽可能小，人们必须利用其他手段来维护这个网络体系，即依据一定安全策略建立一个网络安全防护体系。

安全策略是指在一个特定的环境里，为保证提供一定级别的安全保护所必须遵守的规则。实现网络的安全，不但要靠先进的技术，而且也要靠严格的管理、法律约束和安全教育。当前制定的网络安全策略主要包括 5 个方面，物理安全策略、访问控制策略、防火墙控制、信息加密策略和网络安全管理策略。

由于网络安全不仅仅是一个纯技术问题，而是涉及法律、管理和技术等多方面的因素，因此，单凭技术因素是不可能确保网络安全的。网络安全体系由网络安全法律体系、网络安全管理体系和网络安全技术体系组成，而且这三者是相辅相成的。

1. 网络安全技术

网络技术安全包括物理安全、网络安全和信息安全。

（1）物理安全

物理安全是指用装置和应用程序来保护计算机和存储介质的安全，主要包括环境安全、设备安全和媒体安全。

1）环境安全：对系统所在环境的安全保护，如区域保护和灾难保护。要保障区域安全则应设立电子监控，而要在灾难发生时使损失尽可能小，则应设立灾难的预警、应急处理和恢复机制。

2）设备安全：主要包括设备的防盗、防毁、防电磁信息辐射泄漏、防止线路截获、抗电磁干扰及电源保护等。

① 防盗要求门窗上锁，并可在安全等级较高的场地安装报警器。

② 防毁即要防火、防水。要求设备外壳有接地保护，以防在有电泄漏时起火对设备造成毁坏。

③ 防电磁信息辐射泄漏的常用方法有屏蔽、滤波、隔离、接地、选用低辐射设备和加装干扰装置。将计算机和辅助设备用屏蔽材料封闭起来，既可防止屏蔽体内的泄漏源产生的电磁波泄漏到外部空间，又可阻止外来电磁波进入屏蔽体；信号线上加装合适的滤波器可以阻断传导泄漏的通路；把需要重点防护的设备从系统中分离出来以切断其与其他设备间电磁泄漏的通路；良好的接地可以给杂散电磁能量一个通向大地的低阻回路，从而在一定程度上分流可能经电源线和信号线传输出去的杂散电磁能量。

④ 防止线路截获的方法首先是预防，当然还需用检测仪器进行探测、定位，然后实施对抗。

⑤ 电源保护则要求使用 UPS、纹波抑制器等。

3）媒体安全：包括媒体数据的安全及媒体本身的安全。

媒体本身的安全要求媒体安全保管，比如防盗、防毁、防霉等。媒体数据安全要求防复制、防消磁、防丢失等。

（2）网络安全

网络安全是指主机、服务器安全，网络运行安全，局域网安全及子网安全。要实现网络安全，需要内外网隔离、内部网不同网络安全域隔离，及时进行网络安全检测，对计算机网络进行审计和监控，同时更重要的是网络反病毒和网络系统备份。

1）在内部网与外部网之间设置防火墙，用于实现内外网的隔离与访问控制，这是保护内网安全的最主要、最有效、最经济的措施之一。

2）内部网的不同网段之间的敏感性和受信任度不同，在它们之间设置防火墙可以限制局部网络安全问题对全局网络造成的影响。

3）用网络安全检测工具对网络系统定期进行安全性分析，发现并修正存在的弱点和漏洞可以及时发现网络中最薄弱的环节，最大限度地保证网络系统的安全。

4）审计是记录用户使用计算机网络系统进行所有活动的过程，在确定是否有网络系统攻击情况时，审计信息对于确定问题和攻击源很重要。另外，对安全事件的不断收集、积累和分析，可以对某些站点和用户进行审计跟踪。

5）在网络环境下，由于计算机病毒的威胁和破坏是不可估量的，网络反病毒非常重要。反病毒可通过对网络服务器中的文件进行频繁扫描和监控、在工作站上对网络目录和文件设置访问权限等来实现。

6）备份不仅在网络系统硬件发生故障或人为失误时起到保护作用，也在入侵者非授权访问或对网络进行攻击以破坏数据完整性时起到保护作用。更重要的，它是系统灾难恢复的前提之一。

（3）信息安全

信息安全就是要保证数据的机密性、完整性、抗否认性和可用性。网络上的系统信息的安全包括用户口令鉴别，用户存取权限控制，数据存取权限、方式控制，安全审计，安全问题跟踪，计算机病毒防治和数据加密等。

2. 网络安全管理

从加强安全管理的角度出发，网络安全实质上首先是个管理问题，然后才是技术问题。

（1）安全管理原则

系统的安全管理在行政安排上一般基于以下 3 个原则。

1）多人负责原则：每一项与系统安全有关的工作进行时都必须有两人或多人在场。

2）任期有限原则：安全管理的职务最好不要长期由某个人担任，这样可以防止某些人利用长期的工作机会，从事有损他人利益的活动而不容易被发现。

3）职责分离原则：在信息处理系统工作的人员不要打听、了解或参与本人业务范围以外的与安全有关的事情。

遵守以上原则并不困难，而是难在要始终坚持。

（2）安全管理工作

网络安全管理要做的具体工作如下：

1）根据工作的重要程度确定系统的安全等级；根据确定的安全等级确定安全管理范围；根据安全管理范围分别进行安全管理。比如对安全等级较高的系统实施分区控制等。

2）制定严格的安全制度，如机房出入管理制度、设备管理制度、软件管理制度、备份制度等。

3）制定严格的操作规程，遵循职责分离和多人多责的原则，各司其职，各负其责，做到事事有人管，人人不越权。

4）制定完备的系统维护制度，对系统维护前应报主管部门批准，维护时要详细记录故障原因、维护内容、系统维护前后的状况等。

5）制定应急恢复措施，以便在紧急情况下尽快恢复系统正常运行。

6）加强人员管理，调离人员有安全保密义务，并及时收回其相关证件和钥匙，工作人员调离时还要及时调整相应的授权并修改相关口令。

1.5 计算机网络安全的设计

有些用户在系统与网络安全保障上，把关注点仅仅放在选择防火墙产品上，实际上这是很片面的。网络安全是整体的，动态的。它的整体性是指安全系统既包括安全设备又包括管理手段，动态性则是说明随着环境和时间的变化，系统的安全性有可能不同。所以防火墙并不能实现全部要素，应使具有不同安全功能的设备系统和管理措施有机结合。

在进行网络系统安全方案规划设计时，应遵循以下原则。

1．需求、风险、代价平衡分析的原则

对任一网络，绝对安全不一定必要，也难以达到。对一个网络的投入与产出要相匹配，所以要对网络系统进行实际的研究(包括任务、性能、结构、可靠性、可维护性等)，并对网络面临的威胁及可能承担的风险进行定性与定量相结合的分析，然后制定规范和措施，确定系统的安全策略。

2．一致性原则

一致性原则是指网络系统的安全问题与整个网络的工作周期要同时存在，制定的安全体系结构也必须与网络的安全需求相一致。在网络建设的开始，比如网络系统设计及实施计划时，就要考虑网络安全对策，这样与在网络建设好后再考虑安全措施相比，既容易，花费也少。

3．综合性、整体性原则

要用系统工程的观点与方法分析网络的安全，制定具体措施。安全措施主要包括行政法律手段、各种管理制度及专业技术措施。多种方法适当综合的安全措施才会是比较好的措施。

不同网络会有不同的安全措施，但任何网络安全都应遵循整体安全性原则，要根据确定的安全策略制定出合理的网络安全体系结构。

4．易操作性、方便用户原则

安全措施如果过于复杂，对人的要求过高，本身就降低了安全性；再有，措施的实施不能影响系统的正常运行。

5．适应性及灵活性原则

随着网络性能及安全需求的变化，安全措施必须能灵活适应，而且要容易修改和升级。

6．动态化原则

用户的增加，网络技术的快速发展，使得安全防护也需不断发展，所以制定安全措施要尽可能引入更多的可变因素，使之具有良好的扩展性。

7．有效性和实用性原则

实用性即要能最大限度地满足实际工作要求，它是任何信息系统在建设过程中所必须考虑的一种系统性能，有效性则是必须要保证系统安全。所以设计的系统要在保证安全的基础上，使安全处理的运算量、存储量尽可能少。

8．木桶原则

“木桶的最大容积取决于最短的一块木板”，所以安全系统的设计首先要防止最常用的攻击手段。

9．多重保护原则

因为任何安全措施都不能保证绝对安全，所以应建立一个多重保护系统，当一层保护被攻破时，其他层仍可保护信息的安全。

10．可评价性原则

如何预先评价一个安全设计并验证其网络的安全性，这需要通过国家有关网络信息安全测评认证机构的评估来实现。

网络安全的设计，应用以上的原则，先对整个网络进行整体的安全规划，然后根据实际状况建立安全防护体系，保证应用系统的安全性。具体设计可分为以下几个步骤：

1）明确安全需求，进行风险分析。

2）确定网络的安全措施。

3）实施已定方案。

4）网络试验、运行。

5）优化、改进安全措施。

对于网络系统，应该在建设开始就考虑到安全性问题，具体可采用“统一规划、分步实施”的原则。开始先建一个基础的安全防护体系，之后随着应用的变化，再在原来基础防护体系的基础上，对防护体系进行增强。

1.6 网络安全意识与教育

随着计算机技术和网络技术的飞速发展，全球信息化网络已经成为社会发展的一个重要保证。信息化网络已涉及国家政府、军事、科技、文教等各个领域，但计算机网络系统也面临着各种各样的威胁，其中存储、传输的很多信息涉及政府的宏观调控政策、商业经济信息、银行资金转账，股票信息及个人相关信息等重要内容，而这些信息同时也会面临来自网络上的各种主动攻击及被动攻击。病毒的侵入、黑客的攻击，以及由于用户的个人原因造成的信息泄漏、数据丢失、系统瘫痪等都会给人们带来巨大的损失。同时，网络实体还需要经受水灾、火灾、地震、电磁辐射等自然灾害的考验。诸多因素都会给网络带来不可想象的损失。

除了黑客的攻击、病毒的蔓延外，以网络为工具的犯罪行为也在逐渐增多。网络色情泛滥，严重危害未成年人的身心健康；电子商务也存在欺诈的困扰，有的信用卡被盗刷，有的购买的商品石沉大海，有的发出商品却收不回货款；另外，软件、影视、唱片的著作权也同样受到盗版行为的严重侵犯，商家损失之大无法估计；在网络上肆意污辱、诽谤他人成为常态，网络经常沦为进行人身攻击的工具。据国家计算机网络应急处理协调中心估算，网络犯罪形成的黑色产业链年产值目前已超过2.38亿元，造成的损失更是超过了76亿元。

网络安全是一个关系国家安全和主权、社会的稳定、民族文化的继承和发扬的重要问题。其重要性，正随着全球信息化步伐的加快而变得越来越重要。从社会教育和意识形态角度来讲，网络上不健康的内容，会对社会的稳定和人类的发展造成阻碍，必须对其进行控制。计算机犯罪大都具有瞬时性、广域性、专业性、时空分离性等特点。安全教育的目的不仅是提高防范意识，同时还要自觉抵制利用计算机进行各类犯罪活动的诱惑。重视信息化安全教育，还要尽快培养出一批信息化安全的专门人才，提高全民信息化的安全意识，使网络安全建立在法律约束之下的自律行为是实现网络安全的重要因素。

网络安全的问题归根结底是人的问题，安全的最终解决也在于提高人的道德素质。虽然防火墙是一种好的防范措施，但只是一种整体安全防范政策的一部分。这种安全政策必须包括公开的用户知道自身责任的安全准则、职员培训计划以及与网络访问、当地和远程用户认证、拨出拨入呼叫、磁盘和数据加密以及病毒防护的有关政策。网络易受攻击的各个点必须以相同程度的安全防护措施加以保护。

1.7 网络安全的管理策略

网络安全的管理策略是指在一个特定的环境里，为保证提供一定级别的安全保护所必须遵守的规则。制定网络安全管理策略首先要确定网络安全管理要保护什么，在这一问题上一般有两种截然不同的描述原则。一个是“没有明确表述为允许的都被认为是禁止的”，另一个是“一切没有明确表述为禁止的都被认为是允许的”。而对于网路安全策略来说，一般采用第一种原则来加强对于网络安全的限制。

一个完整的网络安全策略包含以下 3 个重要组成部分。

1）威严的法律：安全策略的根本是社会法律、法规和手段，这一部分用于建立一套安全策略标准和方法，即通过建立与信息安全相关的法律、法规，使违法犯罪分子慑于法律，不敢轻举妄动。

2）先进的安全技术：先进的安全技术是网络安全的根本保障，用户对于面临的威胁进行风险评估，决定需要的安全服务种类，选择相应的安全机制，然后集成先进的安全技术。

3）严格的管理：网络使用机构、企业和单位必须建立相宜的信息安全管理办法和手段，加强内部管理，建立审计和跟踪体系，提高整个系统的信息安全意识。

网络安全是一个相对的概念，相对于各种网络环境的具体需求不同来设计不同的网络安全策略。因此，每个网络要根据具体情况制定自己的安全策略。网络安全是一个综合性的课题，涉及立法、技术、管理等多个方面，使用一种物理和逻辑的技术措施只能解决一方面的问题。安全策略的指定实际上是一种综合度的权衡，是网络安全的一部分。

1.8 习题

1）网络安全的含义是什么？

2）衡量网络安全的主要指标有哪些？

3）网络安全威胁有哪些方面？

4）网络安全体系结构的设计目标是什么？

5）网络安全管理一般基于哪些原则？

6）网络安全设计的原则有哪些？

第 2 章　计算机网络系统的硬件防护技术

2.1　影响实体安全的主要因素

实体安全是保证整个计算机信息系统安全的前提，它是要保护计算机设备、设施（含网络）免遭自然灾害、环境事故（包括电磁污染等）和人为操作失误以及计算机犯罪行为导致的破坏。威胁实体安全的具体表现有人为破坏、各种自然灾害、各类媒体失窃和散失、设备故障、环境和场地因素、电磁发射及敏感度、战争的破坏等。

影响计算机系统实体安全的主要因素有：计算机系统自身存在的脆弱性因素、各种自然灾害导致的安全问题和由于人为的错误操作及各种计算机犯罪导致的安全问题。

计算机系统实体安全所涉及的内容很多，而且投资较大，主要包括：

1）机房的场地环境和各种因素对硬件设备的影响。

2）机房用电等的安全技术要求。

3）计算机的实体访问控制。

4）计算机设备及场地的防雷、防火与防水。

5）计算机系统的静电防护。

6）硬件设备及软件、数据的防盗防破坏措施。

7）计算机中重要信息的磁介质处理、存储和处理手续的有关问题。

8）计算机系统在遭受灾害时的应急措施。

对于实体的安全防护通常有防火、防水、防盗、防电磁干扰及对存储媒体的防护。

在很多情况下，计算机系统的火灾所造成的损失不仅仅是经济上的，有些信息资料的破坏是不可挽回的。要预防火灾，首先要完善电气设备的安装与维护，比如安装电缆时用非燃烧体隔板分开，供电系统设置紧急断电装置等；其次，要有完善的消防设施，比如设有自动报警装置，安装自动灭火系统等；再有要加强消防管理，消除火灾隐患，比如严禁吸烟，严禁存放易燃、易爆物品等。

计算机系统绝大部分为电子器件，水患会使设备不能正常运行，甚至造成整个系统瘫痪，所以要采取必要的防护措施。机房的地势不宜太低，并应安装有必要的防水防潮设施，还要安排人员定期对阀门、管道等进行检修和维护。

由于计算机网络系统的设备本身多属贵重物品，防盗对于硬件实体就显得格外重要。常用的防盗措施比如对贵重物品配备具有防盗功能的安全保护设备、加固门窗、安装监视器等，再有要加强机房管理，制定严格出入登记制度。

对于网络系统，电磁防护是很重要的安全问题，电磁辐射一是可能影响其他网络设备的正常工作，二是会造成信息的泄漏，这些信息被非法接收和窃取，对信息安全造成威胁。计算机系统的许多设备都会有不同程度的电磁泄漏，比如主机中的数字电路电流的电磁泄漏、显示器的视频信号的电磁泄漏以及打印机的低频电磁泄漏等，所以采用低辐射设备是防止计算机电磁泄漏的根本措施。另外，在有较大防护距离的单位，还可以采用距离防护。对于重点防护设备，还可以用屏蔽材料封闭起来。

对于存储媒体的防护主要是管理问题，要建立严格的规章制度，管理人员按规章制度对存储媒体进行严格管理，保证存储媒体不丢失、不被窃、不被破坏和篡改。

2.2 计算机的安全维护

计算机的安全维护除了要注意防盗、防毁、防电磁泄漏等物理实体安全问题，更重要的是要维护计算机软硬件的正常运行，排除计算机硬件故障和软件故障。

计算机硬件故障是由于计算机硬件损坏或安装设置不正确引起的故障。简单的如电源插头、插件板等的接触不良，严重的如机器的元器件损坏，还有计算机假故障也会使计算机无法正常运行。

人们使用计算机时的一些不良习惯久而久之会对计算机部件造成损害，比如大力按〈Enter〉键、光盘总是放在光驱里、用手触摸屏幕、一直使用同一张墙纸等，要保障计算机硬件系统的正常运行，就要爱护好每一个部件。

为了保证 CPU 长期安全使用，要有良好的散热环境，所以 CPU 散热风扇的安装和维护是一个很重要的问题。安装散热风扇时，为了把 CPU 产生的热量迅速均匀地传递给散热片，可在散热片和 CPU 之间涂一些导热硅脂；同时为了维护机箱内的清洁和避免漏电事故，硅脂的使用要尽量少；CPU 散热风扇在使用过程中会吸入灰尘，为了散热良好，散热风扇在使用一段时间后需要进行清扫。

硬盘是计算机中最重要的存储设备之一，它的故障发生率也比较高，硬盘的故障可能会造成重要数据的丢失，造成不可挽回的损失，对于硬盘要正确维护。首先是要防震，无论在安装硬盘时，还是在使用硬盘时，震动撞击都有可能造成硬盘的物理损伤，致使硬盘的数据丢失甚至硬盘损坏；硬盘读写时的突然断电也可能损坏硬盘，因为现在的硬盘转速大都在每分钟 7 200 转以上，它高速运转时突然断电会导致磁头和盘片猛烈摩擦，所以在读写硬盘的指示灯亮时，尽量保证不要掉电；对于磁性介质的硬盘，防潮、防磁场也非常必要；最重要的是要防病毒，有些病毒吞吃硬盘的数据，有些会格式化被感染的硬盘，不管是哪种都会损害硬盘的信息甚至减少硬盘的使用寿命。

键盘是计算机必要的输入设备，它的清洁可以使用户避免许多误操作，还会延长键盘的使用寿命。清洁键盘要在关机状态，将键盘反过来轻轻拍打，使其内部的灰尘掉出，然后用干净的湿布擦拭键盘，顽固的污渍可用中性清洁剂，对缝隙内的污垢可用棉签；如果液体流入键盘，应尽快关机，拔下键盘接口，打开键盘，用干净的软布吸干后在通风处自然晾干。

鼠标是计算机的又一必不可少的输入设备，由于鼠标的底部长期同桌子接触，容易被污染，所以在使用时最好使用鼠标垫并在使用时保证鼠标垫清洁；对于机械式鼠标可自行拆开以清洁鼠标内部和滚动球。

显示器是必要的输出设备，一般它的性能比较稳定，更新周期较长，但对它的保养同样不能忽视，否则它的寿命可能会大大缩短。显像管中的荫罩板极容易被磁化，所以千万不要将显示器放在有磁场的地方；显示器内有高压，所以要使显示器处于干燥的环境，以防内部器件受潮后漏电或生锈腐蚀；通风对于显示器的使用性能和寿命也很关键，如果没有良好的通风散热，就可能使显示器内的某些锡焊点因温度过高而脱落造成开路，同时也会加快元器件的老化，造成显示器工作不稳定，寿命降低；显示器内的高压形成的电场很容易吸引空气中的灰尘，影响元器件散热，最终可能造成显示器的损坏，所以防尘对于显示器的维护也是很重要的，在每次使用完后，最好给显示器罩上防尘罩；显示器中含有塑料成分，阳光照射久了，容易老化，而且显示器的荧光粉在强烈光照下也会老化，显示器放在避光的地方则可以延缓老化。

对于计算机硬件中每个部件的精心维护是保障计算机硬件系统正常安全工作的必要途径，有了计算机硬件的安全维护，才可尽量避免计算机的硬件故障。

软件故障很多是来源于人们的误操作，要想尽量避免软件故障，操作者自身对计算机操作系统和所用软件的掌握程度是关键。对于公共机房内的计算机，为了避免软件损坏造成系统崩溃，最行之有效的办法就是备份，可用专用备份程序备份系统文件和一些必要的程序、数据。

2.3 计算机机房的建设与安全防护

计算机机房要放置计算机系统的主要设备，要保障计算机及其网络系统的正常运行，因此场所对环境要求较高。更重要的，要能使计算机系统在一个相对安全可靠的环境长时间稳定运行。

机房的设计要点包括：

1）每种设备的使用条件、软硬件环境要求以及具体指标要进行详细调查。

2）机房的整体布局和空间容量、电源容量等要进行设计。

3）提出切实可行的总体方案，并进行论证。

4）根据总体方案具体实施，竣工后要进行验收。

总的看来，机房系统应包括：供电系统、通信线路、接口系统、恒温系统、照明控制系统、防电磁干扰及信息泄漏措施，以及防火自动报警、自动灭火系统等。在机房的设计建设中，既要满足设备对环境的要求，又要符合用户的具体情况，合理实用。

对于机房的建设首先要选择合适的环境。机房应避开低洼潮湿的地方；应避开强震动源和强噪音源；应避开强电磁场干扰；机房的位置还应考虑到系统信息安全。

从机房的建筑和结构的角度，主体结构最好是采用大开间大跨度，并应能抗震防火；机房的构造和材料应满足保温、隔热、防火的要求；机房的各种尺寸应保证设备运输方便；为了通风良好，机房高度最好高于 2.4 m；机房的安全出口不应少于两个；此外需有一些附属用房，如管理人员工作室等。

机房布局的基本原则是缩短走线，便于操作，防止干扰，保证荷重并同时兼顾美观。要根据设备情况和业务需要，对机房布局作出合理安排。

另外在设计机房时，应考虑到情况的变化和发展，对通信线路、设施和供电系统留有余量。

机房装修主要以防潮、防火、便于清洁、减少静电为原则。地板首要的应具备防静电功能，另外还应防潮耐压；机房的四壁和天面可贴墙纸或喷塑，这样既美观又吸音；机房的门窗密封性要好。

由于机房内的设备绝大部分都是电子元器件，所以对温度与湿度的要求比较高，一般温度保持在 15°～28°，这不仅对计算机及其他设备安全，工作人员也会比较舒适。相对湿度一般在 40%～60%，因为湿度低于 40%，容易造成静电荷的聚集，而湿度高于 60%，湿气容易附着在计算机部件表面，金属材料易被氧化，机内电路也会受到影响，甚至会毁坏部件。因此，机房内安装空调和换气扇是必要的，空调可以保证温度、湿度的要求，换气扇则可以使室内空气有新风。

由于灰尘对触点的接触阻抗有影响，特别容易损害磁带、磁记录表面，因此在机房地板应具备防静电、防磨损、防潮、耐油等特点的同时，要加强对机房的封闭措施，新风则通过带过滤器的新风机、换气扇补充，进机房时应更衣、换鞋。

机房的噪声主要来自空调系统、电源和系统中的散热风扇，因此要降低噪声，在选择空调和其他设备时就要注意到。一般要求，机房的噪声应低于 65 dB。

计算机系统的电源质量直接影响到系统的正常运行，特别是在网络环境下，电源质量对数据通信的影响更是不可低估。为此机房的供电系统应使用专用线路来提供稳定可靠的电源。为保证系统稳定供电，通常对计算机采用 UPS 供电，特殊机房可配置应急电源；空调、照明系统要与主机分开供电；机房内的电源线原则上应从地板下走，但电源线与计算机信号走线要注意不能平行，在交叉走线时则要互相垂直，以免对计算机产生干扰。

接地是保证良好供电环境的重要措施，机房常见的接地要求有：计算机系统的直流地，即逻辑地，是计算机系统中数字电路的零电位地，要求接地电阻越小越好，一般要求小于等于 2 Ω；安全保护地，用于释放设备外壳静电，保护设备和人身安全；交流工作地，是交流电网变压器中性点的接地，保护设备正常工作，电阻要求小于等于 4 Ω；建筑物防雷保护地，为了避免建筑物及其内部人员和设备遭受雷击，将雷电流引入大地所设的接地。

为了减少视觉疲劳，机房照明要求离地面 0.8 m 处的照明度不应低于 200 lx，最好在 400～500 lx；此外，机房还应有紧急照明，以在停电或电源故障时保证安全和疏散人员。

因为计算机对高频电磁波、电场非常敏感，极易受干扰，所以防电磁干扰也是机房的安全措施之一。电磁干扰通常来自输电线路、无线电波、静电感应、空调机等干扰源，所以机房一般应远离强电磁场，或对干扰源进行屏蔽，或对计算机信息系统进行屏蔽。

为了保证机房物理安全，应防火、防水、防盗、防鼠害以及对人员出入控制和物品出入控制等。

防火首先是机房的装修材料必须是阻燃材料，其次是机房内部要有足够的紧急出口通道，室内还要去除易燃、易爆物品，在管理上必须规定在机房内不准使用明火。

防水是要防止潮湿和洪水，还要防止下雨或水管破损造成的天花板漏水，另外机房内不得有水管和下水道等。

为了防盗，可以安装防盗报警装置，加固机房门窗及加装 CCTV 和录像系统。

为了防止老鼠咬坏电缆、电线或造成其他破坏，机房应采取一些密封措施。

为了控制实体访问，应采用分区控制，处理机密级数据的远程终端应放置在相应的安全环境中。

为了便于管理，防止出入人员带走机房物品，机房平时应只设一个出入口，另设若干个供紧急情况下疏散的出口，并标有明显疏散线路和方向的标记。

计算机的大量信息存储在存储媒体上，为了防止对信息的盗窃、破坏和篡改，对存储媒体要进行严格管理。没有机房人员的允许，机房使用的任何介质、文件材料都不得带出；磁铁、私人的电子设备等任何时候不得带入机房。机密性较高的机房为了保护信息安全，除了废物箱外，还应配有碎纸机。

对于来访者，较大型的机房管理者应根据需要明确外部来访者的活动范围，并对来访者的情况进行登记。

机房的安全防护，关键还是安全管理，完善规章制度，对管理人员加强法律和职业道德教育，增加风险防范意识，对机房进行科学化、规范化的管理。

2.4 实训

参考相关资料，结合本章内容，做一个机房安全防护方案。

2.5 习题

影响实体安全的主要因素有哪些？

第3章 加密技术

3.1 加密概述

信息加密是指将明文信息采用数学方法进行函数转换，使之成为密文，只有特定接收方才能将其解密并还原成明文。加密在网络上的作用就是防止有价值信息在网络上被拦截和窃取。从应用上看，加密的安全功能有：身份验证——使收件人确信发件人就是他声明的那个人；机密性——确保只有收件人才能解读信息；完整性——确保信息在传输中没有被更改。

加密过程模型如图 3-1 所示。明文是指加密前的原始信息；密文是指明文经变换加密后的信息形式；加密算法是指明文转换成密文的变换法则，一般是按某种原则对明文进行多种换位和代换；密钥是对算法的输入，算法实际进行的换位和代换由密钥决定，用相同的算法加密信息。密钥不同，所得密文就不同。加密算法通常是公开的，但由于密钥的保密性，才使得加密信息具有机密性。

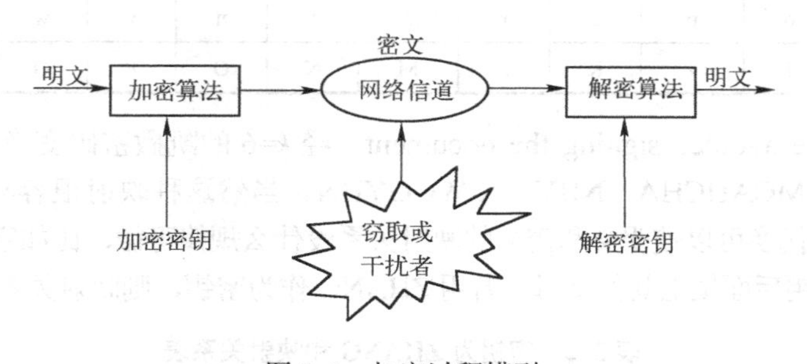

图 3-1 加密过程模型

现在所用的加密方法，根据具体应用环境和系统主要有两大类：一类是保密密钥的对称密码算法，它的代表加密方法是 DES 算法，广泛用于 POS、ATM、磁卡及智能卡、加油站和公路收费站等领域；一类是公开密钥的非对称密码算法，它的代表加密算法是 RSA 算法，特别适合 Internet 等计算机网络应用环境，并且在数字签名等方面已取得了重要应用。

3.2 传统加密方法（对称密码）

传统加密算法是以密钥为基础的，是一种对称加密，加密密钥与解密密钥是相同的，或者可以由其中的一个推知另一个。

在早期的密钥密码体制中，典型的有换位密码和代换密码。

换位是对明文 L 长字母组中的字母位置进行重新排列，而每个字母本身并不改变。它很像一种字母游戏，打乱字母的顺序，设法把打乱的字母重新组成一个单词。比如：给定明文 he determined to go at once，将明文分成长为 L=6 的段，m1=hedete，m2=rmined，m3=togoat，m4=oncexx，最后一段不足 6，加添字母 x。将各段的字母序号按下述矩阵进行换位：

$$E\begin{pmatrix}0&1&2&3&4&5\\1&4&3&0&5&2\end{pmatrix}$$

得到密文如下：

etehedmenrdioaottgnxeoxc

上面的密文利用下述置换矩阵可恢复为明文：

$$D\begin{pmatrix}0&1&2&3&4&5\\3&0&5&2&1&4\end{pmatrix}$$

因此，由加密矩阵可推知解密矩阵。

代换有单表代换和多表代换，此处只介绍单表代换。单表代换是对明文的所有字母用同一代换表映射成密文。比如最典型的凯撒密码是对英文的 26 个字母进行位移代换，即将每一字母向前推移 *k* 位，不同的 *k* 将得到不同的密文。若选择密钥 *k*=6，则有下述变换，如表 3-1 所示。

表 3-1　密钥为 6 的凯撒密码映射表

明文	a	b	c	d	e	f	g	h	I	j	k	l	m
密文	U	V	W	X	Y	Z	A	B	C	D	E	F	G
明文	n	o	p	q	r	s	t	u	v	w	x	y	z
密文	H	I	J	K	L	M	N	O	P	Q	R	S	T

对于明文：she avoided signing the document，经 *k*=6 的凯撒密码变换后得到如下密文：MBY UPICXYX　MCAHCHA　NBY　XIWOGYHN。当然这种映射很容易被破译。

稍复杂的单表代换可以使明文和密文的映射关系没什么规律可循，比如字母表中先排列出密钥字母，然后在密钥后面填上其他字母。若用 ZHANG 作为密钥，则映射关系如表 3-2 所示。

表 3-2　密钥为 ZHANG 和映射关系表

明文	a	b	c	d	e	f	g	h	I	j	k	l	m
密文	Z	H	A	N	G	B	C	D	E	F	I	J	K
明文	n	o	p	q	r	s	t	u	v	w	x	y	z
密文	L	M	O	P	Q	R	S	T	U	V	W	X	Y

但无论是上面哪一种，都相对比较简单，在今天的电子时代很容易被破译。现在最常用的对称加密方案是数据加密标准（DES），虽然它正向公钥交出半壁江山，但它依然是数据加密中所用的最重要的加密方法。

3.2.1　数据加密标准（DES）

DES 是最著名的保密密钥或对称密钥加密算法，它是由 IBM 公司在 20 世纪 70 年代发展起来的，并经美国政府的加密标准筛选后，于 1976 年 11 月被美国政府采用。

DES 可以分成初始置换、16 次迭代过程和逆置换。在迭代过程中，使用 56 位密钥对 64 位的数据块进行加密，并对 64 位的数据块进行 16 轮编码。在每轮编码时，首先将待加密的右半部分由 32 位扩展为 48 位，然后与由 56 位密钥生成的 48 位某一密钥进行异或，得到的结果通过 S 盒压缩到 32 位（上述通过图 3-2 中的函数 f 完成），这 32 位数据经过置换再与左半部分异或，最后产生新的右半部分。它的整体框图如图 3-2 所示。

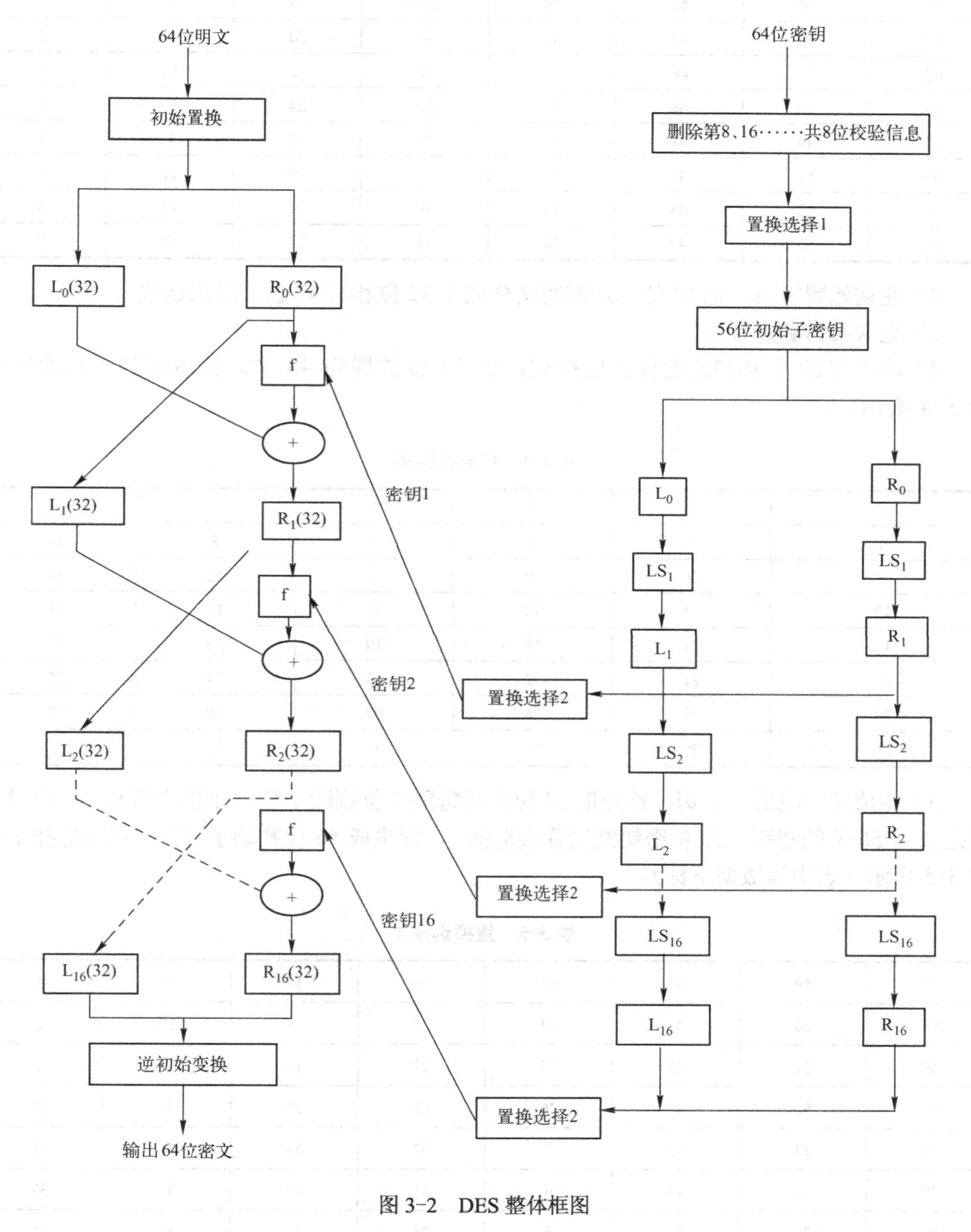

图 3-2　DES 整体框图

下面把 DES 框图用文字分步来进行一下详细说明。

1）DES 的明文初始置换。把 64 位明文按初始置换表换位，如表 3-3 所示。表中给出的为每位二进制数据的下标。

表 3-3　初始置换表

58	50	42	34	26	18	10	2
60	52	44	36	28	20	12	4
62	54	46	38	30	22	14	6
64	56	48	40	32	24	16	8
57	49	41	33	25	17	9	1
59	51	43	35	27	19	11	3
61	53	45	37	39	21	13	5
63	55	47	39	31	23	15	7

2）在初始置换后，把 64 位二进制明文分成左 32 位和右 32 位，进入迭代。

3）把 $R_0(32)$赋给 $L_1(32)$。

4）将右半部分 $R_0(32)$进行扩展排列，由 32 位扩展为 48 位。扩展排列下标次序如表 3-4 所示。

表 3-4　扩展排列表

32	1	2	3	4	5
4	5	6	7	8	9
8	9	10	11	12	13
12	13	14	15	16	17
16	17	18	19	20	21
20	21	22	23	24	25
24	25	26	27	28	29
28	29	30	31	32	1

5）生成第一轮的子密钥，首先把 64 位密钥每隔 7 位删除 1 位，即删除第 8、16 位等，使之成为 56 位的密钥。56 位密钥经过置换选择 1，即生成 56 位初始子密钥，置换选择 1 如表 3-5 所示（表中为数据下标）。

表 3-5　置换选择 1

57	49	41	33	25	17	9	1
58	50	42	34	26	18	10	2
59	51	43	35	27	19	11	3
60	52	44	36	63	55	47	39
31	23	15	7	62	54	46	38
30	22	14	6	61	53	45	37
29	21	13	5	28	20	12	4

6）经过置换选择 1 后，把 56 位的初始密钥分成左 28 位和右 28 位，对左右两部分分别

循环移位 LS_i 位，各轮移位次数如表 3-6 所示。然后将两部分拼合起来。

表 3-6 各轮移位次数表

LS_i	LS_1	LS_2	LS_3	LS_4	LS_5	LS_6	LS_7	LS_8
位数	1	1	2	2	2	2	2	2
LS_i	LS_9	LS_{10}	LS_{11}	LS_{12}	LS_{13}	LS_{14}	LS_{15}	LS_{16}
位数	1	2	2	2	2	2	2	1

7）拼合后，对 56 位密钥用置换选择 2 进行置换（置换选择 2 如表 3-7 所示，表中为数据下标），置换后即为本轮子密钥，本轮子密钥与经过扩展的数据的右半部分进行异或得到 48 位数据。

表 3-7 置换选择 2

14	17	11	24	1	5	3	28	15	6	21	10
23	19	12	4	26	8	16	7	27	20	13	2
41	52	31	37	47	55	30	40	51	45	33	48
44	49	39	56	34	53	46	42	50	36	29	32

8）得到的 48 位数据按顺序平均分成 8 组，这 8 组通过 S 盒（Substitution Box）变换，把每组的 6 位输入变成 4 位输出，从而得到 32 位数据。S 盒变换数据如表 3-8 所示。

表 3-8 S 盒数据变换表

		0	1	2	3	4	5	6	7	8	9	10	11	12	13	14	15
S_1	0	14	4	13	1	2	15	11	8	3	10	6	12	5	9	0	7
	1	0	15	7	4	14	2	13	1	10	6	12	11	9	5	3	8
	2	4	1	14	8	13	6	2	11	15	12	9	7	3	10	5	0
	3	15	12	8	2	4	9	1	7	5	11	3	14	10	0	6	13
S_2	0	15	1	8	14	6	11	3	4	9	7	2	13	12	0	5	10
	1	3	13	4	7	15	2	8	14	12	0	1	10	6	9	11	5
	2	0	14	7	11	10	4	13	1	5	8	12	6	9	3	2	15
	3	13	8	10	1	3	15	4	2	1	6	7	12	0	5	14	9
S_3	0	10	0	9	14	6	3	15	5	1	13	12	7	11	4	2	8
	1	13	7	0	9	3	4	6	10	2	8	5	14	12	11	15	1
	2	13	6	4	9	8	15	3	0	11	1	2	12	5	10	14	7
	3	1	10	13	0	6	9	8	7	4	15	14	3	11	5	2	12
S_4	0	7	13	14	3	0	6	9	10	1	2	8	5	11	12	4	15
	1	13	8	11	5	6	15	0	3	4	7	2	12	1	10	14	9
	2	10	6	9	0	12	11	7	13	15	1	3	14	5	2	8	4
	3	3	15	0	6	10	1	13	8	9	4	5	11	12	7	2	14
S_5	0	2	12	4	1	7	10	11	6	8	5	3	15	13	0	14	9
	1	14	11	2	12	4	7	13	1	5	0	15	10	3	9	8	6

（续）

		0	1	2	3	4	5	6	7	8	9	10	11	12	13	14	15
	2	4	2	1	11	10	13	7	8	15	9	12	5	6	3	0	14
	3	11	8	12	7	0	14	2	13	6	15	0	9	10	4	5	3
S_6	0	12	1	10	15	9	2	6	8	0	13	3	4	14	7	5	11
	1	10	15	4	2	7	12	9	5	6	1	13	14	0	11	3	8
	2	9	14	15	5	2	8	12	3	7	0	4	10	1	13	11	6
	3	4	3	2	12	9	5	15	10	11	14	1	7	6	0	8	13
S_7	0	4	11	2	14	15	0	8	13	3	12	9	7	5	10	6	1
	1	13	0	11	7	4	9	1	10	14	3	5	12	2	15	8	6
	2	1	4	11	13	12	3	7	14	10	15	6	8	0	5	9	2
	3	6	11	13	8	1	4	10	7	9	5	0	15	14	2	3	12
S_8	0	13	2	8	4	6	15	11	1	10	9	3	14	5	0	12	7
	1	1	15	13	8	10	3	7	4	12	5	6	11	0	14	9	2
	2	7	11	4	1	9	12	14	2	0	6	10	13	15	3	5	8
	3	2	1	14	7	4	10	8	13	15	12	9	0	3	5	6	11

S 盒的用法：对于 8 组中的每组 S_i，6 个输入端依次为 $b_1b_2b_3b_4b_5b_6$，求出 b_1b_6 合在一起的十进制数并作为行，求出 $b_2b_3b_4b_5$ 合在一起表示的十进制数并作为列，在 S 盒数据表中找出对应的值，即为 S_i 对应的 4 位二进制给出的十进制值。

例如：S_1 的输入为 101110，则 $b_1b_6=(10)_2=(2)_{10}$，$b_2b_3b_4b_5=(0111)_2=(7)_{10}$。

那么在 S_1 组中查找第 2 行第 7 列，可以得到值$(11)_{10}$，所以 $S_1(2,7)=11$，$(11)_{10}$ 的二进制表示形式为$(1011)_2$，得到 S_1 的输出就为 4 位二进制数 1011。

9）S 盒输出的 32 位数据还要经过 Permutation 置换，简称 P 置换（P 置换如表 3-9 所示）。P 置换后再与左 32 位按位异或，所得即为新的右半部分。

表 3-9　P 置换位置表

16	7	20	21
29	12	28	17
1	15	23	26
5	18	31	10
2	8	24	14
32	27	3	9
19	13	30	6
22	11	4	25

10）上面只是 16 次迭代中的一次，经过 16 次这样的迭代后，把得到的 64 位二进制数进行逆初始置换，便得到了 64 位可输出的密文。逆置换表如表 3-10 所示。

表 3-10　逆初始置换表

40	8	48	16	56	24	64	32
39	7	47	15	55	23	63	31
38	6	46	14	54	22	62	30
37	5	45	13	53	21	61	29
36	4	44	12	52	20	60	28
35	3	43	11	51	19	59	27
34	2	42	10	50	18	58	26
33	1	41	9	49	17	57	25

至此才算完成了一次 DES 加密。

DES 的解密过程和加密过程类似，不同的 16 轮子密钥的顺序是颠倒的，即第一轮用子密钥 16，第二轮用子密钥 15，最后一轮用子密钥 1。这个过程用文字表示比较烦琐，但为了让读者对 DES 加密过程有更强的感性认识，下面用例子来说明 DES 加密过程的一部分。

假如给出明文为 M='FOOTBALL'，密钥为 K='OVERSEAS'，它们的 ASCII 码如下：

明文　$M=(0100\ 0110\ 0100\ 1111\ 0100\ 1111\ 0101\ 0100\ 0100\ 0010\ 0100\ 0001\ 0100\ 1100\ 0100\ 1100)_2$

密钥　$K=(0100\ 1111\ 0101\ 0110\ 0100\ 0101\ 0101\ 0010\ 0101\ 0011\ 0100\ 0101\ 0100\ 0001\ 0101\ 0011)_2$

1）明文 M 按表 3-3 初始变换后得到：

$M_{初始置换后}$＝1111 1111 0000 1010 1100 1111 0010 0110 0000 0000 0000 0000 1100 011 00001 0111

读者可观察表 3-3，会很容易发现它的规律，在练习初始变换时，画一张 8 × 8 的表格，把明文的二进制数顺序写入，然后依 2、4、6、8、1、3、5、7 列的次序把数据依次倒写即可。

2）把明文分成左 32 位和右 32 位后得到：

$L_0(32)$= 1111 1111 0000 1010 1100 1111 0010 0110

$R_0(32)$= 0000 0000 0000 0000 1100 0110 0001 0111

把 $R_0(32)$赋给 $L_1(32)$，即 $L_1(32)$＝$R_0(32)$。

3）把 $R_0(32)$按表 3-4 扩展为 48 位：

$R_0(48)$= 1000 0000 0000 0000 0000 0001 0110 0000 1100 0000 1010 1110

4）再来看密钥，把 64 位的密钥 K 删除第 8、16、24、32、40、48、56、64 位，变成 56 位的 K'：

K'＝ 0100 111 0101 011 0100 010 0101 001 0101 001 0100 010 0100 000 0101 001

5）K'按表 3-5 置换选择 1 进行置换，得到：

$K'_{置换选择1}$＝0000 0000 1111 1111 0000 0000 1001 1001 1011 0010 0111 0000 0001 1010

对于密钥的变换同样可以用 8 × 8 的表格，把密钥的 64 位二进制数依次写入表格，先删除最后一列，然后把表格中的数值依 1、2、3、4 列的次序倒着写数据，写到第 36 位，即第 4 列的中间，再从最后一列依 7、6、5 的次序把数据倒着往前写，最后倒着补上第 4 列的上面 4 位。读者可研究一下表 3-5 置换选择 1 中下标的次序，就会得出规律。

6）把 $K'_{置换选择1}$分成左 28 位和右 28 位：

L_0=0000 0000 1111 1111 0000 0000 1001

R_0=1001 1011 0010 0111 0000 0001 1010

7）把 L_0、R_0 循环左移 LS_1 位，通过查表 3-6 各轮移位次数表可知，LS_1 为 1，循环左移 1 位后即有：

L_1=0000 0001 1111 1110 0000 0001 0010

R_1=0011 0110 0100 1110 0000 0011 0101

8）L_1、R_1 重新拼合在一起，用置换选择 2 进行置换（置换见表 3-7 置换选择 2），即可得到第一个子密钥 K_1：

K_1=1011 0000 0001 0010 0100 0010 1111 0000 1000 0001 1000 0001

9）得到 $R_0(48)$和 K_1 后，把这两个 48 位的数值进行异或后得到：

A=00110000 0001 0010 0100 0011 1001 0000 0100 0001 0010 1111

10）将上面的 A 值平均分成 8 组，再通过查表 3-8 的 S 盒数据变换表，得到：

A1=001100，$S_1(0,6)=11=(1011)_2$

A2=000001，$S_2(1,0)=3=(0011)_2$

A3=001001，$S_3(1,4)=3=(0011)_2$

A4=000011，$S_4(1,1)=8=(1000)_2$

A5=100100，$S_5(2,2)=1=(0001)_2$

A6=000100，$S_6(0,2)=10=(1010)_2$

A7=000100，$S_7(0,2)=2=(0010)_2$

A8=101111，$S_8(3,7)=13=(1101)_2$

11）依次合并 $S_1(0,6)$到 $S_8(3,7)$，得到以下数据：

B=1011 0011 0011 1000 0001 1010 0010 1101

12）对 B 值进行 Permutation 置换，查表 3-9 的 P 置换位置表，得到：

X_0=0111 1100 1010 0000 0100 1110 0100 0110

13）$L_0(32)$与 X_0 按位异或可以得到：

$R_1(32)$= 1000 0011 1010 1010 1000 0001 0110 0000

令 $L_2(32)$= $R_1(32)$，这样第一轮迭代就完成了，有了 $R_1(32)$和 $L_1(32)$就可以开始下一轮迭代了，以此类推就可求出 $R_{16}(32)$和 $L_{16}(32)$，然后把 $R_{16}(32)$和 $L_{16}(32)$拼合在一起进行逆初始变换就可得到密文。

DES 算法具有极高的安全性，到目前为止，除了用穷举搜索法对 DES 进行攻击外，还没有发现更有效的办法，即到目前为止还没有发现 DES 算法有什么陷门。但随着计算机速度的提高和价格下降，DES 也存在密钥长度不足、不够复杂以及密钥传递困难等因素，针对 DES 存在的问题，人们发展了许多变形 DES 算法，比如多重 DES、S 盒可选择的 DES、具有独立子密钥的 DES 和 G-DES 等。

多重 DES 是将 DES 进行级联，在不同密钥的作用下连续多次对一组明文进行加密，现在人们建议使用三重 DES，并已达成共识。三重 DES（TDEA）是将 128 位的密钥分成两个 64 位的组，用这两个密钥对明文进行三次加解密。假设两个密钥为 K1、K2，首先用密钥 K1 对明文进行 DES 加密，然后用 K2 对上面加密后的结果进行 DES 解密，最后再用密钥 K1 对解密后的信息进行 DES 加密。据称，目前尚无人找到针对此方案的攻击方法。

S 盒可选择的 DES 也称交换 S 盒的 DES 算法。它可使 S 盒的次序随密钥而变化或使 S

盒的内容本身可变。

3.2.2 其他对称分组密码

（1）国际数据加密算法 IDEA

国际数据加密算法（International Data Encryption Algorithm，IDEA）是赖学家（Xuejia Lai）和梅西（Massey）开发的，在 1990 年首次成型，称为 PES（建议的加密标准）。次年，设计者对该算法进行了强化并称之为 IPES（改进的建议加密标准）。1992 年改名为 IDEA，即“国际加密标准”。

IDEA 算法的密钥长度为 128 位，每次加密一个 64 位的数据块。IDEA 密码中使用了 3 种不同的运算，即逐位异或运算、模 2 加运算和模 2+1 乘运算。

IDEA 算法由 8 圈迭代和随后的一个输出变换组成。它将 64 位的数据分成 4 块，每个 16 位，令这 4 个子块作为迭代第一轮的输出，全部共 8 圈迭代。每圈迭代都是 4 个子块彼此间以及 16 位的子密钥进行异或、模 2 加运算、模 2+1 乘运算。任何一轮迭代，第三和第四子块互换。

IDEA 有大量的弱密钥，这些弱密钥是否会威胁它的安全性还是一个谜。

（2）LOKI 算法

LOKI 算法作为 DES 的一种潜在替代算法于 1990 年在密码学界首次亮相。LOKI 和 DES 一样以 64 位二进制分组加密数据，也使用 64 位密钥（只是其中无奇偶校验位），所有 64 位均为密钥。LOKI 密钥公布之后，有关专家对其进行了研究破译并证明不大于 14 圈的 LOKI 算法极易受到差分密码分析等的攻击。不过，这仍然优于 56 位密钥的 DES。

3.3 公钥加密（非对称密码）

公钥加密最初是由 Diffie 和 Hellman 在 1976 年提出的，是几千年来文字加密的第一次真正革命性的进步。非对称加密（公开密钥加密）是指在加密过程中，密钥被分解为一对。这对密钥中的任何一把都可作为公开密钥通过非保密方式向他人公开，而另一把作为私有密钥进行保存。公开密钥用于对信息进行加密，私有密钥则用于对加密信息进行解密。

首先需要说明的是，认为公钥加密比常规加密更具安全性是不正确的。实际上，任何加密方案的安全性都依赖于密钥的长度和解密所需的计算工作量。从防止密码分析的角度来看，常规加密和公钥加密并没有任何一点能使一个比另一个优越。

大体说来，公钥加密系统的使用有 3 个方面：加密/解密——发送方可以用接收方的公钥加密信息；数字签名——发送方用其私钥“签署”信息（通过对消息或作为消息函数的小块数据应用加密算法来进行签署），通过数字签名可以实现对原始报文的鉴别和不可抵赖；密钥交换——双方互相合作时可以进行会话密钥的交换。目前，公钥加密主要用在消息验证和密钥分发方面。

公钥加密算法有多种，目前最常用的有 RSA 和 DH（Diffie-Hellman）。

3.3.1 RSA 公钥加密

RSA 体制是 1978 年由 Rivest、Shamir 和 Adleman 提出的第一个公钥密钥体制（PKC），也是迄今理论上最为成熟完善的一种公钥体制。它的安全性是基于大整数的分解。

RSA 体制加密首先选择一对不同的素数 p 和 q，计算 n=p*q，f=(p−1)*(q−1)，并找到一个与 f 互素的数 d，计算其逆 a，即 d*a=1 （模 f），则密钥空间 K=(n,p,q,a,d)。若用 M 表示明文，C 表示密文，则加密过程：$C=M^a \bmod n$；解密过程：$M=C^d \bmod n$。n 和 a 是公开的，而 p，q，d 是保密的。

现在用一个简单的例子来说明 RSA 公开密钥系统的工作原理。首先选择两个素数 p=7，q=17；然后计算 n=p*q=7*17=119；再计算 f=(p−1)*(q−1)=6*16=96；选择 d，d 是 96 的相对素数，但比 96 小，本例中 d=5；最后确定 a，使 d*a=1(模 96)，而且 a<96。找到 a=77，因为 77*5=385=4*96+1。

由上可得密钥公钥 KU=(77, 119)，私钥 KR=(5,119)。若对明文 65（a 的 ASCII 码）使用这些密钥，由于加密要求，求明文 65 的 77 次幂，得到 3.929420092337977833652367108777e+139，除以 119 的余数为 39，所以密文为 39。解密时，$39^5 \bmod 119=90224199 \bmod 119=65$。

上面的例子只是示意性的，真正应用时，两个素数通常均大于 10^{100}。虽然知道公钥可以得到获得私钥的途径，但是需要将模数因式分解成组成它的素数，对于足够长的密钥，这是很困难的，可以说基本上不可能实现。RSA 实验室目前建议：对于普通公司，使用密钥的大小为 1 024 位；对于极其重要的资料，使用双倍大小，即 2 048 位；对于日常应用，768 位的密钥长度已足够，因为当前技术还无法破解它。用运算速度为 100 万次/秒的计算机分解 500 位的 n，计算机操作次数为 1.3×10^{39}，需要的运算时间为 41222729578893962455606291.2227296 年，约 4.2×10^{25} 年。1994 年 RSA129（129 个数字公钥，即 428 位的公钥）被分解，花费了 5 000 年机时，是利用 Internet 上一些计算机的空闲 CPU 周期花了 8 个月完成的。1995 年，Blacknet 密钥（384 位）被分解，用了几十台工作站和一台 MarPar，共用 400 年机时，仅历时 3 个月。随着时间的推移，可能被分解的密钥长度还会增加。但是不是值得某些人和组织去花费巨大的人力、物力破译某一个密码就有待商榷了。

破坏 RSA 的方法一种是蛮力攻击——尝试所有可能的密钥，另一种就是分解它的两个素数的乘积，但不管哪种方法，对于现在所用位数的密码的破译还是无法实现。所以至少几年内 RSA 的安全是可靠的，RSA 从 1977 年保持到现在还没有被攻破就说明它不像有些人说的那样脆弱。

因为 RSA 密钥的生成、加密/解密的计算比较复杂，所以密钥越大系统运行速度也就越慢，所以在网络应用中同 DES 算法结合使用，对数据量大的明文采用 DES 算法来加密与解密，而对签名信息和 DES 算法的密钥这种数据量小的信息采用 RAS 算法。

3.3.2 DH（Diffie-Hellman）公钥加密

DH 公钥算法是由 Diffie 与 Hellman 在 1976 年提出的，也叫 Diffie-Hellman 密钥交换，在许多商业产品中都采用这种加密体制作为密钥交换体制。

Diffie-Hellman 算法如下：设 p 为一个大素数，且 p−1 有大素数因子，选 a 为 p 的一个原根（即 a 的幂可以生成从 1 到 p−1 的所有整数，也即 $a \bmod p$，$a^2 \bmod p$，…，$a^{p-1} \bmod p$ 各不相同，可以以某种方式重新排列从 1 到 p−1 的所有整数）。找到大素数 p 和原根 a，在应用时，用户 A 若与 B 进行通信，首先 A 选择随机私钥 $X_A(X_A<p)$并计算出 $Y_A(Y_A=a^{XA} \bmod p)$，同样用户 B 选择随机私钥 $X_B(X_B<p)$并计算出 $Y_B(Y_B=a^{XB} \bmod p)$，双方都把 X 作为私钥，把 Y 发送给对方。那么，用户 A 计算出密钥 $K=Y_B^{XA} \bmod p$，用户 B 计算出密钥

$K=Y_A^{XB} \bmod p$，读者可通过上面的条件推一下，这两个结果是相同的，这样双方就交换了密钥，而且能保证 X 值都是私有的。而要通过已知的 p，a，Y_A，Y_B，计算出 X，对于较大的素数，几乎是不可能的。

下面通过摘自[WELS88]的一个示例来说明 DH 的加密过程。选择 p=71，a=7，用户 A 选择私钥 $X_A=5$，$X_B=12$，则 $Y_A=7^5 \bmod 71=51$，$Y_B=7^{12} \bmod 71=4$，在双方发送 Y 后，双方都可计算出通用密钥 $K=Y_B^{XA} \bmod 71=Y_A^{XB} \bmod 71=30$。而攻击者从公钥{51，4}中很计算出通用密钥 30。

但这一密钥交换容易受到伪装攻击。如果 A 和 B 正在寻求交换公钥，第三人 C 可能每次都介入交换。A 认为公钥 Y_A 正发送给 B，但事实上被 C 截获，C 向 B 发送一个别人的公钥，B 认为公钥 Y_B 正发送 A，但被 C 截获，B 得到的也不再是 A 的公钥，这样 C 截获从 A 来的信息，有 A/C 密钥解密并修改，再使用 B/C 密钥转发给 B，但 A 和 B 并不知发生的一切。

为了防止这种情况，1992 年，Diffie 和其他人共同开发了经认证的 Diffie-Hellman 密钥协议。在这个协议中，必须使用现有的私钥/公钥对与公钥元素相关的数字证书，由数字证书验证交换的初始公共值。

3.4 公钥基础设施

公钥基础设施（Public Key Infrastructure，PKI）是经过多年研究形成的一套完整的 Internet 安全解决方案。它是用公钥技术和规范提供用于安全服务的具有普遍适用性的基础设施。用户可利用 PKI 平台提供的服务进行安全通信。公钥基础设施（PKI）提供公钥加密和数字签名服务的系统或平台，目的是通过自动管理密钥和证书，为用户建立一个安全的网络运行环境。或者说 PKI 是指由数字证书、证书颁发机构（Certificate Authority，CA）以及对电子交易所涉及的各方的合法性进行检查和验证的注册机构组成的一套系统。从广义上讲，所有提供公钥加密和数字签名服务的系统，都可叫作 PKI 系统。

PKI 系统由 5 个部分组成：证书颁发机构、注册机构（RA）、证书库（CR）、证书申请者、证书信任方。前三部分是 PKI 的核心，证书申请者和证书信任方则是利用 PKI 进行网上交易的参与者。

PKI 体系结构采用证书管理公钥，通过第三方的可信机构 CA，把用户的公钥和用户的其他标识信息（如名称、E-mail 等）捆绑在一起，在 Internet 上验证用户的身份，实现密钥的自动管理，保证网上数据的机密性、完整性。

PKI 的主要功能：证书产生与发放；证书撤销；密钥备份及恢复；证书密钥对的自动更新；密钥历史档案；支持不可否认；时间戳；交叉认证；用户管理（如登录、增删等）。客户端服务：理解安全策略，恢复密钥，检验证书，请求时间戳等。PKI 还支持 LDAP，支持用于认证的智能卡。此外，PKI 的特性融入各种应用（防火墙、浏览器、电子邮件、网络 OS）也正在成为趋势。

3.4.1 数字签名

传统的签名方式有手签、指印、印章等，它可以对当事人进行认证、核准，然后与文件内容联系起来达到生效的作用。随着网络和电子商务的发展，数字签名成为网络中证明当事人的身份和数据真实性的重要方式。数字签名是邮件、文件或其他数字编码信息的发件人将他们的身份与信息绑定在一起（即为信息提供签名）的方法。它能够解决信息传输的保密性、完整性、不可否认性、交易者身份的确定性问题。数字证书和 PKI 结合解决电子商务中的安全问题。它通过一个单向函数对要传送的报文进行处理，得到一个用于认证报文来源并核实报文是否发生变化的一个字母数字串，用这个字母数字串来代替签名或印章，起到与书写签名或印章同样的法律效用。

数字签名可以用对称算法实现，也可以用公钥算法实现。但前者除了文件签名和文件接收者外，还需要第三方认证。而通过公钥加密算法实现，由于用秘密密钥加密文件却靠公开密钥来解密，因此这可以作为数字签名，签名者用秘密密钥加密一个签名，接收者可以用公开的密钥来解密，如果成功就能确保信息来自该公开密钥的所有者。正是由于公开密钥体制实现数字签名简单，因此目前数字签名采用较多的是公钥加密技术。数字签名的算法很多，目前广泛应用的有 Hash、RSA、DSA 等。

Hash 签名是最主要的数字签名方法，也称为数字指纹法，它与 RSA 数字签名不同，这种方法把数字签名同要发送的信息紧密联系在一起，从而更适合于电子商务。单向函数是公开密钥的核心，单向函数是指已知 x，很容易求得 f(x)，但已知 f(x)，却很难计算 x，就如同把一个盘子打成许多碎片很容易，但要拼起来却非常困难。单向 Hash 函数长期以来一直在计算机科学中使用，Hash 函数就是把可变长度输入串转换成固定长度输出串（叫作 Hash 值）的一种函数。因为 Hash 函数是典型的多对一的函数，所以已知 Hash 函数的输出，要求它的输入是很困难的。

Hash 签名使用密码安全函数，如 MD-5，并从文件中产生一个 Hash 值。这个过程把用户的密钥（从第三方得到）与文件联系在一起，再把这个文件和密钥的排列打乱，通过 Hash 函数产生一个 Hash 值，Hash 值作为签名与文件一起传送，只留下密钥，接收方有密钥副本，并用它对签名进行检验。

Hash 签名的主要局限是接收方必须持有用户密钥副本，还有就是也存在伪造签名的可能，另外管理这些密钥也比较麻烦。

前面已经讲过，RSA 既可以用来加密数据，也可以用来身份认证，和 Hash 签名相比，在公钥体系中，由于生成签名的密钥只存储于用户计算机中，因而安全系数大些。用 RSA 或其他公钥算法进行数字签名的最大方便就是没有密钥分配问题，这个优点会随着网络越复杂、网络用户越多而越明显。

3.4.2 认证及身份验证

尽管公钥加密方法比较方便，但由于它的公钥是公开的，使它有一个很大的弱点——人们都可以假造这种公开的声明。比如，某个用户伪装成用户 A，向其他参与者发出公钥，而在真正的 A 如果不知情，没有向其他参与者给出警告的情况下，其他参与者就会把这个人当作真正的 A，而把要发送给 A 的信息发送给这个伪装者，这个伪装者就可以解读所有本应属于 A 的信息。这样，随着企业、商家在电子商务中越来越多地使用加密技术，人们都希望有一个可信的第三方，以便对有关数据进行数字认证，也即由第三方颁发公钥证书。

证书颁发机构又称为证书授证中心，是为了解决电子商务活动中交易参与的各方身份、资信的认定，维护交易活动中的安全，从根本上保障电子商务交易活动顺利进行而设立的，是受一个或多个用户信任，提供用户身份验证的第三方机构，承担公钥体系中公钥的合法性检验的责任。它在网络通信认证技术中具有特殊的地位，CA 这个提供身份验证的第三方机构，通常由一个或多个用户信任的组织实体组成，比如政府部门或金融机构。在实际运作中，CA 也可由大家都信任的一方担当，比如，对于商家发的购物卡，商家可自己担当 CA 角色。

在 SET 交易中，CA 不仅对持卡人、商户发放证书，还要对收款的银行、网关发放证书。它负责产生、分配并管理所有参与网上交易的个体所需的数字证书，因此是安全电子交易的核心环节。CA 受理证书申请，根据该 CA 的策略验证申请人的信息，然后使用它的私钥把其数字签名应用于证书。然后，CA 将该证书颁发给其主体，作为 PKI 内部的安全凭据。CA 的功能主要有接受注册申请，处理、批准、拒绝请求，颁发证书。

RA（Registration Authority），数字证书注册审批机构。RA 系统是 CA 的证书发放、管理的延伸。它负责证书申请者的信息输入、审核及证书发放等工作；同时，对发放的证书完成相应的管理功能。发放的数字证书可以存放于 IC 卡、硬盘或软盘等介质中。RA 系统是整个 CA 得以正常运营不可缺少的一部分。

CA 为了实现其功能，主要由以下 3 部分组成。

1）注册服务器：通过 Web Server 建立的站点，可为客户提供每日 24 小时的服务。因此客户可在自己方便的时候在网上提出证书申请和填写相应的证书申请表，免去了排队等候等烦恼。

2）证书申请受理和审核机构：负责证书的申请和审核。它的主要功能是接受客户证书申请并进行审核。

3）认证中心服务器：是数字证书生成、发放的运行实体，同时提供发放证书的管理、证书废止列表（CRL）的生成和处理等服务。其实，证书包括一个公钥加上密钥所有者的用户身份标识 ID，以及由被信任的第三方签署的整个块。用户以安全的方式向公钥证书权威机构出具他的公钥并得到证书，然后用户就可以公开这个证书。任何需要用户公钥的人都可以得到此证书，并通过相关的信任签名来验证公钥的有效性。

公钥证书，简称证书，可在网络上进行身份验证并确保数据交换的安全。身份验证的含义一方面是识别——对系统所有合法用户具有识别功能，任何两个不同的用户不能有相同的标识；另一方面是鉴别——系统对访问者进行鉴别以防止非法访问者假冒。身份验证的目的就在于对信息收发方真实身份的认定和鉴别。

在 PKI 体系中可以采取下述某种或某几种的方式获得证书。

1）发送者发送签名信息时附加发送自己的证书；

2）单独发送证书信息的通道；

3）从访问发布证书的目录服务器获得；

4）从证书的相关实体（如 RA）处获得；

使用良好的身份验证非常必要，如果一名客户通过不安全的网络连接与服务器进行通信，并且已通过了身份验证，获得了访问权，此时若有攻击者想劫持这个会话，他首先会设法使客户一方不再能继续通信，然后攻击者以该客户的身份与服务器通信，而服务器还以为他是最初建立连接的客户。这种会话劫持会给原客户或服务器方造成意想不到的损失。还有，在通信会话之间阶段和过程中对源系统进行身份验证更是十分必要的，Windows 95 以后的系统使用了更强的默认身份验证，最后使用的是 Kerberos 协议，使客户和服务器都能彼此进行身份验证。

3.5 Kerberos 身份认证系统

Kerberos 是为网络环境或分布式计算环境提供对用户双方进行验证的一种方法，它是由美国麻省理工学院设计的，是一种基于对称密钥的身份认证系统。Kerberos 建立了一个安全的、可信任的密钥分发中心（Key Distribution Center，KDC），每个用户只要知道一个和 KDC 进行通信的密钥就可以了。它的特点是中心会记住客户请求的时间，并赋予一个生命周期，用户可以判断收到的密钥是否过期。Kerberos 系统将用户的口令进行加密后作为用户的私钥，从而避免了用户口令在网络上显示及传输，使窃听者难以通过网络上的传递来取得口令信息。

Kerberos 系统由 3 个重要部分组成：中心数据库、安全服务器和标签（Ticket）分配器。这 3 个部分都安装在网络中相对安全的主机上。中心数据库由 KDC 进行维护，该数据库中包括内部网络系统中每个用户的账户信息。安全服务器根据中心数据库中存储的用户密码生成一个 DES 加密密钥来对标签进行加密。标签分配器把与该服务器相连的密钥加密后的标签分发给用户和服务器。

用户若访问采用 Kerberos 身份认证服务的网络中的服务器，则必须在 KDC 内进行登记。一旦用户进行了登记，KDC 就可以为用户向整个企业网络中的任何应用服务器提供身份验证服务。用户只需登录一次就可以安全地访问网络中的所有安全信息。这个登录是为了提供用户和应用服务之间的相互认证，双方可以通过这些确认对方的身份。

Kerberos 的工作原理简图如图 3-3 所示。

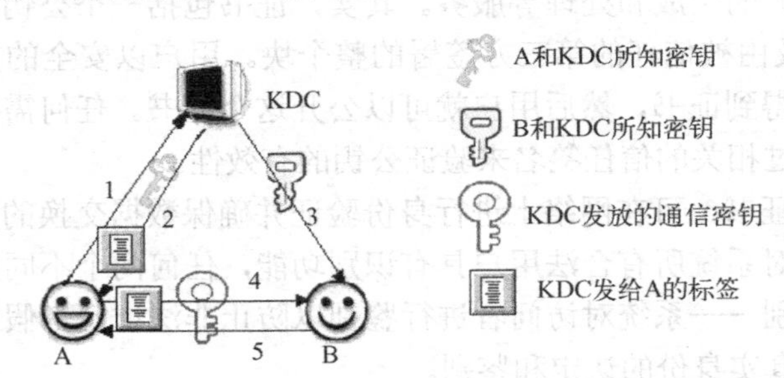

图 3-3 Kerberos 的密钥发放

A 若同 B 进行秘密通信，那么 A 首先要与 KDC 通信，通信中的加密密钥只有 A 和 KDC 知道，A 告诉 KDC 自己要同 B 通信，KDC 会为 A 和 B 之间的会话选择一个对话密钥，并生成一个标签（这个标签包含用户名、标签分配器的名字、当前时间、标签的生命周期、客户的 IP 地址和刚创建的会话密钥），这个标签由 KDC 和 B 之间的密钥进行加密，并在 A 启动和 B 对话时把这个标签交给 B。这个标签的作用就是让 A 确信同他会话的是 B，而不是其他冒充者，因为这个标签是由只有 B 和 KDC 知道的密钥进行加密的，所以冒充者即使得到 A 发出的标签也不可能进行解密，只有 B 收到后才能进行解密，从而确定与 A 对话的的确是 B。

当 KDC 生成标签和随机会话密码后，就用只有 A 和 KDC 知道的密钥把密码加密，之后把标签和加密后的密钥发送给 A，加密的结果可以确保只有 A 得到这个消息才能解密，确保只有 A 能利用这个密钥同 B 对话。当然，KDC 把 A 和 B 的会话密钥传送给 B 时，则会用只有 KDC 和 B 知道的密钥加密。

A 启动和 B 的会话时，用从 KDC 得到的会话密钥加密自己和 B 的会话，同时把 KDC 传给他的标签传给 B 以确定 B 的身份，然后 A 和 B 之间就可以用会话密钥进行会话了。为了保证安全，这个会话密钥是一次性的，这样更加确保通信的安全保密性。

3.6 PGP 加密系统

PGP（Ptetty Good Privacy）的创始人是美国的 Phil Zimmermann，他把 RSA 公钥体系的方便和传统加密体系的高速度结合起来，并且在数字签名和密钥认证管理机制上进行巧妙的设计，使得 PGP 成为很流行的公钥加密软件。

PGP 通过单向散列算法对邮件内容进行签名，保证信件内容无法修改，使用公钥和私钥技术保证邮件内容保密且不可否认。发信人与收信人的公钥公布在公开的地方，公钥本身的权威性由第三方特别是收信人所熟悉或信任的第三方进行签名认证。

假设用户 A 向用户 B 发送一封邮件，A、B 的私钥分别为 SK_A 和 SK_B，公钥为 PK_A 和 PK_B，用 PGP 加密的工作原理如图 3-4 所示。

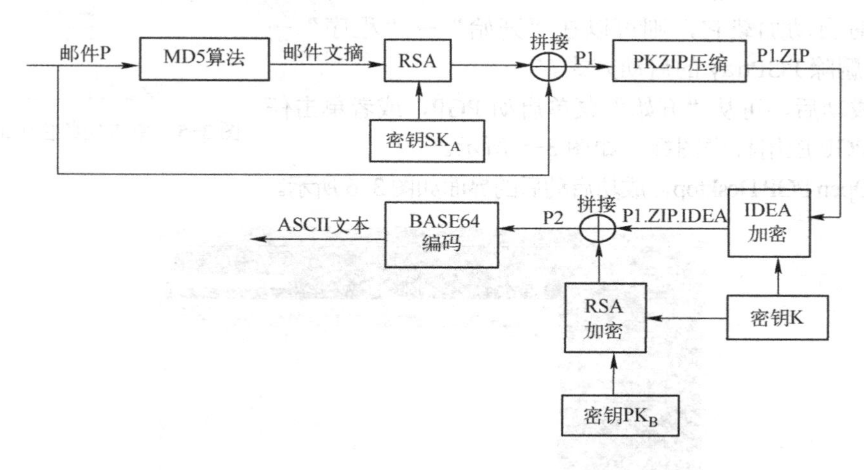

图 3-4　PGP 工作原理

加密过程如下：

1）邮件 P 由用户 A 用 MD5 算法生成一个 128 位的“邮件文摘”，“邮件文摘”就是对一封邮件用某种算法算出一个最能体现这封邮件特征的数来，一旦邮件有任何变动，这个数就会变化。

2）用户 A 用自己的私有密钥 SK_A 把上述的 128 位“邮件文摘”进行 RSA 加密，这个加密后的“邮件文摘”和邮件 P 拼接，附加在邮件后，生成 P1。

3）拼接后的报文 P1 用 PKZIP 压缩，得到 P1.ZIP。

4）对 P1.ZIP 采用 IDEA 算法加密，生成 P1.ZIP.IDEA，密钥 K 是一个临时密钥。

5）对密钥 K 用 B 的公钥 PK_B 进行 RSA 加密，加密后的 K 同 P1.ZIP.IDEA 拼接，附在 P1.ZIP.IDEA 之后，生成 P2。

6）把 P2 用 BASE64 进行编码，得出 ASCII 码文本发送到网络上。

在接收端，用户收到加密的邮件后，先进行 BASE64 解码，然后用自己的密钥 SK_B 解出 IDEA 的密钥 K，用密钥 K 恢复出 P1.ZIP，对 P1.ZIP 解压恢复出 P1，在 P1 中分开明文邮件 P 和加了密的“邮件文摘”，并用 A 的公开密钥 PK_A 解出“邮件文摘”。比较解出的“邮件文摘”和 B 自己生成的“邮件文摘”是否一致，若一致则认定邮件 P 是 A 发来的。

PGP 还可以只签名而不加密，这适用于公开发表声明时证实自己的身份，可以用自己的私钥签名，这样就可以让收件人确认发信人的身份，也可以防止发信人抵赖自己的声明，这一点在商业领域有很大应用前景。

2010 年 4 月 29 日，美国知名杀毒软件开发商赛门铁克（Symantec）宣布，将出资 3 亿美元收购美国加密技术开发商 PGP 公司。2010 年 6 月 29 日，赛门铁克宣布完成对 PGP 的收购，现在 PGP 被整合进赛门铁克的加密平台。

在收购之前的版本中，可以在网络资源中找到 10.0.3 版本，并且是可用的，用户可到相关网站下载，并可以按安装说明进行安装。

安装成功后重启系统时会自动启动 PGPtray.exe，这个程序是用来控制和调用 PGP 的全部组件的，如果觉得不用每次启动时自动加载它，则可以在“开始”→“程序”→“启动”里删除 PGPtray 的启动方式。

安装成功后，可从“开始”菜单启动 PGP，或者单击任务栏中的 PGP 应用程序图标，如图 3-5 所示。

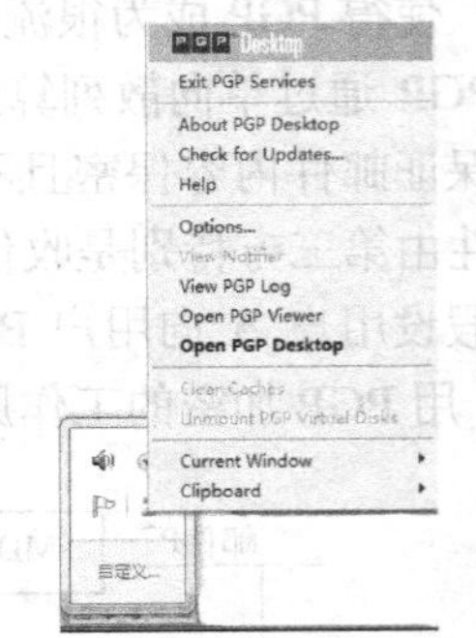

图 3-5　单击任务栏中的 PGP 图标

选择 Open PGP Desktop，成功启动后的界面如图 3-6 所示。

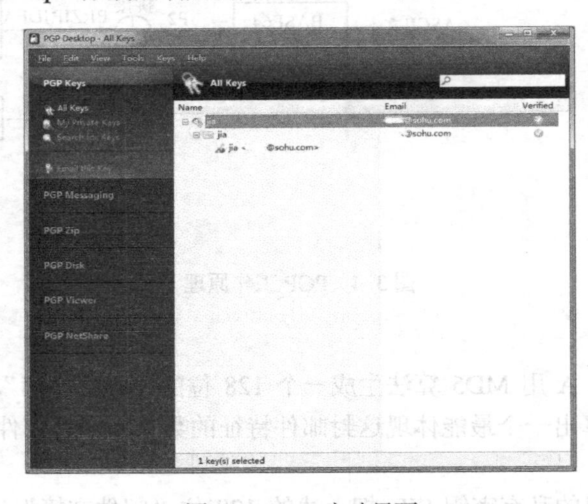

图 3-6　PGP 启动界面

在 PGP 主界面左边显示 PGP 用户端的功能模块，PGP Keys、PGP Messaging、PGP Zip、PGP Disk、PGP Viewer、PGP NetShare。

成功注册后，执行“Help”→“License...”命令，弹出的对话框如图 3-7 所示。

接着介绍新建密钥功能。执行“File”→“New PGP Key...”命令，打开如图 3-8 所示的对话框，PGP 密钥产生助手会带领用户完成密钥的生成。

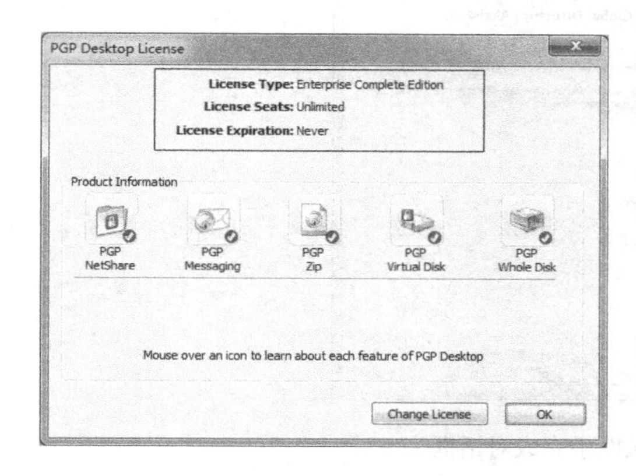

图 3-7　成功注册对话框

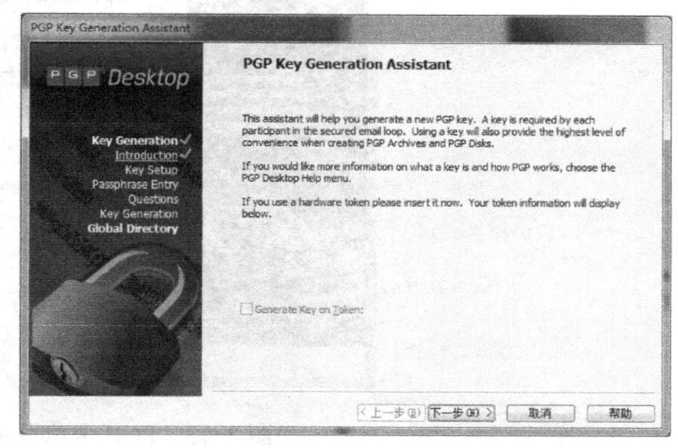

图 3-8　新建密钥启动对话框

单击【下一步】按钮，进入下一个对话框，输入全名和邮箱，如图 3-9 所示。

单击【下一步】按钮，进入下一个对话框，要求输入密钥，取消勾选“Show Keystrokes”复选框，这样在输入密码时可以防止他人看到，如图 3-10 所示。

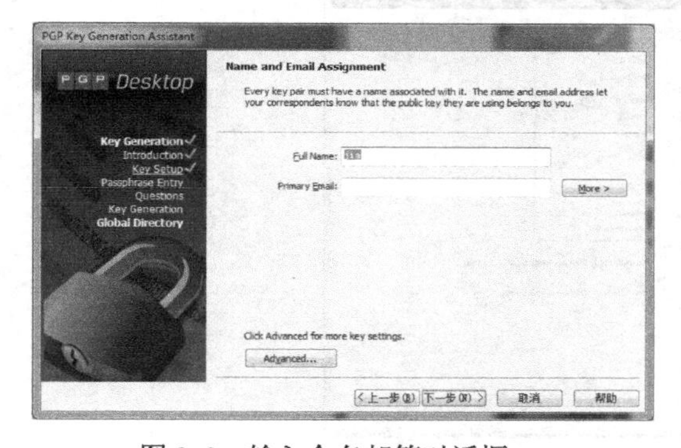

图 3-9　输入全名邮箱对话框

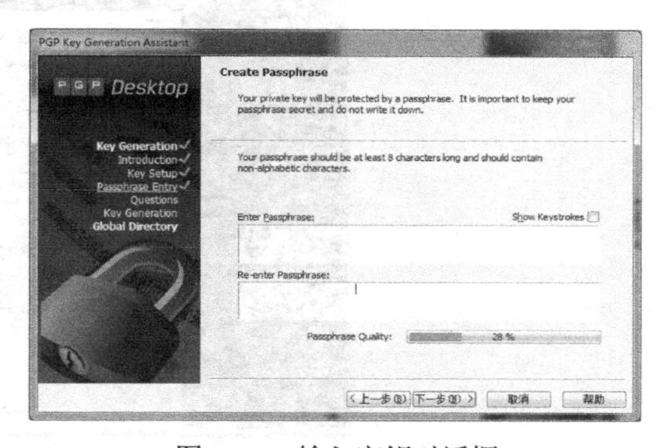

图 3-10　输入密钥对话框

单击【下一步】按钮，进入下一个对话框，新密钥生成，如图 3-11 所示。

完成上述配置后，会提醒产生密钥，下一步进入 PGP 全球目录助手，助手会帮助用户验证、存储、分发公钥到 PGP 全球目录，过程如图 3-12 所示，完成后如图 3-13 所示。

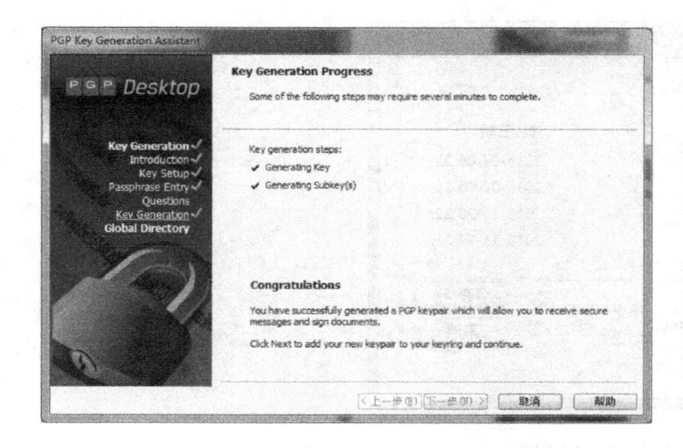

图 3-11　新密钥生成对话框

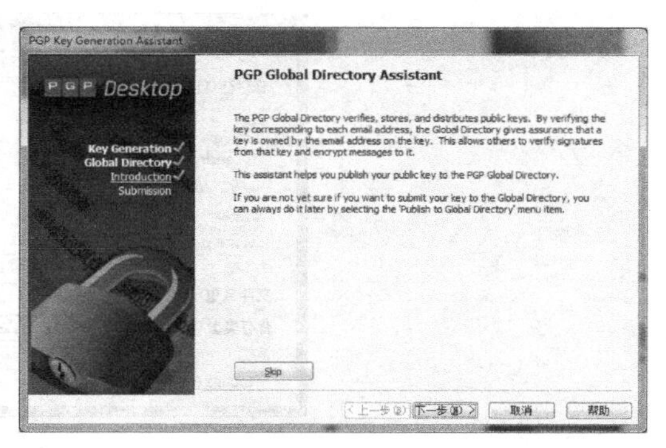

图 3-12　PGP 全球目录助手对话框

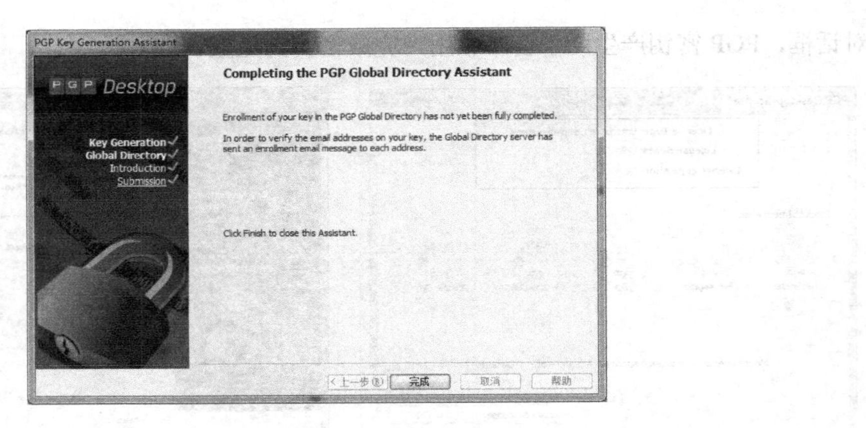

图 3-13　PGP 全球目录助手完成对话框

然后导出并分发公钥。在新创建的用户上右击，选择“Export...”快捷菜单命令，如图 3-14 所示。

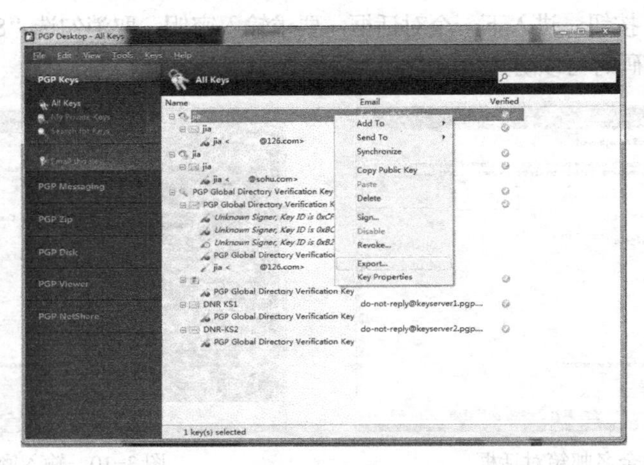

图 3-14　导出公钥快捷菜单

在【Export Key to File】对话框中选择一个目录，再单击【保存】按钮，即可导出公钥，扩展名为.asc，如图 3-15 所示。

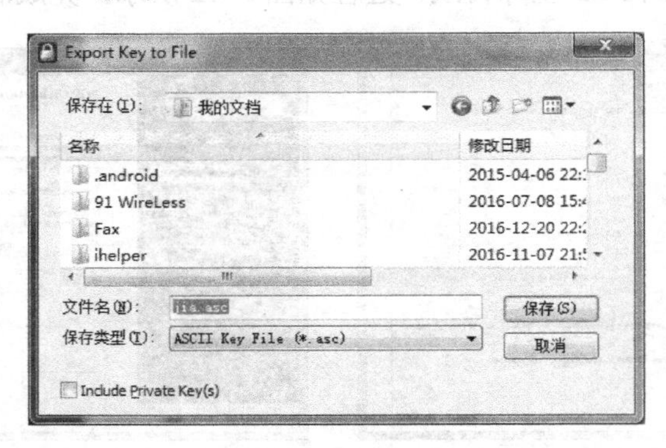

图 3-15　导出公钥对话框

导出公钥后，就可以将此公钥放在相关网站上或将公钥直接发给其他人，这样以后发邮件或者重要文件的时候，通过 PGP 使用此公钥加密后再返回，就可以更安全地保护自己的隐私或公司的秘密。

需要注意的是，“密钥对”中包含了一个公钥（公用密钥，可分发给任何人，别人可以用这个密钥对要发给其他人的文件或邮件进行加密）和一个私钥（私人密钥，只有自己所有，不可公开分发，此密钥用来解密别人用公钥加密的文件或邮件）。

接着导入公钥。双击对方发出的扩展名为.asc 的公钥，将会出现【Select key(s)】对话框，单击【Import】按钮，即可导入 PGP，如图 3-16 所示。

使用公钥加密文件，首先把公钥加进主键。执行“Tools”→“Option”命令，打开【PGP Options】对话框，如图 3-17 所示。

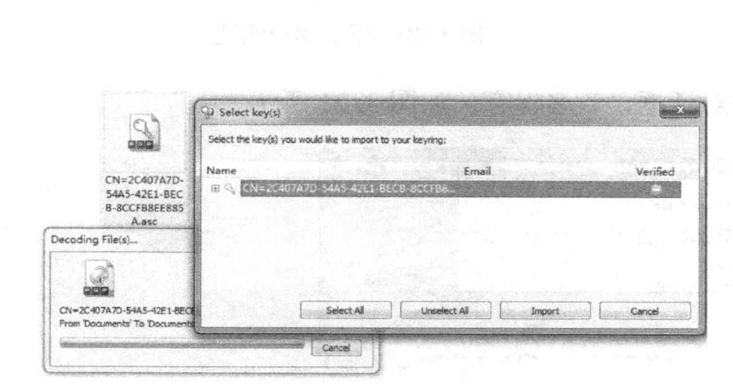

图 3-16　导入他人公钥对话框

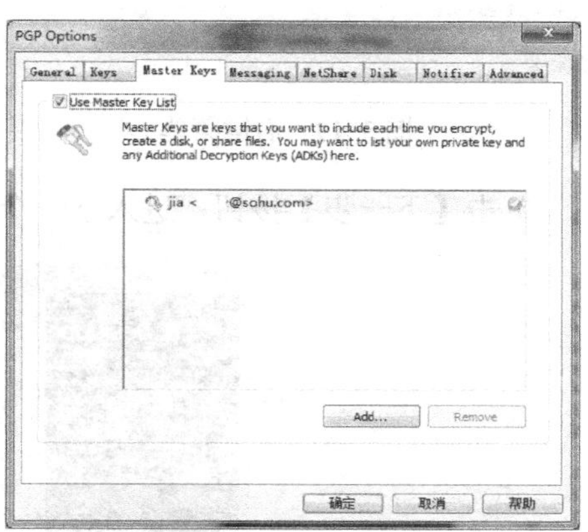

图 3-17　“PGP Options”对话框

单击【Add...】按钮，在弹出的对话框中选中导入的公钥，单击【OK】按钮，回到【PGP Options】对话框后单击【确定】按钮，添加主键对话框如图 3-18 所示。

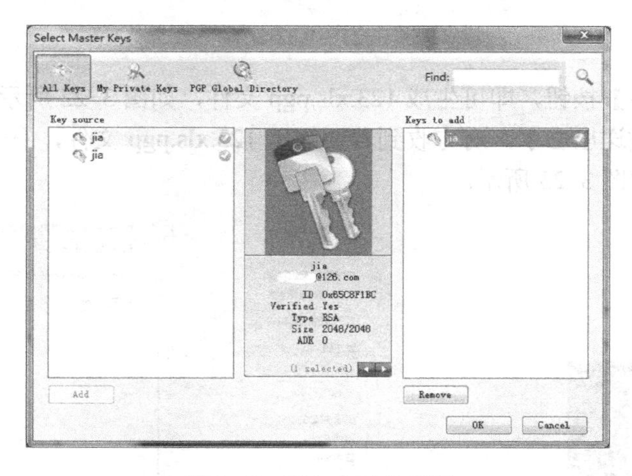

图 3-18　添加主键对话框

然后，右击要加密的文件 123.xls，在右键菜单中选择“PGP Desktop”→“Secure "123.xls" with key...”命令，将出现【PGP Zip Assistant】的【Add User Keys】对话框，右键

菜单如图 3-19 所示。

在“Enter the username or email address of a key”下拉列表中选择用户，如图 3-20 所示。

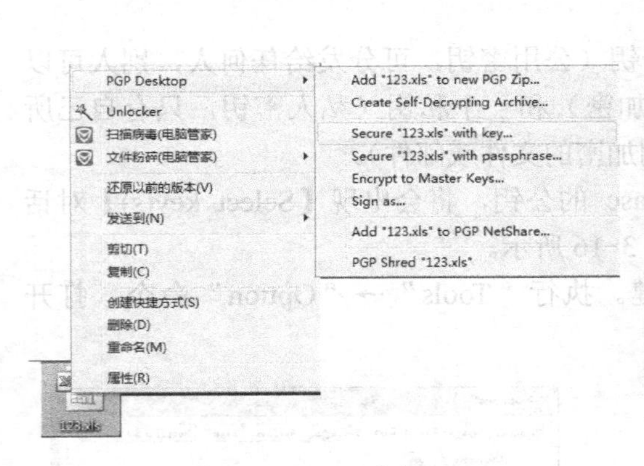

图 3-19　右键菜单

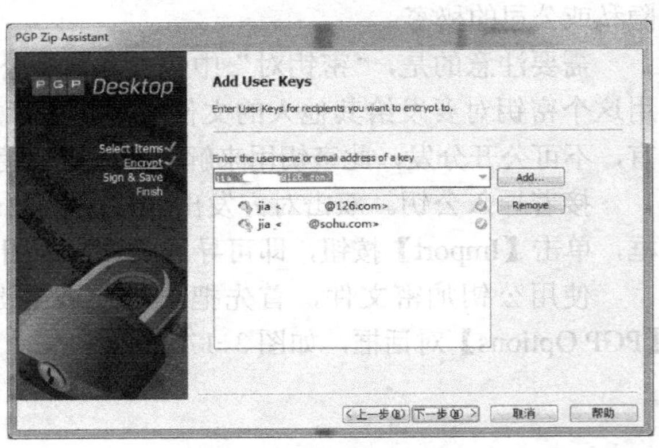

图 3-20　添加用户钥匙

单击【下一步】按钮，进入下一个对话框，签名保存，如图 3-21 所示。

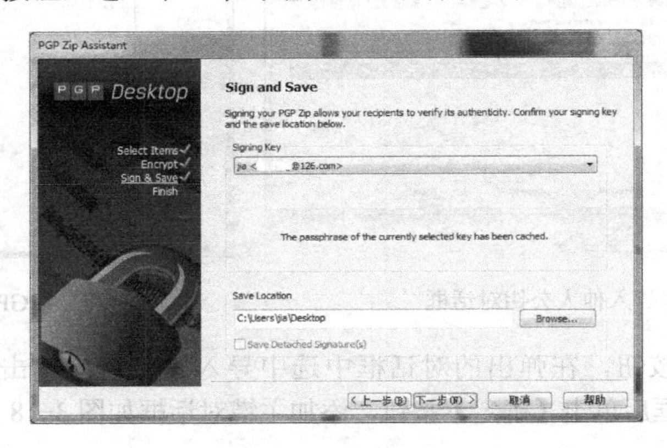

图 3-21　签名保存

再单击【下一步】按钮，即可生成 123.xls.pgp 文件，如图 3-22 所示。

这个文件即可发送出去了，对方收到若要解压 123.xls.pgp 文件，右击该文件，在弹出的菜单中选择即可，如图 3-23 所示。

图 3-22　123.xls.pgp 文件

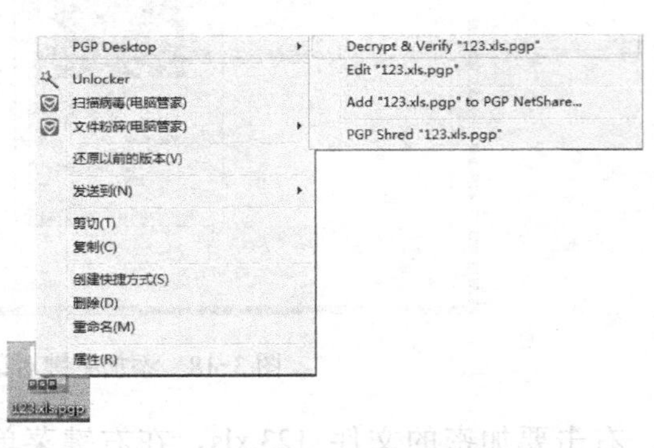

图 3-23　解压 123.xls.pgp 文件

3.7 加密技术的应用

3.7.1 Word 文件加密解密

有时用户需要保密一些个人文档，防止未经许可的人看到自己的私人文档，许多办公软件现在就带有这个功能。现在介绍如何对 Word 文件进行加密，具体步骤如下。

1）单击“Office 按钮”，选择“准备”→【加密文档】命令，如图 3-24 所示。

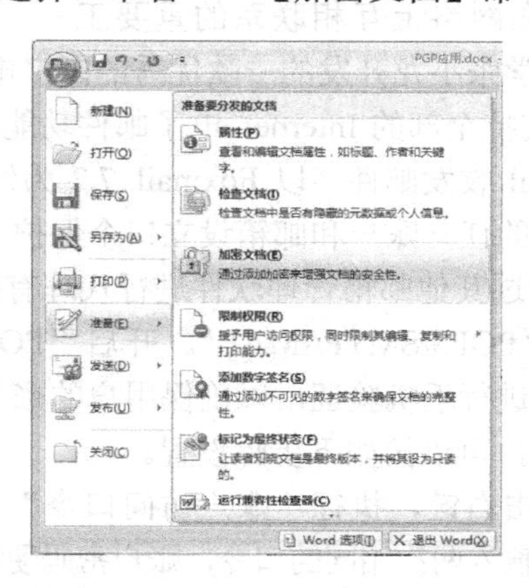

图 3-24　选择“准备”→“加密文档”命令

打开【加密文档】对话框，输入密码，如图 3-25 所示。

输入密码后，单击【确定】按钮，会弹出【确认密码】对话框，要求再次输入密码，如图 3-26 所示。

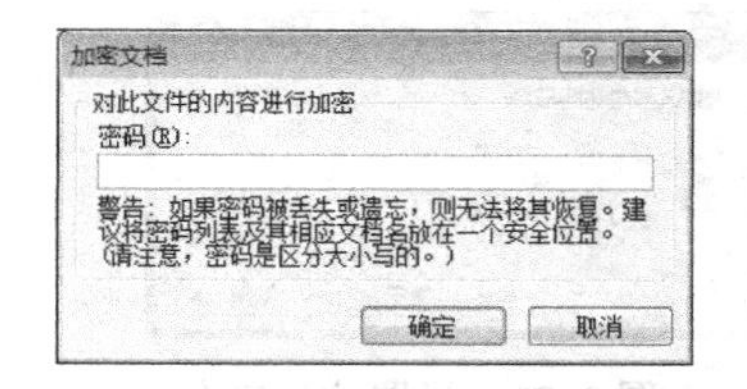

图 3-25　【加密文档】对话框

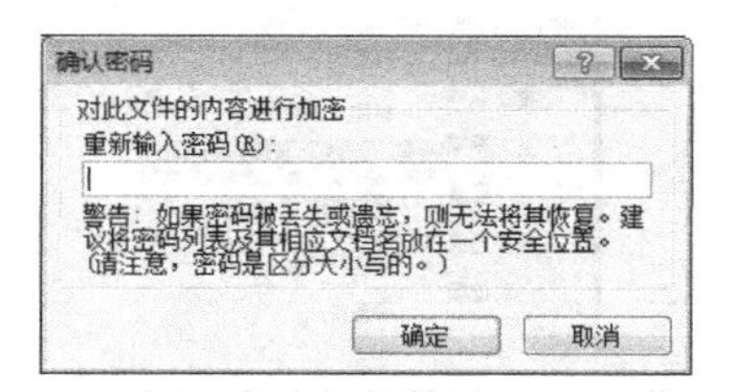

图 3-26　【确认密码】对话框

再次输入同一密码，即可加密成功。这时再打开加密的文档，会弹出要求输入密码的对话框，如图 3-27 所示。

正确输入密码，可正常打开加密后的文档。如果输入的密码不正确，则无法打开文档，如图 3-28 所示。

图 3-27　要求输入密码对话框

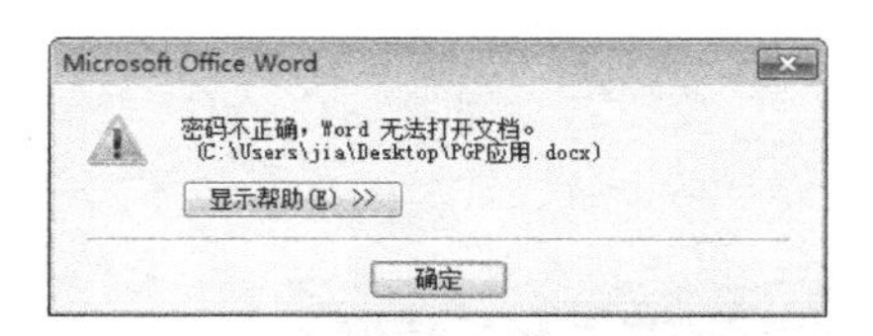

图 3-28　密码不正确无法打开文档提示

若要取消密码，在打开文档的前提下，再次单击“Office 按钮”，选择“准备”→【加密文档】命令，打开【加密文档】对话框，取消设置的密码，单击【确定】按钮即可，如图 3-29 所示。如此设置后，再次打开文档，不再需要输入密码。

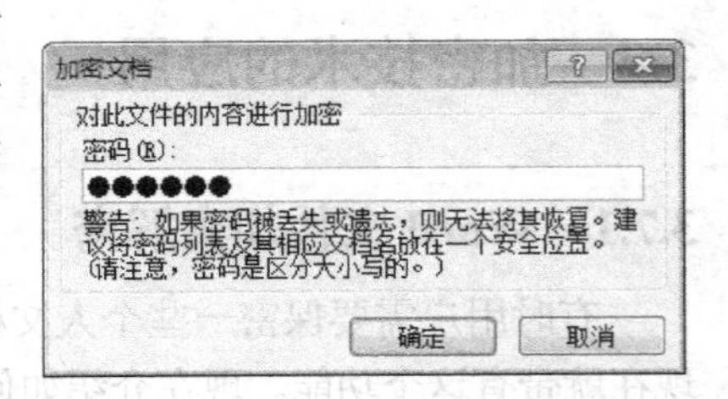

图 3-29　取消设置的密码

3.7.2　Foxmail 加密解密

电子邮件已经成为人们在网络上互相联系的重要工具，Foxmail 是由华中科技大学张小龙开发的一款优秀的国产电子邮件客户端软件，2005 年 3 月 16 日被腾讯收购，软件支持全部的 Internet 电子邮件功能，是近几年来最著名、最成功的国产软件之一。若用 Foxmail 收发邮件（以 Foxmail 7.2 为例），当多用户使用同一部计算机时，每一个用户均可为自己的任一账户和邮箱设立口令保护。

现在很多邮箱服务器对通过其他邮箱管理软件进行代理有限制，要想邮箱能通过邮箱代理软件收发邮件，需要开启“POP3/SMTP/IMAP”。开启“POP3/SMTP/IMAP”可在“邮箱设置”中完成，开启服务需要进行手机验证，以确保用户的账户安全。

若为自己的账户设置密码，可以按如下步骤设置。

1）在要加密的账户上单击右键，执行“账户访问口令”命令，如图 3-30 所示，打开【设置访问口令】对话框，然后输入两次相同的口令，账户密码便设置成功了，如图 3-31 所示。

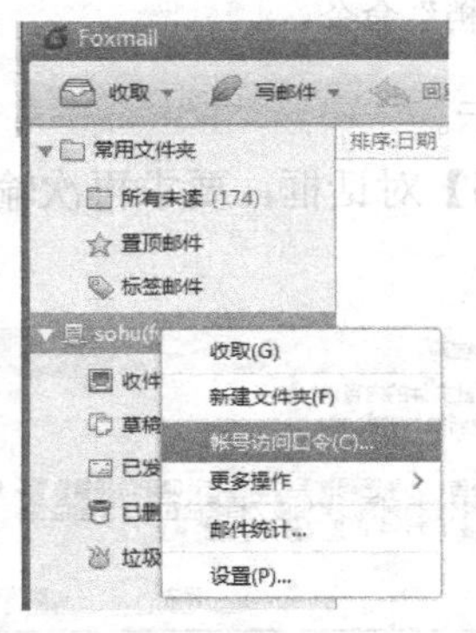

图 3-30　设置账户访问口令

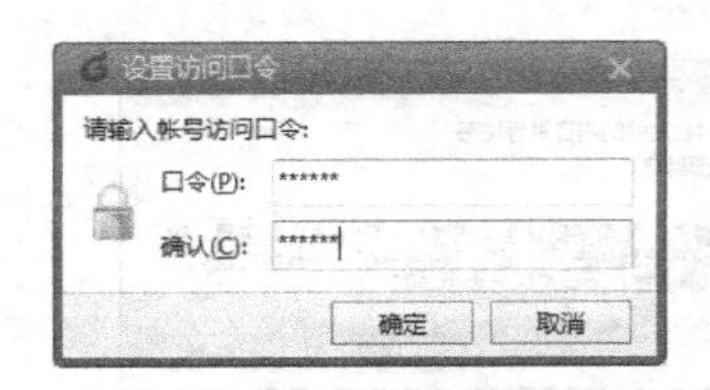

图 3-31　设置访问口令

2）设置了口令后，加密的账户前面将会有一把锁作为标记，表示此账户已经加密，如图 3-32 所示。

3）双击该账户，或者使用该账户收发邮件，将出现一个要求输入口令的对话框，如图 3-33 所示，输入正确的口令后方可继续执行。

图 3-32　添加口令后的账户

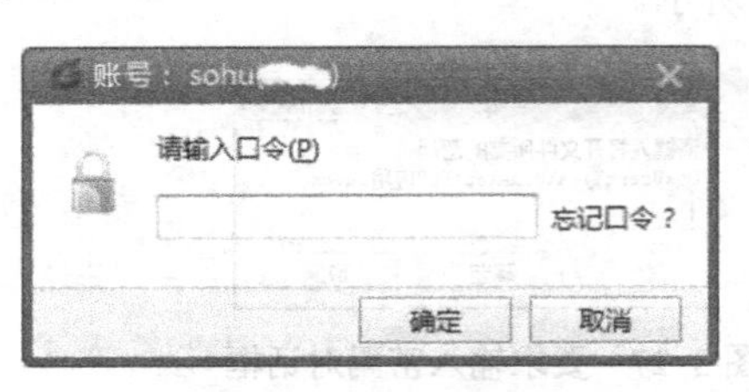

图 3-33　要示输入口令对话框

若要清除加密账户的密码，可以双击加密账户，输入正确的口令进入，然后在账户名上单击右键，会弹出快捷菜单，选择命令，打开【设置访问口令】对话框，不输入任何密码，单击【确定】按钮，即可取消设置的密码。

为了保障邮件信息安全，Foxmail 还允许用户为邮件设置密码。在写邮件时，单击 Foxmail 右上角的设置按钮，弹出菜单，选择“邮件加密...”命令，如图 3-34 所示。

在弹出的【邮件加密】对话框输入密码，收件人要输入发件人提供的密码方可查看邮件，如图 3-35 所示。

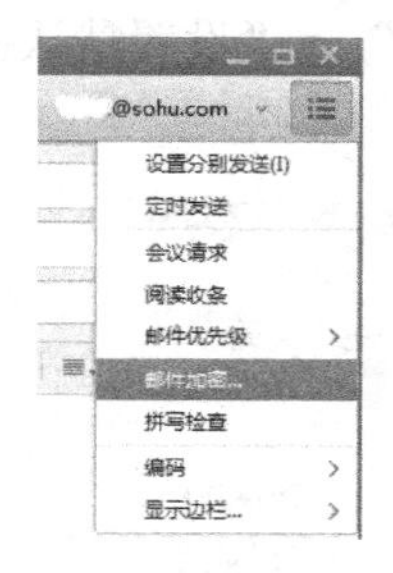

图 3-34　邮件加密命令

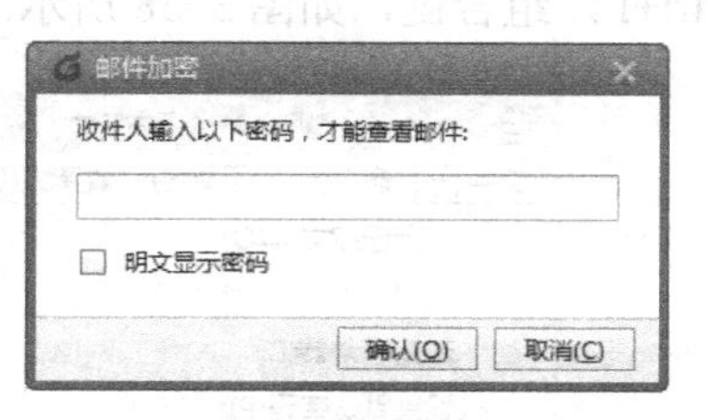

图 3-35　【邮件加密】对话框

输入密码后发送邮件给对方，对方收到的邮件打开后需下载，输入密码方可打开，如图 3-36 所示。

图 3-36　收到的 Foxmail 加密的邮件

下载并解压后打开文件，要求输入密码，如图 3-37 所示。

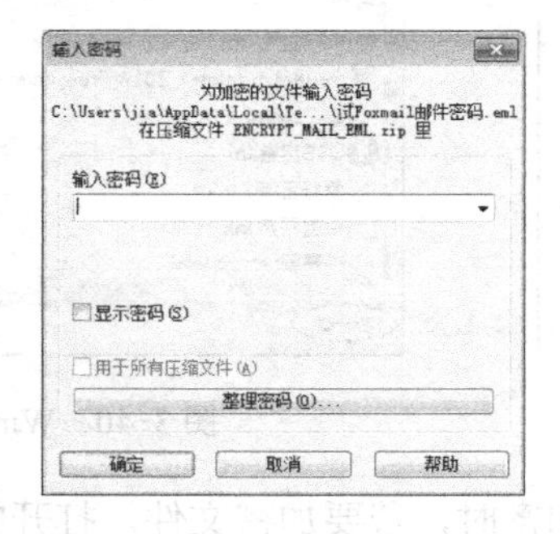

图 3-37　【输入密码】对话框

正确输入密码后方可打开通过 Foxmail 加密发送的邮件。

3.7.3　WinRAR 加密解密技术

在发送邮件时，信件内容可通过 Foxmail 等电子邮件编辑软件进行加密，而附件则可以用 WinZip、WinRAR 等这些常用的文件压缩工具进行加密。以 WinRAR 5.31 为例，RAR 和 ZIP 这两种格式均支持加密功能，若要加密文件，在压缩之前必须先指定密码，或直接在压缩文件名和参数对话框中指定，具体应用如下。

1）打开 WinRAR 软件，选取被压缩的文件，选择“文件”→“设置默认密码”命令，或者按下〈Ctrl+P〉组合键，如图 3-38 所示。

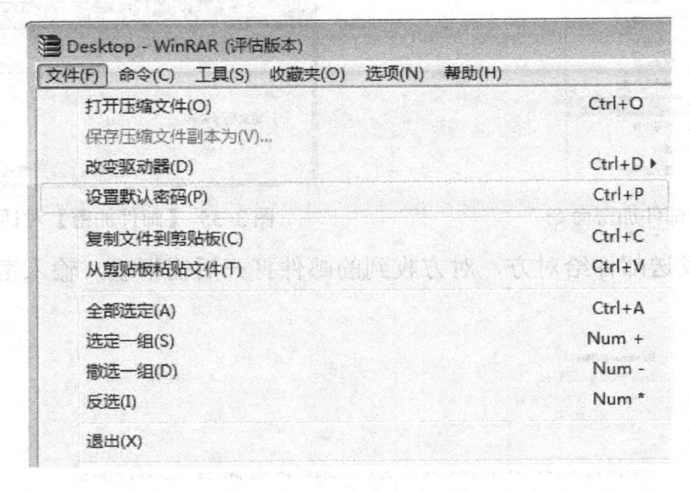

图 3-38　“文件”→“设置默认密码”命令

2）此时会打开【输入密码】对话框，如图 3-39 所示，在文本框中输入两次相同的密码，此时 WinRAR 处于加密状态，WinRAR 左下角的钥匙图标为红色，如图 3-40 所示。

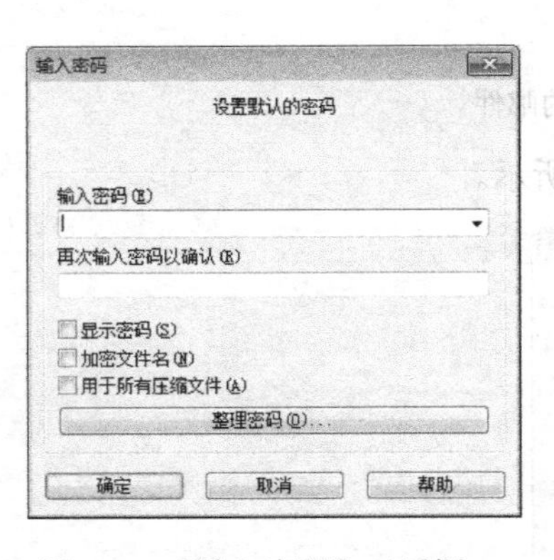

图 3-39　【输入密码】对话框

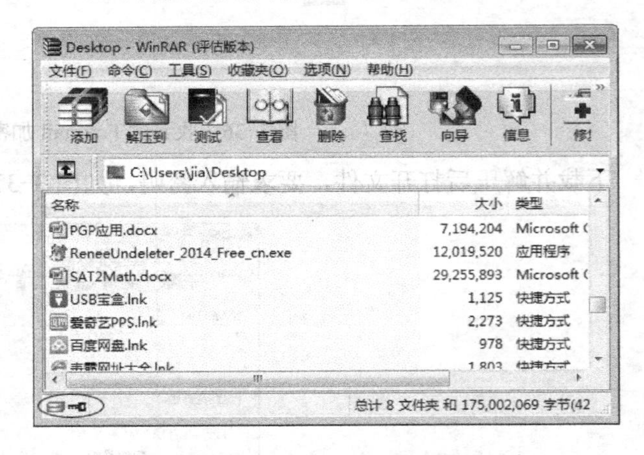

图 3-40　WinRAR 左下角的钥匙图标

3）在 WinRAR 启用密码加密时，若要加密文件，打开的加密对话框为【带密码压缩】对话框，如图 3-41 所示。

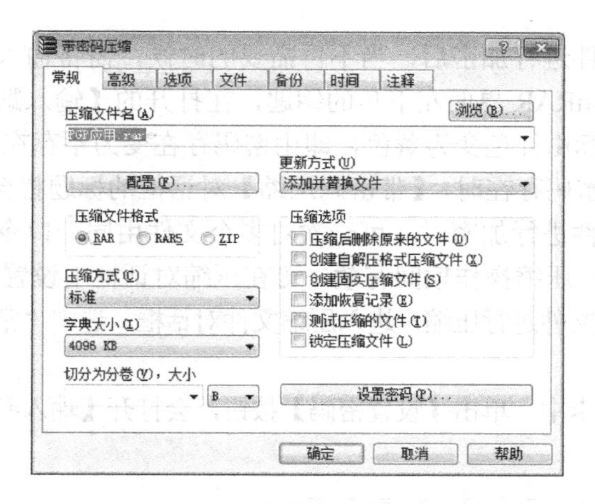

图 3-41 【带密码压缩】对话框

4）带密码压缩后，若要解压文件，则必须有口令。双击已压缩的文件，打开WinRAR，选取文件解压，则会弹出【输入密码】对话框，要求输入口令，如图 3-42 所示。

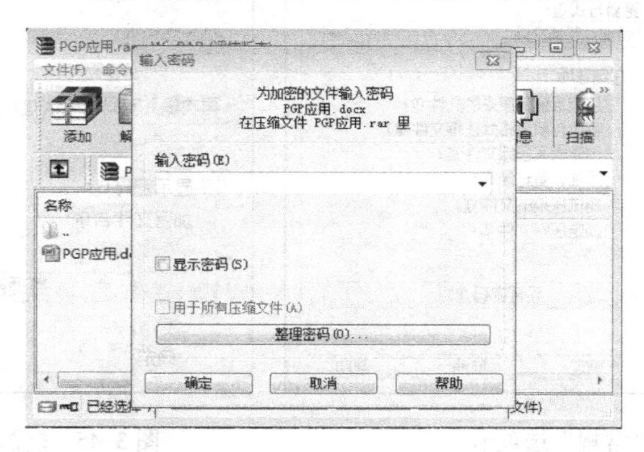

图 3-42 【输入密码】对话框

5）输入正确口令后才能正常解压，否则会提示解压出错，如图 3-43 所示。

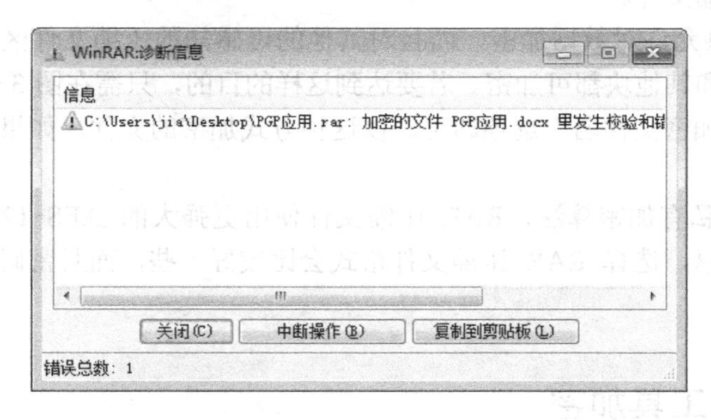

图 3-43 提示解压出错

最好使用任意的随机组合字符和数字作为密码，但一定是容易记住的，因为如果遗失密码，加密的文件将无法取出。

使用默认密码对文件进行加密后，当不再需要的时候，需将输入的密码删除。删除密码的方法，只需要单击 WinRAR 界面左下角的钥匙，在打开的【输入默认密码】对话框中输入空字符串即可使钥匙图标由红色变为黄色，即由密码存在变为不存在。或者先关闭 WinRAR 并重新启动一次，当有密码存在时，【带密码压缩】对话框的标题栏会闪烁两次。

在用默认密码对文件进行加密时，可一次对多个文件用同一口令加密。若对某一文件进行加密，即让口令在单一压缩操作期间有效，可在压缩对话框中设置密码，方法如下。

1）选取要被压缩的文件进行压缩，进入压缩文件对话框，选中“常规”选项卡，如图 3-44 所示。

2）在“常规”选项卡中，单击【设置密码】按钮，会打开【输入密码】对话框，如图 3-45 所示。

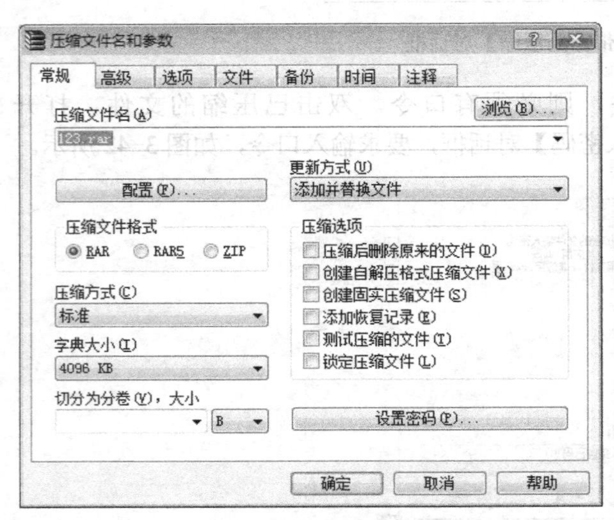

图 3-44 “常规”选项卡

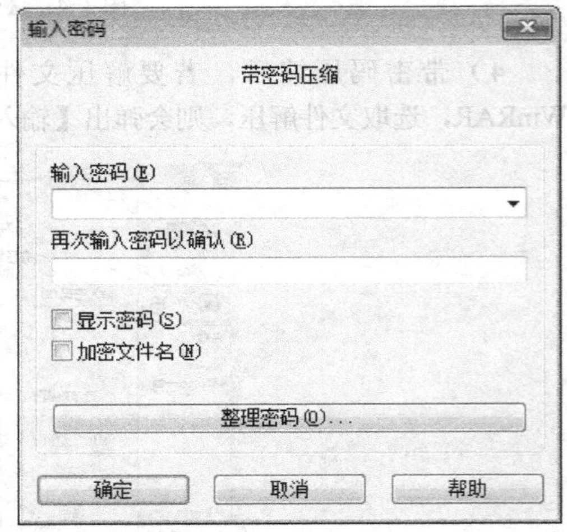

图 3-45 【输入密码】对话框

3）在“输入密码”和“再次输入密码以确认”文本框中输入密码，单击【确定】按钮，即可带密码压缩文件。

RAR 格式不只允许对数据加密，而且对其他的可感知的压缩文件区域，比如文件名、大小、属性、注释和其他块都可加密。若要达到这样的目的，只需在图 3-39 或图 3-45 所示的对话框中设置“加密文件名”选项即可。以这种方式加密的文件，如果没有密码甚至不可能查看文件列表。

ZIP 格式使用私有加密算法，RAR 压缩文件使用更强大的 AES-128 标准加密。如果需要加密重要的信息，选择 RAR 压缩文件格式会比较好一些，而且密码长度请最少选用 8 个字符。

3.8 使用加密工具加密

虽然在很多应用软件中都带有加密功能，但它们提供的算法毕竟相对简单，而且只能对其本身编辑的软件进行加密，再加上有许多针对它们的解密软件，所以在有些情况下用户需要更专业的加密，此时就可以用一些加密工具进行加密。

3.8.1 ABI-Coder 的应用

ABI-Coder 是 ABI- Software Development 的产品，是一个可对任何文件进行加密的免费软件，用到的加密算法包括 448 位的 Blowfish 算法、168 位的 3DES 和 256 位的 AES，可以实现一般的加密需要，其加密级可以达到军事级。

ABI-Coder 的最新版本可在 ABI Software Development 的主页http://www.abisoft.net下载，这里所用的是 ABI-Coder 3.6.1.4。

下载的 Coder.exe 为自安装程序包，直接运行就可以安装 ABI-Coder，安装过程中只需一路单击【Next】按钮，最后单击【Exit】按钮就可完成安装。

ABI-Coder 的主界面如图 3-46 所示。

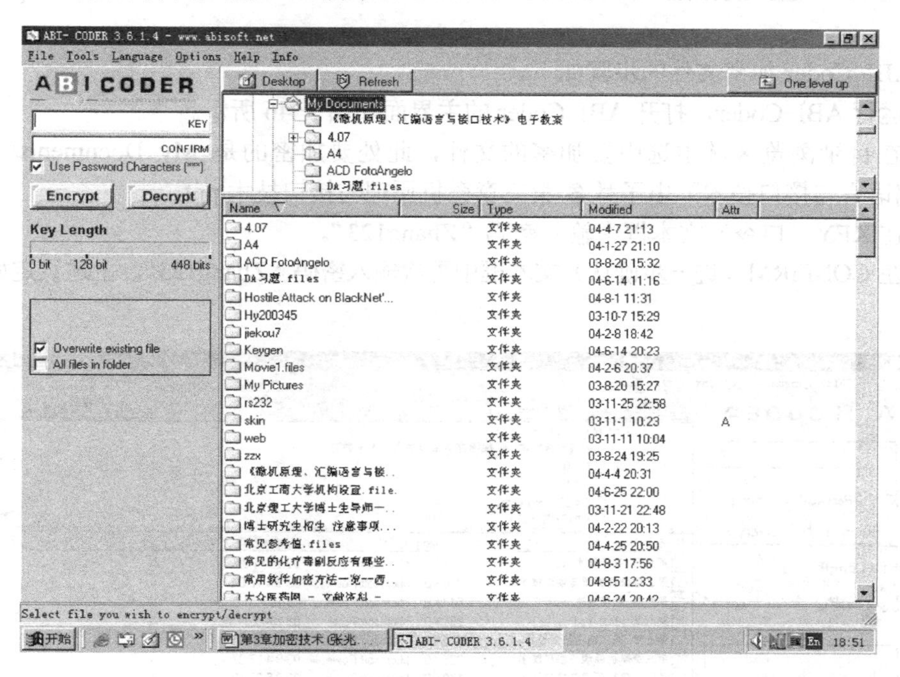

图 3-46 ABI-Coder 主界面

它的菜单中的命令情况如下。

1）File→Exit：退出。

2）Tools→Text editor：文本编辑器。

3）Tools→Send email：发送邮件。

4）Tools→Send decrypting file：制作自解密文件。

5）Language→English：英语。

6）Language→Italian：意大利语。

7）Language→German：德语。

8）Options→Blowfish algorithm(MAX 448 bits)：Blowfish 算法。

9）Options→3DES algorithm(MAX 168bits)：3DES 算法。

10）Options→AES algorithm(MAX 256bits)：AES 算法。

11）Options→Overwrite existing file：覆盖已存在文件。

12）Options→All files in folder：所有文件放入文件夹。

13）Options→Return to default settings：回到默认设置。

14）Help→ABI-Coder help：ABI-Coder 帮助信息。

15）Help→How safe is your security software：安全软件如何安全。

16）Info→About：关于此软件。

17）Info→Award：获得的荣誉。

18）Info→Compatible Encryption Software：可兼容的加密软件。

19）Info→news www.abisoft.net/news.html：www.abisoft.net/news.html的最新消息。

20）Info→Other Software by ABI-Software Development：ABI-Software Development 的其他软件。

用 ABI-Coder 加密文件的步骤如下。

1）运行 ABI-Coder，打开 ABI-Coder 的主界面如图 3-46 所示。

2）在目录浏览区域中选中要加密的文件，此处要加密的是 My Documents/《微机原理、汇编语言与接口技术》电子教案/第三章微机原理与接口技术.ppt。

3）在 KEY（口令）文本框中输入密码“Zhang123”。

4）在 CONFIRM（进一步确认）文本框中再次输入密码“Zhang123”，上述设定如图 3-47 所示。

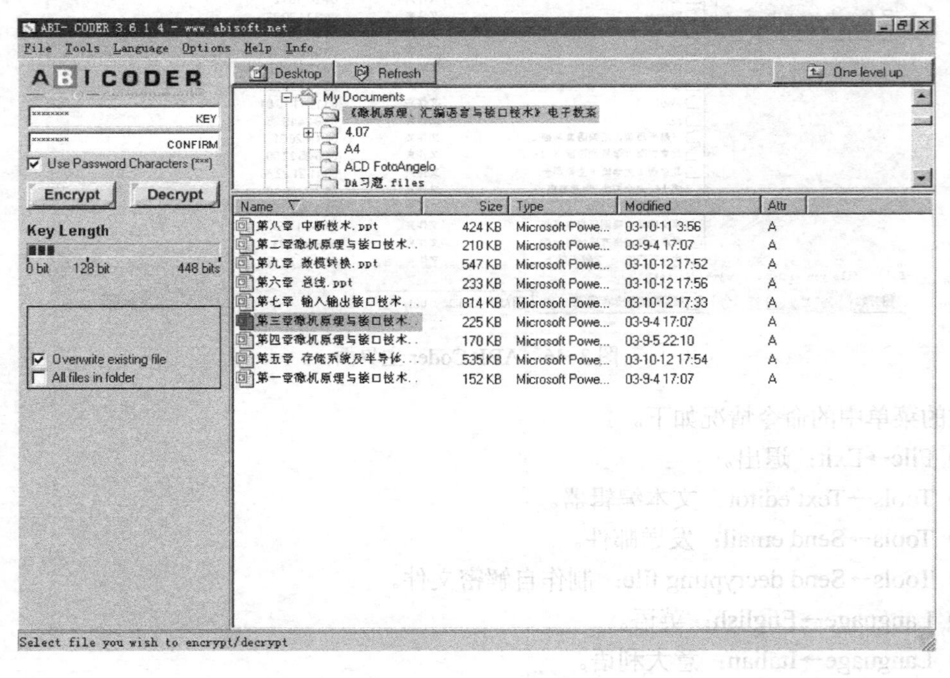

图 3-47　对要加密的文件设定口令

5）单击【Encrypt】按钮会弹出一个确认对话框，如图 3-48 所示。

6）单击【是】按钮，会出现加密的进度情况，加密完成后会有如图 3-49 所示的提示框出现。

图 3-48 确认对话框

图 3-49 加密完后的提示框

如果双击加密后的文件，会自动打开 ABI-Coder 应用程序，选中要解密的文件，输入正确口令，再单击【Decrypt】按钮就可以了。

上述加密是在默认的 Blowfish 算法下完成的，若用其他加密算法加密，可在菜单 Options 中选取相应加密算法，比如 Options→3DES algorithm(MAX 168bits)或 Options→AES algorithm(MAX 256bits)。

若用文本编辑器打开加密后的文本文件，看到的会是一堆乱码，可执行文件则不能运行。

3.8.2 电子邮件加密工具 A-Lock 的应用

对于电子邮件的加密，如果觉得用公钥方法比较麻烦，那么可以用一个小工具 A-Lock，它可以在不懂任何关于邮件认证的复杂技术情况下，轻松实现邮件加密。

A-Lock 加密方法是将邮件的文字重新编码使之成为乱码形式，解密时再排回原来的次序，恢复邮件的本来面目。在这里，口令保护非常重要，如果忘记了密码，将无法恢复加密的信息。

A-Lock 使用方法比较简单，下面以 A-Lock 7.21 为例来看邮件加密过程。

1）在电子邮件编辑软件或客户端中写好邮件内容，选取邮件内容，如图 3-50 所示。

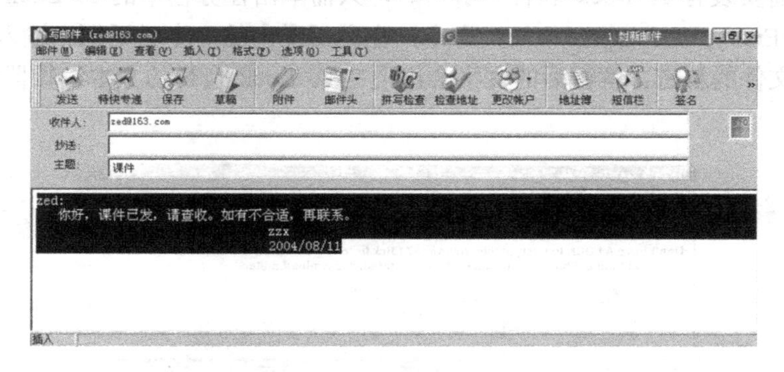

图 3-50 选取邮件内容

2）单击任务栏中的 A-Lock 图标，在出现的菜单中选择 Encrypt/Decrypt（Auto）（加密/解密）命令，如图 3-51 所示。

3）此时会弹出【A-Lock Password Required】对话框，如图 3-52 所示。在文本框中输入加密密码，但未注册用户只能用 7 位以内的密码。如果用户感兴趣，可以试试 Password Book 功能。

Encrypt/Decrypt (Auto)
Encrypt
View/Edit Password Book
Open Private Window
Options
Go to Key-Exchange
Help
Register for Full Strength
Exit
A-Lock V7.21 (56 bit)
Copyright (C) 1998-2004 PC-Encrypt Inc.

图 3-51 选择 Encrypt/Decrypt（Auto）命令

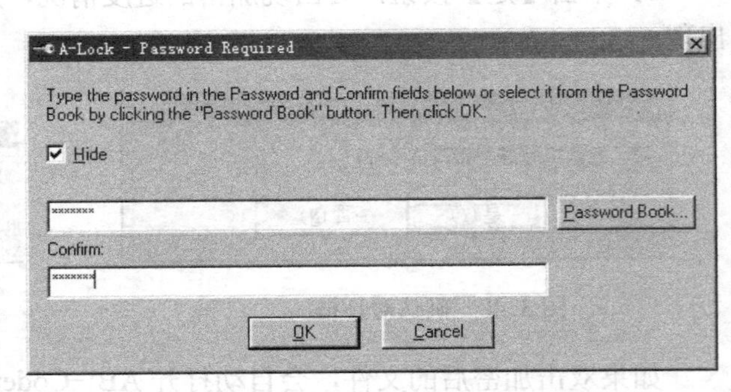

图 3-52 【A-Lock－Password Required】对话框

4）单击【OK】按钮，完成对邮件的加密。此时邮件内容已经变成了一堆乱码，如图 3-53 所示，然后把加密文件发送即可。

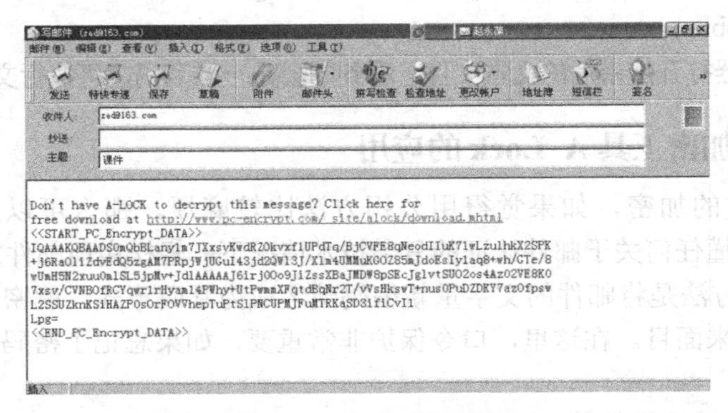

图 3-53 加密后的内容

解密端也需安装有 A-Lock 软件。解密时，只需单击任务栏中的 A-Lock 图标，在弹出的菜单中选择 Encrypt/Decrypt（Auto）命令，在之后弹出的口令对话框中输入解密密码，就可完成对加密文件的解密。解密后的文字会出现在 A-Lock 自带的文本编辑器中，如图 3-54 所示。

图 3-54 A-Lock 自带的文本编辑器中解密后的文本

3.9 计算机网络加密技术

以前所述的种种加密方法均可用于计算机网络系统中，如 DES、RSA、IDEA 等，但 DES 算法可能强度不够，易受攻击；RSA 算法强度很高，但耗费时间又很长，可能成为整个系统运行速度的瓶颈，使得在网络上进行多媒体影像等的传输速度不能满足要求。因此，可根据网络上不同的实际应用来选择相适应的算法，对来自高层的会话实体进行加密。目前常见的网络加密方式有链路加密、节点加密和端－端加密 3 种方式。

3.9.1 链路加密

链路加密通常在物理层和数据链路层中实现，这种加密方法的发送方是线路上的某台节点机，接收方则是传送路径上的各台节点机，将密码设备（如各种链路加密机）安装在两个节点间的线路上，只用于保护各节点间的数据，而信息在每台节点机内的解密和再加密则不能受到链路加密设备的保护，因为节点中的信息是以明文形式出现的。

因为在链路加密时，传输节点内的消息均要解密后重新加密，所以包括路由信息在内的链路上的所有数据均以密文形式出现。这样，链路加密就可掩盖被传输消息的源点与终点。

但信息从起点传送到终点，可能要经过许多中间节点，用链路加密方法，则在每个节点内均要暴露明文，这就要求保证每个节点的物理安全，如果链路上的某一节点安全防护比较薄弱，那么整个链路的安全可能就会毁于这个最薄弱的节点。

虽然链路加密在计算机网络环境中使用得相当普遍，但它除了节点信息的脆弱性外，还会有链路上的加密设备需要频繁同步所带来的数据丢失或重传问题。

一般来说，链路加密产品可用于电话网、DDN、专线、卫星点对点等通信环境，它包括主要用于电话网的异步线路密码机和用于许多专线的同步线路密码机。

3.9.2 节点加密

节点加密在操作方式上与链路加密是类似的，它是对链路加密的改进，克服了链路加密在节点处易遭攻击的弱点。在节点加密时，信息在网络节点不以明文形式存在，它把对收到的消息的解密和用另一个密钥加密的过程放在节点上的一个安全模块中进行。

节点加密的报头和路由信息是以明文形式传输的，这样节点中央处理装置才能恰当地选择数据的传输线路。因此，这种方法对于防止分析通信业务的攻击者是脆弱的。

3.9.3 端—端加密

端－端加密用于网络层以上的加密，它往往以软件的形式实现，在应用层或表示层上完成，也可用硬件完成，但往往难度很大。

端－端加密时，信息在被传输到终点之前不进行解密数据，这样从源点到终点的传输过程中信息始终以密文形式存在，使得消息在整个传输过程中均可受到保护，所以即使有节点被损坏也不会使消息泄露。

端到端加密系统由于在中间节点都不解密，所以仅需在发送节点和最终接收节点安装加密解密设备，使得这种系统相对成本较低。而且与前两种方法相比更可靠，更容易设计、实现和维护。

但是在端到端加密系统，信息所经过的节点都要用目的地址来确定选择传输路径，所以通常不允许对信息的目的地址进行加密。由于这种加密方法不能掩盖传输信息的源点与终点，同节点加密一样，它对于防止分析通信业务的攻击者是脆弱的。

3.10 实训

1．给邮件添加数字签名

（1）实训目的

深入理解数字证书，掌握数字证书的申请和应用。

（2）实训环境

要求每人使用一台装有 Windows 操作系统的计算机。

（3）实训步骤

1）到相关网站申请一个数字证书。

2）对自己的邮件添加数字签名后发送给朋友或同学。

3）将实训步骤写成实训报告。

2．用 PGP 加密系统加密相关信息

（1）实训目的

掌握 PGP 加密系统的应用。

（2）实训环境

要求每人使用一台装有 Windows 操作系统的计算机。

（3）实训步骤

1）双方都用 PGP 向导生成密钥。

2）把生成的公钥发送给同学或朋友。

3）请对方加密文件后，回发。

4）解密对方发送回的文件。

5）写出实训报告。

3．使用相关软件中的加密功能和相关的加密软件

（1）实训目的

掌握 Word、Foxmail 等软件的加密功能。

（2）实训环境

要求每人使用一台装有 Windows 操作系统和 Word、Foxmail 应用程序的计算机。

（3）实训内容

1）给 Word 文档加密码。

2）用 Foxmail 对邮件加密。

3）写出实训报告。

3.11 习题

1）用 DES 算法对明文为“computer”，密钥为“magician”的信息进行第一轮迭代。

2）使用 RSA 公开密钥体制进行加密，若 p=5，q=31，d=17，求出 a，并对“student”进行加密。

第4章 备份技术

4.1 备份技术概述

4.1.1 备份的概念

计算机网络安全的主体是数据，数据的重要性对于用户来说是不言而喻的，正是由于硬件故障、软件损坏、病毒侵袭、黑客入侵、错误操作及其他意想不到的原因时刻都在威胁着计算机中重要的数据。计算机网络安全的需求是要保证在一定的外部环境下系统资源的安全性、完整性、可靠性、保密性、有效性和合法性，而要保证系统资源的完整性和可靠性可以通过各种手段来完成，其中数据的备份与恢复技术在网络安全中是一项非常重要且必要的措施。

随着计算机技术的发展，越来越多地使用计算机系统处理日常业务，以缓解日益加剧的市场竞争和不断增长的业务需求。目前各行各业计算机应用的普及率越来越高，计算机网络也在迅速发展，但计算机系统在提高效率的同时，有一个问题越来越不容忽视——数据失效。

根据统计，全球每年因数据损坏造成的损失超过 30 亿美元，随着网络的普及以及愈趋复杂的跨平台应用环境，网络管理者所面对的挑战是急剧膨胀的数据量，越来越复杂的数据类型，24 小时不停运转的关键任务数据库，而每天可以提供给备份工作的时间却越来越短。计算机网络中可能出现物理故障和逻辑故障，它们都将导致系统无法正常运行。不论是天灾或是人为疏忽所造成的数据损失，对用户造成的冲击及财务损失都是一场可怕的灾难。数据失效将会严重影响日常业务的正常运行，同时还将影响到企业的形象。一旦发生数据失效，最关键的问题在于如何尽快恢复数据，使系统恢复正常运行。据统计，在曾经经历数据失效超过 10 天的企业中，有 80%的企业会在一年内退出市场。

在生活中，数据的备份与恢复技术使用得非常普遍，例如在使用的个人计算机中，为了防止数据的破坏和丢失，通常复制一份，其中复制就是备份的一种技术。在网络环境下，有些网络系统的实时性、可靠性及安全性很高，比如银行系统和证券系统，它们所涉及的数据相当重要，一旦网络发生重大故障将会带来不可估量的损失。如果用户采用了有效的数据备份与恢复技术，那么在系统资源破坏的情况下，用户利用恢复技术可以将损失降到最低。

备份的概念就是保留一套后备系统，这套后备系统或者是与现有系统一模一样，或者是具有能够替代现有系统的功能。

与备份对应的概念是恢复，恢复是备份的逆过程。在发生数据失效，计算机系统无法使用时，由于保存了一套备份数据，利用恢复措施就能够很快将损坏的数据重新建立起来。

下面介绍与备份有关的一些概念。

（1）复制

备份与复制是有区别的。人们所说的复制是把数据另外拷贝一份，只是单纯地拷贝数据，而所说的备份不单是拷贝文件里的内容，还可以备份文件的权限以及系统内的各种参数，这些参数不能通过简单的复制来完成，这些在 Windows 的网络操作系统中有很好的体现，例如文件的权限、加密文件系统（EFS）、磁盘配额等信息都可以实现较好的备份。

（2）备份窗口

在一个工作周期内留给备份系统进行备份的时间长度。如果备份窗口太小，则应注意提高备份的速度；如果备份窗口太大，则要注意备份设备的存储容量。

（3）本地备份

本地备份是指在本机硬盘中指定的特定区域进行备份，这样备份的优点是速度快、操作简单。

（4）异地备份

异地备份是将数据备份到与计算机分离的存储介质上，比如移动硬盘或者光盘等。优点是安全性能要比本地备份高一点。

（5）备份服务器

备份服务器是指在连接备份介质的计算机上负责对数据进行备份工作的专用服务器。在备份服务器上一般都要安装相应的备份软件以系统地对数据进行备份。

（6）24×7 系统

在一些特殊情况下，某些部门的计算机或者网络系统必须在一天 24 小时、一周 7 天，也就是说一年 365 天时刻都在运行，这样的系统称为 24×7 系统。

（7）推技术

在备份窗口较小的情况下，为了提高备份效率，网络管理员对备份服务器下达备份命令时，备份服务器对所有客户端代理程序下达备份数据打包的命令。当客户端收到命令后，自动对备份服务器所要求的备份数据进行过滤；然后将过滤后的数据进行封装，此时所有的客户端同时进行过滤封装作业；最后将所有过滤封装好的数据自动“推”向服务器。这种备份技术称为推技术。

（8）故障点

在计算机系统中，所有可能影响日常操作和数据的部分都称为故障点。一个好的备份计划应该覆盖尽可能多的故障点。

4.1.2 备份数据的类型

在备份技术中，所备份的内容就是数据，数据在计算机中有多种类型，这里将数据大致分为以下 3 种类型。

1. 属于自己编辑和积累的文件

这类数据是用户在生活和工作中的劳动果实，由于是自己的工作成果，所以此类数据对本人是相当重要的，同时这类数据也是独一无二的，所以对这类数据要随时进行备份，最好做到动态备份和冗余备份，这样万一出错可随时进行恢复。

2. 安装软件所生成的文件

计算机的运行依靠软件，用户在安装软件时，包括系统软件和应用软件，一部分是将源文件解压复制到计算机中，这类文件可以通过重新安装或者复制得到，没有备份的必要。另外一部分文件是在安装软件的过程中根据本机和用户的信息自动生成的一些文件，并且这些信息时刻在发生动态的更新，而且这类数据对计算机的正常运行是必不可少的。比如 Windows 中的注册表文件和系统配置文件，当由于这类文件产生的错误导致软件不能运行时，人们没必要重新安装软件，只要恢复这类文件即可，所以这类文件对软件的正常运行来说非常重要，用户有必要对这类文件进行备份。

3. 网络或其他媒体上的文件

这类文件可以失而复得，重新通过这些媒体得到，但是有时会由于网站的更新和其他一些特殊原因导致用户所下载或复制来的文件对用户来说是唯一的数据，只要是唯一的数据就要备份，这是备份的一个原则。

4.1.3 备份的方式

在实际工作当中，要求备份的数据情况有所不同，所采用的备份方法也不尽相同，有的用户为了提高数据的安全性需要备份计算机中的所有数据，而有的用户只需备份其中的一部分数据。从备份策略来讲，现在的备份可分为 4 种：完全备份、增量备份、差分备份、累加备份。下面来讨论这前 3 种备份方式。

1. 完全备份

完全备份是指对整个系统或用户指定的所有文件数据进行一次全面的备份，这是最基本也是最简单的备份方式，这种备份方式的好处就是直观，容易被人理解。如果在备份间隔期间出现数据丢失等问题，可以只使用一份备份文件快速恢复所丢失的数据。但是它的不足之处也很明显：它需要备份所有的数据，并且每次备份的工作量也很大，需要大量的备份介质，如果完全备份进行得比较频繁，在备份文件中就有大量的数据是重复的。这些重复的数据占用了大量的磁带空间，对于用户来说就意味着增加成本。而且如果需要备份的数据量相当大，那么备份数据时进行读写操作所需的时间也会较长。因此这种备份不能进行得太频繁，只能每隔一段较长时间才进行一次。但是一旦发生数据丢失，只能使用上一次的备份数据恢复到前次备份时的数据状况，这期间内更新的数据就有可能丢失。

2. 增量备份

增量备份就是只备份在上一次备份后增加、改动的部分数据，每一次增量都源自上一次备份后的改动部分。为了解决上述完全备份的两个缺点，更快、更小的增量备份应时而出。因为在特定的时间段内只有少量的文件发生改变，没有重复的备份数据，既节省了磁带空间，又缩短了备份的时间。因而这种备份方法比较经济，可以频繁地进行。典型的增量备份方案是在偶尔进行完全备份后，频繁地进行增量备份。但是在增量备份系统中，一旦发生数据丢失或文件误删除操作时，恢复工作会比较麻烦，因为恢复操作需要查询一系列的备份文件，从最后一次完全备份开始，将记录在一次或多次的增量备份中的改变应用到文件上，增量备份的恢复需要多份的备份文件才可以完成。在这种备份下，各盘磁带间的关系就像链子一样，一环套一环，其中任何一盘磁带出现了问题都会导致整条链子脱节。因此，这种备份的可靠性也最差，如图 4-1 所示。

3. 差分备份

差分备份就是只备份在上一次完全备份后有变化的部分数据。差分备份需在完全备份之后的每一天都备份上次完全备份以后变化过的所有数据，所以在下次完全备份之前，每天备份的工作量在逐渐增加。如果只存在两次备份，则增量备份和差分备份意义相同。差分备份的优点是备份数据量适中，恢复系统时间短，如图 4-2 所示。

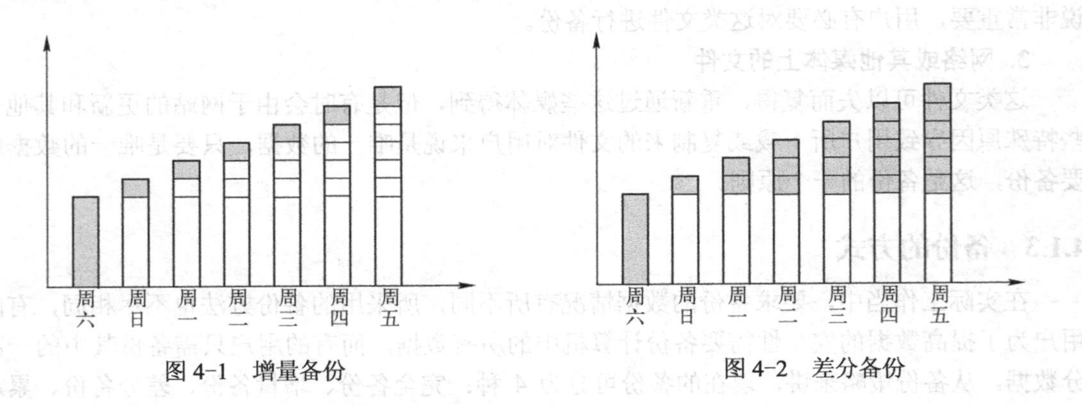

图 4-1　增量备份　　　图 4-2　差分备份

以上 3 种备份方式的区别见表 4-1。

表 4-1　3 种备份方式的区别

备 份 方 式	占用空间	备份速度	恢复速度
完全备份	最多	最慢	最快
增量备份	最少	最快	最慢
差分备份	介于两者之间	介于两者之间	介于两者之间

一般在使用过程中，这 3 种备份策略常结合使用，常用的方法有完全备份、完全备份+增量备份、完全备份+差分备份。

完全备份会使大量数据移动，选择每天完全备份的客户经常直接把磁带介质连接到每台计算机上（避免通过网络传输数据），其结果是较差的经济效益和较高的人力花费。

完全备份+增量备份源自完全备份，不过减少了数据移动，其思想是较少使用完全备份。比如在周六晚上进行的完全备份，在其他 6 天则进行增量备份。使用周日到周五的增量备份能保证只移动那些在最近 24 小时内改变了的文件，而不是所有文件。由于只有较少的数据移动和存储，增量备份减少了对磁带介质的需求。对客户来讲，则可以在一个自动系统中应用更加集中的磁带库，以便允许多个客户机共享昂贵的资源。

可是当人们采用完全备份+增量备份这种方法恢复数据时，完整的恢复过程首先需要恢复上周六晚的完全备份，然后覆盖自完全备份以来每天的增量备份。该过程最坏的情况是要设置 7 个磁带集（每天一个）。如果文件每天都改的话，则需要恢复 7 次才能得到最新状态。

完全备份+差分备份方法主要考虑到使用完全备份+增量备份方法恢复很困难，增量备份考虑的问题是自昨天以来哪些文件改变了，而差分备份方法考虑是自完全备份以来哪些文件发生了变化。在使用完全备份进行第一次备份后，由于完全备份就在昨天，因此采用增量备份和差分备两种备份方法所得到的结果是相同的。但对于以后的备份，结果就不一样了，使用增量备份进行每次备份后只能恢复 24 小时内改变的文件，而差分备份可以在每次备份后恢复每天变化的文件。例如在周六进行一次完全备份后，到了周日则备份 48 小时内改变了的文件，周一则备份 72 小时内改变了的文件，以此类推。尽管差分备份比增量备份移动和存储更多的数据，但恢复操作比采用增量备份简单多了。

4.1.4 备份采用的存储设备

数据的备份离不开存储设备，在计算机的组成结构中，有一个很重要的部分就是存储器。存储器是用来存储程序和数据的部件，对于计算机来说，有了存储器，才有记忆功能，才能保证正常工作。存储器分为内存储器和外存储器，而备份所用到的存储器则是外存储器。随着计算机的发展越来越迅猛，存储设备也随之越来越先进，其存储容量也越来越大。大家最常用的外存储介质主要包括 U 盘、硬盘、光盘、移动硬盘和磁带。随着网络的发展壮大，网络存储已成为时代的主流，比如用户现在用到的云存储。下面将简单介绍以上提到的 5 种最常用的存储介质。

1. U 盘

U 盘可以说是近几年来使用最多的移动存储设备，同样也是一种不错的备份设备。它有众多特点：体积小、价格便宜、重量轻、读写速度快、无须外接电源、可热插拔、携带简单方便等，不仅可以在台式计算机、便携式计算机、苹果电脑之间跨平台使用，还适用于不同的数码设备与计算机间传输、存储各类数据文件。另外，在保存数据的安全性上也表现得非常出色，并且有些 U 盘本身还带有加密功能，是普通个人用户备份数据的较佳存储设备。

2. 硬盘

硬盘具有读写速度快、容量大等优点，用户在使用个人计算机时可以将一些数据备份到硬盘中，例如用户一般将自己编辑的一些数据默认存放在“我的文档”中，而“我的文档”默认的是 C 盘，如果硬盘被感染病毒，例如 CIH 病毒，人们在恢复硬盘数据时，后面的分区相对 C 盘来说恢复数据的成功率要大得多，所以为了提高自己编辑数据的安全性，最好将“我的文档”中的数据备份到硬盘后面的分区。另外在备份数据量比较大的文件时，例如学习资料、电影，在没有刻录机和移动硬盘的情况下，也只能备份到计算机中的硬盘里。

硬盘虽然是一种比较好的备份设备，但也有它自身的缺点。计算机中的硬盘很容易受到病毒的感染，如果被那些恶性病毒感染，那么整个硬盘中的数据就有可能无法恢复，这样的损失是相当惨重的，所以在使用计算机的过程中一定要注意防毒。另外硬盘是一种制造非常精密的器件，在计算机中是最“娇气”的，很容易在震动的情况下受到损坏，而损坏后很难修复，所以在移动计算机的过程中一定要小心，尤其是在开机的情况下更不要轻易地移动。

有些时候可以采用双硬盘，比如计算机更新换代时，原来的硬盘搁置起来也没有用时，可以把它安装到计算机中，成为计算机的第二块硬盘，这个硬盘专用来备份数据，这样备份速度快，容量大，安全性相对也高一点。

3. 光盘

随着 VCD、DVD 及多媒体计算机的普及，光盘越来越多地进入千家万户，大大方便了家庭的娱乐与学习。一张小小的塑料圆盘，其直径不过 12cm（5int)，重量不过 20g，而存储容量却高达 4 个多 GB 的字节。如果单纯存放文字，一张 CD-ROM 相当于 15 万张 16 开的纸，足以容纳数百部的著作。光盘在制作成本上也是相当低廉的，只有几毛钱，所以光盘在所有的存储媒质中是成本最低的一种。当然人们要想将数据写入到光盘，必须购买刻录机。

为了保护好光盘，在日常使用中我们一定要注意以下几点：

- 光盘在临时放置时不要随意乱放，而要将光面朝上。
- 经过一个阶段的使用之后，光盘表面很容易沾有脏迹或产生霉斑，这时，切忌用酒精、汽油、磁头清洁剂等有机溶剂进行擦拭清洗，以免损伤光盘。可以用干净的棉球蘸点清水进行清洗，或是将光盘放在自来水龙头下用凉水轻轻冲洗，然后用软布擦干。除此之外，还可以用专用清洁剂进行清洗。
- 不要在阳光下暴晒，否则会引起光盘变形，严重时会使其中存放数据的光盘反射层遭到破坏，使数据丢失。

4．移动硬盘

对绝大多数用户来说，移动硬盘中存储的数据价值已经远远高于产品的价格，因此，作为数据存储的必要随身设备，移动硬盘不仅要具有防摔、抗震等强大的物理安全性能，同时还需要具备数据加密、防护备份等多方面数据安全功能。因此，虽然价格较高，但是选择具备数据安全性能的原装移动硬盘还是非常值得的。对于经常需要进行大容量数据随身存储的用户来说，一款便于携带且具有海量数据存储功能的移动硬盘绝对是最佳选择。移动硬盘有以下特点：

- 容量大。移动硬盘容量一般几百 GB 至几 TB，非常适合需要携带大型的图库、数据库、软件库的用户。
- 兼容性好，即插即用。移动硬盘采用了计算机外设产品的主流接口——USB 接口，通过 USB 线或者 1394 连线轻松与计算机联系，在 Windows XP、Windows 7、Windows 8 等操作系统下完全不用安装任何驱动程序，即插即用，十分方便。
- 速度快。移动硬盘大多采用 USB、IEEE 1394、ESATA 接口。USB 2.0 接口传输速率是 60 Mbit/s，USB 3.0 接口传输速率可达 625 Mbit/s，IEEE 1394 接口的传输速率是 50～100 Mbit/s。当与主机交换数据时，一个 GB 的文件只需要几分钟就可轻松完成，特别适合视频和音频数据的交换，远胜其他移动存储设备。

5．磁带

磁带以其高容量、低价格、技术成熟、标准化程度高和互换性好的特点成为绝大多数系统首选的数据备份、灾难恢复及海量数据存储中不可替代的设备。

磁带产品有磁带机、磁带库、磁带阵列和自动加载磁带机。磁带机一般指单驱动器产品，是一种经济、可靠、容量大、速度快的备份设备。磁带库由多个驱动器、多个槽、机械手臂组成，并可由机械手臂自动实现磁带的拆卸和装填。它可以使多个驱动器并行工作，也可以将几个驱动器指向不同的服务器来做备份，存储容量达到 PB 级，可实现连续备份、自动搜索磁带等，并可在管理软件的支持下实现智能恢复、实时监控和统计，是集中式网络数据备份的主要设备。磁带阵列可以与多个服务器工作，没有机械手臂，不能做自动备份，但可在网络上工作，具备远程管理的功能。它适于在机架式环境下使用，同时适合高性能处理，尤其对于那些需要做复杂备份但缺少资金的用户是良好的选择。自动加载磁带机是一种小型磁带自动存储备份设备，它通常由一个驱动器、多个槽、机械手臂组成，可通过软件来实现自动备份，可备份的数据量为几百 GB 或更多。内置在自动加载磁带机和磁带库里的驱动器必须具备高密度、小体积及高可靠性的特点。

磁带机和磁带库目前的主要应用是数据备份，磁带库作为海量数据存储设备将会得到越来越广泛的应用。因为随着图形、图像、音视频等多媒体数据的大量涌现，智能化的大型磁带库在金融、电信、广播电视、军队和大型科研单位都有着非常广阔的应用前景。

4.1.5 网络备份

随着对网络应用的依赖性越来越强和网络数据量的日益增加，企业对数据备份的要求也在不断提高。许多数据密集型网络，重要数据往往存储在多个网络节点上，如科研、设计、媒体编辑等，除了对中心服务器备份之外，还需要对其他服务器或工作站进行备份，有的甚至要对整个网络进行数据备份，即全网备份。网络备份服务可以帮助客户避免因为意外停机而带来的经济损失，及时用备份数据恢复系统，保证客户网上业务的连续性。

理想的网络备份系统主要包含以下几个重要功能。

1. 文件备份和恢复

在网络备份中，一个优秀的网络备份方案能够在一台计算机上实现整个网络的文件备份。因为网络备份系统通常使用专用备份设备，为网络上的每台计算机都配置专用设备显然是不现实的。所以，利用网络进行高速的备份是网络备份方案必需的功能。

2. 数据库备份和恢复

随着计算机技术、通信技术和网络技术的迅速发展，以及软件方面研究成果的不断涌现，逐渐出现了全文数据库、联机数据库和通过 Internet 访问查询的数据库。如果用户的数据库系统是基于文件系统的，那么当然可以用备份文件的方法备份数据库。但发展至今，数据库系统已经相当复杂和庞大，再用文件的备份方式来备份数据库已不适用。是否能够将需要的数据从庞大的数据库文件中抽取出来进行备份，是网络备份系统是否先进的标志之一。

3. 系统灾难恢复

灾难恢复措施在整个备份制度中占有相当重要的地位，因为网络备份的最终目的是保障网络系统的顺利进行，所以优秀的网络备份方案能够备份系统的关键数据，并在网络出现故障甚至损坏时，能够迅速地恢复网络系统。从发现故障到完全恢复系统，理想的备份方案耗时不应超过 0.5 个工作日。

4. 备份任务管理

对于网络管理员来说，备份是一项繁重的任务，网络系统备份对他们来说，更是任务艰巨。网络管理员要记住备份的数据在哪里、什么时候需要、备份哪些数据等，这些琐碎的小事常常把人搅得晕头转向。网络备份能够实现定时自动备份，大大减轻管理员的压力。

5. 网络备份的其他功能

随着计算机病毒的日益猖獗，病毒的侵袭已引起人们的高度重视，这就要求存储备份产品集成病毒扫描、修复和病毒特征库自动升级的功能，为电子商务数据提供最全面的保护。

电子商务企业越来越多地开始采用存储局域网络，而无主机备份功能可使企业无须经过主机/服务器直接在磁盘与磁带间备份与恢复数据，这使服务器即使在备份时也可完全用于运行关键任务应用程序，这对于电子商务企业而言，可运用零占用主机性能的特点极大地提高资源的利用率。

4.2 备份的层次与备份方法

4.2.1 备份的层次

在备份技术中，备份可分为3个层次：硬件级、软件级和人工级。

1. 硬件级的备份

硬件级的备份是指用冗余的硬件来保证系统的连续运行，比如磁盘镜像、容错等方式。如果一个硬件损坏，那么后备硬件会立刻能够接替其工作。

这种备份的优点是可以有效地防止硬件故障对系统的影响，能够保障系统的连续运行，提高了系统的可用性，但这种方式无法防止逻辑上的错误，如人为误操作、病毒、数据错误等。据有关统计，计算机系统中80%以上的错误属于人为误操作。当逻辑错误发生时，硬件备份只会将错误复制一遍，无法真正保护数据。硬件备份的作用实际上是保证系统在出现故障时能够连续运行，更应称为硬件容错，而非硬件备份。

2. 软件级的备份

软件级的备份是指将系统数据备份到其他介质上，当系统出错时可以将系统恢复到备份时的状态。由于这种备份是由软件来完成的，所以称为软件备份。

软件级备份的优点在于可以完全防止逻辑错误，因为备份介质和计算机系统是分开的，错误不会复写到介质上。这就意味着，只要保存足够长时间的历史数据，就一定能够恢复正确的数据。但是使用这种方法备份和恢复花费的时间要比硬件级备份多得多。

3. 人工级的备份

人工级的备份最为原始，也最简单和有效。如果每笔交易都有文字记录，就不愁恢复不了数据。但如果要从头恢复数据，耗费的时间恐怕相当长。因此，全部数据都用手工方式恢复是不可取的。

一种理想的备份系统要求是全方位、多层次的。利用3种备份相结合的方式可构成对系统的多级防护，不仅能够有效地防止物理损坏，还能够彻底防止逻辑损坏。但是理想的备份系统成本太高，不易实现。在设计方案时，往往只选用简单的硬件备份措施，而将重点放在软件备份措施上，用高性能的备份软件来防止逻辑损坏和物理损坏。

4.2.2 硬件级备份

硬件级备份一般采用的技术可分为磁盘镜像、磁盘双工、磁盘阵列和双机热备份几种方式。

1. 磁盘镜像

磁盘镜像是在一台服务器上安装两个硬盘，也就是说使用一块磁盘控制器连接两个性能相同的硬盘。

磁盘镜像的工作原理是当服务器系统向一块硬盘写入数据时，同时也向第二块硬盘写入数据，此时这两块硬盘内的数据是一模一样的，这样两块硬盘内的数据就形成了镜像。当其中的一块硬盘出现故障时，另一块硬盘马上运行，因为这两块硬盘内的数据是一样的，这样可以保障网络的正常运行。

磁盘镜像的优点是可以有效地防止单个硬盘的损坏，但是它不能防止逻辑上的损坏，另外因为采用的是一块磁盘控制器，所以当磁盘控制卡出现问题后，磁盘镜像也就失去了它本身的意义，整个网络系统也就随之瘫痪。

2. 磁盘双工

磁盘双工与磁盘镜像的道理类似，只是磁盘双工采用了两块磁盘控制器，这样可以有效防止其中的一块磁盘控制器出现故障而导致网络的瘫痪。磁盘双工的优点是传输速率要比磁盘镜像高，但是它的成本也高。

3. 磁盘阵列

近几年来，随着计算机硬件的飞速发展， CPU 的处理速度增加了 50 倍之多，内存的存取速度也大幅增加，硬盘无论在容量、存取速度还是可靠性方面都得到了很大提高。然而这一提高还是跟不上处理器的发展要求，使得硬盘仍然成为计算机系统中的一个瓶颈。为了解决应用系统对磁盘高速存取的要求，来自美国加州大学伯克利分校的 Patterson 教授提出了冗余磁盘阵列（Redundant Array of Inexpensive Disks，RAID）的概念。

所谓磁盘阵列，是将普通硬盘组成一个磁盘阵列，在主机写入数据，RAID 控制器把主机要写入的数据分解为多个数据块，然后并行写入磁盘阵列；主机读取数据时，RAID 控制器并行读取分散在磁盘阵列中各个硬盘上的数据，把它们重新组合后提供给主机。由于采用并行读写操作，提高了存储系统的存取程度。此外，RAID 磁盘阵列还可以采用镜像、奇偶校验等措施来提高系统的容错能力，保证数据的可靠性。

由于对数据安全的要求不同，根据磁盘阵列所采用的技术，磁盘阵列包括几种不同的级别，称为 RAID level，而每一 level 代表一种技术，这些级别不但决定了磁盘阵列的磁盘数目，还决定了数据是如何写到磁盘上的。目前业界公认的标准是 RAID 0～RAID 5。这个 level 并不代表技术的高低，level 5 并不高于 level 3，至于要选择哪一种 RAID level 的产品，用户可根据自己的操作环境而定，与 level 的高低没有必然的关系。

RAID 0 及 RAID 1 适用于 PC 及与 PC 相关的系统，如小型的网络服务器、需要高磁盘容量与快速磁盘存取的工作站等，比较便宜；RAID 3 及 RAID 4 适用于大型计算机及影像、CAD/CAM 等处理；RAID 5 多用于 OLTP，因金融机构及大型数据处理中心的迫切需要，故使用较多而且较有名气；RAID 2 较少使用，其他如 RAID 6、RAID 7 乃至 RAID10 等，都是厂商各做各的，并无一致的标准，在此不作说明。

磁盘阵列技术常用的 RAID level 有 6 个级别，其中，RAID 2 和 RAID 4 两个级别在实际中很少应用，多数系统也不支持。下面分别对 RAID 0、RAID 1、RAID 3、RAID 5 分别进行简单介绍。

RAID 0：当计算机在写入数据时，RAID 控制器将数据分成许多块，然后并行地将它们写到磁盘阵列中的各个硬盘上；读出数据时，RAID 控制器从各个硬盘上读取数据，把这些数据恢复为原来顺序后传给主机。这种方法的优点是采用数据分块、并行传送方式，能够提高主机读写速度，并且磁盘阵列中的存储空间没有冗余。但它对系统的可靠性没有任何提高，任一个硬盘介质出现故障时，系统将无法恢复，如图 4-3 所示。

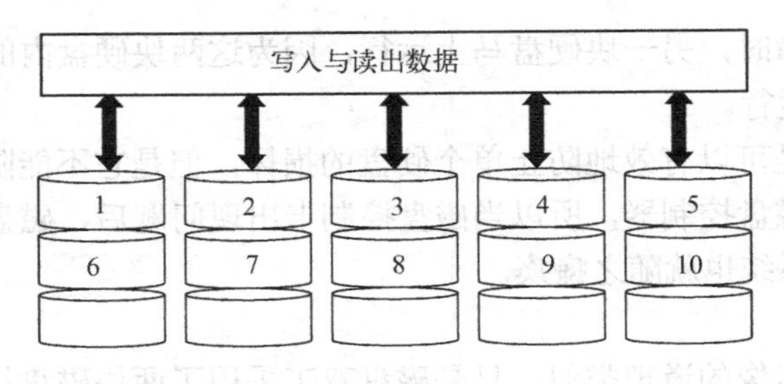

图 4-3 RAID 0

RAID 1：它把磁盘阵列中的硬盘分成相同的两组，互为镜像，当任一磁盘介质出现故障时，可以利用其镜像上的数据恢复，从而提高系统的容错能力。对数据的操作仍采用分块后并行传输的方式。所以 RAID 1 不仅提高了读写速度，也加强了系统的可靠性。但其缺点是硬盘的利用率低，冗余度为 50%，如图 4-4 所示。

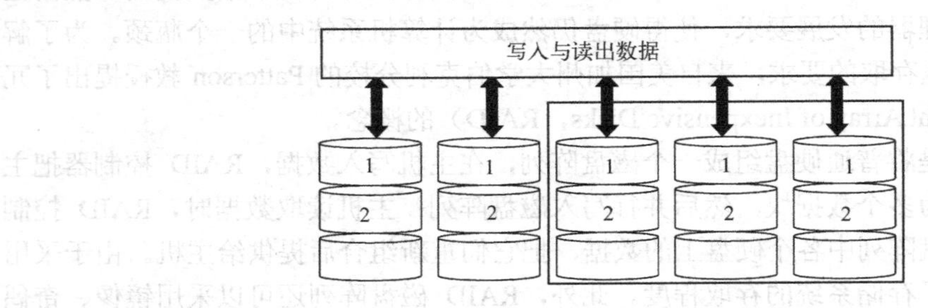

图 4-4 RAID 1

RAID 3：采用数据分块并行传送的方法，但所不同的是它在数据分块之后计算它们的奇偶校验和，然后把分块数据和奇偶校验信息一并写到硬盘阵列中。采用这种方法对数据的存取速度和可靠性都有所改善，当阵列中任一硬盘损坏时，可以利用其他数据盘和奇偶校验盘上的信息重构原始数据。在硬盘利用率方面，RAID 3 比 RAID 1 要高，例如由 5 个硬盘组成的阵列，冗余度只有 20%。不过，RAID 3 也有缺点，由于奇偶校验信息固定存储在一个硬盘上，使该硬盘负担较重，从而产生新的瓶颈，如图 4-5 所示。

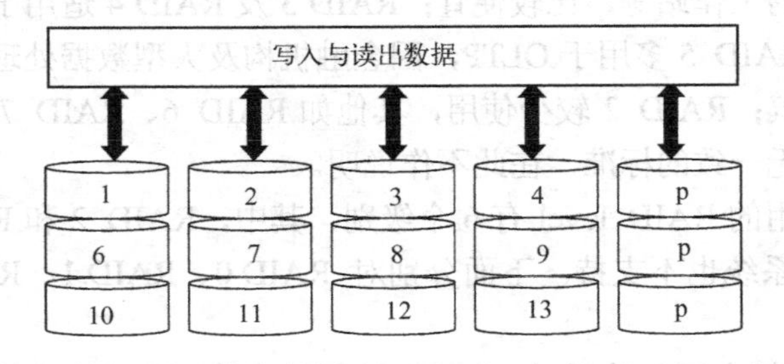

图 4-5 RAID 3

RAID 5：最通行的配置方式。它是具有奇偶校验的数据恢复功能的数据存储方式。在 RAID 5 里，奇偶校验数据块分布于阵列里的各个硬盘中，这样的数据连接会更加顺畅。

如果其中一个硬盘损坏，奇偶校验数据将被用于数据的重建，这是一个很通行的做法。这种方式的缺点是数据的读写时间会相对长些（在写入一组数据时必须完成两次读写操作）。它的容量是N-1，最小必须有3个硬盘，如图4-6所示。

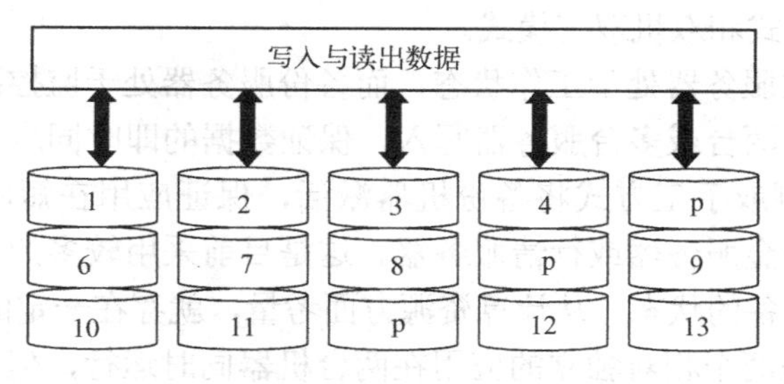

图4-6　RAID 5

表4-2为几种RAID level的比较。

表4-2　几种RAID level的比较

RAID level	特点	数据可靠性	数据传输效率	最少磁盘数
0	数据分布于磁盘阵列中 不提供保护信息	低	很高	2
1	复制所有的数据	高	高	2
3	数据分布于所有的数据磁盘 保护信息存储在一个保护磁盘上	高	最高	3
5	数据存储在一个磁盘的带区里，保护信息分散在用户数据中	高	很高	3

除以上外，人们还可以用软件技术实现RAID磁盘阵列。Windows NT操作系统提供的磁盘分条、带奇偶校验的磁盘分条、磁盘镜像和双工等存储方法其实就是RAID技术的软件实现。其中磁盘分条对应于RAID 0，磁盘镜像和双工对应于RAID 1，带奇偶校验的磁盘分条则对应于RAID 5。与RAID设备相比，这些方法的最大优点是价格便宜，不过性能也要低很多。

4. 双机热备份

双机热备份又称双机容错，是一种软件和硬件相结合的技术。服务器是网络系统的核心，要保障网络系统良好地运行，除了采用高性能的服务系统外，现在用得最多的一种技术就是双机热备份。

双机热备份就是配备两台一致的服务器系统，一台作为主服务器，另一台作为备份服务器，两台通过网卡和网线连接起来。当系统运行时，数据存入主服务器，同时也存入备份服务器。当主服务器出现故障时，系统切换到备份服务器，也就是说此时备份服务器立即接管工作，保障网络的正常运行，实现网络不中断。当主服务器修复后，控制权再切换到主服务器系统。

那么两台服务器之间是如何顺利切换的呢？双机热备份系统采用“心跳”方法保证主服务器与备份服务器取得联系。所谓“心跳”，指的是主从系统之间相互按照一定的时间间隔发送通信信号，表明各自系统当前的运行状态。一旦“心跳”信号表明主机系统发生故障，或者备用系统无法收到主机系统的“心跳”信号，则系统的高可用性管理软件认为主机系统发生故障，主机停止工作，并将系统资源转移到备用系统上，备用系统将替代主机发挥作用，以保证网络服务运行不间断。

在双机热备份技术中，根据两台服务器的工作方式可以有 3 种不同的工作模式，即双机热备模式、双机互备模式和双机双工模式。

双机热备模式：主服务器处于工作状态，而备份服务器处于监控准备状态，服务器数据包括数据库数据同时往两台或多台服务器写入，保证数据的即时同步。当主服务器出现故障的时候，通过软件诊测或手工方式将备份机器激活，保证应用在短时间内完全恢复正常使用。典型应用在证券资金服务器或行情服务器。这是目前采用较多的一种模式，但由于另外一台服务器长期处于后备的状态，从计算资源方面考量，就存在一定的浪费。

双机互备模式：是两个相对独立的应用在两台机器同时运行，但彼此均设为备机，当某一台服务器出现故障时，另一台服务器可以在短时间内将故障服务器的应用接管过来，从而保证了应用的持续性，但对服务器的性能要求比较高，配置相对要好。

双机双工模式：是目前群集的一种形式，两台服务器均为活动状态，同时运行相同的应用，保证整体的性能，也实现了负载均衡和互为备份。

4.2.3 软件级备份技术

硬件备份技术可以有效地防止物理故障，保障了系统在发生故障时网络不间断运行。但当系统发生逻辑错误时，硬件备份技术只能原样地恢复错误，这就是硬件备份技术的局限性。

就双机热备份而言，确保这种方案备份有效性的前提：在某一时刻，两台机器中只能有一台机器发生故障，如果两台机器不巧都同时出现了故障，那么整个网络就将陷入瘫痪灾难的状态。而在现实生活中，人们无法预计的许多自然灾害，以及令人防不胜防的病毒等，都极有可能使两台机器同时出现故障。而且对于那些人为的错误而引起的数据丢失，硬件备份根本无能为力。

软件备份技术是指通过操作系统中提供的备份功能或者专业的备份软件将数据备份到异地的存储介质上，当系统出错时可以将系统恢复到备份时的状态。由于这种备份是软件来完成的，所以称为软件备份。使用这种方法备份和恢复都要花费一定时间。在进行软件级备份时，要结合企业的实际需求，灵活地选择完全备份、增量备份和差量备份方法。

在 Windows 的几个版本中，备份功能是它最基本的一项重要功能，它提供了对整个系统进行备份、备份指定文件或文件夹、只备份系统状态数据 3 种方式。可定时备份（计划作业），不用人为干预，就可将备份数据备份到本机指定目录或网络目录上。该备份工具支持普通、副本、增量、差异和每日 5 种备份类型，用户可根据自己的需要进行选择。当系统出现问题时，可通过用户的备份进行恢复。当然这种方法在系统完全崩溃时就无法使用了。

另外，一些专业的备份软件也是用户经常用到的，比如 Ghost，它可以把一个磁盘上的全部内容复制到另外一个磁盘上，也可以把磁盘内容复制为一个磁盘的镜像文件，以后用户可以用镜像文件创建一个原始磁盘的复制。人们在使用备份软件时需要注意以下几点。

1. 选择合适的备份软件

一个功能强大的备份软件应该支持多种文件格式的备份，支持跨平台备份，支持网络远程集中备份，所以在选择备份软件时要选择适合自己需求的软件。对于正常运行系统，备份软件在后台运行，以保持数据的同步，用来保障原始文件与备份文件的一致性。

2. 选择合适的备份方法

在进行数据的备份时，一定要根据用户的需求备份文件或文件夹，备份时是否需要压缩和加密，是否选择文件数据同步等。比如在进行系统备份时就不要选择压缩备份，备份保密性的文件时应选择加密备份。

3. 选择合适的保存方法

将备份后的数据存放到哪里同样是相当重要的，如果备份的文件存放不当，那么人们所有的备份将前功尽弃。例如将数据存放到软盘上，而软盘存放要求比较高，不能放在潮湿、高温、强磁场的环境下，一旦由于这些原因导致数据不能正确地从软盘中读取，同样造成相当大的损失，所以选择存放介质也是需要考虑的问题。存放到本地硬盘也需要考虑一些问题，比如 CIH 病毒，这种病毒一旦发作就有可能破坏用户的整个硬盘。要避免这些情况的发生可以选择异地备份和冗余备份等多种备份方法同时进行。

理想的备份系统应该是全方位、多层次的。因此，最有效的备份是使用一种大容量的设备对整个网络系统进行备份。首先，要使用硬件备份来防止硬件故障。如果由于软件故障或人为误操作造成了数据的逻辑损坏，则使用软件方式和手工方式相结合的方法恢复系统。这种结合方式构成了对系统的多级防护，不仅能够有效地防止物理损坏，还能够彻底防止逻辑损坏。这样，无论系统遭到何种程度的破坏，都可以很方便地将原来的系统恢复。

4.3 Windows 7 中的备份与恢复

4.3.1 Windows 7 中系统保护的概念

系统保护是定期创建和保存计算机系统文件和设置的相关信息的功能，系统保护也保存已修改文件的以前版本。它将这些文件保存在还原点中，在发生重大系统事件（例如安装程序或设备驱动程序）之前创建这些还原点。每 7 天中，如果在前面 7 天中未创建任何还原点，则会自动创建还原点，也可以随时手动创建还原点。

安装 Windows 的驱动器将自动打开系统保护，只能为使用 NTFS 文件系统格式化的驱动器打开系统保护。所以，人们常说的系统保护就是指创建还原点，只要系统保护被打开（默认是打开的）：

- 默认每 7 天会自动创建一次还原点。
- 在安装 Windows 驱动程序或应用软件时一般会创建还原点。
- 当文件被修改时一般会创建还原点（要求 NTFS 格式分区，且开启保护）。
- 也可以手动创建还原点。

有以下两种方法可以利用系统保护：

- 如果计算机运行缓慢或者无法正常工作，则可以使用“系统还原”和还原点将计算机的系统文件和设置还原到较早的时间点。
- 如果意外修改或删除了某个文件或文件夹，则可以将其恢复到创建还原点之前的数据。

4.3.2 Windows 7 中系统保护的功能

1. Windows 7 创建系统映像

Windows 7 系统映像跟 Ghost 很类似，系统映像支持手动创建或在计划备份中创建。创建系统映像时，系统盘是必需的，也可以选择包含其他驱动器，所以 Windows 7 系统映像保护是针对驱动器进行的，是全部“备份”。相比 Windows 7 的系统保护而言，Windows 7 系统映像支持各种还原策略，比如启动、网络、移动存储等。

唯一的缺点是，Windows 7 映像文件压缩比非常低，比如创建 9.7 GB 的系统盘，创建后系统映像应达到 8 个多 GB。总之，Windows 7 的系统映像需要手动进行，这跟下面的计划备份里提到的系统映像创建方法不同（也可能结果是一样的）。

2. Windows 7 的计划备份

Windows 7 的计划备份也称自动备份，默认也是关闭的。计划备份可以面向整个驱动器进行（所以也可以选择系统驱动器），也可以面向某些文件、文件夹进行，相对比较灵活，这也是计划备份的一个重要特点。

3. Windows 7 创建修复光盘

Windows 7 系统修复光盘，在系统出现严重错误时，可以用来启动进入系统修复选项，用来帮助用户修复 Windows。创建的系统修复光盘中，实际上只有 4 个文件（除引导文件外），所以只能作为启动进入修复选项使用。至于恢复的过程及效果，还是要看上面的还原点、映像还有计划备份内容。

4. Windows 7 系统还原

Windows 7 操作系统中有个功能叫作系统还原，系统还原能够在操作系统出现故障且不能稳定运行的时候还原到相对稳定的状态，当然前提是必须开启此功能并设置过备份。Windows 7 的系统还原包含以下内容：

- 从还原点还原；
- 从映像还原；
- 从计划备份还原。

所有这些还原内容，既可以在 Windows 7 平台上进入操作，也可以在 Windows 7 的启动修复界面中进入操作。

4.3.3 Windows 7 系统的备份与还原

1. 开启/关闭 Windows 7 中的系统保护功能

Windows 7 的系统还原可以按照以下步骤开启或关闭：右击“计算机”后选择 “属性”→“系统保护”→“配置”命令。一般情况下，在打开的【系统保护本地磁盘】对话框中，系统还原都是默认选择第一项“还原系统设置和以前版本的文件”，如图 4-7 所示。

“还原系统设置和以前版本的文件”“仅还原以前版本的文件”和“关闭系统保护”三者的区别简单而言，前者会将还原点以前的系统设置，例如开机启动项目、电源设置等系统设置一并还原；“仅还原以前版本的文件”可以保留还原点以后的系统设置；“关闭系统保护”即不使用 Windows 7 系统还原功能。

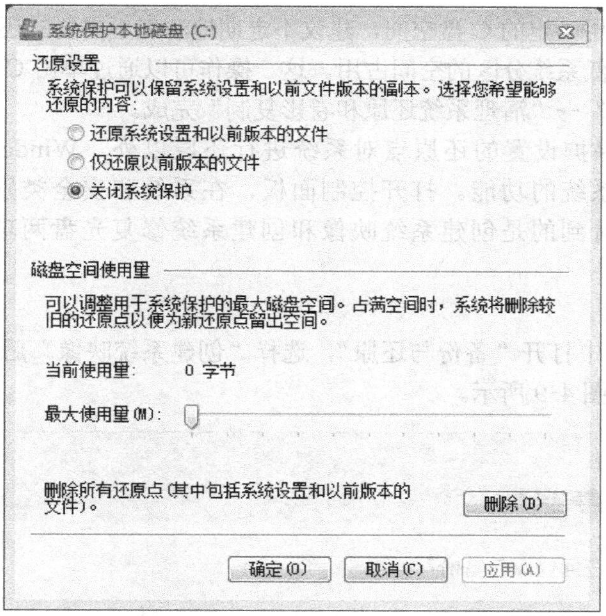

图 4-7　设置 Windows 7 中的系统保护

2. 创建系统还原点

Windows 7 的系统还原功能会不定期地创建系统还原点，用户也可以手动创建系统还原点，操作如下：右击“计算机”后选择“属性”→“系统保护”→“创建”命令，在弹出的对话框中输入还原点名称，单击【创建】按钮即可，如图 4-8 所示。

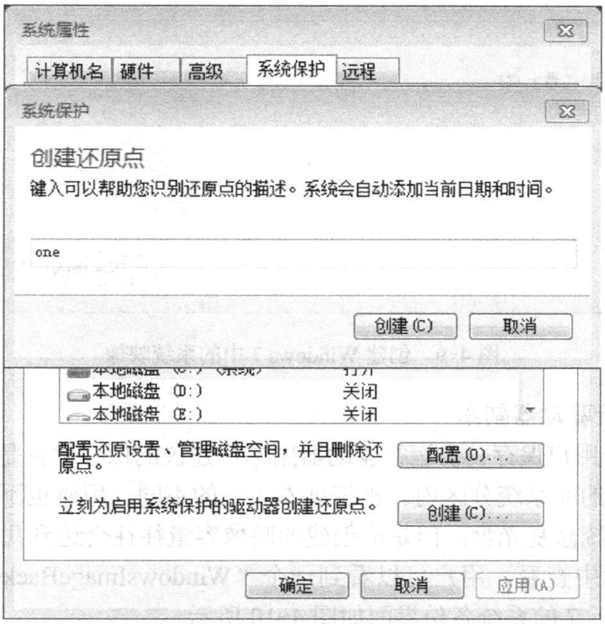

图 4-8　创建 Windows 7 中的还原点

创建还原点会占用一定的C盘空间，建议不定期地清理不需要的还原点，只留下最近一次创建的还原点，降低系统分区的空间占用。这一操作可以通过单击C盘“属性”→“磁盘清理”→“其他选项”→“清理系统还原和卷影复制”完成。

除了利用系统保护设置的还原点对系统进行还原以外，Windows 7 还提供了备份镜像、从镜像还原系统的功能。打开控制面板，在系统和安全类别下，进入备份和还原项目下。左侧能看到的是创建系统映像和创建系统修复光盘两项，主区域是设置备份选项。

3. 创建系统映像

在“控制面板”中打开“备份与还原”，选择“创建系统映像”后选择在何处保存备份来创建系统映像，如图4-9所示。

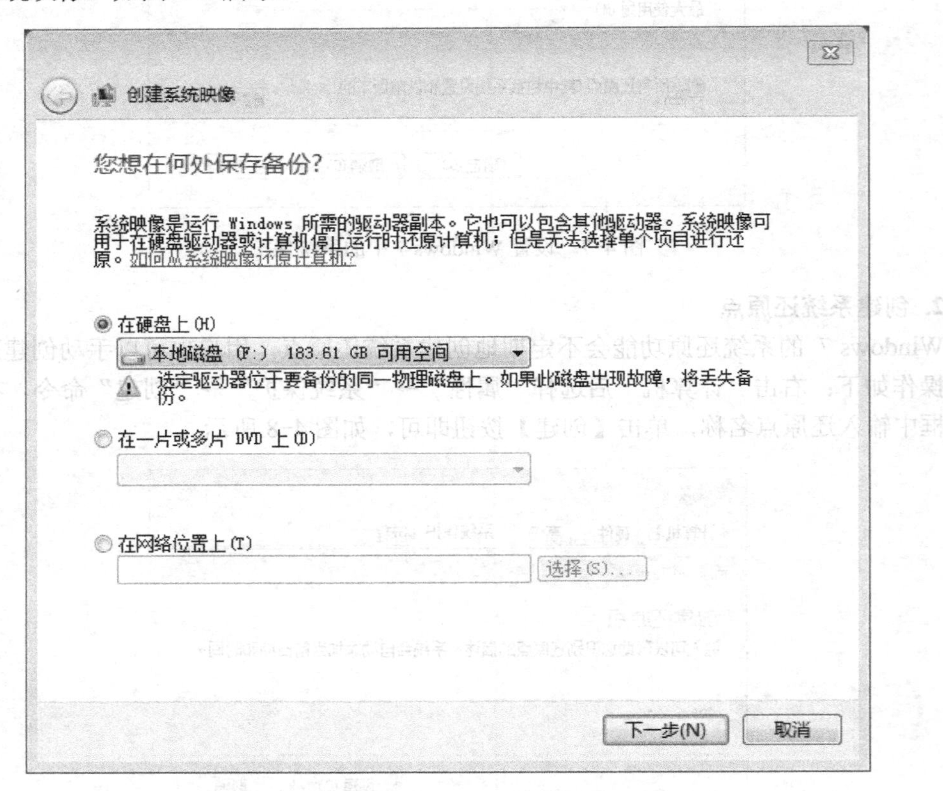

图4-9 创建 Windows 7 中的系统映像

4. 保存一份运行驱动器副本

Windows 会引导用户保存一份运行驱动器副本，建议的保存位置是另外一块移动硬盘，而不是同一块硬盘上的非系统分区内。根据副本大小的不同，用时也不相同。创建完毕后，还会提示是否创建系统修复光盘，但是所创建的映像容量往往会达到几张 DVD 的容量。这之后进入到目标硬盘中查看，用户可以看到一个“WindowsImageBackup”的文件夹，它就是备份所在。Windows 7 的系统备份界面如图4-10所示。

5. 从还原点开始还原

进入到“系统属性”中的“系统保护”设置来启动系统还原，如图4-11所示。

图 4-10　Windows 7 中的系统备份

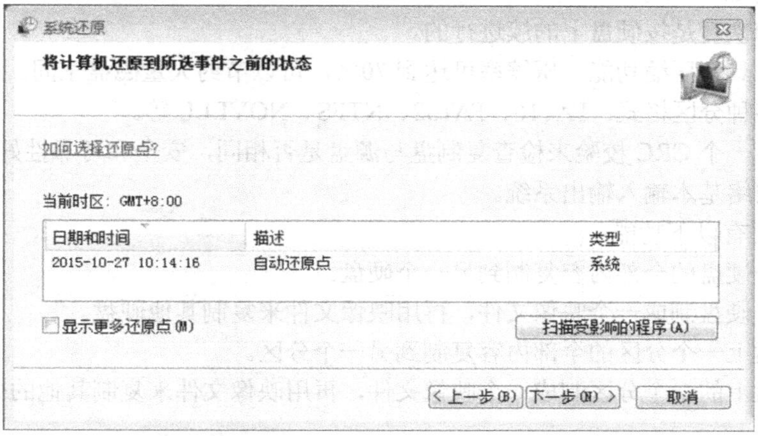

图 4-11　Windows 7 中的系统还原

另外，Windows 7 还提供撤销还原的功能，实际上是在进行还原之前先创建一个还原点。比如用户进行还原后某个应用软件不可用了，通过撤销还原就能够恢复到还原之前安装了该应用软件的状态，操作与进行还原一致。

通过以上操作，能够得出的结论是 Windows 7 的系统还原功能做得已经相当出色，它为用户提供了多种修复操作系统故障的途径。当然，这一切的前提是，用户必须开启系统还原功能，并且在操作系统工作状态良好的情况下定期进行备份操作。Windows 7 的系统修复功能不像 OEM 厂商提供的还原功能那样，还原之后用户需要重新安装全部软件和驱动，因此在省时省力上更具优势。

4.4　克隆利器——Ghost

4.4.1　Ghost 介绍

上面介绍了如何在 Windows 下备份数据，其中包括 Windows 中的系统文件及注册表文件等 Windows 中的重要文件。当系统中的这些文件遭到破坏后，用户可以利用这些备份的系统文件进行恢复，这样可以让 Windows 重新运行。但由于一些特殊情况，即使恢复了这些系统文件，Windows 也不能正常运行，只能重装系统。而重装系统是一件非常烦琐的事情，再加上安装驱动程序、应用软件等会浪费大量宝贵的时间。下面介绍一款非常出色的备份软件——Ghost。

Ghost 以功能强大、使用方便著称，成为硬盘备份和恢复类软件中最出色的免费软件之一。Ghost 工作的基本方法是将硬盘的一个分区或整个硬盘作为一个对象来操作，可以完整复制对象（包括对象的硬盘分区信息、操作系统的引导区信息等），并打包压缩成为一个映像文件，在需要的时候，又可以把该映像文件恢复到对应的分区或对应的硬盘中。对于一个机房，使用 Ghost 软件可迅速方便地实现系统的快速安装和恢复，而且维护起来也比较容易。

Ghost 的特点：

1）备份和恢复是按硬盘上的簇进行的。

2）备份时具有压缩功能，压缩率可达到 70%，可以节约大量磁盘空间。

3）支持多种分区格式：FAT16、FAT32、NTFS、NOVELL 等。

4）提供了一个 CRC 校验来检查复制盘与源盘是否相同，安全和可靠性好。

5）支持网络基本输入输出系统。

Ghost 主要有以下功能：

1）把一个硬盘的全部内容复制到另一个硬盘。

2）把整个硬盘制成一个映像文件，再用映像文件来复制其他硬盘。

3）把硬盘上一个分区的全部内容复制到另一个分区。

4）把硬盘上的一个分区制成一个映像文件，再用映像文件来复制其他的分区。

4.4.2 Ghost 备份硬盘上的数据

基于 Ghost 的以上几种功能，这里只介绍最常用的一个功能：将硬盘上的一个分区备份成一个镜像文件。其他功能的操作与之类似，在这里不再详细介绍了。

1）在纯 DOS 下执行 Ghost.exe 文件，进入以下界面，如图 4-12 所示。

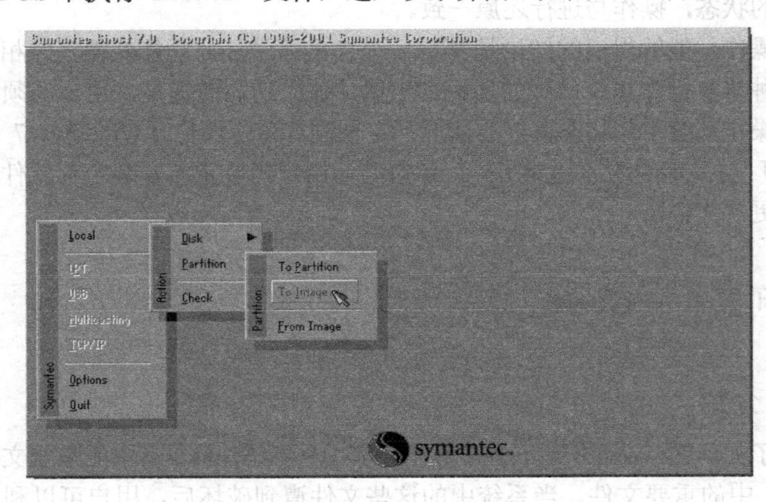

图 4-12 Ghost 主界面

运行 Ghost 后，首先看到的是主菜单，其中各个选项的含义如下。
Local：本地硬盘间的操作；
LPT：并行口连接的硬盘间的操作；
Options：设置（一般使用默认值）。
以单机为例，选择【Local】菜单，这里又包括以下子菜单。
Disk：硬盘操作选项；
Partition：分区操作选项；
Check：检查功能（一般忽略）。
因为要完成的是将一个分区镜像成一个文件，所以选择“Partition”，将会看到如下命令。
TO Partition：分区对分区复制；
TO Image：分区内容备份成镜像；
From Image：镜像复原到分区。
2）选择“TO Image”后，对话框如图 4-13 所示。

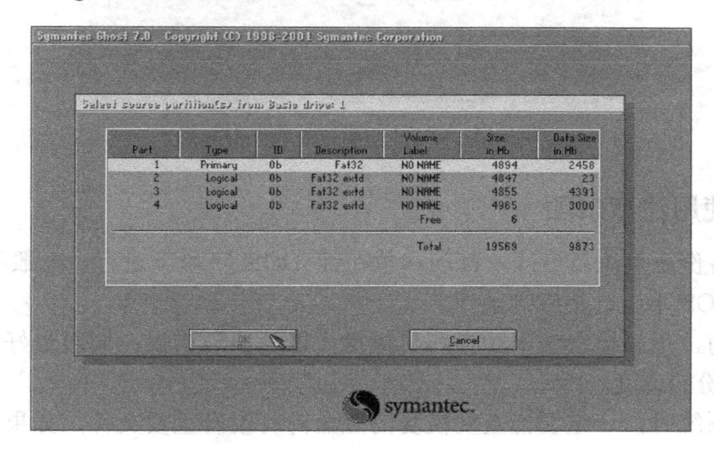

图 4-13　选择备份分区对话框

3）在这里选择要备份的分区后单击【OK】按钮后，对话框如图 4-14 所示。

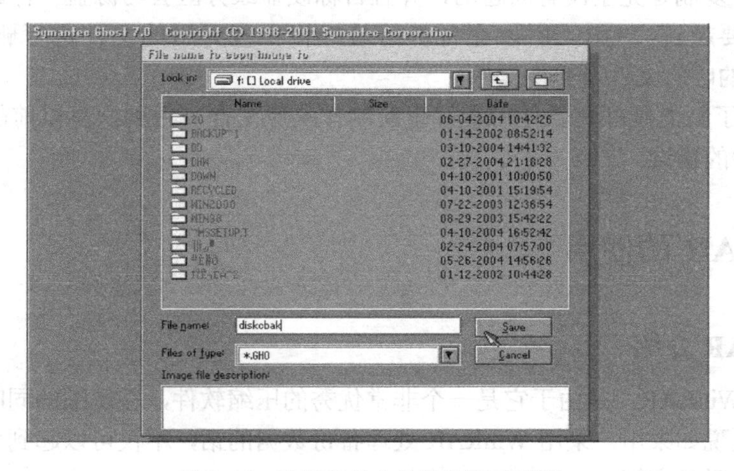

图 4-14　选择备份文件的位置对话框

在这里选择要备份的镜像文件的保存位置和键入镜像文件名。

4）单击【Save】按钮后，Ghost 会询问是否需要压缩镜像文件，“No”表示不做任何压缩；“Fast”是进行小比例压缩，但是备份工作的执行速度较快；“High”是采用较高的压缩比，但是备份速度相对较慢。一般都是选择“High”，虽然速度稍慢，但镜像文件所占用的硬盘空间会大大降低。

5）上面所有步骤完成后，Ghost 就开始进行最后的一项工作，对话框如图 4-15 所示。

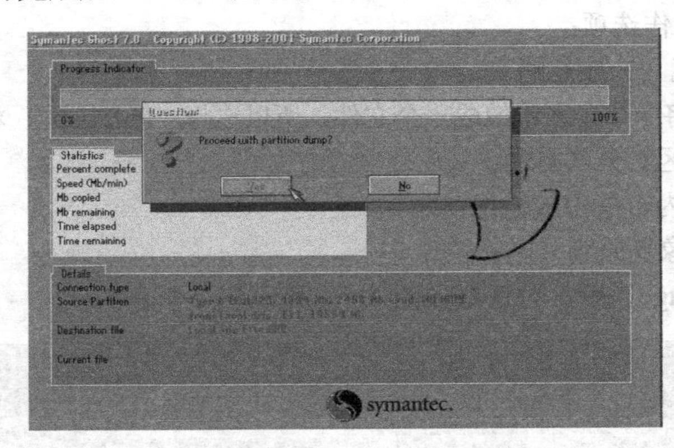

图 4-15　Ghost 的进行备份的对话框

4.4.3　Ghost 使用注意事项

1）无论是备份还是恢复分区，都应尽量在纯 DOS 环境下进行，一般不要从 Windows 或 Windows 的 DOS 下进行相应的操作。

2）在备份前，最好检查一下源盘和目标盘，以免出现错误，同时最好整理一下要备份的磁盘以加快备份的速度。

3）在恢复系统时，一定要检查要恢复的磁盘内有没有重要文件，如果有一定要备份，因为恢复后的数据是用户当时备份时的数据。

4）在使用 Ghost 进行硬盘或分区对拷时，由容量小的硬盘或分区向容量等同或更大的硬盘、分区进行复制是完全没有问题的，并且目标硬盘或分区会与源盘一样。但是单个的备份文件最好不要超过 2 GB。所以在备份前最好将一些无用的文件进行删除，比如一些 Windows 和 IE 的临时文件及交换文件。

5）在安装了新的硬件和软件后最好重新制作映像文件，否则恢复以前的镜像文件有可能发生莫名其妙的错误。

4.5　WinRAR 的使用

4.5.1　WinRAR 介绍

这里介绍 WinRAR，是由于它是一个非常优秀的压缩软件，在压缩的同时可以起到备份的作用，也就是说如果用户采用 WinRAR 处理备份数据的话，不仅可以起到备份的作用，还可以节约大量的磁盘空间。

WinRAR 是一个强大的压缩文件管理工具，是目前最流行的压缩工具，界面友好，使用方便，在压缩率和速度方面都有很好的表现。另外还有扫描压缩文件内病毒、分卷压缩、文件加密等功能。

WinRAR 具有以下特点。

1）压缩率更高：WinRAR 的压缩是标准的无损压缩。它格式一般要比 WinZIP 的 ZIP 格式高出 10%～30% 的压缩率，而且它还提供了针对多媒体数据的压缩算法，对 WAV、BMP 声音及图像文件可以用独特的多媒体压缩算法，大大提高压缩率，将 WAV、BMP 文件转为 MP3、JPG 等格式可节省存储空间。

2）可支持 ZIP、ARJ、CAB、LZH、ACE 等多种类型文件的解压。

3）创建自解压文件，可以制作简单的安装程序，使用方便。

4）可以保存 NTFS 数据流和安全数据。

5）强大的压缩文件修复功能，最大限度恢复损坏的 RAR 和 ZIP 压缩文件中的数据，如果设置了恢复记录，则有可能完全恢复。

6）支持用户身份校验，使用 AES 加密工业标准。

4.5.2 WinRAR 压缩文件

WinRAR 实现的功能很多，这里只简单介绍最常见的文件（文件夹）压缩功能。

要压缩文件（文件夹）不需要打开 WinRAR 的主程序窗口，只需在压缩的文件（文件夹）上单击鼠标右键即可，弹出的快捷菜单如图 4-16 所示。

在快捷菜单里会看到以下 4 条有关 WinRAR 的命令。

① “添加到档案文件”：此命令可以帮助用户实现压缩的大部分功能。

② “添加到（T）…”：可直接将文件（文件夹）压缩为与源文件（文件夹）名称一致的压缩文件。此命令是最常用的一个功能。

③ “压缩并邮寄…”：在第一条的命令功能上多了邮寄功能。

④ “压缩到…并邮寄”：在第二条的命令功能上多了邮寄功能。

1）这里为了实现更多的功能，选择第一条命令，弹出如图 4-17 所示的对话框。

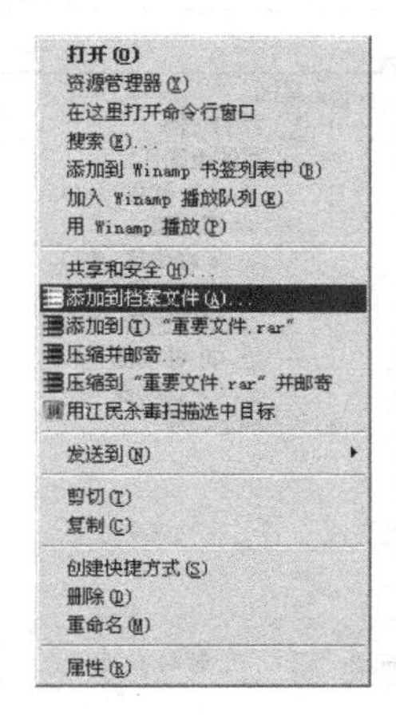

图 4-16　快捷菜单

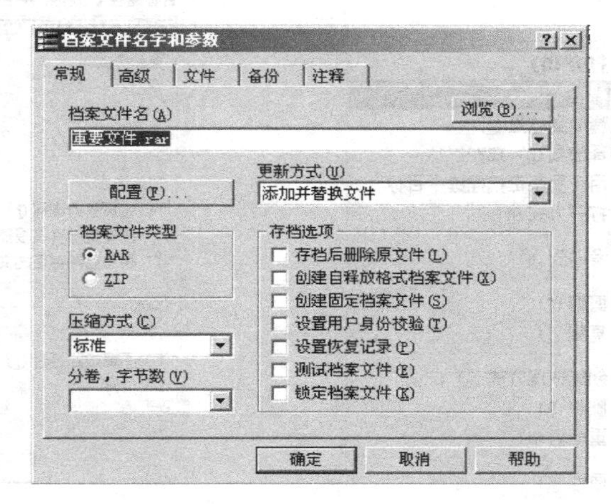

图 4-17 【档案文件名字和参数】对话框

在“常规”选项卡中可实现很多功能：是否分卷压缩；是否压缩为 ZIP 格式等。

在“高级”选项卡中，为了提高压缩文件的保密性，用户还可以对文件加密，如图 4-18 所示。

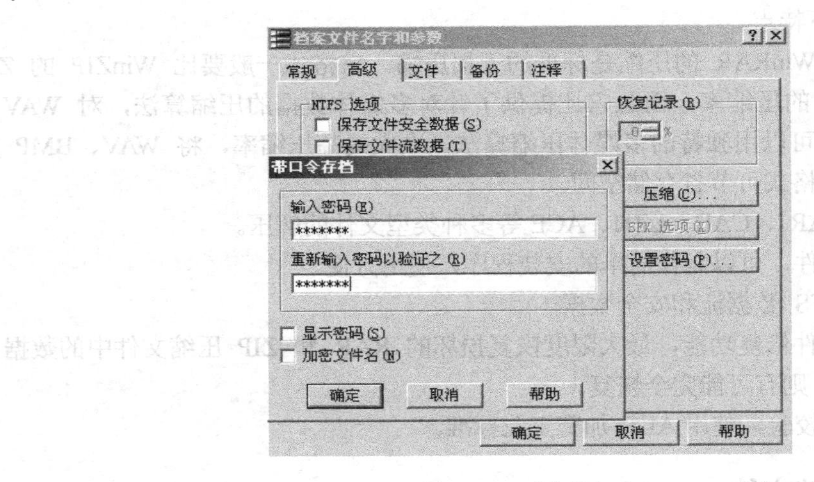

图 4-18　对文件加密

2）另外还有其他功能的实现，这里不再讲述。最后单击【确定】按钮即可实现对文件（文件夹）的压缩。

4.5.3　WinRAR 解压文件

解压缩文件的操作非常简单，只需在压缩文件上单击鼠标右键即可，快捷菜单如图 4-19 所示。

其中有以下 3 条有关 WinRAR 的命令。

1）“释放文件”：使用此命令可以选择解压后的位置等设置，对话框如图 4-20 所示。

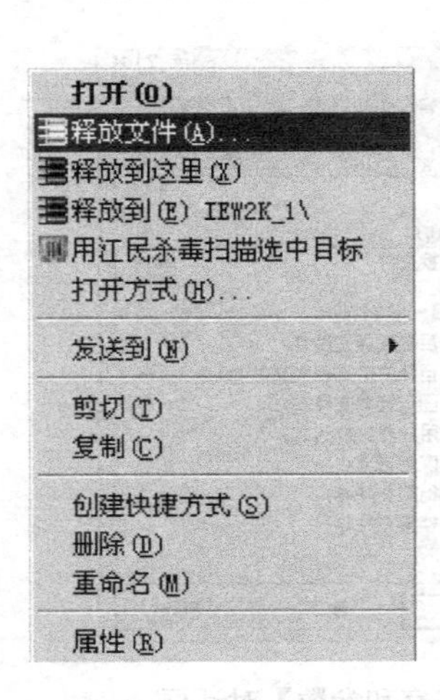

图 4-19　WinRAR 的解压文件快捷菜单

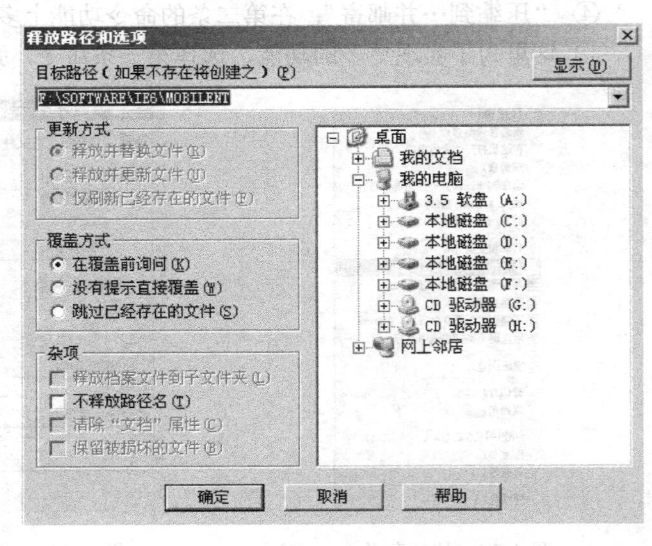

图 4-20　【释放路径和选项】对话框

2）“释放到这里”：直接将解压后的文件保存到当前目录下。

3）“释放到…”：自动生成一个与压缩文件名相同的一个文件夹，并将解压后的文件保存到该文件夹中。

4.6 网络备份方案的设计

一个优秀的网络备份方案不是简单的复制文件的操作，它能够在一台计算机上实现整个网络的文件备份。因为网络备份系统通常使用专用备份设备，而为网络上每台计算机都配置专用设备显然是不现实的。所以利用网络进行高速的备份是网络备份方案必需的。一个完整的系统备份方案应该包括以下 4 个部分：备份硬件、备份软件、日常备份制度和灾难恢复措施。硬件备份在前面有所介绍，此处只简单介绍后面 3 个部分。

4.6.1 备份软件

良好的备份硬件系统是完成备份任务的基础，而备份软件则关系到能否将备份硬件优良特性发挥出来。选择一个好的备份软件应该考虑以下几点。

1）能够提供集中管理方式。用户在服务器上通过备份软件连接到网络上的工作站中的所有网络数据。

2）能够保证备份数据的完整性。对于那些大型数据库系统，数据文件是相互关联的，如果不能完整备份就会导致整个数据库不能恢复。

3）能够支持多种操作系统和多种文件格式。

4）能够实现自动备份和无人值守备份等多种备份方式。

5）能够设置备份的密码以实现备份的安全性。

6）能够支持快速的灾难恢复。灾难发生后能够在很短的时间内恢复服务器和整个网络中的系统软件及数据。

CA 公司的 ARC serve 就是一个非常出色的网络备份软件，这里作简单介绍。

ARC serve 提供了一个完整的备份方案，具备了自动化的排程设定，资料的安全性、完整性、自动化磁带管理及支援各种资料形态（如资料库及信息系统），重要的是能跨平台地整合 Windows NT、Novell NetWare 与 UNIX 之间作业系统的备份功能。具体来说，它具有以下主要特点：

1）集中式管理、跨网络备份。只要一台管理工作站即可以较少的人工成本备份整个企业网络体系的资料。

2）灾难的防治与重建。可以在系统毁损而必须重新安装作业系统及应用程序的状态下，以简单的几个步骤跳过重新安装，直接将毁损系统在最短的时间内恢复原状。

3）安全性与可靠性。ARC serve 中内置了一套防毒软件 InocuLAN，能在备份资料前自动对文件进行病毒扫描，能确保备份的资料未遭病毒感染。

4）智慧预警系统，当备份发生异常或正常作业完成时，可通过传呼、E-mail、网络广播等方式自动通知管理者。

5）跨平台支持。它可从单一的网络平台上备份 MS-DOS、Windows、OS/2、UNIX 等不同平台的资料。

6）支持多种备份介质，如MO、磁带机、磁带库等。

7）支持打开文件备份；支持各种数据库；可以实现无人值守的自动备份；进行备份排程自动化与自动化磁带管理。

8）为远程跨平台集中管理有关存储任务提供Web格式图形用户界面（GUI）；集成了病毒扫描与修复功能，并可自动升级病毒特征库；率先支持Windows 2000，包括对Active Directory和COM+数据库提供保护；可进行全面的灾难恢复和主动的群集支持。

9）可在存储局域网络上提供无服务器备份与恢复功能。这一功能扩展将使用户在不占用任何CPU资源或局域网带宽的前提下，实现从磁盘到磁带的备份，从而有助于应用程序用户效率的提高。

10）可为各种类型、规模与业务模式的企业提供新一代的数据保护与管理，同时极大地提高了数据的可用性。

4.6.2 日常备份制度

日常备份制度是描述每天以什么方式进行备份，使用什么介质进行备份，它是系统备份方案的一个具体实施细则。日常备份制度在制定完毕后，在实施过程中一定要严格按照制度进行日常备份，不然备份方案将无法顺利实施。

日常备份制度包括两部分：磁带轮换策略和日常操作规程。

1. 磁带轮换策略

为了更有效地利用备份介质，用户需要为每天的备份分配备份介质，制定备份方法，备份过程中要求保存长期的历史数据，这些数据不可能保存在同一盘磁带上，每天都使用新磁带备份显然也是不可取的。而磁带轮换策略解决的问题就是如何灵活使用备份方法，有效分配磁带，用较少的磁带有效地备份长期数据。

常见的磁带轮换策略有以下几种。

（1）三带轮换策略

这种策略只需要3盘磁带。用户每星期都用一盘磁带对整个网络系统进行增量备份。这种轮换策略可以保存系统3个星期内的数据，适用于数据量小、变化速度较慢的网络环境。但这种策略有一个明显的缺点，就是周一到周四更新的数据没有得到有效的保护。如果周四的时候系统发生故障，就只能用上周五的备份恢复数据，那么周一到周四所做的工作就丢失了。三带轮换策略如表4-3所示。

表4-3 三带轮换策略

	周 一	周 二	周 三	周 四	周 五
第 一 周					磁 带1 增量备份
第 二 周					磁 带2 增量备份
第 三 周					磁 带3 增量备份

（2）六带轮换策略

这种策略需要6盘磁带。用户从星期一到星期四的每天都分别使用一盘磁带进行增量备份，然后星期五使用第五盘磁带进行完全备份。第二个星期的星期一到星期四重复使用第一个星期的四盘磁带，到了第二个星期五使用第六盘磁带进行完全备份。六带轮换策略能够备份两周的数据。如果本周三系统出现故障，只需上周五的完全备份加上周一和周二的增量备份就可以恢复系统。但这种策略无法保存长期的历史数据，两周前的数据就无法保存了。六带轮换策略如表 4-4 所示。

表 4-4　六带轮换策略

	周 一	周 二	周 三	周 四	周 五
第 一 周	磁 带 1 增量备份	磁 带 2 增量备份	磁 带 3 增量备份	磁 带 4 增量备份	磁 带 5 增量备份
第 二 周	磁 带 1 增量备份	磁 带 2 增量备份	磁 带 3 增量备份	磁 带 4 增量备份	磁 带 6 完全备份

（3）祖-父-子轮换策略

将六带轮换策略扩展到一个月以上，就成为祖-父-子轮换策略。这种策略由三级备份组成：日备份、周备份、月备份。日备份为增量备份，月备份和周备份为完全备份。日带共 4 盘，用于周一至周四的增量备份，每周轮换使用；周带一般不少于 4 盘，顺序轮换使用；月带数量视情况而定，用于每月最后一次完全备份，备份后将数据留档保存。这种策略为全年的数据提供了全面的保护。祖-父-子轮换策略如表 4-5 所示。

表 4-5　祖-父-子轮换策略

	周一	周二	周三	周四	周 五
第 一 周	日 带 1 增量备份	日 带 2 增量备份	日 带 3 增量备份	日 带 4 增量备份	周 带 1 完全备份
第 二 周	日 带 1 增量备份	日 带 2 增量备份	日 带 3 增量备份	日 带 4 增量备份	周 带 2 完全备份
第 三 周	日 带 1 增量备份	日 带 2 增量备份	日 带 3 增量备份	日 带 4 增量备份	周 带 3 完全备份
第 四 周	日 带 1 增量备份	日 带 2 增量备份	日 带 3 增量备份	日 带 4 增量备份	月 带 1 完全备份

2. 日常操作规程

一个好的备份方案要有一个合适的轮换策略，有了一个合适的轮换策略就可以对备份软件进行设置，并制定日常操作规程。在日常操作中，如果使用 ARC serve 的自动备份功能，管理人员每天的备份工作仅仅是更换一下磁带，并看一看最近的备份记录是否正常；如果使用了磁带库，那么磁带也不用人工更换，只需每天查看备份记录即可。

更换磁带要遵循以下 3 条原则：

1）周一至周四使用相应的日带。

2）每月的最后一个周五使用该月的月带。

3）其余周五根据当天是第几个周五使用对应周带。

为了避免日带使用过于频繁，1～4 月可以先将 5～8 月的月带作为日带使用 4 个月，

5～8 月时再将 9～12 月的月带作为日带使用 4 个月，9～12 月才使用真正的日带。

4.6.3 灾难恢复措施

网络备份的最终目的是保障网络系统的顺利运行，所以一份优秀的网络备份方案应能够备份系统所有数据，在网络出现故障甚至损坏时，能够迅速地恢复网络系统和数据。灾难恢复措施在整个备份制度中占有相当重要的地位，如果系统出现灾难性故障，就可以把损失降到最低。

灾难恢复措施包括灾难预防制度、灾难演习制度及灾难恢复。

1. 灾难预防制度

为了预防灾难的发生，还需要做到灾难恢复备份。灾难恢复备份可自动备份系统的重要信息，是一种完全备份。当系统每次发生重大变化后，如果安装了新的数据库系统，或安装了新硬件等，最好重新生成灾难恢复软盘，并进行灾难恢复备份。

2. 灾难演习制度

要能够保证灾难恢复的可靠性，光进行备份是不够的，还要进行灾难演练。每过一段时间，应进行一次灾难演习。可以利用淘汰的机器或多余的硬盘进行灾难模拟，以熟练灾难恢复的操作过程，并检验所生成的灾难恢复软盘和灾难恢复备份是否可靠。

3. 灾难恢复

有了完整的备份方案，而且严格执行以上的备份措施，这样在面对突如其来的灾难时就可以应付自如。

下面是灾难恢复的简单步骤：准备好最近一次的灾难恢复软盘和灾难恢复备份磁带，然后连接好磁带机，装入磁带，插入恢复软盘，打开计算机电源，灾难恢复过程就开始了。根据系统提示进行下去，就可以将系统恢复到进行灾难恢复备份时的状态。再利用其他备份数据，就可以将服务器和其他计算机恢复到最近的状态。

4.7 实训

1. 熟悉 Windows 7 中的备份还原功能

（1）实训目的

了解 Windwos 7 中的备份还原技术，掌握如何备份、还原数据、查看系统状态及创建紧急修复磁盘。

（2）实训环境

要求每人使用一台装有 Windows 7 操作系统的计算机。

（3）实训步骤

1）在 Windows 7 中启动系统保护功能。

2）备份硬盘中的一个分区到另外一个分区。

3）利用 Windows 7 的备份功能创建一个紧急修复磁盘。

4）还原以上所备份的数据。

5）写出实训报告。

2．熟悉使用 Ghost 软件

（1）实训目的

通过 Ghost 软件的使用，学会怎样备份计算机中的一个分区数据。

（2）实训环境

要求每人使用一台装有 Windows 操作系统的计算机。

（3）实训步骤

1）从网上下载一个 Ghost 软件。

2）启动 Ghost 软件。

3）利用 Ghost 软件的备份分区功能来备份计算机中的 C 盘。

4）写出实训报告。

3．使用 RAR 软件压缩一个文件夹

（1）实训目的

通过 RAR 的压缩功能学会怎样备份一个文件夹。

（2）实训环境

要求每人一台装有 RAR 软件的 Windows 操作系统的计算机。

（3）实训步骤

1）启动 RAR 软件。

2）将一个文件夹直接压缩成一个文件。

3）将另外一个文件夹压缩到另外一个分区，并加上密码。

4）还原刚才压缩的两个文件。

5）写出实训报告。

4.8 习题

1）备份技术主要有哪几种方式？它们主要有什么区别？

2）备份中需要用到哪些备份介质？每种备份介质的特点是什么？

3）写出硬件级备份的几种方式及概念。

4）描述常用的几种 RAID level 技术。

5）用 Ghost 备份计算机中的一个分区。

6）常见的磁带轮换策略有哪几种？

7）灾难恢复主要包括哪些措施？

第 5 章　防火墙技术

5.1　防火墙概述

随着计算机网络的飞速发展和广泛应用，一些经济领域、政治领域等领域在得益于网络带来的加快业务运作的同时，其上网的数据也遭到了不同程度的破坏，数据的安全性和自身的利益受到了严重的威胁。人们在互联网的环境下使用的网络一般是在某个专用网络与公用网络进行的数据和信息的交换，而这种信息的交换和共享是在一定的网络安全策略指导下，通过控制和监测网络之间的信息交换来实现对网络安全的有效管理。为了使用这种访问控制技术来规范网络行为，防火墙技术随之诞生。据统计，全球大约有一半的用户都在防火墙的保护之下，所以防火墙技术在网络安全中是不可缺少的一项技术。

5.1.1　防火墙的概念

在古代建筑上，人们在房屋之间修建一道墙，目的是防止火灾发生的时候蔓延到其他的房屋里。在网络中，一个网络接到了 Internet 上，内部网络就可以访问外部 Internet 上的计算机并与之通信，同时，外部 Internet 上的计算机也同样可以访问该网络并与之交互。为安全起见，在该网络和 Internet 之间插入一个中介系统，竖起一道安全屏障，这道屏障的作用是阻断来自外部的通过网络对本网络的威胁和入侵，这种中介系统就是防火墙，这样就将古代建筑中的防火墙概念引入到了网络安全中。

防火墙是一个或一组实施访问控制策略的系统，在内部网络（专用网络）与外部网络（公用网络）之间形成一道安全保护屏障，以防止非法用户访问内部网络上的资源和非法向外传递内部消息，同时也防止这类非法和恶意的网络行为导致内部网络的运行遭到破坏，如图 5-1 所示。

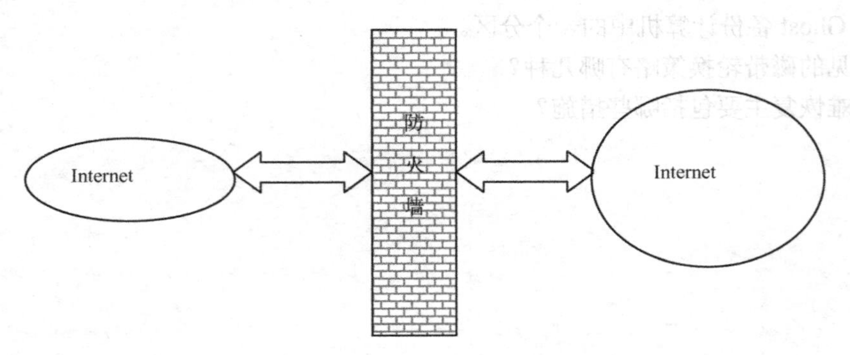

图 5-1　防火墙在网络中的位置

防火墙的目的就是要通过各种控制手段保护一个网络不受来自另一个网络的攻击，它能够限制用户访问网络内部的数据，防止网络中的攻击者来访问内部的网络或者更改、复制、毁坏用户的重要信息。所以，防火墙的作用应该是双向，是一种在一定程度上将内部网络和外部网络隔离的技术。

防火墙可能是软件，也可能是硬件或两者都有，但防火墙最基本的构件是构造防火墙的思想，即允许哪些用户能够访问内部网络，这也是传统意义上防火墙概念的出发点。通常，防火墙系统是位于内部网络（或 Web 站点）和 Internet 之间的路由器，也可以是 PC、主机系统，专门用于把网点或子网同那些可能被子网外的主机系统滥用的协议和服务隔绝。防火墙是设置在可信任的内部网络和不可信任的外界之间的一道屏障，它可以实施比较广泛的安全政策来控制信息流，防止不可预料的潜在的入侵破坏。

各站点的防火墙的构造是不同的，通常一个防火墙由一套硬件（如一个路由器，或其他设备的组合，一台堡垒主机）和适当的软件组成。组成的方式可以有很多种，这要取决于站点的保护要求、经费的多少及其他综合因素。但是防火墙也不仅仅是路由器、堡垒主机或任何提供网络安全设备的组合，它是安全策略的一个部分。

如果网络在没有防火墙的环境中，则网络安全性完全依赖主机系统的安全性，在一定意义上，所有主机系统必须通过协作来实现均匀一致的高级安全性。子网越大，把所有主机系统保持在相同的安全性水平上的可管理能力就越小，随着安全性的失策和失误越来越普遍，入侵就随时发生，这样防火墙有助于提高主机系统总体的安全性。防火墙的基本思想，不是对每台主机系统进行保护，而是让所有对系统的访问通过某一点，并且保护这一点，并尽可能地对外界屏蔽保护网络的信息和结构。

5.1.2 防火墙的功能

防火墙是由网络管理员为保护自己的网络免遭外界非授权访问且允许与外部网络连接而建立的。从基本要求上来看，防火墙是在两个网络之间执行访问控制策略的系统，它遵循的是一种允许或禁止业务来往的网络通信机制，也就是提供可控的过滤网络通信，所以防火墙的基本作用是对数据的访问控制和对网络的活动记录。一个防火墙能极大地提高一个内部网络的安全性，并通过过滤不安全的服务而降低风险。无论是何种防火墙，都应该具备以下几种功能。

1. 过滤出入网络的数据

所有在网络内部和网络外流通的数据都必须经过防火墙，防火墙检查所有数据的细节，并根据事先定义好的策略允许或禁止这些数据进行通信。这种功能可以提高整个内部网络的安全性，简化了网络的管理并且提高了效率。

2. 强化网络安全策略

通过防火墙的安全方案配置，可以将所有的安全软件（如口令、加密、身份认证、审计等）配置在防火墙上，与将网络安全问题分散到各个主机上相比，口令系统和其他的身份认证系统完全可以不必分散在各个主机上，这样防火墙的集中安全管理更经济。

3. 对网络存取和访问进行监控审计

由于所有的访问网络的数据都经过防火墙，防火墙就能记录下这些访问并做出日志记录，同时也能提供网络使用情况的数据统计。当发现可疑数据时，防火墙能进行适当的报警，并提供网络是否受到监测和攻击的详细信息。另外，防火墙还可以收集一个网络的使用情况和误用情况，这样防火墙可以清楚是否能够抵挡攻击者的探测和攻击。

4. 控制不安全的服务

使用防火墙后只有授权的协议和服务才能通过网络，这样可以控制一些不安全的服务，从而使内部网络免于遭受来自外界的基于某协议或某服务的攻击，提高网络的安全性。

5. 对站点的访问控制

防火墙可以限制外界的用户访问内部网络的某些主机，这样可有效地保护内部网络的某些计算机安全。

除了安全作用外，防火墙还支持具有 Internet 服务特性的企业内部网络技术体系 VPN，通过 VPN 将企事业单位分布在全世界各地的 LAN 或专用子网有机地联成一个整体。这样不仅省去了专用通信线路，而且为信息共享提供了技术保障。

总之，防火墙是阻止外面的用户对自己的网络进行访问的系统，此系统根据网络管理员的一些规则和策略来保护内部网络的计算机。

5.1.3 防火墙的局限性

防火墙并不是万能的，也就是说有了防火墙就高枕无忧是绝对错误的。防火墙不能够解决所有的网络安全问题，它只是网络安全策略中的一个组成部分，防火墙有它自身的局限性及本身的一些缺点。

1）防火墙主要是保护网络系统的可用性，不能保护数据的安全，缺乏一整套身份认证和授权管理系统。

防火墙对用户的安全控制主要是识别和控制 IP 地址，不能识别用户的身份，并且它只能保护网络的服务，却不能控制数据的存取。

2）防火墙不能防范不经过它本身的攻击。

防火墙最主要的特点是防外不防内，它无法防范来自防火墙以外的通过其他途径刻意进行的人为攻击，对于内部用户的攻击或者用户的操作及病毒的破坏都会使防火墙的安全防范功亏一篑。据统计，网络上有 70%以上的安全事件攻击来自网络的内部，所以防火墙很难解决内部网络人员的安全问题。

3）防火墙只是实现粗粒度的访问控制，不能防备全部的威胁。

防火墙只是实现粗粒度、泛泛的访问控制，不能与内部网络的其他访问控制集成使用，这样人们必须为内部的数据库单独提供身份验证和访问控制管理，并且防火墙只能防范已知的威胁，它不能自动防御所有新的威胁。

4）防火墙难于管理和配置。

防火墙的管理和配置是相当复杂的，要想很好地根据自己网络安全的实际情况进行配置，就要求网络管理员必须对网络安全有相当深入的了解及精湛的网络技术。如果对防火墙的配置不当或者配置错误，就会对网络安全造成更加严重的漏洞，给攻击者带来可乘之机。

5.2 防火墙的分类

自从 1986 年美国 Digital 公司在 Internet 上安装了全球第一个商用防火墙系统，并提出了防火墙概念后，防火墙技术得到了飞速的发展。国内外已有数十家公司推出了功能各不相同的防火墙系列产品。

从防火墙的软硬件形式来分的话，防火墙可以分为软件防火墙和硬件防火墙。最初的防火墙与人们平时所看到的集线器、交换机一样，都属于硬件产品。它在外观上与平常人们所见到的集线器和交换机类似，只是有少数几个接口分别用于连接内部和外部网络，那是由防火墙的基本作用决定的。随着防火墙应用的逐步普及和计算机软件技术的发展，为了满足不同层次用户对防火墙技术的需求，许多网络安全软件厂商开发出了基于纯软件的防火墙，俗称“个人防火墙”。之所以说它是“个人防火墙”，那是因为它被安装在主机中，只对一台主机进行防护，而不是对整个网络。

另外还可根据防火墙应用在网络中的层次不同进行划分，从总体来讲可分为三大类：网络层防火墙、应用层网关、复合型防火墙。它们之间各有所长，具体使用哪一类型的防火墙要看网络的具体需要。

5.2.1 网络层防火墙

网络层防火墙又称包过滤防火墙，数据包过滤技术是防火墙为系统提供安全保障的主要技术，包过滤技术是防火墙的初级产品，其技术依据是网络中的分包传输技术。

网络上的数据都是以“包”为单位进行传输的，数据被分割成为一定大小的数据包，每一个数据包中都会包含一些特定信息，如数据的源地址、目标地址、TCP/UDP 源端口和目标端口等。防火墙通过读取数据包中的地址信息来判断这些“包”是否来自可信任的安全站点，一旦发现来自危险站点的数据包，防火墙便会将这些数据拒之门外。系统管理员也可以根据实际情况灵活制定判断规则。

在这里，防火墙对进出网络的数据流进行有选择的控制与操作，并按照访问控制表或规则表的安全策略对网络上的信息进行限制，允许授权的信息通过，拒绝非授权的信息。网络层防火墙一般是根据数据包的源地址和目的地址、应用或协议及每个 IP 包的端口来做出判断，如图 5-2 所示。

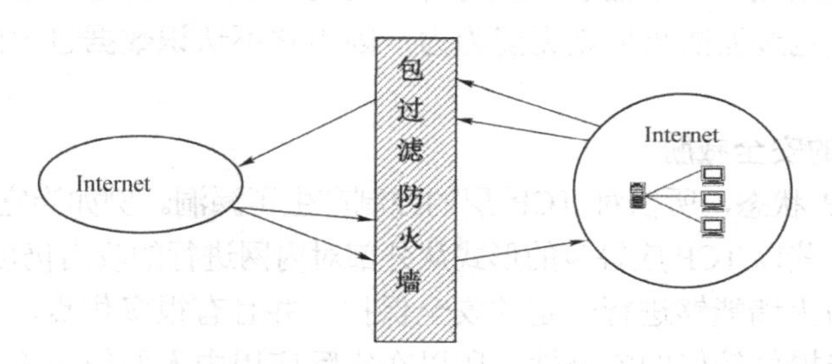

图 5-2　包过滤防火墙对数据包进行过滤

先进的网络级防火墙可以做到一点，它可以提供内部信息以说明所通过的连接状态和一些数据流的内容，把判断的信息同规则表进行比较，在规则表中定义了各种规则来表明是否同意包的通过。包过滤防火墙检查每一条规则直至发现包中的信息与某规则相符。如果没有一条规则符合，防火墙就会使用默认规则，一般情况下，默认规则就是要求防火墙丢弃该包。可以说路由器便是一个网络级防火墙，大多数的路由器都能通过检查这些信息来决定是否将所收到的包转发，但它不能判断出一个 IP 包来自何方，去向何处。

在整个网络层防火墙技术的发展过程中，根据防火墙采用的过滤技术及出现的先后顺序，人们将包过滤防火墙分为两种：第一代静态包过滤防火墙和第二代动态包过滤防火墙。

1. 静态包过滤防火墙

这类防火墙几乎是与路由器同时产生的，它是根据定义好的过滤规则审查每个数据包，以便确定其是否与某一条包过滤规则相匹配。过滤规则基于数据包的报头信息进行制定。报头信息包括 IP 源地址、IP 目标地址、传输协议（TCP、UDP、ICMP 等）、TCP/UDP 目标端口、ICMP 消息类型等。

2. 动态包过滤防火墙

此类防火墙采用动态设置包过滤规则的方法，避免了静态包过滤所具有的静态问题。这种技术后来发展成为包状态监测技术，采用这种技术的防火墙对通过其建立的每一个连接都进行跟踪，并且根据需要可动态地在过滤规则中增加或更新条目。

网络层防火墙的最大优点就是它对于用户来说是透明的，也就是说不需要用户名和密码来登录。这种防火墙速度快而且易于维护，通常作为第一道防线。另外包过滤方式不用改动客户机和主机上的应用程序，因为它工作在网络层和传输层，与应用层无关。其次包过滤路由速度快、效率高，它只是检查报头相应的字段，一般不去查看数据包的内容。

不过，包过滤防火墙存在以下缺点。

1. 不能防范地址欺骗

包过滤防火墙的工作原理基于一个前提条件，那就是网管知道哪些 IP 是可信网络，哪些 IP 地址是不可信网络。但是随着远程办公等新应用的出现，网管不可能清楚区分出哪些是可信网络，哪些是不可信的网络，不能明确它们的界限。对于黑客来说，只需将源数据包的 IP 地址改成合法的 IP 地址即可轻松通过包过滤防火墙进入内部网络，而任何一个初级水平的黑客都能进行 IP 地址欺骗。

2. 不支持应用层协议

假如内网用户提出这样一个需求，只允许内网的员工访问外部网络上的网页，不允许去外网下载数据，此时包过滤防火墙就无能为力，因为它不认识数据包中的应用层协议，访问控制粒度太粗糙。

3. 不能处理新的安全威胁

它不能跟踪 TCP 状态，所以对 TCP 层的控制产生了漏洞。例如当它配置了仅允许从内到外的 TCP 访问时，一些以 TCP 应答包的形式从外部对内网进行的攻击仍可以穿透防火墙。

总之，包过滤防火墙能够进行一定的安全保护，并且有很多优点，但包过滤技术同样存在着很多缺点，不能提供较好的安全性，所以在实际应用中人们很少将包过滤防火墙作为单独的安全解决方案，通常只是与其他类型的防火墙配合使用共同组成防火墙系统。

5.2.2 应用层网关

应用层网关又称双宿主网关，它工作在 OSI 的最高层，即应用层。它通过对每种应用服务编制专门的代理程序，实现监视和控制应用层通信流的作用。应用层网关由两部分组成：代理服务器和筛选路由器。这种防火墙技术是目前最通用的一种，它是把过滤路由器技术和软件代理技术结合在一起，由过滤路由器负责网络的互联，进行严格的数据选择，应用代理则提供应用层服务的控制，起到外部网络向内部网络申请服务时中间转接的作用。它通常运行在 Internet 和内部网络之间，检查进出的数据包，通过网关复制传递数据，防止在受信任服务器和客户机与不受信任的主机间直接建立联系。

所谓代理服务器，是一台通过安装特殊的服务软件来实现传输作用的主机，如图 5-3 所示。

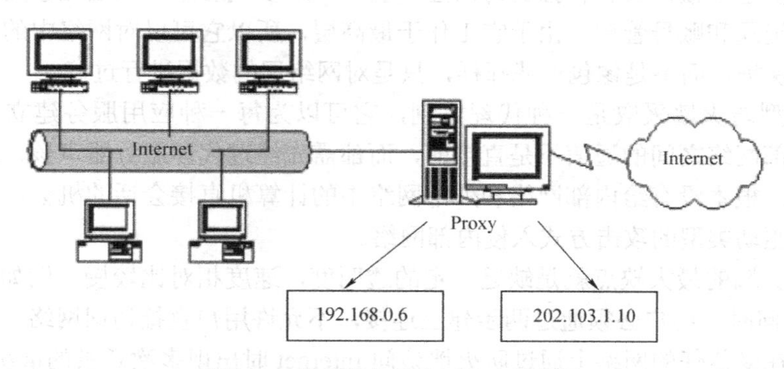

图 5-3 代理服务器在网络中的位置

对于内部网络客户来说，代理服务器可以看作是一个外部网络的代理；而对于外部网络，代理服务器则是一个要访问 Internet 的客户。用户可以使用一台普通的 PC 充当代理服务器，在速度允许的情况下，尽量配置较大的内存和更快的 CPU。通常情况下，Proxy 通过网卡和内网相连接，另外一个网络接口与外网相连接，这样这台主机含有两个 IP 地址，一个是外网地址，一个是内网地址。在软件方面，该服务器必须安装的是支持 TCP/IP 协议集的操作系统，同时必须安装代理服务程序。代理服务程序所起的作用是依靠操作系统的支持，通过对一个或几个 TCP/IP 端口的监听来实现相应的应用代理。现在使用的大部分都是通用代理服务程序，其中以 MS Proxy、WinGate 等为代表。对于一部分代理服务程序还需要在客户端安装配套的客户端软件。代理服务器在外部网络和内部网络申请服务时发挥了中间转接及隔离内部网络与外部网络的作用，所以又称为代理防火墙。

在代理型防火墙技术的发展过程中经历了两个不同的版本，即第一代应用网关型代理防火墙和第二代自适应代理型防火墙。

1. 应用网关型防火墙

这类防火墙是通过一种代理技术参与到一个 TCP 连接的全过程。从内部发出的数据包经过这样的防火墙处理后，就好像是源于防火墙外部网卡一样，从而可以达到隐藏内部网结构的作用。这种类型的防火墙被网络安全专家和媒体公认为是最安全的防火墙，它的核心技术就是代理服务器技术。

2. 自适应代理型防火墙

它是近几年才得到广泛应用的一种新防火墙类型。它可以结合代理型防火墙的安全性和包过滤防火墙的高速度等优点，在毫不损失安全性的基础之上将代理型防火墙的性能提高 10 倍以上。组成这种类型防火墙的基本要素有两个：自适应代理服务器与动态包过滤器。

在“自适应代理服务器”与“动态包过滤器”之间存在一个控制通道。对防火墙进行配置时，用户仅仅将所需要的服务类型、安全级别等信息通过相应的 Proxy 管理界面进行设置就可以了。然后，自适应代理就可以根据用户的配置信息，决定使用代理服务从应用层代理请求还是从网络层转发数据包。如果是后者，它将动态地通知包过滤器增减过滤规则，满足用户对速度和安全性的双重要求。

代理型防火墙的最突出的优点就是安全，它能够使用应用层上的协议做一些复杂的访问控制，限制了命令集并决定哪些内部主机可以被该服务访问，详细地记录所有的访问状态信息以及相应的安全审核，具有较强的访问控制能力，所以代理型防火墙能够实现用户级的身份认证、日志记录和账号管理。由于它工作于最高层，所以它可以对网络中的任何一层数据通信进行筛选保护，而不是像包过滤那样，只是对网络层的数据进行过滤。

另外代理型防火墙采取是一种代理机制，它可以为每一种应用服务建立一个专门的代理，所以内外部网络之间的通信不是直接的，而都需先经过代理服务器审核，通过后再由代理服务器连接，根本没有给内部网络和外部网络中的计算机直接会话的机会，从而避免了入侵者使用数据驱动类型的攻击方式入侵内部网络。

代理型防火墙的最大缺点就是缺乏一定的透明度，速度相对比较慢。例如，通过应用层网关 Telnet 访问时，用户必须通过两步建立连接，不允许用户直接访问网络。所以，在实际应用中，用户在受信任的网络上通过防火墙访问 Internet 时出现多次登录的情况。

另外，防火墙需要为不同的网络服务建立专门的代理服务，代理程序为内外部网络用户建立连接时需要时间，所以给系统性能带来了一些负面影响，当用户对内外部网络网关的吞吐量要求比较高时，代理型防火墙就会成为内外部网络之间的瓶颈。

5.2.3 复合型防火墙

综上所述，包过滤防火墙的优点是具有较好的透明性，但它无法区别同一 IP 地址的不同用户，这样就降低了它的安全性。而应用层网关能够提供用户级的身份认证、日志记录和账号管理，安全性比较高，但缺少透明性，所以在实际应用中经常将这两种技术结合起来使用，这就是复合型防火墙。

复合型防火墙一般分为主机屏蔽防火墙和子网屏蔽防火墙两种。

1．主机屏蔽防火墙

主机屏蔽防火墙是由单个网络端口的应用层网关防火墙和一个包过滤路由器组成。在该结构中，分组过滤路由器与 Internet 相连，同时一个堡垒主机（这里的堡垒主机指的就是应用层网关防火墙）安装在内部网络，在分组过滤路由器或防火墙上进行过滤规则的设置。这个系统的第一个安全设施是过滤路由器，对到来的数据包首先要经过过滤路由器进行过滤，过滤后的数据包被转发到堡垒主机上，然后由堡垒主机上的应用服务代理对这些数据包进行分析，将合法的信息转发到 Internet 上，这样使堡垒主机成为 Internet 上其他节点所能到达的唯一节点，确保了内部网络不受未授权外部用户的攻击。主机屏蔽防火墙设置了两层安全保护，所以安全性要高，且配置也比较容易，但对路由器中的路由表要求较高。

主机屏蔽防火墙易于实现也最为安全。如果受保护网是一个虚拟扩展的本地网，即没有子网和路由器，那么内部网的变化不影响堡垒主机和屏蔽路由器的配置。危险带限制在堡垒主机和屏蔽路由器。网关的基本控制策略由安装在上面的软件决定。如果攻击者无法登录到它上面，内网中的其余主机就会受到很大威胁，如图 5-4 所示。

2．子网屏蔽防火墙

子网屏蔽防火墙是在主机屏蔽防火墙上加上一个路由器，它在内部网络和外部网络之间建立一个被隔离的子网，用两台分组过滤路由器将这一子网分别与内部网络和外部网络分开。在很多实际情况下，两个分组过滤路由器放在子网的两端，在子网内构成一个DNS，内部网络和外部网络均可访问被屏蔽子网，但禁止它们穿过被屏蔽子网通信。这种配置的危险仅包括堡垒主机、子网主机及所有连接内网、外网和屏蔽子网的路由器。

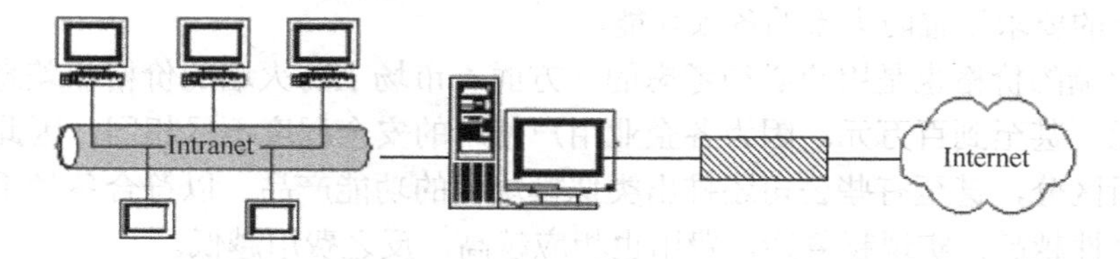

图 5-4　主机屏蔽防火墙

子网屏蔽防火墙的体系结构：堡垒主机放在一个子网内，形成非军事化区，两个分组过滤路由器放在这一子网的两端，使这一子网与 Internet 及内部网络分离。在子网屏蔽防火墙体系结构中，堡垒主机和分组过滤路由器共同构成了整个防火墙的安全基础，如图 5-5 所示。

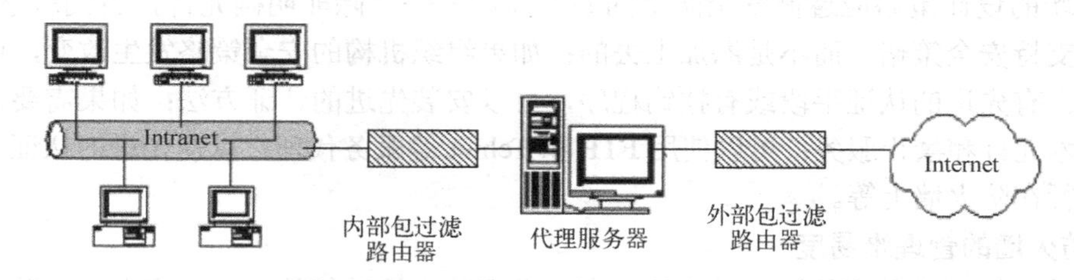

图 5-5　子网屏蔽防火墙

如果攻击者试图完全破坏防火墙，则必须重新配置连接 3 个网的路由器，既不切断连接又不要把自己锁在外面，同时又不使自己被发现，这样也还是可能的。但若禁止网络访问路由器或只允许内网中的某些主机访问它，则攻击会变得很困难。在这种情况下，攻击者得先侵入堡垒主机，然后进入内网主机，再返回来破坏屏蔽路由器，并且整个过程中不能引发警报。

5.3　防火墙的选择和使用

5.3.1　防火墙的选择原则

当一个企业或组织决定采用防火墙来实施保卫内部网络的安全策略之后，下一步要做的事情就是选择一个安全、实惠、合适的防火墙。

选择什么样的防火墙产品，对用户来说是较为困难的事情，这主要是因为：

1）用户的网络安全知识还不够完善，特别是对自己网络的安全现状和网络安全的需求还不明确。

2）防火墙产品及其功能繁多，用户不知道哪些是当前主要应考虑的问题。

3）在安全需求与安全功能的结合上，用户有一定的茫然并手足无措。其中最为关键的是使用防火墙产品的基本需求是什么。

首先应该明确内部网络安全的最终目的，想要如何操作这个系统，只允许想要的业务通过还是允许多种业务通过防火墙，然后是明确网络安全要达到什么级别的监测和控制。根据网络用户的实际需要，建立相应的风险级别，随之便可形成一个需要监测、允许、禁止的清单，按照清单的要求设置防火墙的各项功能。

关于防火墙的价格也是用户必须考虑的一方面。市场上防火墙的价格相差悬殊，从几千元到数十万元，甚至到百万元。因为各企业用户使用的安全程度不尽相同，因此厂商所推出的产品也有所区分，甚至有些公司还推出类似模块化的功能产品，以符合各种不同企业的安全要求。安全性越高，实现越复杂，费用也相应越高，反之费用越低。

选择防火墙时应该遵循以下原则。

1．防火墙应具备的基本功能

防火墙系统是网络的第一道防线，因此人们决定使用防火墙保护内部网络的安全时，首先需要了解一个防火墙系统应具备的基本功能，这是用户选择防火墙产品的依据和前提。一个成功的防火墙产品应该具有下述基本功能。

防火墙的设计策略应遵循安全防范的基本原则——“除非明确允许，否则就禁止”；防火墙本身支持安全策略，而不是添加上去的；如果组织机构的安全策略发生改变，可以加入新的服务；有先进的认证手段或有挂钩程序，可以安装先进的认证方法；如果需要，可以运用过滤技术允许和禁止服务；可以使用 FTP 和 Telnet 等服务代理，以便先进的认证手段可以安装和运行在防火墙上等。

2．防火墙的管理难易度

防火墙的管理难易度是用户是否能够充分发挥防火墙功能的主要因素之一。防火墙的管理和配置相当专业且十分复杂，要想成功维护好防火墙，要求防火墙管理员对网络安全攻击的手段及其与系统配置的关系有相当深入的了解。若防火墙的管理过于困难，则可能会造成设置上的错误，出现很多漏洞，这样就不能充分发挥防火墙的功能，这也是一般企业之所以用已有的网络设备直接当作防火墙的原因。

3．防火墙自身的安全性

人们在选择防火墙时往往都将注意力放在防火墙如何控制连接以及防火墙支持多少种服务上，但往往忽略了一点，防火墙也是网络上的主机之一，也可能存在安全问题。防火墙如果不能确保自身安全，则防火墙的控制功能再强，也终究不能完全保护内部网络。

大部分防火墙都安装在一般的操作系统上，如 UNIX、NT 系统等。在防火墙主机上执行的除了防火墙软件外，所有的程序、系统核心，也大多来自于操作系统本身的原有程序。当防火墙主机上所执行的软件出现安全漏洞时，防火墙本身也将受到威胁。此时，任何防火墙控制机制都可能失效，因为当一个黑客取得了防火墙上的控制权以后，几乎可以为所欲为地修改防火墙上的访问规则，然后侵入更多的系统。因此，防火墙自身应有相当高的安全保护。

4．能够弥补操作系统之不足

一个好的防火墙必须建立在操作系统之前，而不是在操作系统之上，所以操作系统的漏洞可能并不会影响到一个好的防火墙系统所提供的安全性。由于硬件平台的普及以及执行效率的因素，大部分企业均会把对外提供的各种服务分散到许多操作平台上，所以人们在无法保证主机的安全情况下，必须依靠防火墙作为整体的安全保护来弥补操作系统的不足，使操作系统的安全性不会对企业网络的整体安全造成影响。

5．完善的售后服务

防火墙新的产品出现，就会有人研究新的破解方法，所以好的防火墙产品必须有一个庞大的组织作为使用者的安全后盾，并且拥有完善及时的售后服务体系。

6．能够适应特殊要求

在一些企业中往往根据自己的网络需要一些除防火墙最基本的功能外的一些特殊需求，这也是人们在选择防火墙时需要考虑的一个因素，例如一些企业需要以下几个特殊需求。

（1）网络地址转换

网络地址转换（NAT）是用于将一个地址域（如专用 Intranet）映射到另一个地址域（如 Internet）的标准方法。使用地址转换有两个好处：其一是隐藏内部网络真正的 IP，这可以使黑客无法直接攻击内部网络，这也是要强调防火墙自身安全性问题的主要原因；另一个好处是可以让内部使用保留的 IP，这对许多 IP 不足的企业是非常有益的。

（2）双重 DNS

当内部网络使用没有注册的 IP 地址，或是防火墙进行 IP 转换时，DNS 也必须经过转换，因为同样的一个主机在内部的 IP 与给予外界的 IP 将会不同，有的防火墙会提供双重 DNS，有的则必须在不同主机上各安装一个 DNS。

（3）虚拟专用网络

虚拟专用网络（VPN）是通过一个公用网络（通常是 Internet）建立一个临时的、安全的连接，是一条穿过混乱的公用网络的安全、稳定的隧道，它能扩展企业的内部网络。虚拟专用网可以帮助远程用户、公司分支机构、商业伙伴及供应商同公司的内部网建立可信的安全连接，并保证数据的安全传输。VPN 可以在防火墙与防火墙或移动的客户端之间对所有网络传输的内容加密，建立一个虚拟通道，让两者感觉是在同一个网络上，可以安全且不受拘束地互相存取。

（4）扫毒功能

大部分防火墙都可以与防病毒软件搭配实现扫毒功能，有的防火墙则可以直接集成扫毒功能，差别只是扫毒工作是由防火墙完成，或是由另一台专用的计算机完成。

“防火墙最基本的构件既不是软件也不是硬件，而是构造防火墙的人的思想”，这是在构造防火墙时应该注意的，也就是说不是任何人都能构造出一个防火墙，只有那些系统管理员才能构造出合适的防火墙，因为他们非常熟悉自己的网络，知道如何根据自己网络的特点进行配置。所以管理员一定要根据具体的网络拓扑结构和使用的网络协议，形成明确的安全策略，比较多种防火墙的商业产品，经过全面的测试和配置后，才能逐步建立起适合特定网络的防火墙应用。

5.3.2 防火墙的使用误区

防火墙应根据自己网络的需求来选择，并且网络安全本身是个动态的过程，不是一成不变的，所以选择和使用防火墙应该注意以下几个误区。

1．功能最全、价格最贵就是最好的

购买防火墙其实和其他商品一样，根据自己的需求和实际情况去选择，而有些人却相信“全能”防火墙，认为防火墙只要包括了所有的模块就能抵挡更多的攻击，而不清楚自己的企业需要保护什么，常常是花费大量的经费却无法取得应有的效果。

2．一次配置，永远运行

这个问题往往都在经验不足的系统管理员身上出现，在初次配置成功的情况下，就将防火墙永远丢在了一边，不再根据业务情况动态地更改访问控制策略，这样由于新的漏洞出现及技术的发展，原有的防火墙就会有新的威胁。

3．审计是可有可无的

有些管理员忽视对网络的审计工作，对防火墙的工作状态、日志等无暇审计，或即使审计也不明白防火墙的记录代表着什么，这同样可对本身的网络造成危险。

4．厂家的配置无须改动

目前国内比较现实的情况是很多公司没有专业的技术人员来进行网络安全方面的管理，当公司购置防火墙产品时，只能依靠厂家的技术人员来进行配置。应当警惕的是，厂家的技术人员即使技术精湛，往往也不会仔细了解公司方面的业务，无法精心定制及审核安全策略，那么在配置过程中很可能会留下一些安全隐患。作为防火墙的试用方，不能迷信厂家的技术，即使对技术不是非常清楚，也非常有必要对安全策略和厂家进行讨论。

5.4 防火墙的发展趋势

由于 Internet 的迅猛发展，黑客技术也就越来越普及，这就要求将来的防火墙应该在以下几个方面来提高安全性。

1．防火墙的性能方面

新一代的防火墙系统不仅应该能够更好地保护防火墙后面内部网络的安全，而且应该具有更为优良的整体性能。传统的代理型防火墙虽然可以提供较高级别的安全保护，但是同时它也成为限制网络带宽的瓶颈，这极大地制约了在网络中的实际应用。由于不同防火墙的不同功能具有不同的工作量和系统资源要求，因此数据在通过防火墙时会产生延时。数据通过率（数据通过率是表示防火墙性能的参数）越高，防火墙性能越好。

现在大多数的防火墙产品都支持 NAT 功能，它可以让防火墙受保护的一边的 IP 地址不至于暴露在没有保护的另一边，但是启用 NAT 后势必会对防火墙系统的性能有所影响。另外，防火墙系统中集成的 VPN 解决方案必须是真正的线速运行，否则将成为网络通信的瓶颈。特别是采用复杂的加密算法时，其性能尤为重要。总之，未来的防火墙系统将会把高速的性能和最大限度的安全性有机结合在一起，有效解决了传统防火墙的性能瓶颈。

2．防火墙的结构和功能方面

对于一个好的防火墙系统而言，它的规模和功能应该能够适应内部网络的规模和安全策略的变化。选择哪种防火墙，除了应考虑它的基本性能之外，毫无疑问，还应考虑用户的实际需求与未来网络的升级。因此防火墙除了具有保护网络安全的基本功能外，还提供对 VPN 的支持，同时还应该具有可扩展的内部应用层代理，除了支持常见的网络服务以外，还应该能够按照用户的需求提供相应的代理服务，例如，如果用户需要 NNTP（网络消息传输协议）、HTTP 和 Gopher 等服务，防火墙就应该包含相应的代理服务程序。

未来的防火墙系统应是一个可随意伸缩的模块化解决方案，从最为基本的包过滤器到带加密功能的 VPN 型包过滤器，直至一个独立的应用网关，使用户有充分的余地构建自己所需要的防火墙体系。

3．防火墙的管理方面

防火墙可以帮助管理员加强内部网的安全性，一个不具体实施任何安全策略的防火墙无异于高级摆设。防火墙产品配置和管理的难易程度是防火墙能否达到目的的主要考虑因素之一。实践证明，许多防火墙产品并未起到预期作用，一个不容忽视的原因在于配置和实现上的错误。同时，若防火墙的管理过于困难，则可能会造成设定上的错误，反而不能达到其功能。因此，未来的防火墙将具有非常易于进行配置的图形用户界面。

Windows NT 防火墙市场的发展证明了这种趋势。Windows NT 提供了一种易于安装和易于管理的基础。尽管基于 NT 的防火墙通常落后于基于 UNIX 的防火墙，但 NT 平台的简单性以及它方便的可用性大大推动了基于 NT 的防火墙的销售。同时，像 DNS 这类一直难于与防火墙恰当使用的关键应用程序正引起有意简化操作的厂商越来越多的关注。

4．防火墙的主动过滤功能

Internet 数据流的简化和优化使网络管理员将注意力集中在 Web 数据流进入他们的网络之前需要在数据流上完成更多的事务之上。例如，许多防火墙都包括对过滤产品的支持，并可以与第三方过滤服务连接，这些服务提供了不受欢迎 Internet 站点的分类清单。防火墙还在它们的 Web 代理中包括时间限制功能，允许非工作时间的冲浪和登录等。

5．防毒与防黑

尽管防火墙在防止黑客的攻击方面发挥了很好的作用，但 TCP/IP 套件中存在的脆弱性使 Internet 对拒绝服务攻击敞开了大门。在拒绝服务攻击中，攻击者试图使企业 Internet 服务饱和或使与它连接的系统崩溃，使 Internet 无法供企业使用。防火墙市场已经对此做出了反应，虽然没有防火墙可以防止所有的拒绝服务攻击，但防火墙厂商一直在尽其可能地阻止拒绝服务攻击。像序列号预测和 IP 欺骗这类简单攻击，这些年来已经成为防火墙工具箱的一部分。还有像 SYN 泛滥这类更复杂的拒绝服务攻击，需要厂商部署更先进的检测和避免方案来对付。SYN 泛滥可以锁死 Web 和邮件服务，这样没有数据流可以进入。

综上所述，未来防火墙技术会全面考虑网络的安全、操作系统的安全、应用程序的安全、用户的安全、数据的安全。此外，网络的防火墙产品还将把网络前沿技术，如 Web 页面超高速缓存、虚拟网络和带宽管理等与其自身结合起来。

5.5 防火墙产品实例——网络卫士防火墙 NGFW4000-UF

随着千兆网络上数据吞吐量的不断膨胀，越来越多的网络主干转移到了千兆的通信平台上，并且随着信息化的提高，经常需要在网络中传输视频、语音、多媒体等信息，这样必须使用带宽高的网络，防火墙既要为用户提供完备的安全防护，又不能成为网络的瓶颈。网络卫士系列防火墙 NGFW4000-UF（NetGuard FireWall）系列产品，是天融信公司结合了多年来的网络安全产品开发与实践经验，在参考了天融信广大用户宝贵建议的基础上开发的最新一代网络安全产品。该产品以天融信公司具有自主知识产权的 TOS（Topsec Operating System）为系统平台，采用开放性的系统架构及模块化的设计，融合了防火墙、防病毒、入侵检测、VPN、身份认证等多种安全解决方案构建的一款安全、高效、易于管理和扩展的网络安全产品。

NGFW4000-UF 属于网络卫士系列防火墙的中高端产品，特别适用于网络结构复杂、应用丰富、高带宽、大流量的大中型企业骨干级网络环境，如图 5-6 所示。

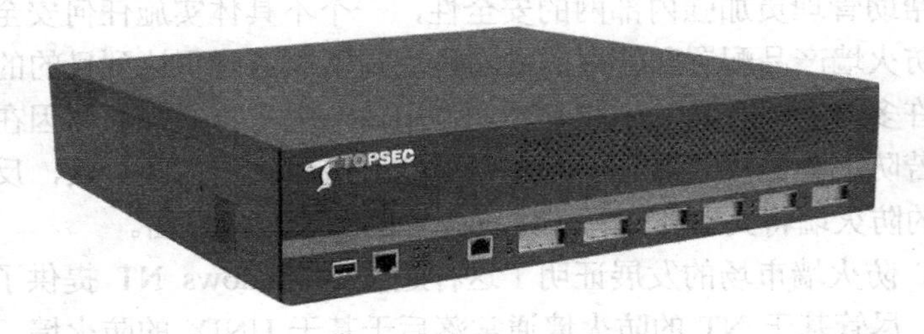

图 5-6　NGFW4000-UF 防火墙

5.5.1　产品特点

1．自主安全操作系统平台

采用自主知识产权的安全操作系统——TOS（Topsec Operating System），TOS 拥有优秀的模块化设计架构，有效保障了防火墙、IPSECVPN、SSLVPN、防病毒、内容过滤、抗攻击、流量整形等模块的优异性能，其良好的扩展性为未来迅速扩展更多特性提供了无限可能。TOS 具有高安全性、高可靠性、高实时性、高扩展性及多体系结构平台适应性的特点。

2．虚拟防火墙

虚拟防火墙，是指在一台物理防火墙上可以存在多套虚拟系统，每套虚拟系统在逻辑上都相互独立，具有独立的用户与访问控制系统。不同的企业或不同的部门可以共用一台防火墙，但使用不同的虚拟系统。对于用户来说，就像是使用独立的防火墙，这样大大节省了成本。

3．强大的应用控制

网络卫士防火墙提供了强大的网络应用控制功能。用户可以轻松地针对一些典型网络应用，如 BT、MSN、QQ、Edonkey、Skype 等实行灵活的访问控制策略，如禁止、限时乃至流量控制。网络卫士防火墙还提供了定制功能，可以对用户所关心的网络应用进行全面控制。

4．CleanVPN 服务

企业对 VPN 应用越来越普及，但是当企业员工或合作伙伴通过各种 VPN 远程访问企业网络时，病毒、蠕虫、木马、恶意代码等有害数据有可能通过 VPN 隧道从远程 PC 或网络传递进来，这种威胁的传播方式极具隐蔽性，很难防范。

网络卫士防火墙同时具备防火墙、VPN、防病毒和内容过滤等功能，并且各功能相互融合，能够对 VPN 数据进行检查，拦截病毒、蠕虫、木马、恶意代码等有害数据，彻底保证了 VPN 通信的安全，为用户提供放心的 CleanVPN 服务。

5．完全内容检测 CCI

内容检测技术发展至今，大致经历了 3 个阶段，从早期的状态检测（Status Inspection）到后来的深度包检测（Deep Packet Inspection），现在已经发展到了最新的完全内容检测（Complete Content Inspection，CCI）。状态检测只检查数据包的包头，深度包检测可对数据包内容进行检查，而 CCI 则可实时将网络层数据还原为完整的应用层对象（如文件、网页、邮件等），并对这些完整内容进行全面检查，实现彻底的内容防护。

在 MAC 层提供基于 MAC 地址的过滤控制能力，同时支持对各种二层协议的过滤功能；在网络层和传输层提供基于状态检测的分组过滤，可以根据网络地址、网络协议以及 TCP 、UDP 端口进行过滤，并进行完整的协议状态分析；在应用层通过深度内容检测机制，可以对高层应用协议命令、访问路径、内容、访问的文件资源、关键字、移动代码等实现内容安全控制；同时还直接支持丰富的第三方认证，提供用户级的认证和授权控制。网络卫士系列防火墙的多级过滤形成了立体的、全面的访问控制机制，实现了全方位的安全控制。NGFW4000-UF 防火墙中的 CCI 功能如图 5-7 所示。

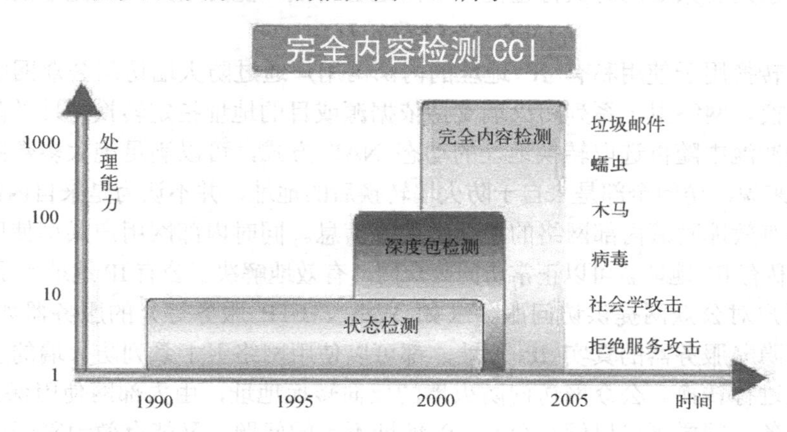

图 5-7　NGFW4000-UF 防火墙中的 CCI 功能

6．先进的设计思想

网络卫士防火墙采用面向资源的设计方法。把安全控制所涉及的各种实体抽象为对象，包括区域、地址、地址组、服务、服务组、时间表、服务器、均衡组、关键字、文件、特殊端口等。不同对象的实体组成资源，用于描述各种安全策略，实现全方位的安全控制，极大地提高了网络安全性并保证了配置的方便性。

7．超强的防御功能

高级的 Intelligent Guard 技术提供了强大的入侵防护功能，能抵御常见的各种攻击，包括 Syn Flood、Smurf、Targa3、Syn Attack、ICMP flood、Ping of death、Ping Sweep、Land attack、Tear drop attack、IP address sweep option、Filter IP source route option、Syn fragments、No flags in TCP、ICMP 碎片、大包 ICMP 攻击、不明协议攻击、IP 欺骗、IP security options、IP source route、IP record route 、IP bad options、IP 碎片、端口扫描等几十种攻击，网络卫士系列防火墙不但有内置的攻击检测能力，还可以和 IDS 产品实现联动。这不但提高了安全性，而且保证了高性能。

8．强大的应用代理模块

具有透明应用代理功能，支持 FTP、HTTP、TELNET、PING、SSH、FTP—DATA、SMTP、WINS、TACACS、DNS、TFTP、POP3、RTELNET、SQLSERV、NNTP、IMAP、SNMP、NETBIOS、DNS、IPSEC—ISAKMP、RLOGIN、DHCP、RTSP、MS-SQL-（S、M 、R）、RADIUS-1645 、PPTP 、SQLNET—1521 、SQLNET—1525 、H.323 、MSN 、CVSSERVER、MS-THEATER、MYSQL、QQ、SECURID（TCP、UDP）PCANYWHERE、IGMP、GRE、PPPOE、IPv6 等协议，可以实现文件级过滤。

9. 丰富的AAA功能，支持会话认证

网络卫士系列防火墙可对网络用户提供丰富的安全身份认证，如一次性口令灵活地、更广泛地实现了用户鉴别和用户授权的控制，并提供了丰富的安全日志来记录用户的安全事件。

网络卫士系列防火墙支持会话认证功能，即当开始一个新会话时，需要先通过认证才能建立会话。这个功能可大大提高应用访问的安全性，实现更细粒度的访问控制。

10. 强大的地址转换能力

网络卫士系列防火墙同时支持正向、反向地址转换，能为用户提供完整的地址转换解决方案。

正向地址转换用于使用私有 IP 地址的内部网用户通过防火墙访问公众网中的地址时对源地址进行转换。网络卫士系列防火墙支持依据源或目的地址指定转换地址的静态 NAT 方式和从地址缓冲池中随机选取转换地址的动态 NAT 方式，可以满足绝大多数网络环境的需求。对公众网来说，访问全部是来自于防火墙转换后的地址，并不认为是来自内部网的某个地址，这样能够有效地隐藏内部网络的拓扑结构等信息。同时内部网用户共享使用这些转换地址，自身使用私有IP 地址就可以正常访问公众网，有效地解决了公有IP 地址不足的问题。

内部网用户对公众网提供访问服务（如 Web 、FTP 服务等）的服务器如果是私有 IP 地址，或者想隐藏服务器的真实 IP 地址，都可以使用网络卫士系列防火墙的反向地址转换来对目的地址进行转换。公众网访问防火墙的反向转换地址，由内部网使用保留 IP 地址的服务器提供服务，同样既可以解决公有 IP 地址不足的问题，又能有效地隐藏内部服务器信息，对服务器进行保护。网络卫士系列防火墙提供端口映射和 IP 映射两种反向地址转换方式，端口映射安全性更高，更节省公有IP 地址，IP 映射则更为灵活方便。

11. 卓越的网络及应用环境适应能力

支持众多网络通信协议和应用协议，如 VLAN、ADSL、PPP、ISL、802.1Q、Spanning Tree、IPSEC、H.323、MMS、RTSP、ORACLE SQL*NET、PPPoE、MS RPC 等协议，适用网络的范围更加广泛，保证了用户的网络应用。同时，方便用户实施对 VOIP、视频会议、VOD 点播及数据库等应用的使用和控制。

12. 智能的负载均衡和高可用性

（1）服务器负载均衡

网络卫士系列防火墙可以支持一个服务器阵列，这个阵列经过防火墙对外表现为单台的机器，防火墙将外部来的访问在这些服务器之间进行均衡。

（2）高可用性

为了保证网络的高可用性与高可靠性，网络卫士系列防火墙提供了双机备份功能，即在同一个网络节点使用两个配置相同的防火墙。网络卫士系列防火墙支持两种模式的双机热备功能。一种为 AS 模式，即在正常情况下一个处于工作状态，为主防火墙，另一个处于备份状态，为从防火墙。当主防火墙发生意外宕机、网络故障、硬件故障等情况时，主从防火墙自动切换工作状态，从防火墙自动代替主防火墙正常工作，从而保证了网络的正常使用。另一种模式为 AA 模式，即两台防火墙的网络接口分组互为备份。在每一个组中，都有一个主接口，一个从接口。而不同组中的主接口可以工作在两台防火墙中的任意一台。这样，两台防火墙都处于工作状态，不仅互为备份，而且可以分担网络流量。

网络卫士系列防火墙的双机热备功能使用自主专利的智能状态传送协议（ISTP），ISTP

能高效进行系统之间的状态同步，实现了 TCP 握手级别的状态同步和热备。当主防火墙发生故障时，这台防火墙上的正在建立或已经建立的连接不需要重新建立就可以透明地迁移到另一台防火墙上，网络使用者不会觉察到网络链路切换的发生。

13．流量均衡

网络卫士系列防火墙支持完整生成树（Spanning-Tree）协议，可以在交换网络环境中支持 PVST 和 CST 等工作模式，在接入交换网络环境时可以通过生成树协议的计算，使不同的 VLAN 使用不同的物理链路，将流量由不同的物理链路进行分担，从而进行流量均衡。该功能和 ISTP 结合使用还可以在使用高可用性的同时实现流量均衡。

网络卫士系列防火墙可以通过命令行及图形方式进行系统升级，同时网络卫士系列防火墙采用双系统设计，在主系统发生故障时，用户可以在启动时选择 BACKUP 方式，用备份系统引导系统。

5.5.2 防火墙在网络中的应用实例

某公司主干网络系统包括环形的千兆核心网、千兆链路连接的分支节点和网络边界。其中千兆链路主要承载整个公司信息系统的跨节点的信息交换传输工作，为各种应用系统的数据流提供高速网络通信支持。网络边界负责为整个公司提供互联网、接入功能，极大地扩展了公司信息系统的信息量，为检索外部的海量信息提供了通路。

公司的信息化建设，是体现该公司国际性、时代性和开放性特征的重要环节。在当前全球经济一体化的时代大背景下通过提高信息化水平来提升公司的综合竞争力是一个有效途径，应用信息化理念和技术实现经营、科研和管理工作的创新已成为必然的趋势。经过两年多的发展，公司信息化已经初步形成了一定的规模。目前公司的客户端数量达到了 500 多台，已有 20 多台服务器为公司提供域控、邮件、内部主页、OA、财务软件、人力软件等服务，并且外部主页服务器和邮件服务器分别对外网提供服务。因此保证公司服务器安全和内部主机安全，对公司网络稳定运行具有重要的意义。所以，为了使公司网络不受 Internet 外来攻击，在核心交换机前部署了一台防火墙，用于公司内网与 Internet 的连接。图 5-8 所示为防火墙在网络中的设计。

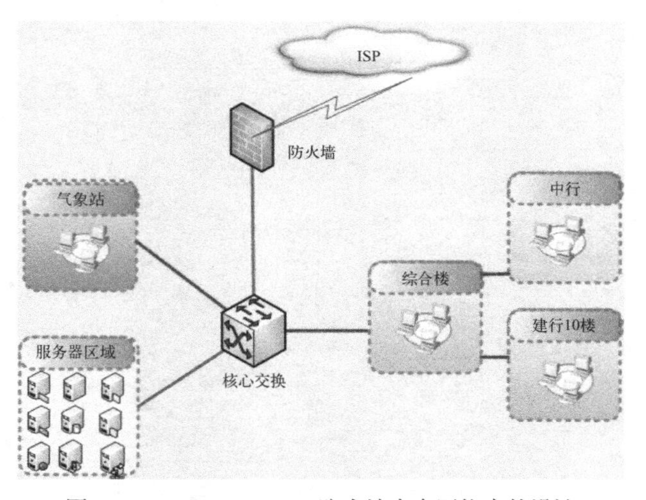

图 5-8　NGFW4000-UF 防火墙中在网络中的设计

5.6 实训

熟悉使用 360 安全卫士中的防火墙功能。

1. 实训目的

通过使用 360 安全卫士，了解防火墙的特点及功能。

2. 实训环境

每人一台能够连通 Internet 并装有 Windows 操作系统的计算机。

3. 实训步骤

1）从网上下 360 安全卫士。

2）安装 360 安全卫士。

3）在 360 安全卫士中的“安全防护中心”中关闭一些防护功能。

4）过一段时间，观察“日志”内容有什么变化。

5）写出实训报告。

5.7 习题

1）什么是防火墙？防火墙有哪些功能及局限性？

2）防火墙分为哪几类？它们有哪些优缺点？

3）选择防火墙时应该考虑哪些特殊需求？

第6章　计算机操作系统的安全与配置

6.1　Windows 7 操作系统的安全性

Windows 7 操作系统是继 Windows XP 操作系统之后为用户所使用的一个操作系统。Windows 7 是由微软公司开发的，内核版本号为 Windows NT 6.1。Windows 7 可供家庭及商业工作环境、便携式计算机、平板电脑、多媒体中心等使用。

Windows 7 也延续了 Windows Vista 的 Aero 风格，并且增添了一些新的功能。Windows 7 的新功能和系统优化项目主要是针对便携式计算机，包括以下几个方面：基于应用服务的设计；用户的个性化；视听娱乐的优化；用户易用性的新引擎、跳跃列表；系统故障快速修复。因此，Windows 7 操作系统具有如下特点。

（1）易用

基于用户的反馈和需求，Windows 7 简化了许多设计，如快速最大化、窗口半屏显示、跳转列表、系统故障快速修复等，这样可以提供用户的易用性。

（2）简单

Windows 7 对信息搜索与信息使用进行了优化，将会让用户搜索和使用信息更加简单，包括本地、网络和互联网搜索功能，直观的用户体验将更加高级，还会整合自动化应用程序提交和交叉程序数据透明性。

（3）效率

Windows 7 系统集成的搜索功能非常强大，只要用户打开“开始”菜单并开始输入搜索内容，无论要查找应用程序、文本文档等，搜索功能都能自动运行，给用户的操作带来极大的便利，提高工作效率。

（4）高效搜索框

在 Windows 7 操作系统中，资源管理器的搜索框在菜单栏的右侧，可以灵活调节宽窄。它能快速搜索 Windows 中的文档、图片、程序、Windows 帮助甚至网络等信息。Windows 7 操作系统的搜索是动态的，当用户在搜索框中输入第一个字的时刻，Windows 7 的搜索就已经开始工作，大大提高了搜索效率。

（5）安全工具

Windows 7 包含 4 个内置安全功能：Windows 防火墙、Windows Defender、用户账户控制（User Account Control）和禁用管理员账户。

以上是 Windows 7 操作系统的主要特点，下面从 Windows 防火墙、Windows Defender、用户账户控制和禁用管理员账户等方面来分析，完善 Windows 7 操作系统的安全保护机制。

6.1.1 Windows 7 防火墙

防火墙对于用户的重要性不言而喻，尤其是在当前网络威胁泛滥的环境下，通过专业可靠的工具可以帮助用户保护信息安全。在 Windows 7 操作系统中，启用 Windows 7 自带的防火墙就可以达到较好的效果。Windows 7 自带的防火墙与老版 Windows 系统的防火墙功能相比功能更实用，且操作更简单。

1．启动方式简捷

启动 Windows 7 防火墙功能，用户只需从 Windows 7“开始”菜单处进入控制面板，然后找到“系统和安全”选项，单击进入即可找到“Windows 防火墙”功能，如图 6-1、图 6-2 所示。

图 6-1 控制面板中的“系统和安全”选项

图 6-2 “Windows 防火墙”功能界面

单击“检查防火墙状态”链接，打开的界面如图 6-3 所示，即可查看防火墙是否开启。在 Windows 7 防火墙设置中，如果设置不当，不但会阻止网络恶意攻击，而且还会影响用户正常访问互联网。如果由于用户错误地进行了某些操作而影响使用，那么用户可以使用 Windows 7 操作系统提供的防火墙还原默认设置功能将防火墙还原到初始状态，如图 6-4 所示。用户还可以根据需要自定义防火墙设置，如图6-5所示。

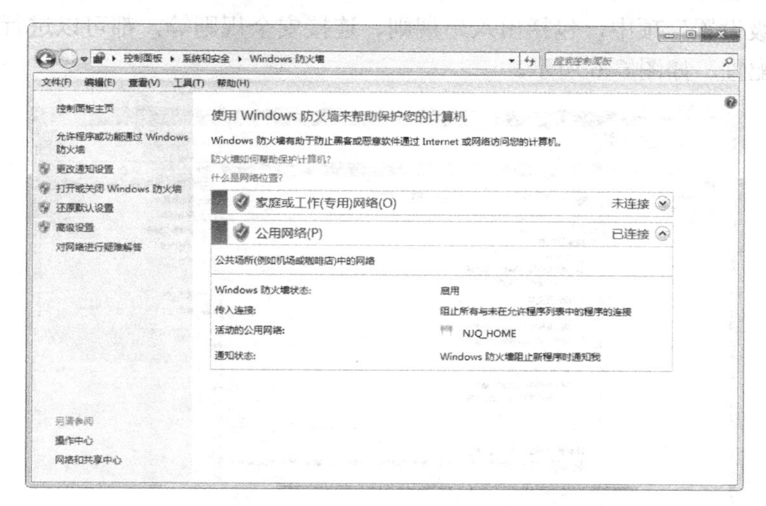

图6-3　查看防火墙状态界面

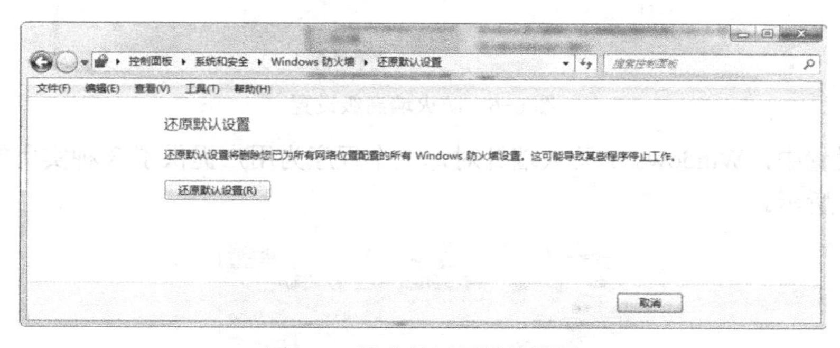

图6-4　防火墙还原默认设置

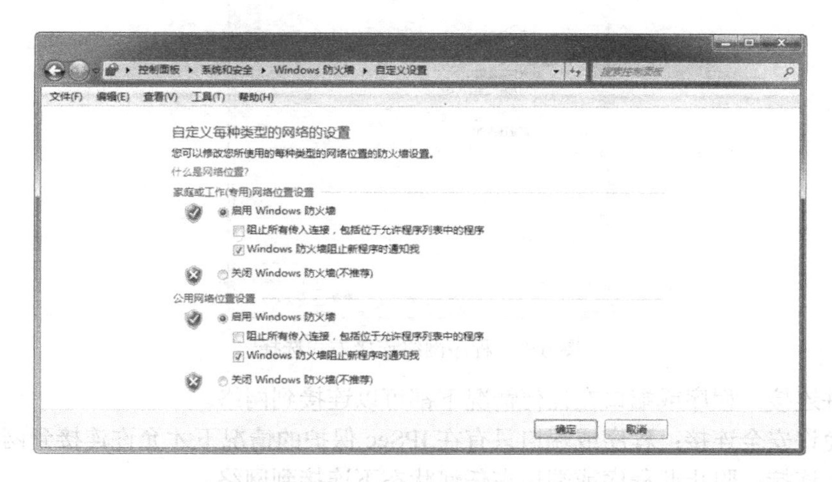

图6-5　防火墙自定义设置

2．覆盖用户群体广泛

普通用户可以使用 Windows 7 防火墙的默认设置以及简单的自定义设置。对于有特殊要求的高级用户，在非常了解 Windows 防火墙的情况下，可以进行更加详细全面的配置。用户可进入“高级设置”项中，包括出入站规则、连接安全规则等，都可以进行修改并根据需求进行自定义配置，如图 6-6 所示。

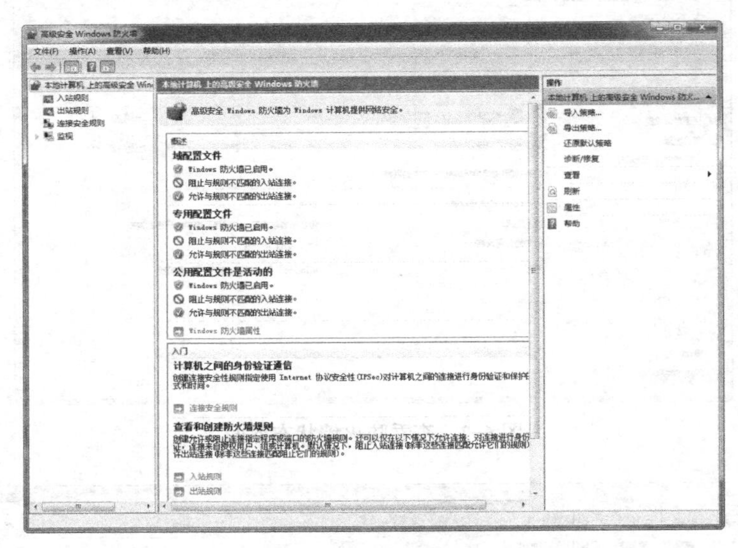

图 6-6　防火墙高级设置

在高级设置中，Windows 7 防火墙针对每一个程序为用户提供了 3 种实用的网络连接方式，如图 6-7 所示。

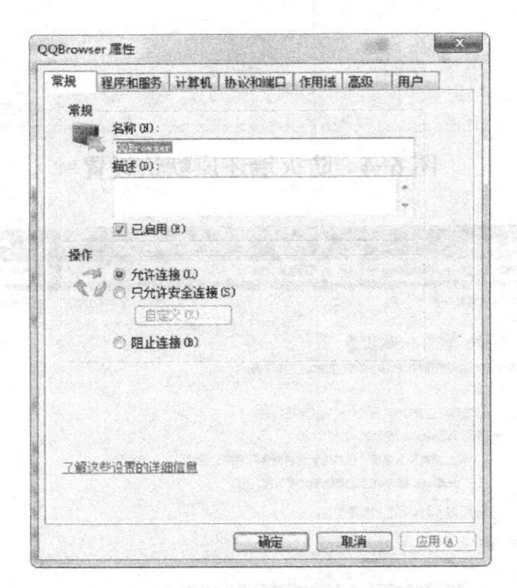

图 6-7　程序网络连接方式选择

1）允许连接：程序或端口在任何情况下都可以连接到网络。

2）只允许安全连接：程序或端口只有在 IPSec 保护的情况下才允许连接到网络。

3）阻止连接：阻止此程序或端口在任何状态下连接到网络。

3．安全规则定义灵活自如

用户对于系统安全的需求是完全不同的，因此在对防火墙的设置方面要求也不一样。如果用户经常携带便携式计算机外出，并通过 WiFi 公共网络连接，那么对于系统的安全保护应当严格一些，不能让任何入侵者进入自己的系统中来；如果用户在相对固定的场所使用相对固定的设备，一般不使用公共网络，那么防火墙就没有必要设置高的防御级别。在防火墙的自定义设置中，用户可以分别对局域网和公共网络采用不同的安全规则，两个网络中的用户都有“启用”和“关闭”两个选择，也就是启用或者禁用 Windows 防火墙，如图 6-8 所示。当启用了防火墙后，还有两个复选框可以选择，其中，“阻止所有传入连接，包括位于允许程序列表中的程序”在某些情况下是非常实用的，当用户处在安全性较低的环境中时可以提供较高级别的保护。

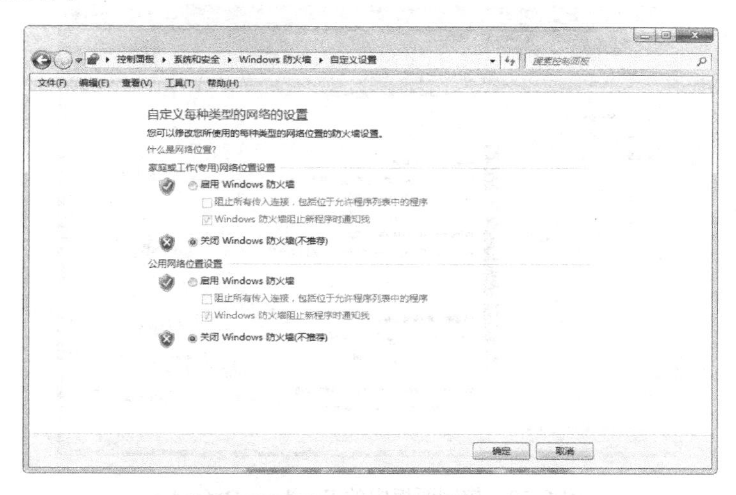

图 6-8　根据网络位置设置防火墙

防火墙个性化的设置可以帮助用户单独允许某个程序通过防火墙进行网络通信，单击 Windows 防火墙主窗口左侧的“允许程序或功能通过 Windows 防火墙”进入设置窗口中，除了 Windows 基础服务之外，如果还想让某一款应用软件能顺利通过 Windows 防火墙，单击【允许运行另一程序】按钮来进行添加。程序列表中的程序可以手动添加为“允许”，列表中没有的程序可以选择“浏览”来手动选择该程序所在地址，如图 6-9 所示。

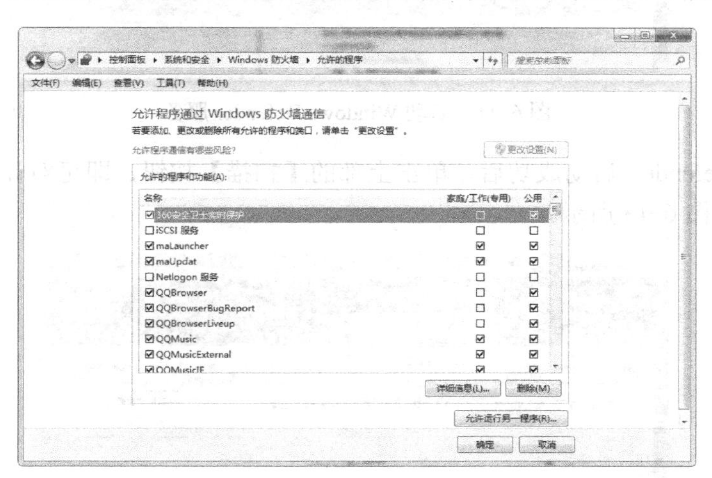

图 6-9　允许程序通过防火墙通信

6.1.2 Windows 7 Defender

为了计算机操作系统的安全考虑，微软在 Windows 7 操作系统中内置了安全防护软件，即 Windows Defender，也就是 Windows 7 自带的杀毒软件。Windows Defender 可以保护计算机，防止由于间谍软件以及其他软件导致的安全威胁、弹出窗口及运行速度变慢等问题。

用户可以在“开始”菜单的搜索框中输入“defender”进行搜索，就可以搜索到 Windows Defender。或者是用户打开“控制面板”，在其中寻找 Windows Defender，如图 6-10 所示。

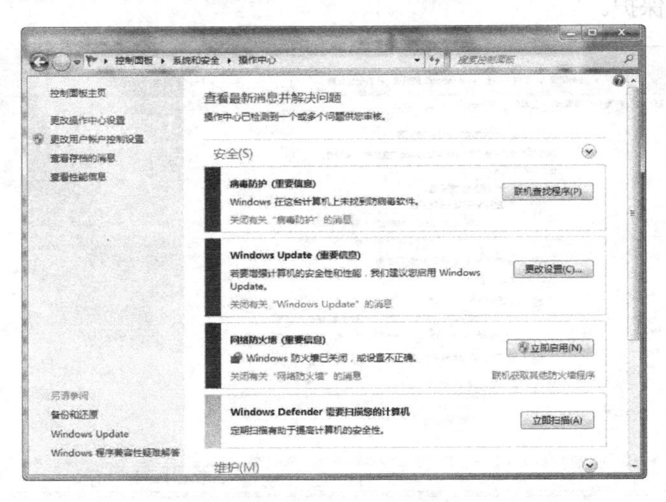

图 6-10　控制面板中的 Windows Defender

如果用户已经安装了第三方的杀毒软件，Windows Defender 将处于关闭状态，如图 6-11 所示，用户可以手动启动该服务。

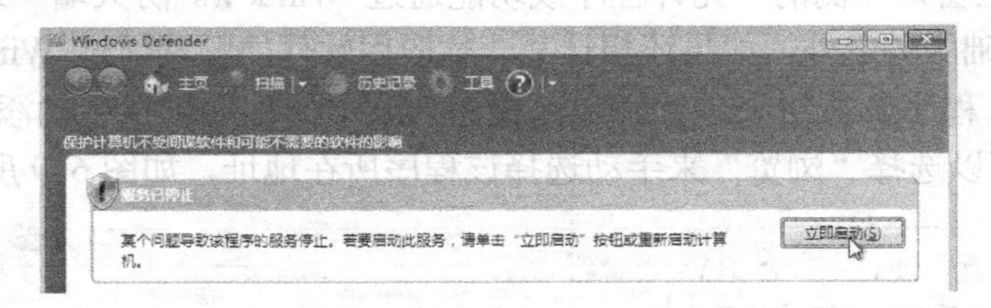

图 6-11　启动 Windows Defender 服务

Windows Defender 启动成功后，单击上部的【扫描】按钮，即可对计算机进行杀毒扫描，如图 6-12、图 6-13 所示。

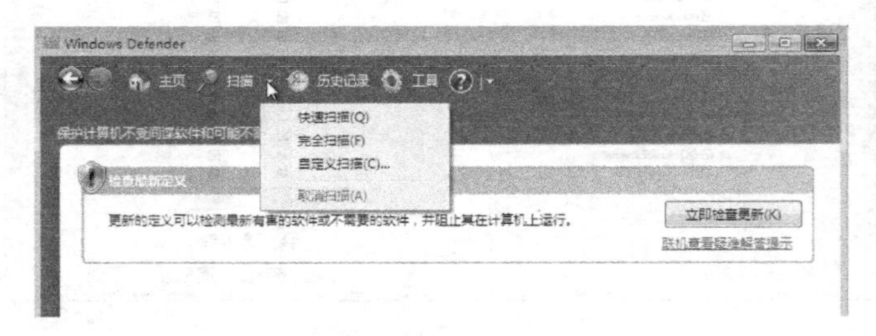

图 6-12　Windows Defender 杀毒扫描界面

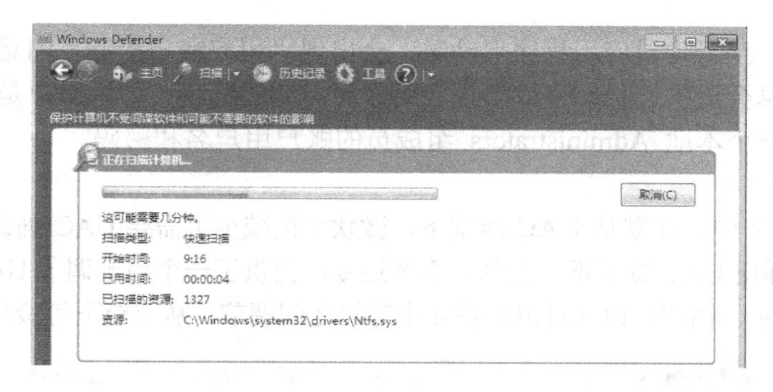

图 6-13 Windows Defender 杀毒扫描过程

6.1.3 Windows 7 用户账户控制

用户账户控制（User Account Control，UAC）是微软公司在其 Windows Vista 及更高版本操作系统中采用的一种控制机制，其原理是通知用户是否对应用程序使用硬盘驱动器和系统文件授权，以达到帮助阻止恶意程序损坏系统的效果。用户账户控制是 Windows 7 的核心安全功能，也是其最常被人误解的众多安全功能之一。

1．功能变化

在 Windows Vista 系统中，如果开启 UAC 功能，则很多项目均会弹出 UAC 提示。而在 Windows 7，UAC 策略做了大量调整，默认只对以管理员身份运行程序、安装程序、部分卸载程序、安装和卸载驱动程序等操作，才会弹出 UAC 提示。在 Windows 7 中，UAC 策略比较明显的变化是以下几种情况不会弹出 UAC 提示。

1）以管理员身份运行程序；

2）安装卸载任何程序，包括驱动程序及 Activex 控件；

3）改变 Windows 防火墙、UAC 设置；

4）配置 Windows 更新、添加及删除用户账户，包括改变账户类型；

5）家长控制、计划任务、查看或修改其他账户的文件或文件夹；

6）磁盘碎片整理等。

2．工作原理

在 Windows 7 中，有两个级别的用户：标准用户和管理员。标准用户是计算机 Users 组的成员；管理员是计算机 Administrators 组的成员。默认情况下，标准用户和管理员都会在标准用户安全上下文中访问资源和运行应用程序。任何用户登录到计算机后，系统都会为该用户创建一个访问令牌。该访问令牌包含有关授予给该用户的访问权限级别的信息，其中包括特定的安全标识符（SID）和 Windows 权限。当管理员登录到计算机时，Windows 为该用户创建两个单独的访问令牌：标准用户访问令牌和管理员访问令牌。标准用户访问令牌包含的用户特定信息与管理员访问令牌包含的信息相同，但是已经删除了管理 Windows 权限和 SID。

当管理员需要运行执行管理任务的应用程序时，Windows 提示用户将他们的安全上下文从标准用户更改或“提升”为管理员。该默认管理员用户体验称为“管理审核模式”。在该模式下，应用程序需要特定的权限才能以管理员应用程序运行。

默认情况下，当管理员应用程序启动时，会出现“用户账户控制”消息。如果用户是管理员，那么该消息会提供选择允许或禁止应用程序启动的选项。如果用户是标准用户，那么该用户可以输入一个本地 Administrators 组成员的账户用户名和密码。

3．级别设置

在 Windows 7 中，在默认 UAC 级别下，微软大幅减少了需要 UAC 确认的任务数量，一般操作下很少会弹出 UAC 提示框。此外，系统还专门提供了一个用于调节 UAC 等级的图形界面，如图 6-14 所示。用户可以通过滑块在 4 个等级之间调节，从上至下等级依次降低。

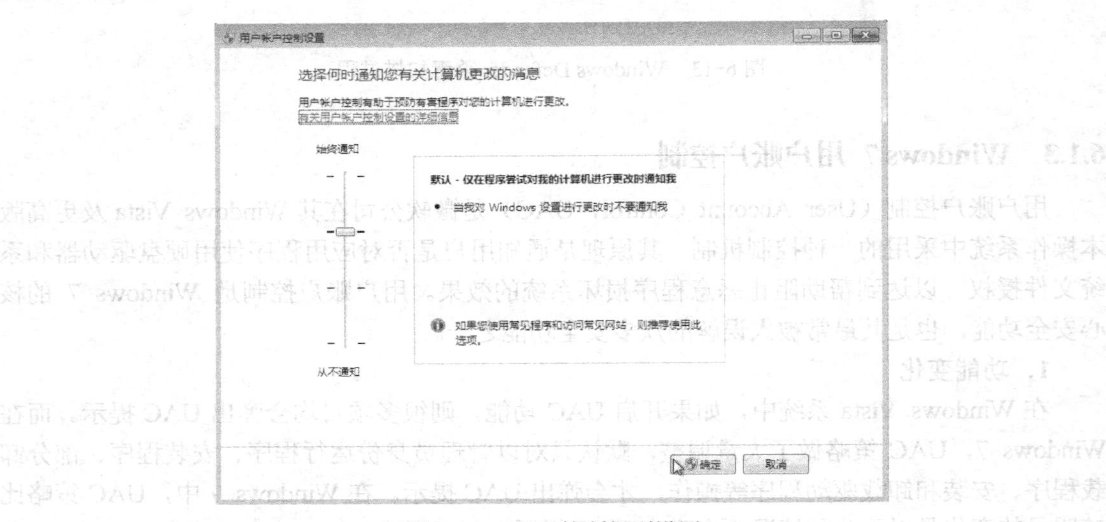

图 6-14 UAC 控制级别设置

6.1.4 Windows 7 禁用管理员账户

Windows 7 出于安全考虑，将超级管理员（Administrator）账户隐藏了，禁止使用管理员账户。如果想登录 Windows 7 超级管理员（Administrator）账户，则必须首先启用这个超级管理员账户。

启用超级管理员账户前，用户要先关闭用户账户控制，然后重新启动计算机，接着完成以下步骤。

1）使用安装时创建的账号登录 Windows7，非 Administrator。

2）打开注册表编辑器。

3）查找 HKEY_LOCAL_MACHINE\SOFTWARE\Microsoft\Windows NT\CurrentVersion\Winlogon。

4）右击 Winlogon，新建项，名称为 SpecialAccounts。

5）右击 SpecialAccounts，新建项，名称为 UserList。

6）右击 UserList，新建 DWORD (32-位)值，名称为 Administrator，键值为 1。

7）在命令提示符窗口输入“net user administrator /active:yes”并按〈Enter〉键，见到提示信息表示成功。

8）重新启动计算机，用户可以看到超级管理员（Administrator）账户显示出来了，默认没有密码。

注意：出于安全考虑，不建议不熟悉计算机的用户使用超级管理员账户和关闭用户账户控制。

6.1.5 Windows 7 其他安全设置

1．开启 IE 8 的智能过滤功能

浏览器正逐渐成为最容易被攻击的目标，Windows 7 的浏览器 IE 8 的安全菜单中有智能截屏过滤选项，用户开启此项功能后，可以与微软的网站数据库链接起来，对比审核所访问的网站是否安全，大大降低了误入不明网站而中毒的可能性。

2．清理垃圾文件

用户使用一段时间后，会觉得计算机的运行速度变慢了，这通常是由于系统中产生了大量的垃圾文件。清理掉无用的垃圾文件，相当于给计算机瘦身。

清理的方法有很多，可以使用第三方软件，也可以使用 Windows 7 自带的小工具。在 Windows 7 中，Microsoft's Autoruns 工具记录了每一个在系统中运行过的程序和服务，用户可以通过查看记录将无用的文件删除。

注意：如果遇到不认识的程序，则应先调查清楚用途再进行操作，防止误删除重要数据。

3．禁止自动运行功能

目前，用户使用移动存储设备的频率大大提高，需要注意的是 U 盘和移动硬盘等移动存储设备也是恶意程序传播病毒的重要途径。当 Windows 7 操作系统开启了自动播放或自动运行功能时，移动存储设备中的恶意程序可以在用户没有察觉的情况下感染系统，因此，建议用户禁用自动播放和自动运行功能，有效拦截病毒的传播路径。关闭自动播放的方法如下：首先，打开组策略管理器，然后依次展开“计算机配置”→“管理模板”→“Windows 组件”→“自动播放策略”，如图 6-15 所示，双击“关闭自动播放”选项，选择“已启用”，再选择选项中的“所有驱动器”，最后单击【确定】按钮，就可以关闭自动播放功能了。

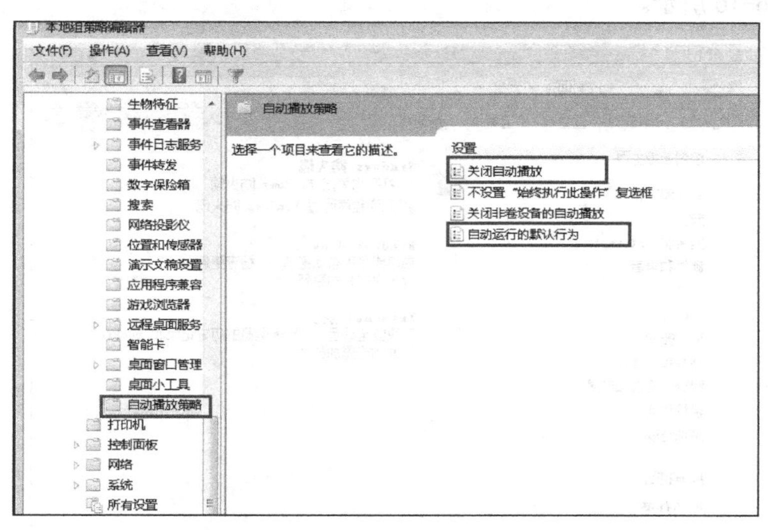

图 6-15 自动播放策略

关闭自动运行的方法：在图 6-15 中双击“自动运行的默认行为”选项，选择“已启用”，在选项中选择“不执行任何自动运行命令”，然后单击【确定】按钮，自动运行功能就被关闭了。

6.2 Windows Server 操作系统的安全性

操作系统的安全问题是整个网络安全的一个核心问题，微软在设计初期就把网络身份验证、基于对象的授权、安全策略及数据加密和审核等作为 Windows 操作系统的核心功能，因此可以说 Windows Server 操作系统是建立在一套完整的安全机制之上的。

尽管 Windows Server 操作系统的安全性比较全面，但是没有任何一个操作系统是完全安全的，因为 Windows Server 自身并不能解决安全问题，它也存在着不少安全漏洞。如果不清楚这些漏洞，不采取任何相应的安全措施，那么这个操作系统可能随时会遭受黑客的攻击，这是用户不愿意看到的。因此，在使用 Windows Server 操作系统时，用户一定要了解该系统的安全性及如何制定安全策略来降低或阻止攻击。下面以 Windows Server 2008 操作系统为例来说明 Windows 操作系统的安全性。

6.2.1 Windows Server 2008 操作系统的安全性

Windows Server 2008 是一款面向高级专业用户的操作系统。与早期的几个版本相比，它的安全性有了大大的改善，主要表现在安全防护、安全配置向导、可信平台模块管理和 BitLocker 驱动器加密等几个方面。

1. Windows 安全

Windows 安全提供了许多安全基础，包括 Windows 防火墙、Windows Update 和 Internet 选项。

打开“开始”菜单→“控制面板”，并以控制面板主页方式浏览，单击“安全”，打开安全窗口，如图 6-16 所示。

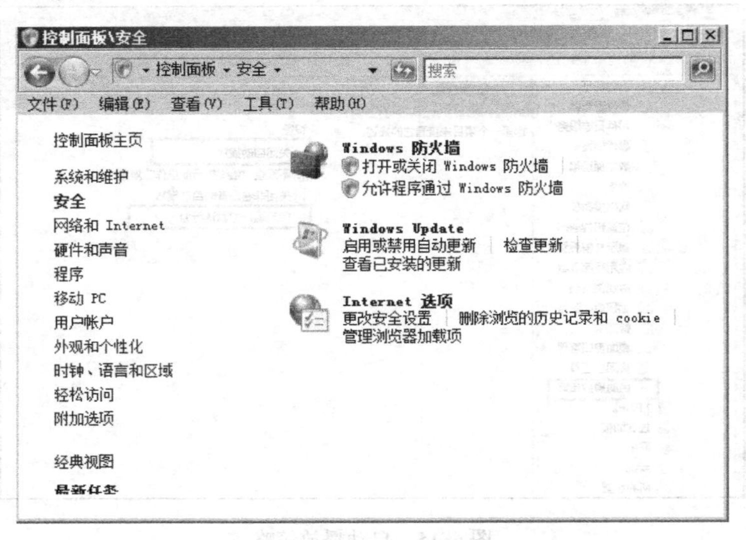

图 6-16　Windows 安全窗口

（1）Windows 防火墙

为了保证操作系统的安全性，防火墙就是通过在其上设置相应的访问规则来允许或阻止某些信息通过的。防火墙有硬件防火墙和软件防火墙之分，在此主要讲述的是 Windows Server 2008 所附带的 Windows 防火墙的功能。

在如图 6-16 所示的安全窗口中，单击“Windows 防火墙”，即可看到【Windows 防火墙】界面，如图 6-17 所示。

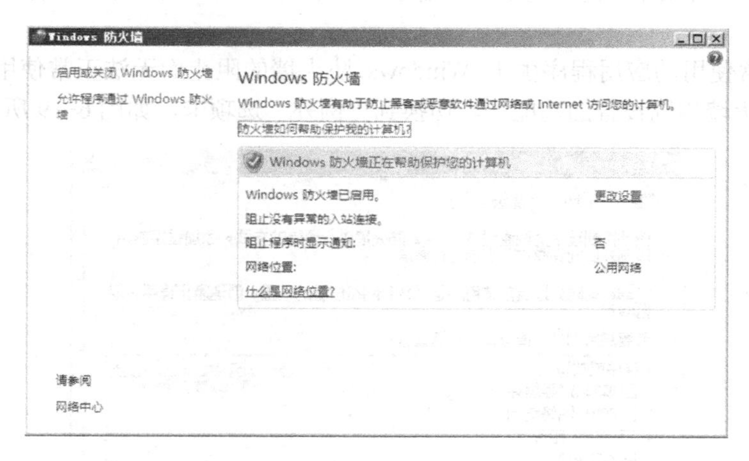

图 6-17 “Windows 防火墙”界面

在图 6-17 中，显示了 Windows 防火墙当前的运行状态。单击“更改设置”“启用或关闭 Windows 防火墙”或“允许程序通过 Windows 防火墙”链接，都可以打开如图 6-18 所示的【Windows 防火墙设置】对话框。

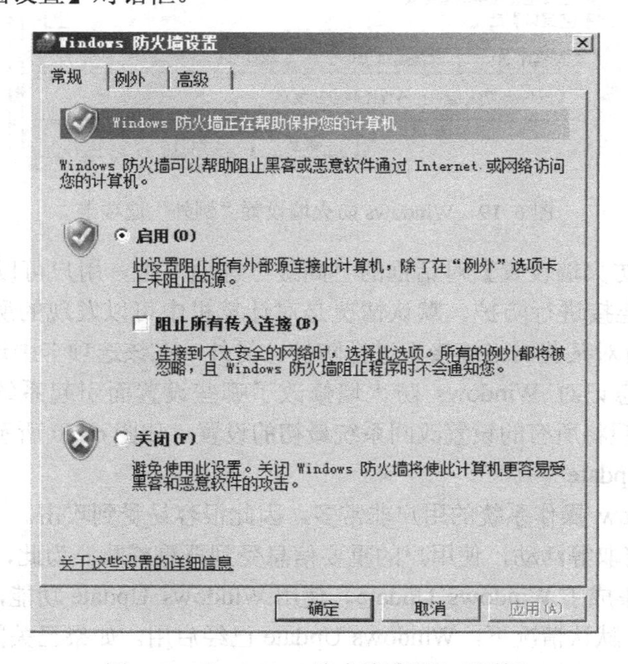

图 6-18 【Windows 防火墙设置】对话框

在【Windows 防火墙设置】对话框中，包含“常规”“例外”和“高级”3 个选项卡。

在“常规”选项卡中，包括“启用”“阻止所有传入连接”和“关闭”3 个选项。“启用”是指启用 Windows 防火墙，默认情况下已选中该项。当 Windows 防火墙处于开启状态时，没有被允许执行的程序都将被 Windows 防火墙阻止。“阻止所有传入连接”就是指将传输到计算机的数据连接阻止，相当于该计算机只允许向外访问其他资源，而不允许其他资源访问本计算机，即许出不许进。“关闭”就是指关闭 Windows 防火墙，一般情况下不使用该设置。

当有些正常使用的应用程序由于 Windows 防火墙的阻止而无法正常使用时，就需要用到 Windows 防火墙规则设置的功能了。切换到“例外”选项卡，如图 6-19 所示。

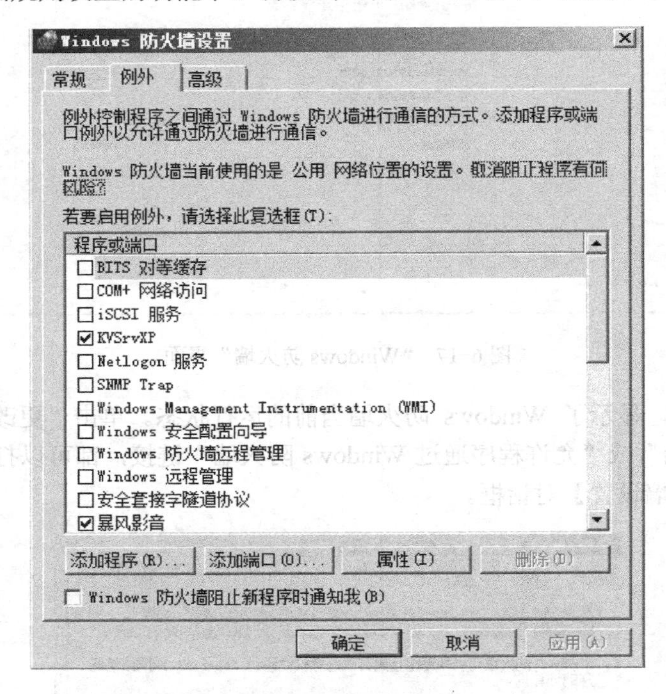

图 6-19　Windows 防火墙设置“例外”选项卡

在【Windows 防火墙设置】对话框的“高级”选项卡中，用户可以设置选择 Windows 防火墙对哪些网络连接进行防护。默认情况是对计算机中可以发现的所有可用网络进行防护，当然也可以设置对某些网络连接不进行防护。另外，在该选项卡中还有一个【还原为默认值】按钮。如果忘记对 Windows 防火墙修改了哪些设置而引起系统问题，就可以单击【还原为默认值】按钮将所有的设置改回系统最初的设置，如图 6-20 所示。

（2）Windows Update

由于使用 Window 操作系统的用户非常多，因此很容易受到攻击。不法分子可以利用这些漏洞进行破坏、窃取等活动，使用户的重要信息受到严重威胁。为此，在 Windows Server 2008 安全中心中也集成了 Windows Update。使用 Windows Update 功能，就可以检查适用于用户计算机的更新。默认情况下，Windows Update 已经启用。如果已关闭更新，则安全中心将显示一个通知，并且在通知区域中放置一个安全中心图标，用户可以单击该提示来打开自动更新。用户可以设置自动更新方式，具体步骤如下。

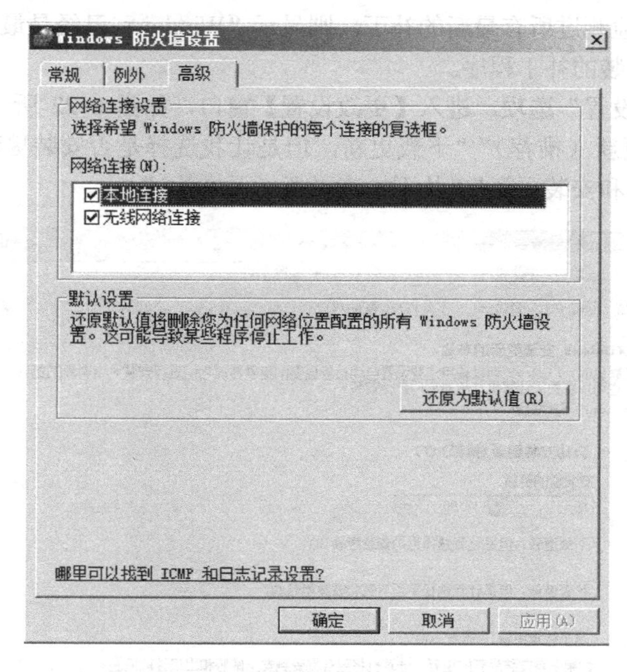

图 6-20　Windows 防火墙设置“高级”选项卡

1）在图 6-16 所示的安全窗口中单击“Windows Update”，即可弹出【Windows Update】窗口，如图 6-21 所示。窗口左侧是各个功能连接，窗口右侧显示当前 Windows 的更新状态。

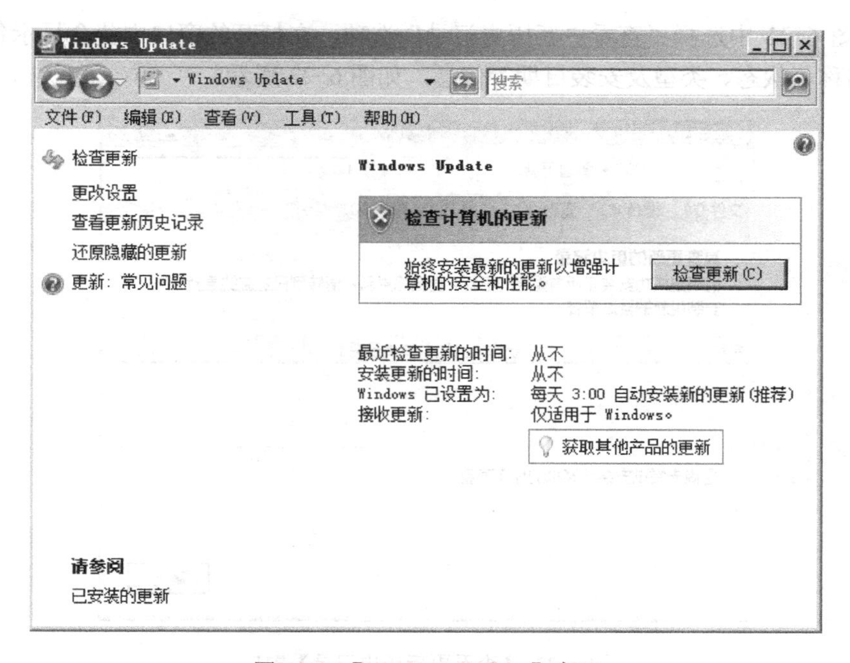

图 6-21　【Windows Update】窗口

2）单击【检查更新】按钮，就进入更新检查状态，稍后即可返回更新检查结果。如果当前 Windows 已经检测过所有最新的补丁，则显示“Windows 已经是最新的”，否则会显示可供选择、下载、安装的补丁程序。

3）选择“更改设置”选项，进入【更改设置】窗口，如图 6-22 所示。在该窗口中，可以设置“自动安装更新（推荐）”“下载更新，但是让我选择是否安装更新”“检查更新，但是让我选择是否下载和安装更新”“从不检查更新（不推荐）”。

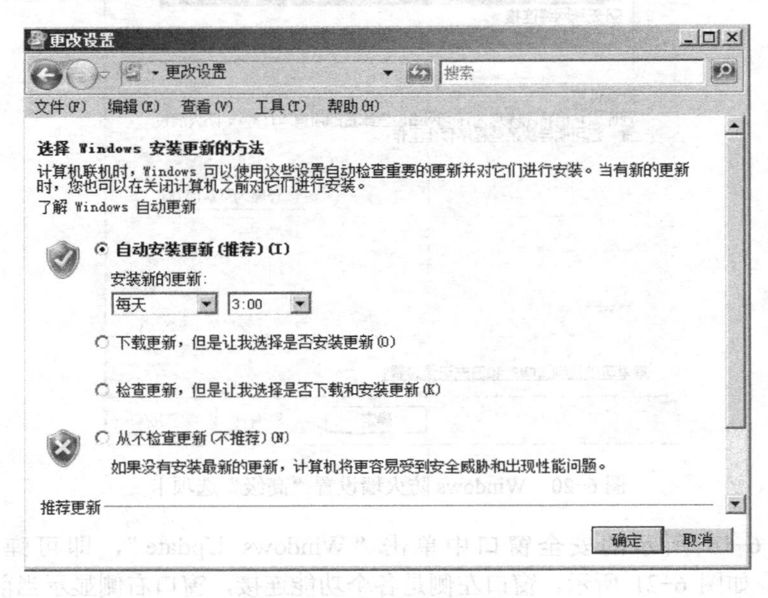

图 6-22 【更改设置】窗口

4）在图 6-21 中选择“查看更新历史记录”选项，在打开的窗口中就会显示各个更新补丁程序的名称、状态、类型及安装日期等信息，如图 6-23 所示。

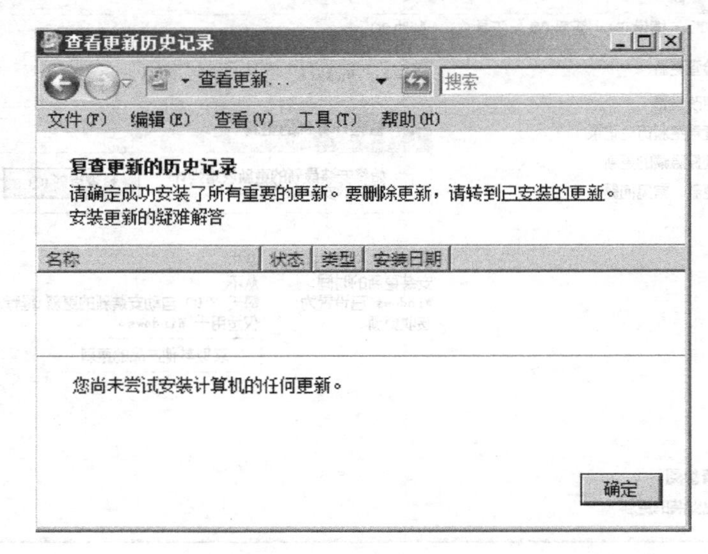

图 6-23 【查看更新历史记录】窗口

5）在图 6-21 中选择“还原隐藏的更新”选项，如果有计算机的隐藏更新，则在弹出窗口的列表中列出，选中需要还原的隐藏更新，单击【还原】按钮即可，如图 6-24 所示。

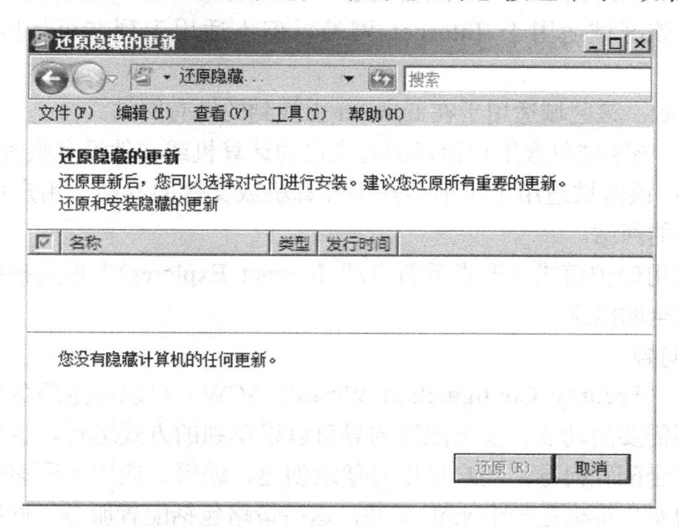

图 6-24 【还原隐藏的更新】窗口

（3）Internet 选项

这里主要显示 Internet 选项中的安全设置、删除历史记录和 cookies，以及管理浏览器加载项等影响浏览器安全的功能链接。

在如图 6-16 所示的安全窗口中，单击“Internet 选项”，即可弹出【Internet 属性】对话框，打开“安全”选项卡，如图 6-25 所示。

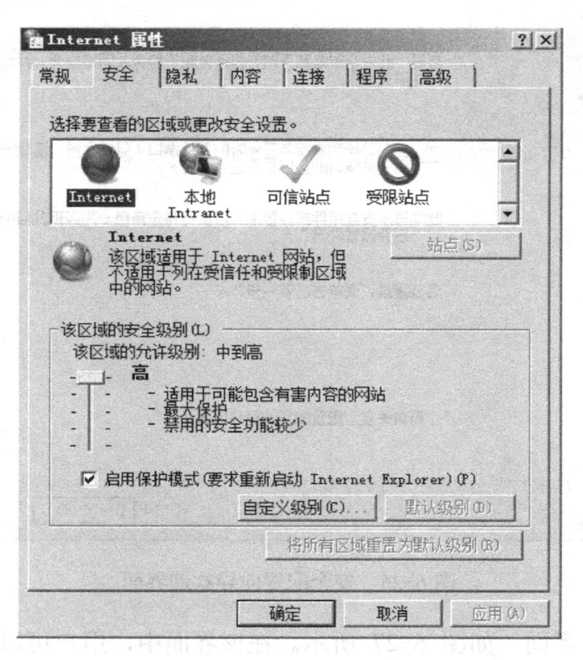

图 6-25 【Internet 属性】对话框的“安全”选项卡

在上图中可以看到有如下几个安全设置选项。

1）Internet：该区域适用于 Internet 网站，但不适用于列在可信区域和受限区域中的网络。

2）本地 Intranet：该区域适用于在 Intranet 上找到的所有网站。

3）可信站点：该区域包含用户信任的对自己的计算机或文件没有损害的网站。

4）受限站点：该区域适用于可能会损害计算机或文件的网站，用户可以在里面添加一些认为对机器有害的网站。

推荐选择“启用保护模式（要求重新启动 Internet Explorer）”单选按钮，还可以根据用户的需要自定义安全的级别。

2．安全配置向导

安全配置向导（Security Configuration Wizard，SCW）可以确定服务器角色所需要的最少功能，并禁用不需要的功能。安全配置向导可以以单独的方式运行，也可以在服务器管理器中运行。使用安全配置向导，用户可以方便地创建、编辑、应用或回滚安全策略。使用安全配置向导创建的安全策略是一个.xml 文件，这些策略包括配置服务、网络安全、特定注册表值和审核策略。

（1）创建新的安全策略

1）选择“开始”→“管理工具”→“安全配置向导”菜单命令，弹出安全配置向导欢迎界面，如图 6-26 所示，单击【下一步】按钮。

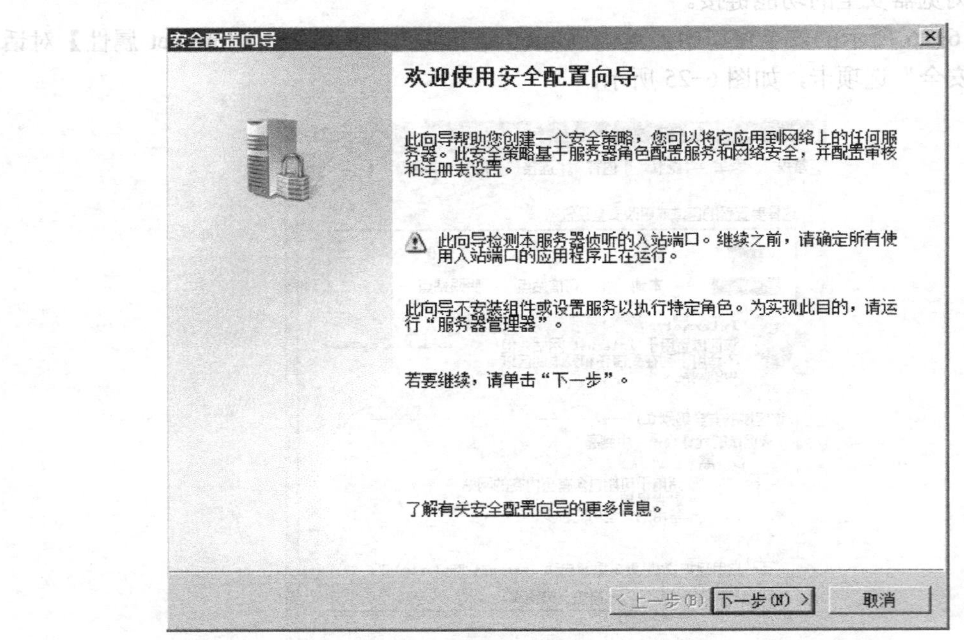

图 6-26 安全配置向导欢迎界面

2）进入配置操作界面，如图 6-27 所示。在该界面中，用户可以选择“新建安全策略”“编辑现有安全策略”“应用现有安全策略”或“回滚上一次应用的安全策略”等操作。这里选择“新建安全策略”单选按钮，然后单击【下一步】按钮。

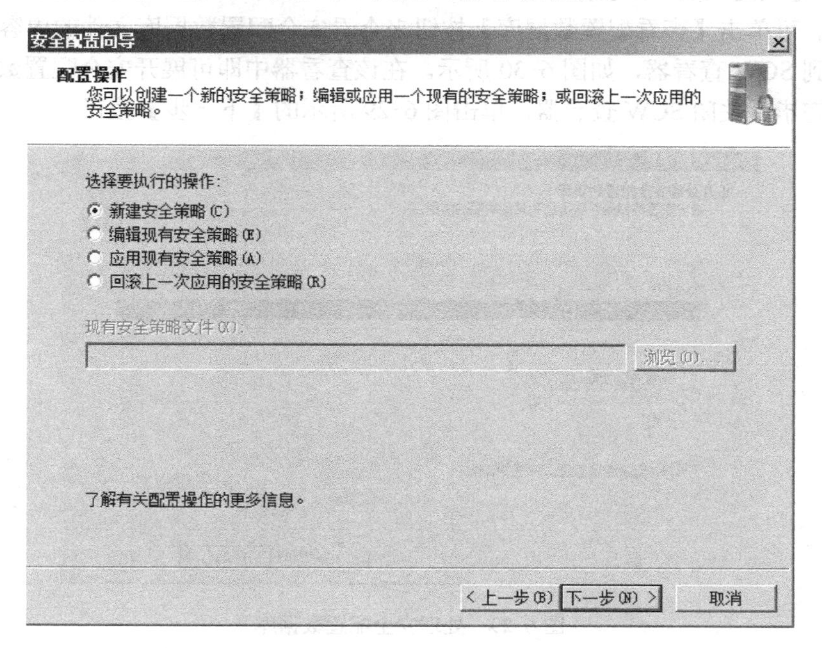

图 6-27　配置操作界面

3）进入选择服务器界面，如图 6-28 所示。用户可以使用 DNS 名称、NetBIOS 名称或 IP 地址来确定需要配置安全策略的服务器，然后单击【下一步】按钮。

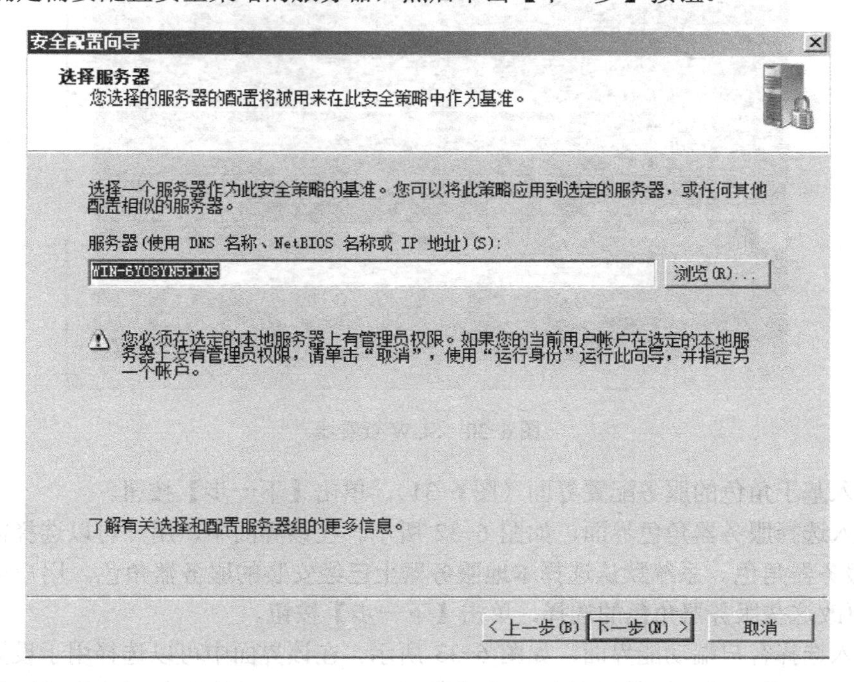

图 6-28　选择服务器界面

4）进入正在处理安全配置数据库界面，如图 6-29 所示。该界面处理配置数据库，并显示处理进度。可单击【查看配置数据库】按钮来查看安全配置数据库文件的内容。单击该按钮后，可看到 SCW 查看器，如图 6-30 所示。在该查看器中即可展开安全配置数据库文件的内容。查看完毕后关闭 SCW 查看器，单击图 6-29 所示的【下一步】按钮。

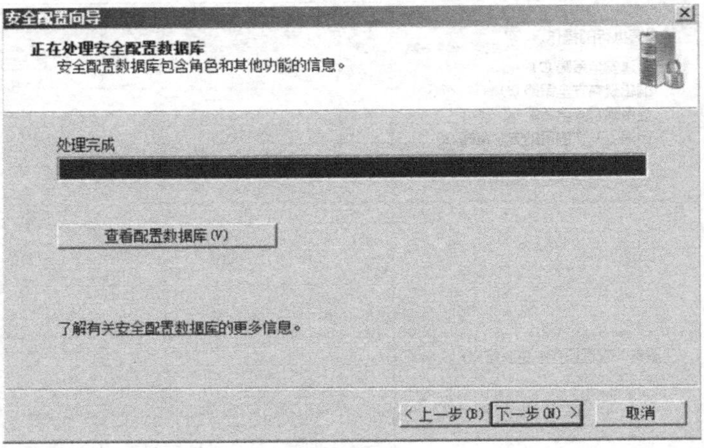

图 6-29　处理安全配置数据库

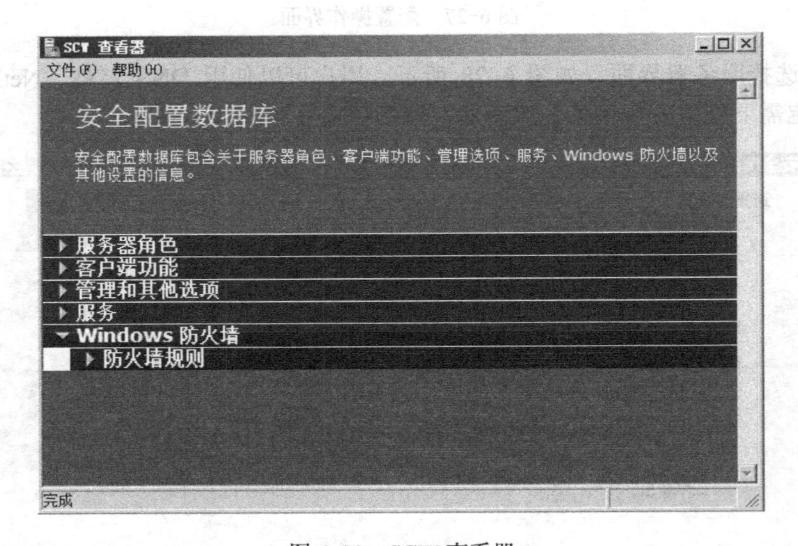

图 6-30　SCW 查看器

5）进入基于角色的服务配置界面（图 6-31），单击【下一步】按钮。

6）进入选择服务器角色界面，如图 6-32 所示。在该界面中，用户可以选择需要设置安全策略的服务器角色。系统默认选择本地服务器上已经安装的服务器角色。用户可以根据实际需要，更改这些服务器角色的选择，单击【下一步】按钮。

7）进入选择客户端功能界面，如图 6-33 所示。在该界面中可以选择用于设置安全策略的服务器功能，系统默认提供了服务器已经安装的功能。这里的服务器功能可以简单地理解为服务器上的功能组件。用户根据实际需要选择设置，单击【下一步】按钮。

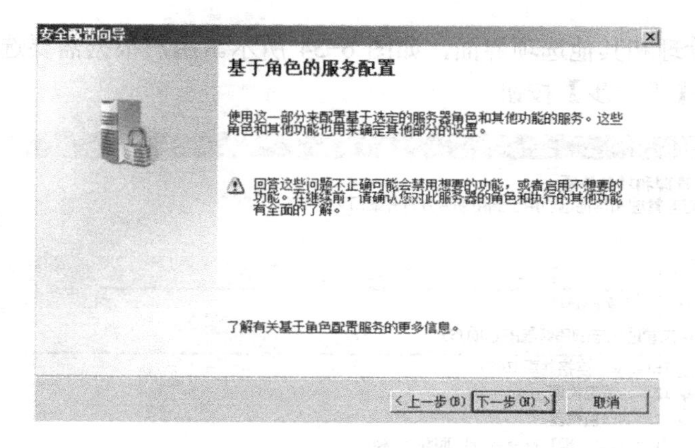

图 6-31　基于角色的服务配置

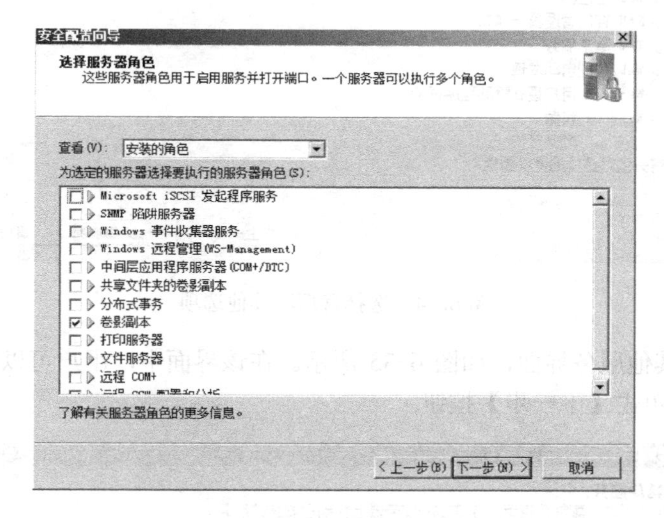

图 6-32　选择服务器角色

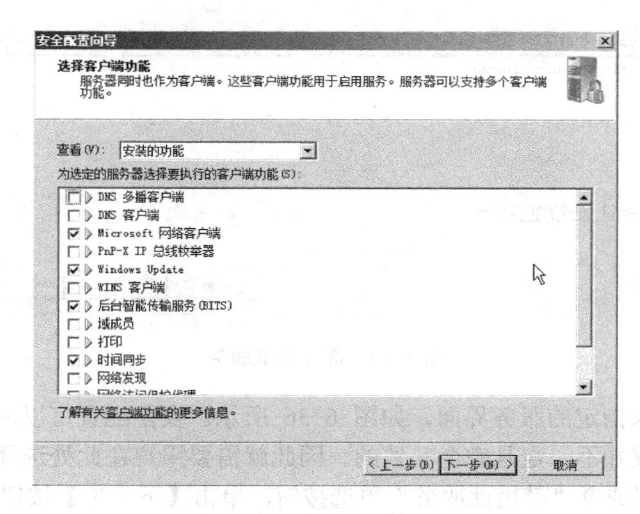

图 6-33　选择客户端功能

8）进入选择管理和其他选项界面，如图 6-34 所示。用户根据需要选择需要设置的安全策略的选项，单击【下一步】按钮。

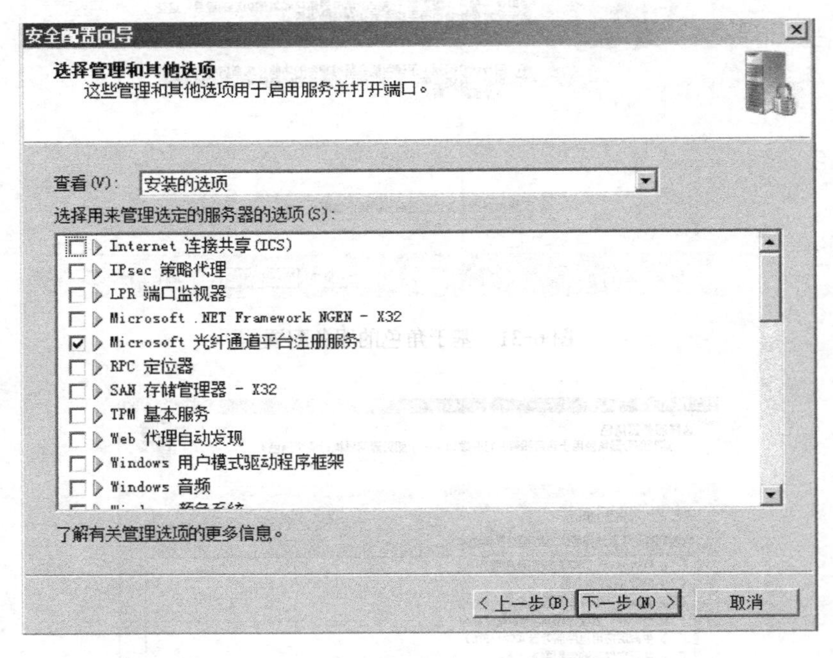

图 6-34　选择管理和其他选项

9）进入选择其他服务界面，如图 6-35 所示。在该界面中，用户可以选择需要配置安全策略的其他服务，单击【下一步】按钮。

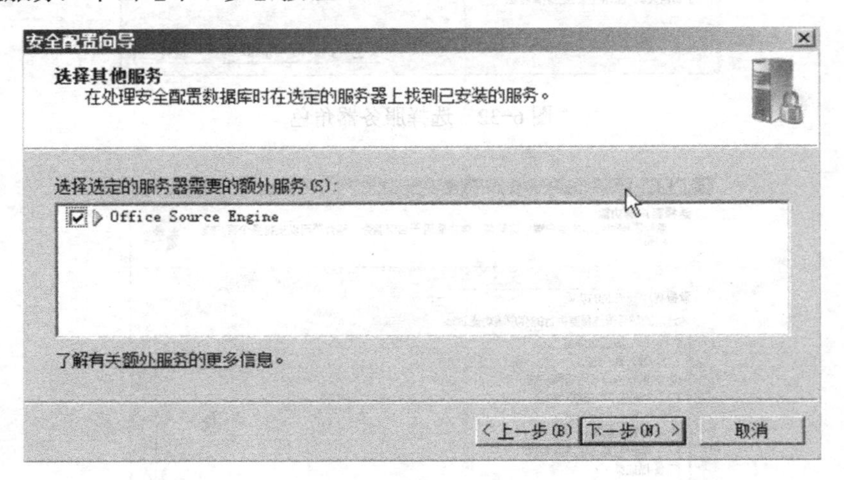

图 6-35　选择其他服务

10）进入处理未指定的服务界面，如图 6-36 所示。安全配置可以应用到其他服务器，而其他服务器的配置并不一定是完全一致的。因此就需要用户在此处选择“不更改此服务的启动模式”单选按钮或者“禁用此服务”单选按钮，单击【下一步】按钮。

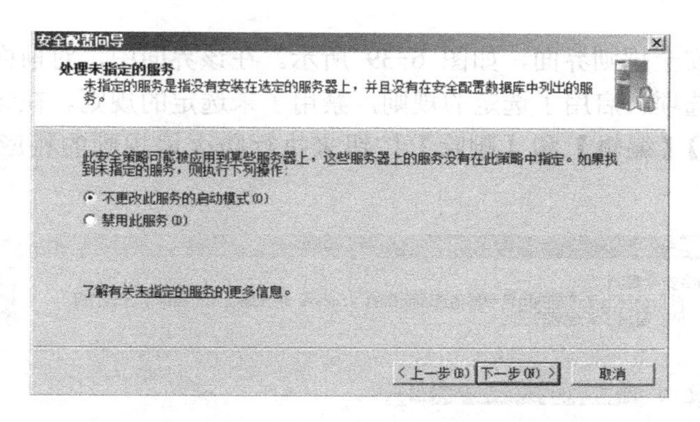

图 6-36　处理未指定的服务

11）进入确认服务更改界面，如图 6-37 所示。在此界面中，如果看到哪个设置有问题，用户可以直接修改，单击【下一步】按钮。

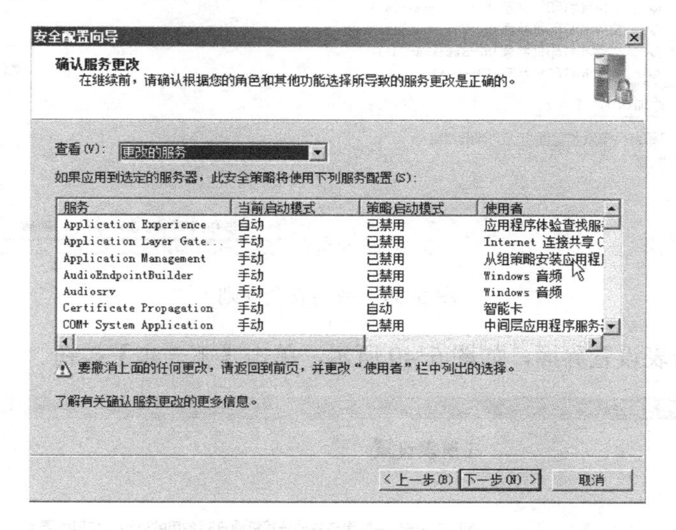

图 6-37　确认服务更改

12）进入网络安全界面，如图 6-38 所示，单击【下一步】按钮。

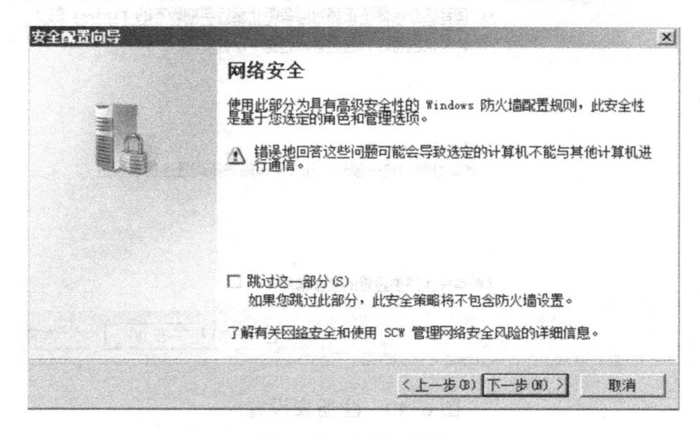

图 6-38　网络安全

13）进入网络安全规则界面，如图 6-39 所示。在该界面中，对前面向导页面中选择的服务器角色和其他选项，启用了选定的规则，禁用了未选定的规则。在该向导中，用户还可以通过单击【添加】【编辑】和【删除】按钮来执行防火墙规则的相应操作，单击【下一步】按钮。

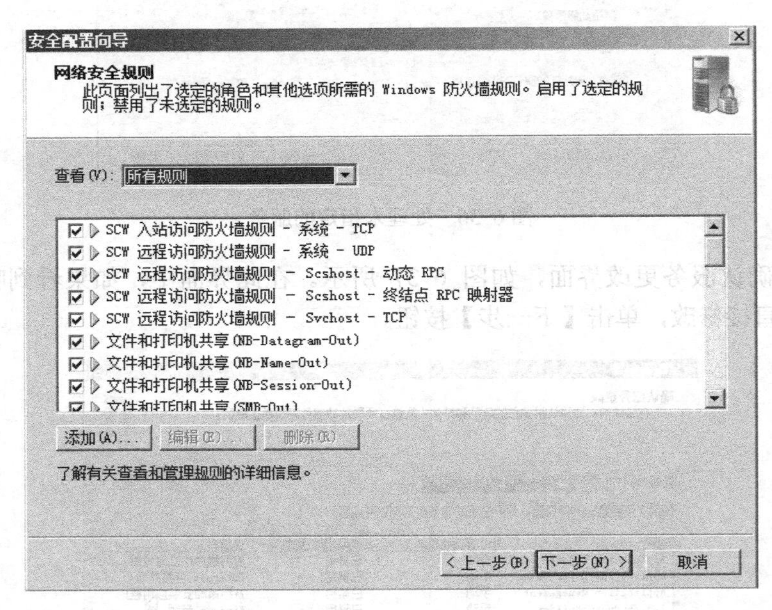

图 6-39　网络安全规则

14）进入注册表设置界面，如图 6-40 所示，单击【下一步】按钮。

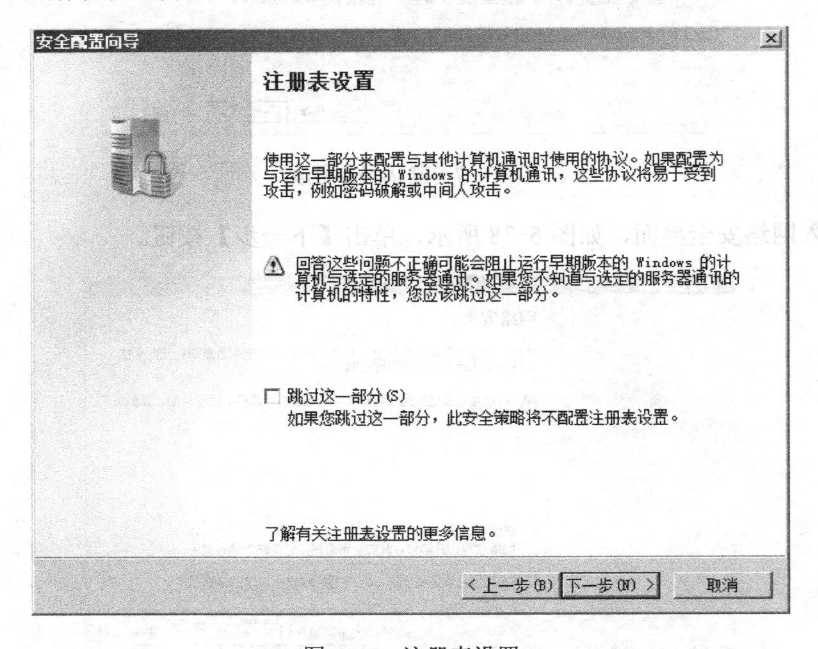

图 6-40　注册表设置

15）进入要求 SMB 安全签名的界面，如图 6-41 所示。SMB 协议（服务器消息块）是 Windows 系统中进行文件共享所使用的一个主要协议。而这里要求服务器 SMB 安全签名，则增强了文件共享的安全性，但同时也占用了大量系统处理资源。用户根据实际需求选择设定具有何种属性，单击【下一步】按钮。

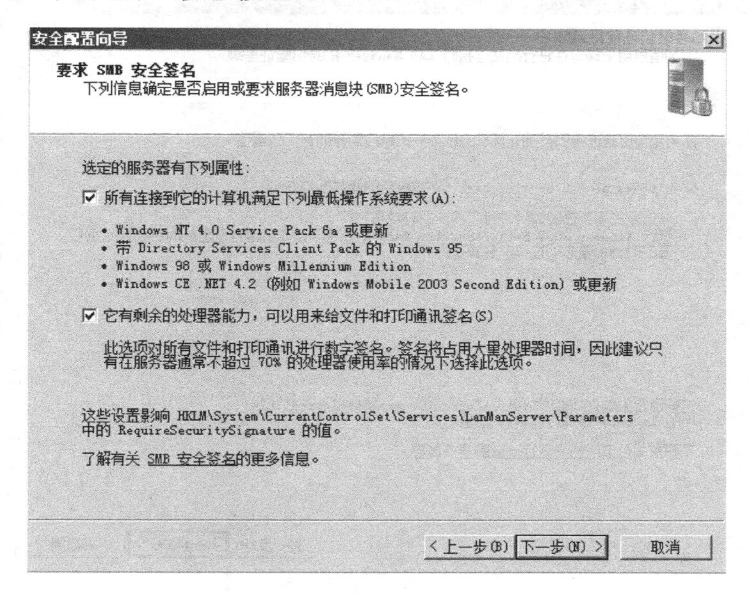

图 6-41　要求 SMB 安全签名

16）进入出站身份验证方法界面，如图 6-42 所示。在该界面中，设置服务器对远程计算机进行验证的方法，从而确定进行出站连接时 LAN Manager 的身份验证等级。选择设置完毕后单击【下一步】按钮。

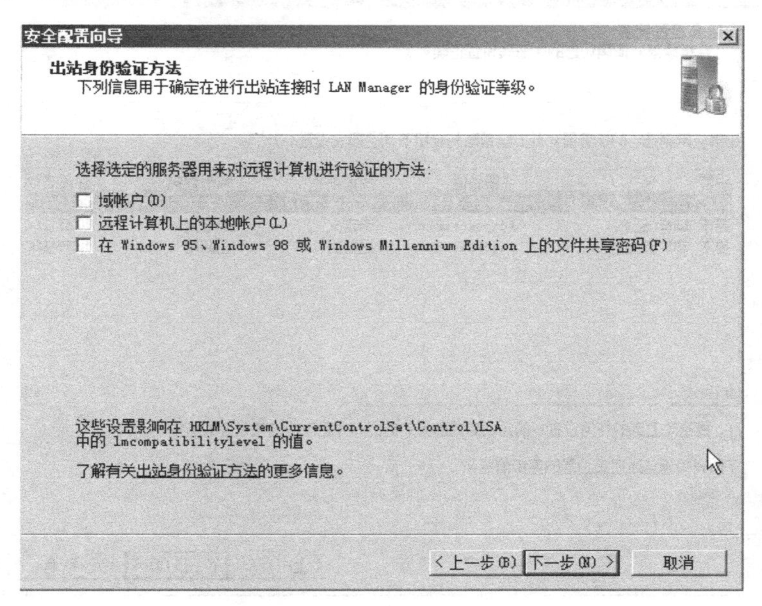

图 6-42　出站身份验证方法

17）进入出站身份验证使用域账户界面，如图 6-43 所示。在该界面中，用户可以设置服务器使用域账户连接到的计算机拥有的属性信息，从而确定出站连接时 LAN Manager 身份验证等级。设置完毕后单击【下一步】按钮。

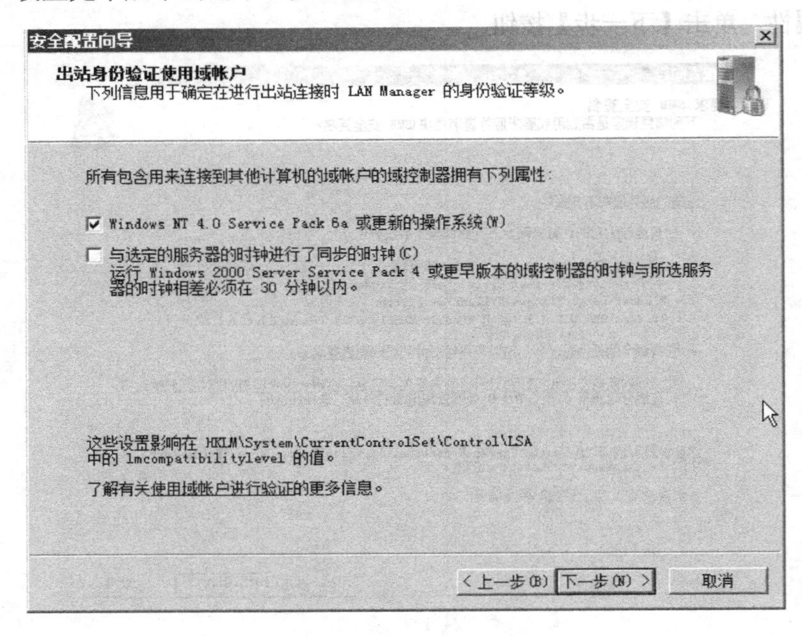

图 6-43　出站身份验证使用域账户

18）进入注册表设置摘要界面，如图 6-44 所示。这里提示用户注册表安全策略将应用到的注册表项，如果发现设置有问题，则可返到前面的步骤来修改设置，单击【下一步】按钮。

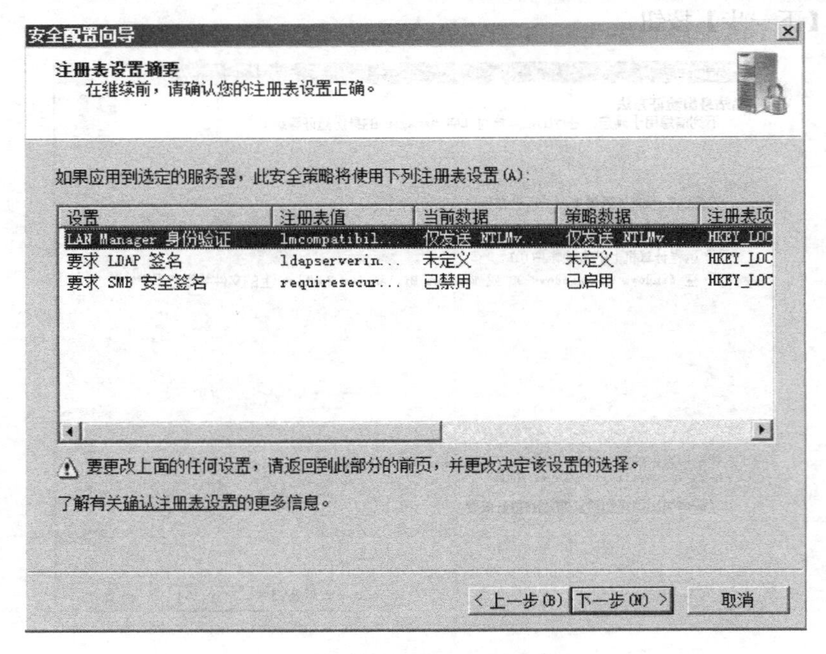

图 6-44　注册表设置摘要

19）进入审核策略界面，如图 6-45 所示。如果不设置该类策略，可选择“跳过这一部分”复选框，单击【下一步】按钮。

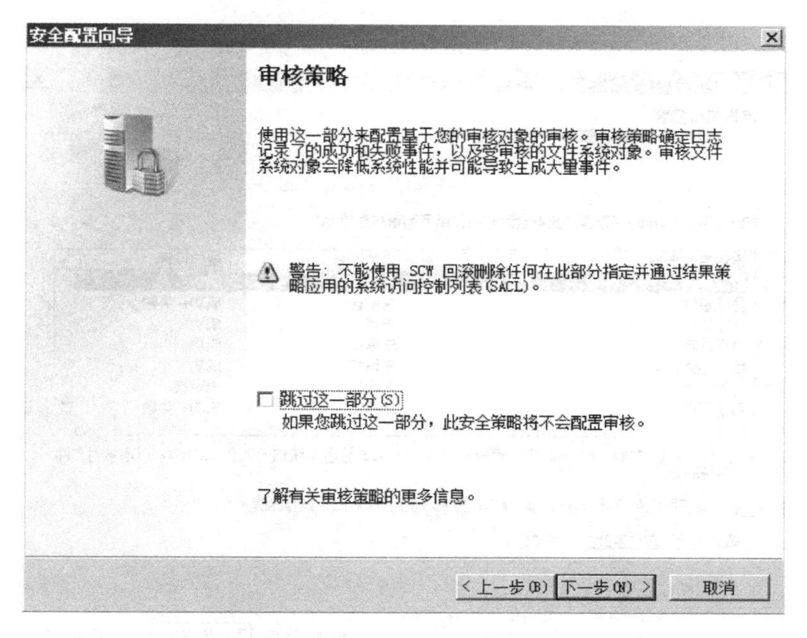

图 6-45　审核策略

20）进入系统审核策略界面，如图 6-46 所示。在该界面，用户选择审核目标后单击【下一步】按钮。

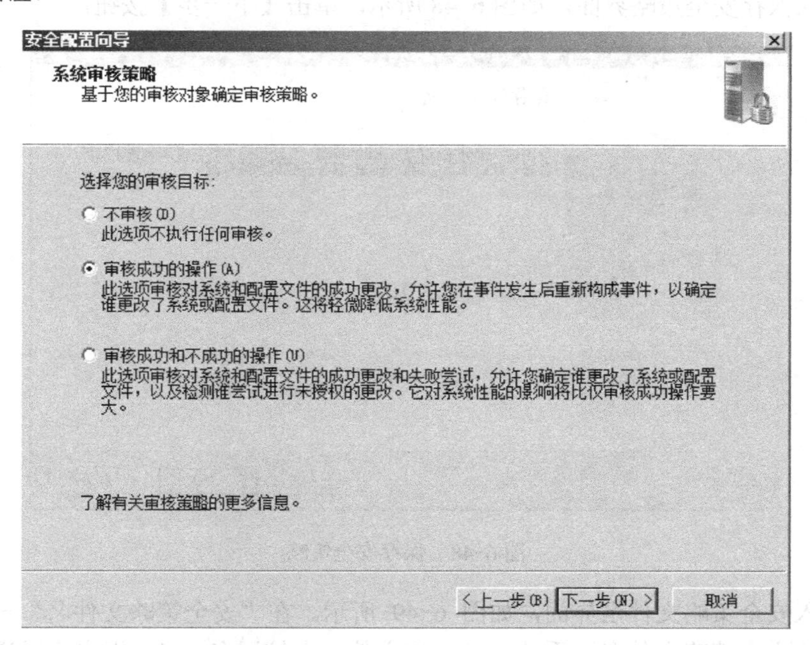

图 6-46　系统审核策略

21）进入审核策略摘要界面，如图 6-47 所示。在该界面中显示了所选择的策略汇总摘要，由用户确定是否正确。确认无误后，单击【下一步】按钮，否则返到前面步骤进行修改。

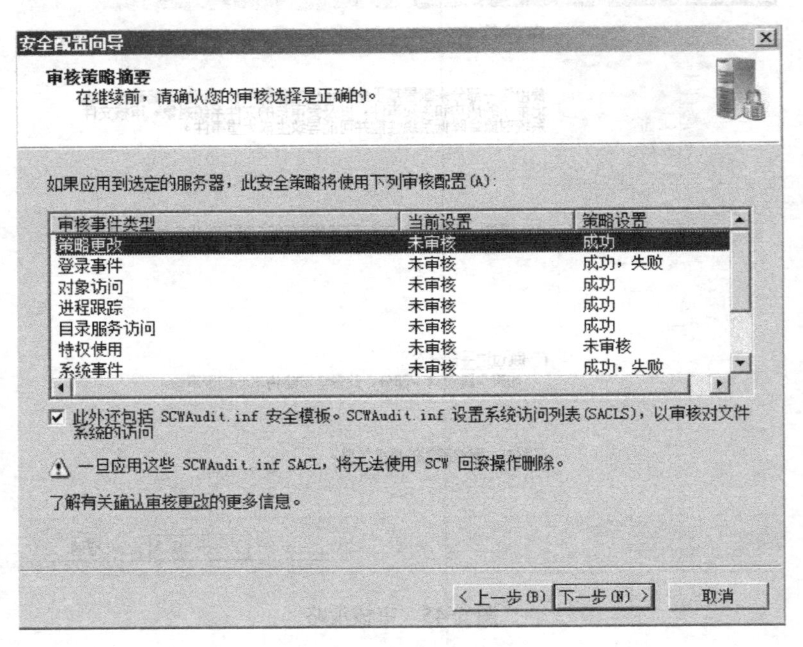

图 6-47　审核策略摘要

22）进入保存安全策略界面，如图 6-48 所示，单击【下一步】按钮。

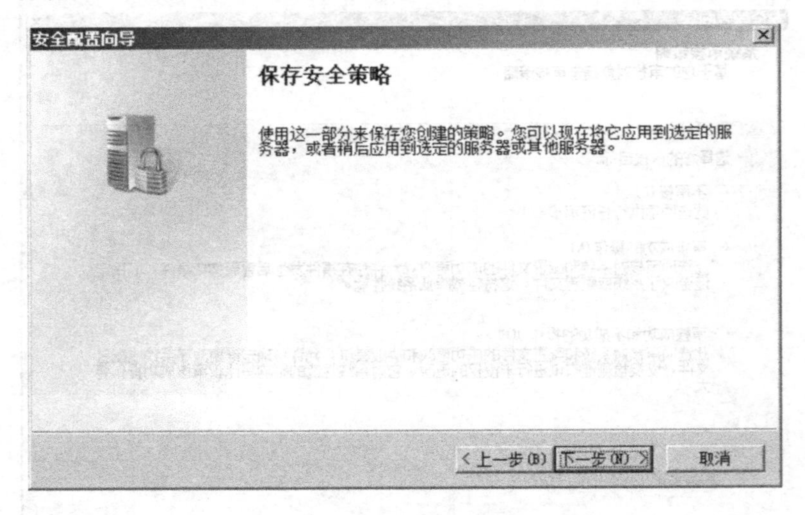

图 6-48　保存安全策略

23）进入安全策略文件名界面，如图 6-49 所示。在“安全策略文件名”一栏中，输入用户自定义的安全策略文件名，系统自动给该文件加上扩展名.xml。用户可以通过单击该页面上的【查看安全策略】和【包括安全模板】按钮来查看前面各个步骤设置的安全策略，同时还可以添加其他安全模板，单击【下一步】按钮。

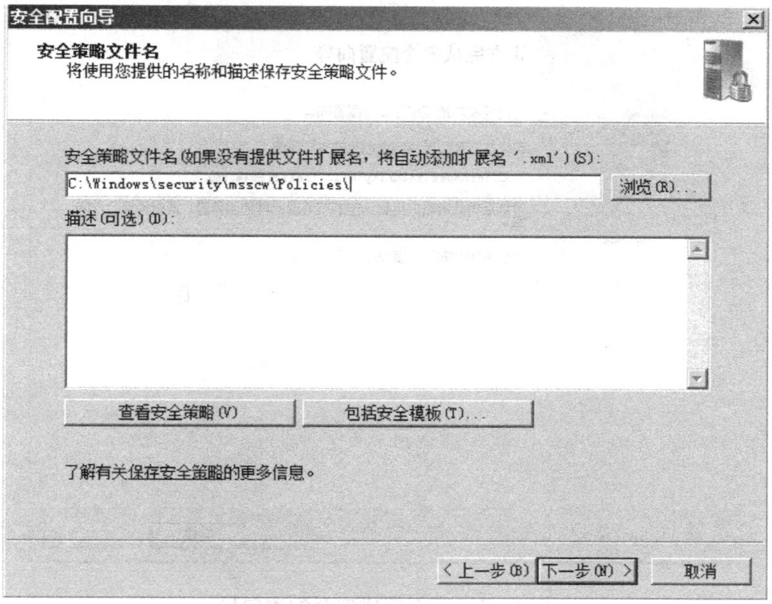

安全配置向导

安全策略文件名

将使用您提供的名称和描述保存安全策略文件。

安全策略文件名(如果没有提供文件扩展名，将自动添加扩展名'.xml')(S):

C:\Windows\security\msscw\Policies\

浏览(R)...

描述(可选)(D):

查看安全策略(V)　包括安全模板(T)...

了解有关保存安全策略的更多信息。

< 上一步(B)　下一步(N) >　取消

图 6-49　安全策略文件名

24）进入应用安全策略界面，如图 6-50 所示。在该界面中，提示用户确定是稍候应用还是现在应用。根据实际情况，选择其中一个设置后单击【下一步】按钮。

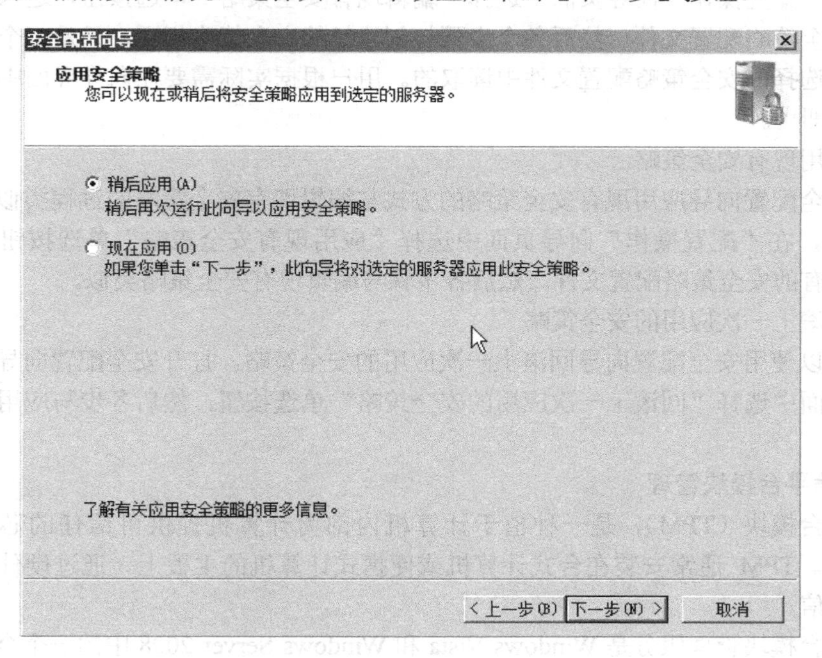

图 6-50　应用安全策略

25）进入正在完成安全配置向导界面，如图 6-51 所示。单击【完成】按钮，即可完成新创建安全策略的操作。

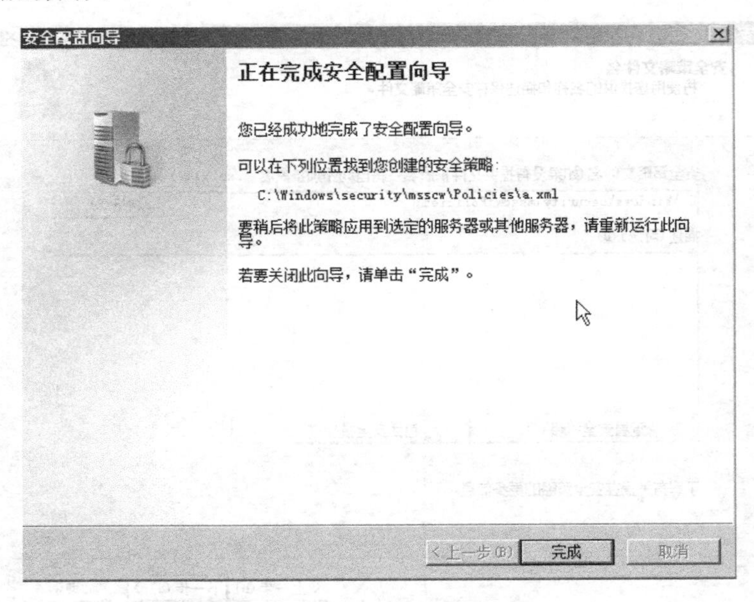

图 6-51　正在完成安全配置向导

（2）编辑现有安全策略

使用安全配置向导编辑安全策略的方式与创建新的安全策略的过程类似。打开安全配置向导后，在“配置操作”向导页面中选择“编辑现有安全策略”单选按钮，进入下一步，选择已有的安全策略配置文件。然后各个步骤与创建新的安全策略相同，只是每个步骤中的初始值均是在选择的安全策略配置文件中读取的。用户根据实际需要在向导界面中修改相应的配置选项值即可。

（3）应用现有安全策略

使用安全配置向导应用现有安全策略的方式与编辑现有安全策略的过程类似。打开安全配置向导后，在“配置操作”向导页面中选择“应用现有安全策略”单选按钮，进入下一步，选择已有的安全策略配置文件。然后各步骤与编辑现有安全策略类似。

（4）回滚上一次应用的安全策略

用户可以使用安全配置向导回滚上一次应用的安全策略。打开安全配置向导后，在配置操作向导页面中选择“回滚上一次应用的安全策略”单选按钮，然后各步与应用现有安全策略类似。

3．可信平台模块管理

可信平台模块（TPM），是一种植于计算机内部为计算机提供可信任的芯片，用于存储加密信息。TPM 通常安装在台式计算机或便携式计算机的主板上，通过硬件总线与系统其余部分通信。

可信平台模块管理服务是 Windows Vista 和 Windows Server 2008 中的一个全新功能集，用于管理计算机中的 TPM 安全硬件。通过提供对 TPM 的访问并保证应用程序级别的 TPM 共享，TPM 服务体系结构可提供基于硬件的安全基础结构。TPM 管理控制台是一个 MMC

管理单元，管理员可借助它与TPM服务进行交互。

管理员可以在Windows Server 2008的管理控制器MMC中打开TPM管理器，具体步骤如下。

1）在“开始”菜单的“开始搜索”或“运行”栏中输入MMC命令，按〈Enter〉键后打开管理控制台。

2）选择“文件”→“添加/删除管理单元”菜单命令，弹出如图6-52所示的【添加或删除管理单元】对话框。

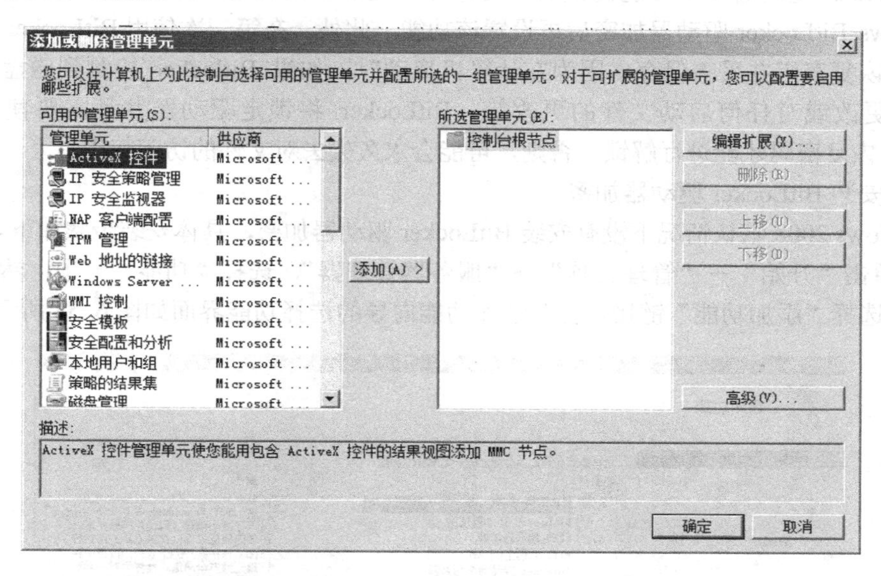

图6-52 【添加或删除管理单元】对话框

3）在“可用的管理单元”列表框中选择“TPM 管理”，然后单击【添加】按钮，弹出如图6-53所示的【选择计算机】对话框。用户根据实际情况选择需要管理TPM的本地计算机或远程计算机，单击【确定】按钮。

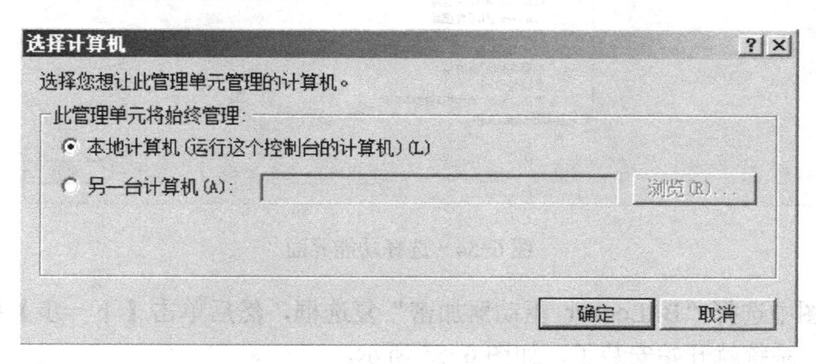

图6-53 【选择计算机】对话框

4．BitLocker驱动器加密

Windows 2008 提供了BitLocker驱动器加密的功能。BitLocker可确保存储在运行Windows 2008的计算机上的数据始终处于加密状态，即使计算机在未运行操作系统时被篡改也是如此。BitLocker 驱动器加密将加密整个系统驱动器，包括启动和登录所需要的 Windows 系统文件。

BitLocker 使用 TPM 为数据提供增强保护，并确保这些数据在没有正确的解密密钥时不被篡改。使用 TPM 芯片加密后，只能通过使用 TPM 中存储的解密密钥来解密计算机硬盘上的数据，将该加密硬盘连到其他计算机上也无法获取这些加密数据。因此，存储在 TPM 芯片上的信息会更安全。

BitLocker 驱动器加密可能会使用户的计算机无法正常启动，因此需要清楚地知道什么是 Windows BitLocker 驱动器加密后再设置该功能。此外，在第一次使用 BitLocker 时，一定要创建好恢复密码并妥善保存。因为在计算机启动时，如果 Bitlocker 检测到磁盘错误、对 BIOS 的更改或对任何启动文件的更改等，BitLocker 将锁定驱动器并且需要使用特定的 BitLocker 恢复密码才能进行解锁。否则，可能会永久失去对文件的访问权限。

（1）安装 BitLocker 驱动器加密

Windows 2008 默认情况下没有安装 BitLocker 驱动器加密，具体安装步骤如下。

1）单击“开始”→“管理工具”→“服务器管理器”，选择“功能”一项，然后在右侧的窗口中选择“添加功能”链接，打开添加功能向导的选择功能界面如图 6-54 所示。

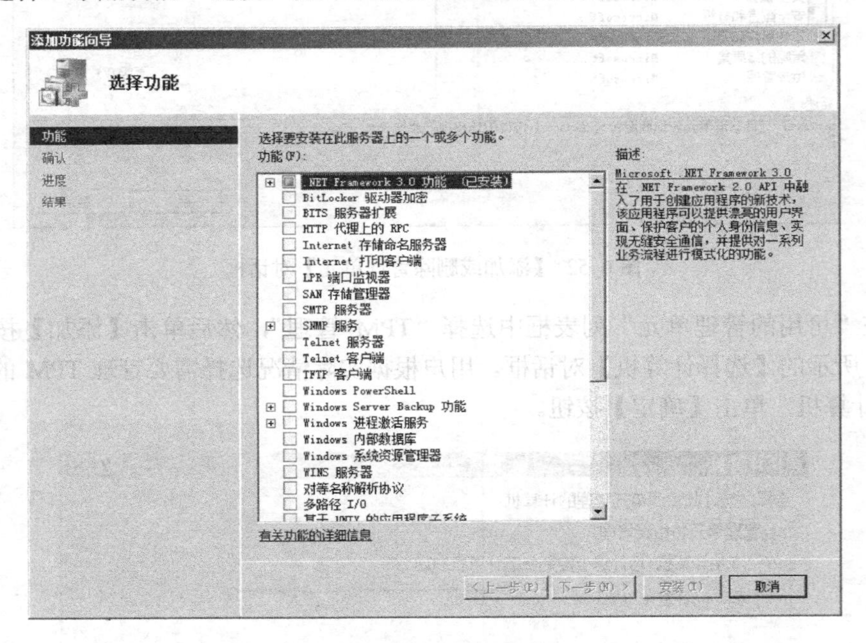

图 6-54　选择功能界面

2）在上图中选择“BitLocker 驱动器加密”复选框，然后单击【下一步】按钮，再单击【安装】按钮，系统就开始安装了，如图 6-55 所示。

3）安装完成后需要重新启动计算机完成其他的配置工作。

（2）使用 BitLocker 驱动器加密

打开“控制面板”，单击“BitLocker 驱动器加密”，按照向导一步步地操作即可。需要提示的是，最好将系统中存放的数据提前进行备份。

解密驱动器的方法：打开“控制面板”，单击“BitLocker 驱动器加密”，在需要解密的驱动器后单击“解密卷”。如果要禁用 BitLocker，则单击“禁用 BitLocker 驱动器加密”。

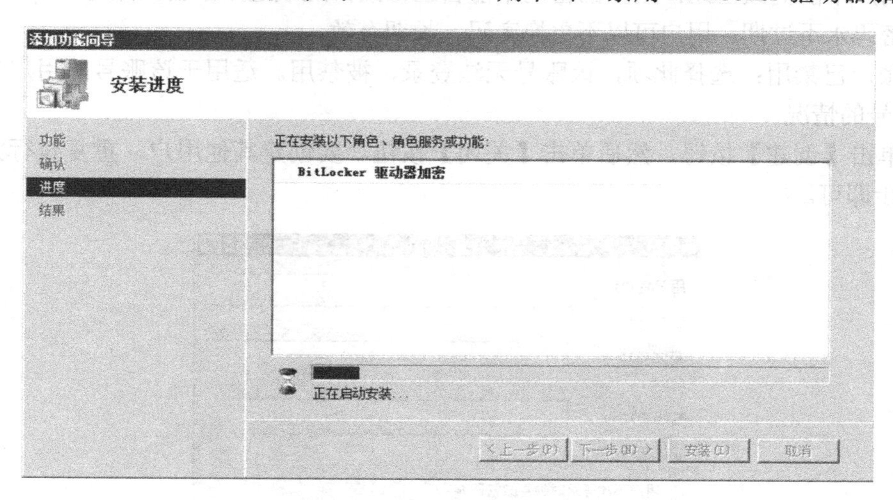

图 6-55　BitLocker 安装进度

6.2.2　用户账号的管理

用户账号就是在网络中用来表示使用者的一个标志，它能够让用户以授权的身份登录到计算机或域中并访问其资源。有些账号是在安装 Windows 操作系统时提供的，它是由系统自动建立的，称为内置用户账号。内置用户账号已经被系统赋予一些权力和权限，不能删除但可以改名。当然，用户也可以创建新的用户账号，这些新的用户账号称为用户自定义的用户账号，可以删除并可以改名。

- Administrator 为系统管理员账号，拥有最高的权限，用户可以利用它来管理 Windows 的资源。
- Guest 为来宾账号，是为那些临时访问网络而又没有用户账号的使用者准备的系统内置账号。从安全方面考虑，Guest 账号默认情况下是被禁用的。

Windows Server 2008 中的用户账号共有两类：本地用户账号和域用户账号。

1．本地用户账号

本地用户账号（Local User Accounts）的适用范围仅限于某台计算机。在每台独立服务器、成员服务器或工作站上都有本地用户账号，并存放在该机的目录数据库（SAM）里。正因为这样，本地账号只能登录到该账号所在计算机，而且账号合法性的验证也由该计算机完成。用户登录后，只能访问本台计算机上的资源。若要访问其他计算机上的资源，则必须使用另一台计算机的用户账号才可以。本地用户账号在工作组的模式下使用。

创建用户账号的步骤如下：

1）打开“计算机管理”，在控制台树的“本地用户和组”中，单击“用户”；

2）单击“操作”，然后单击“新用户”；

3）在对话框中输入适当的信息，如图 6-56 所示，可以选中或取消选中下列复选框。

① 用户下次登录时须更改密码：用户下次登录时弹出对话框，要求修改密码。此项适用于新账号。

② 用户不能更改密码：用户的密码不能自己修改，此项适用于公共账号。

③ 密码永不过期：用户可以不更换密码，长期有效。

④ 账户已禁用：选择此项，该账号无法登录，被禁用。适用于该账号的用户长时间不使用此账号的情况。

4）单击【创建】按钮，然后单击【关闭】按钮。要创建其他用户，重复执行第 3）步和第 4）步即可。

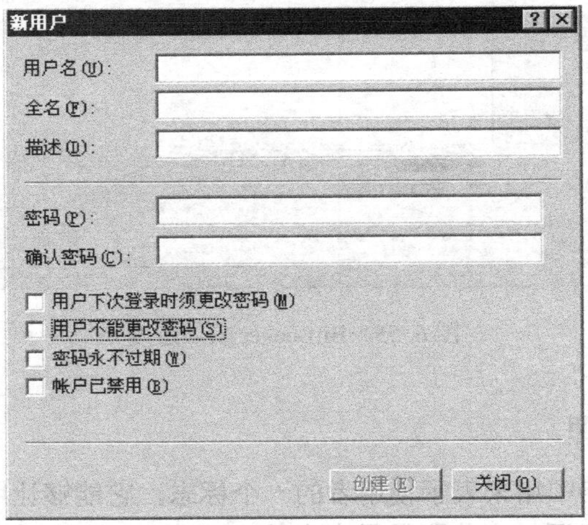

图 6-56　创建本地用户账号

2. 域用户账号

域用户账号（Domain User Accounts）的作用范围是整个域。域用户账号都集中保存在域控制器（DC）上的活动目录里，身份验证由域控制器来完成。因此，能够在域中任意一台计算机上登录到域，登录后可以访问域中所有允许访问的资源。在域中，同样存在内置的域用户账号，也可以自定义用户账号。域用户账号的管理要比本地用户账号的管理灵活。

创建用户账号的步骤如下：

1）打开“Active Directory 用户和计算机”工具；

2）右击“Users”，选择“新建”→“用户”命令即可，如图 6-57 所示。

3. 管理用户账号

（1）输入用户的信息

在用户属性对话框中的“常规”选项卡中可以输入有关用户的描述信息，如办公室、电话、电子邮件、网页等信息。

（2）用户环境的设置

可以设置每一个用户的环境，如登录时启动相关的程序和有关客户端设备的设置等。

（3）限制用户登录时间

具体步骤如下：

1）以域管理员的身份打开“Active Directory 用户和计算机”工具；

2）单击“Users”，右击 zed 账号，选择“属性”命令；

3）单击“账户”标签，单击【登录时间】按钮；

4）设定用户登录时间，如图 6-58 所示，选择“允许登录”单选按钮，单击【确定】按钮。

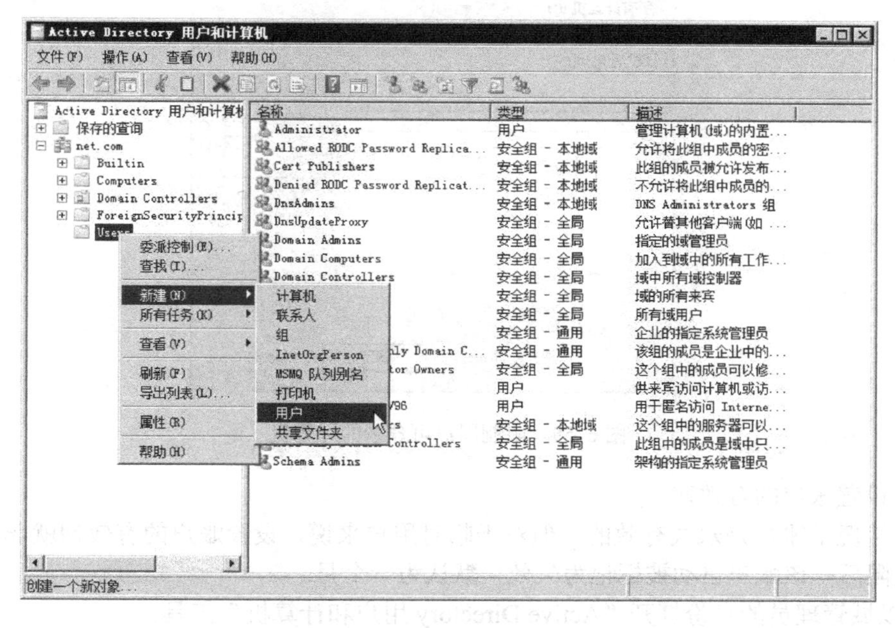

图 6-57　创建域用户账号的命令

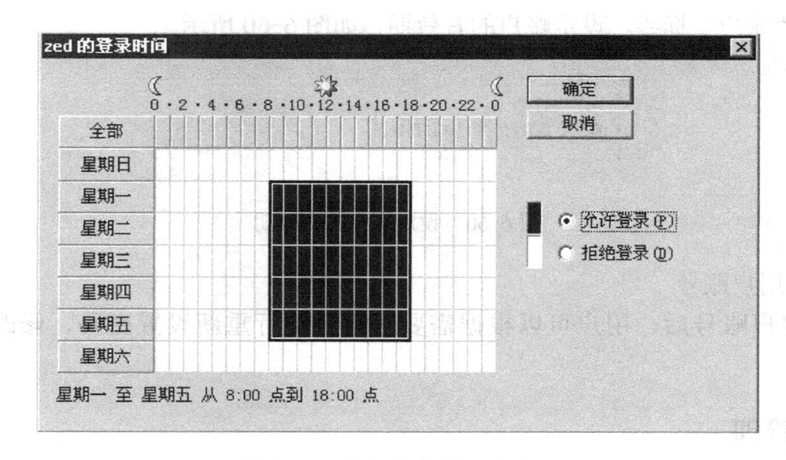

图 6-58　设置用户的登录时间

（4）限制用户登录所使用的客户端计算机

具体步骤如下：

1）以域管理员的身份打开“Active Directory 用户和计算机”工具；

2）单击“Users”，右击 zed 账号，选“属性”命令；

3）单击“账户”标签，单击“登录到”；

4）设定用户登录的计算机列表，如图 6-59 所示，单击【确定】按钮。

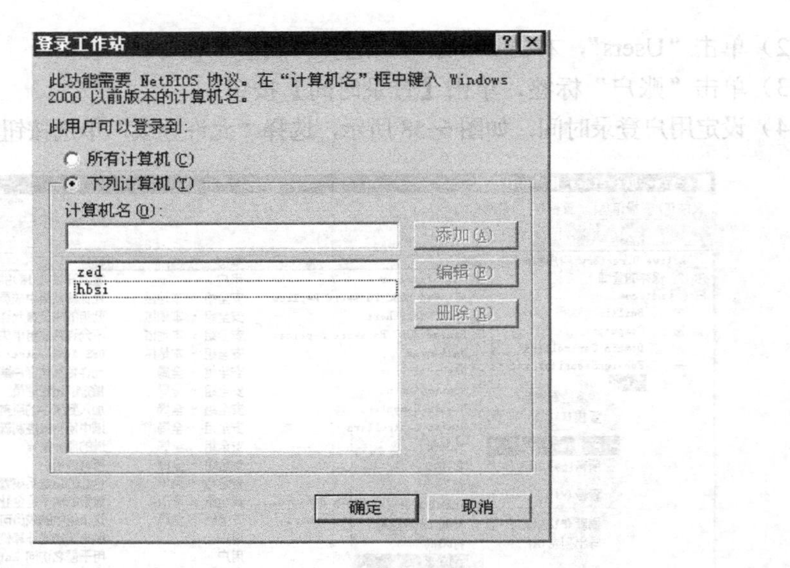

图 6-59　限制用户可登录的计算机

（5）设置账户的有效期

默认情况下账户是永久有效的，但对于临时用户来说，设置账户的有效期就非常有用，到有效期限后，该账户自动被标记为失效，默认为一个月。

1）以域管理员的身份打开“Active Directory 用户和计算机”工具；

2）单击“Users”，右击 zed 账号，选“属性”命令；

3）单击“账户”标签，设定账户的有效期，如图 6-60 所示。

图 6-60　设定账户的有效期

（6）管理用户账号

在创建用户账号后，用户可以根据需要对账户进行重新设置密码、修改、重命名等操作。

6.2.3　组的管理

使用组可以简化对用户和计算机访问网络资源的管理。组是可以包括其他账号的特殊账号。组中不仅可以包含用户账号，还可以包含计算机账号、打印机账号等对象。给组分配了资源访问权限后，其成员自动继承组的权限。一个用户可以成为多个组的成员。

注意：将用户加入组之前，如果该用户已经登录，则在用户重新登录之后，用户才会继承组的权限。

在域的模式下，有两种类型的组：安全组和通信组。

只有在电子邮件应用程序（如 Exchange）中，才能使用通信组将电子邮件发送给一组用户。通信组不启用安全，这意味着它们不能列在随机访问控制列表（DACL）中。如果需要组来控制对共享资源的访问，则创建安全组。

安全组用于将用户、计算机和其他组收集到可管理的单位中。安全组除包含了分布组的功能之外，还有安全功能。通过指派权限或权力给安全组而非个别用户，可以简化管理员的工作。

1. 创建组

创建组的具体步骤如下：

1）单击 “开始”→“程序”→“管理工具”命令，然后单击“计算机管理（本地）”，展开“本地用户和组”；

2）右击“组”，选择“新建组”快捷菜单命令，如图 6-61 所示；

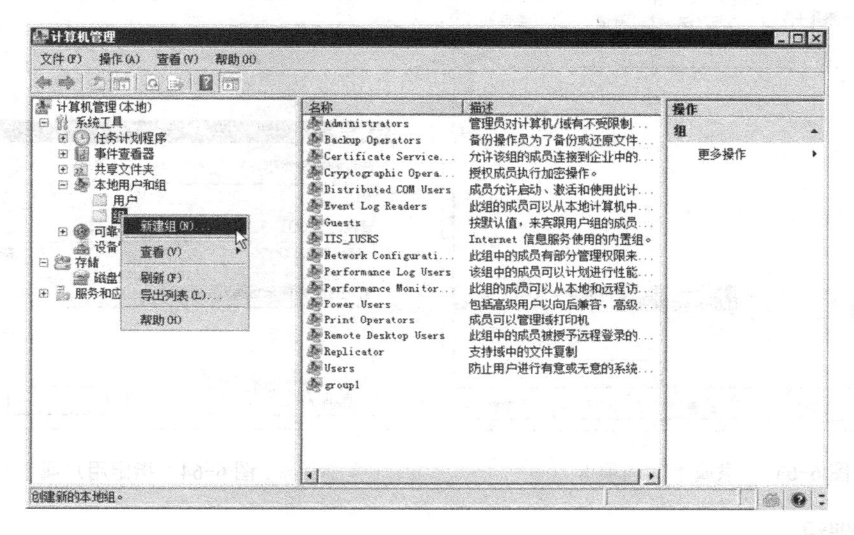

图 6-61　创建组

3）在弹出的【新建组】对话框中填写组名、组的描述，添加组的成员，如图 6-62 所示；

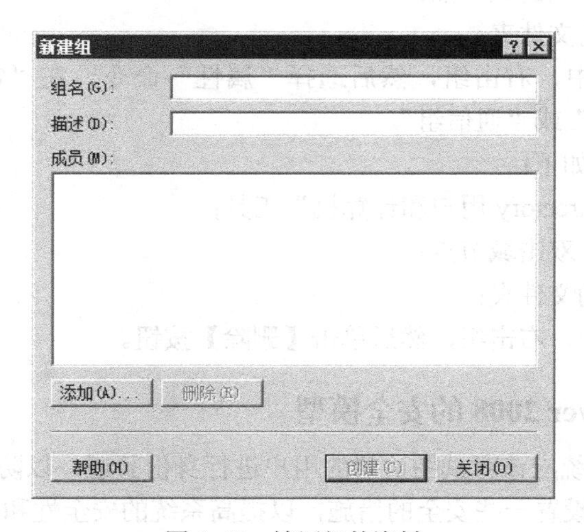

图 6-62　填写组的资料

4）单击【添加】按钮，选择加入组的成员后，单击【确定】按钮。

注意：组的名称不能与该计算机上的其他组和用户账号相同，必须是唯一的。

2．指定用户隶属的组

把某一用户加入到某个组中，具体步骤：单击鼠标右键，选择某一用户名的“属性”命令，选择“隶属于”选项卡，如图 6-63 所示。然后单击【添加】按钮，在出现的【选择组】对话框中，输入要将某个用户加入的组名的用户名即可，如图 6-64 所示。

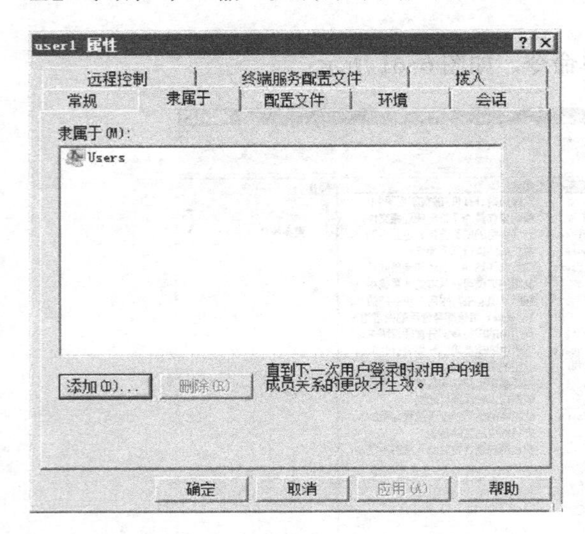

图 6-63 “隶属于”选项卡

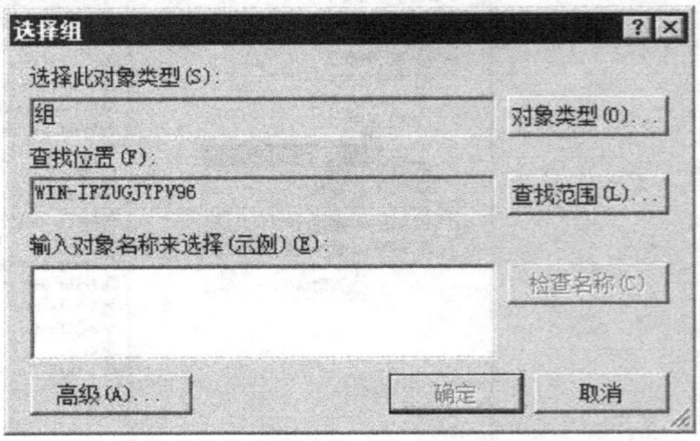

图 6-64 指定用户属于的组

3．管理组

将组转换为另一种组类型的具体步骤如下：

1）打开“Active Directory 用户和计算机”工具；

2）在控制台树中，双击域节点；

3）单击包含该组的文件夹；

4）在详细信息栏中，右击组，然后选择“属性”命令，在“常规”选项卡的“组类型”中，单击“安全组”或“通信组”。

删除组的具体步骤如下：

1）打开“Active Directory 用户和计算机”工具；

2）在控制台树中，双击域节点；

3）单击包含该组的文件夹；

4）在详细信息栏中，右击组，然后单击【删除】按钮。

6.2.4 Windows Server 2008 的安全模型

一个安全的操作系统应该对试图访问的用户进行身份验证，以防止非法用户的恶意破坏或攻击。为此，就需要设置一些安全的措施，以提高系统的安全性和可靠性。

Windows Server 2008 操作系统的安全模型主要是基于以下两个方面的因素。首先，必须在 Windows Server 2008 系统中拥有一个账号；其次，要规定该账号在系统中的权力和权限。在 Windows Server 2008 系统中，权力和权限的概念是不同的，通常用权力来表示用户能否对计算机进行某种操作，例如登录、关闭计算机等，只有在重新登录系统后才生效；而权限是指用户对某个具体的资源（例如文件、打印机等）能进行的操作，例如读取、修改文件等，并且立即生效。

在 Windows Server 2008 系统中还有一个安全账号数据库（Security Accounts Management，SAM），除了包含域内所有用户的账号信息之外，目录数据库中还有两种其他类型的账号——计算机账号和组账号。其中，计算机账号用于实际验证域内及委托关系的计算机成员，而组账号则用来保存有关用户组及其成员的信息。

1．Windows Server 2008 的用户登录管理

在启动 Windows Server 2008 系统后，在屏幕上会出现一个登录界面。Windows Server 2008 系统中有一个登录进程，当用户按下〈Ctrl+Alt+Del〉组合键时，Windows Server 2008 系统就会启动这个进程，它是“\Windows\system32”目录下的 Winlogin.exe 文件。这时系统会弹出一个对话框，要求输入用户名和密码，如果要登录域，还要输入域名，才能登录系统。此过程是一个强制性的登录过程。登录进程在收到用户输入的账号和密码后，就会到安全账号数据库中去查找相应的信息。如果内容相符，则能成功登录；否则取消用户的登录请求。如果账户和密码有效，则把安全账号数据库中的有关账号的信息收集在一起，形成一个存取标志（Security Identifier，SID）。

SID 为记录身份的标志，类似于身份证。存取标志的主要内容包括用户名以及 SID、用户所属的组及组 SID、用户对系统所具有的权力。然后，这个存取标志就成了用户进程在 Windows Server 2008 系统中的通行证。用户登录成功后，只要用户没有注销自己，其在系统中的权力就以存取标志为准。

2．资源访问管理

在 Windows Server 2008 系统中用唯一名字标识一个注册用户，它也可以用来标识一个用户或一个组。一个 SID 和数值代表一个用户的 SID 值在以后永远不会被另外一个用户使用，也就是说没有两个相同的 SID 值。在一台计算机上可以多次创建相同的用户账号，其实，这些用户账号并不相同，因为每一个用户名都有一个唯一的 SID。例如，创建一个用户 zed，然后删除该账号，再创建一个用户为 zed 的账号。即使用户名都为 zed，但是由于二者的 SID 不同，它们也代表不同的两个用户账号。

存取标志包含的内容并没有访问许可权限，而存取标志又是用户在系统中的通行证，那么 Windows Server 2008 如何根据存取标志控制用户对资源的访问呢？其实，给资源分配的权限作为该资源的一个属性，与资源一起存放。例如，有一个“C:\zed”目录，对其指定 User1 用户为只读，User2 为完全控制权限，这时这两个权限都作为“C:\zed”目录的属性与该目录连在一起。资源对象的属性在 Windows Server 2008 内部以访问控制列表（Access Control List，ACL）的形式存放。所谓访问控制列表（ACL），是一份与文件或文件夹相关联的列表，它指定可访问该文件或文件夹的用户和用户组。ACL 中的每个条目都会为用户或用户组分配以下所列出的一个或多个访问文件的级别。

拒绝：不允许用户访问任何文件。

读取：允许用户读文件，查看文件属性、拥有者和权限设置。

写入：允许用户覆盖文件，修改文件属性，查看文件拥有者和权限设置。

读取和执行：允许用户运行应用程序及执行读取权限允许的操作。

修改：允许用户修改和删除文件，以及包含写入、读取和执行权限。

完全控制：修改权限设置，夺取所有权以及包含上述其他权限。

获得所有权：允许用户获得文件的所有权。

ACL 中包含了每个权限的分配，并用访问控制条目（Access Control Entry，ACE）来表示。ACE 中包含了用户名以及该用户的权限。

6.2.5 Windows Server 2008 的安全机制

Windows Server 2008 是多用户的操作系统，能使多个用户同时访问某一台计算机。首先，它要求在计算机中为每一位用户建立一个账号，用户在登录本地系统或网络时，只能以已建立的账号为准，让 Windows Server 2008 的安全机制进行合法性的检查，从而赋予每个用户不同的权利和使用环境。Windows Server 2008 的安全机制的建立主要从域、组和文件系统等方面来考虑。

Windows Server 2008 主要是通过组策略来保证网络的安全。Windows Server 2008 只有升级为域控制器（Domain Control）才有组策略。组策略分为账户策略、本地策略、事件日志、受限制的组、系统服务、注册表、文件系统、有线网络策略、高级安全 Windows 防火墙、网络列表管理器策略、无线网络策略、公钥策略、软件限制策略、Network Access Protection 和 IP 安全策略，如图 6-65 所示。

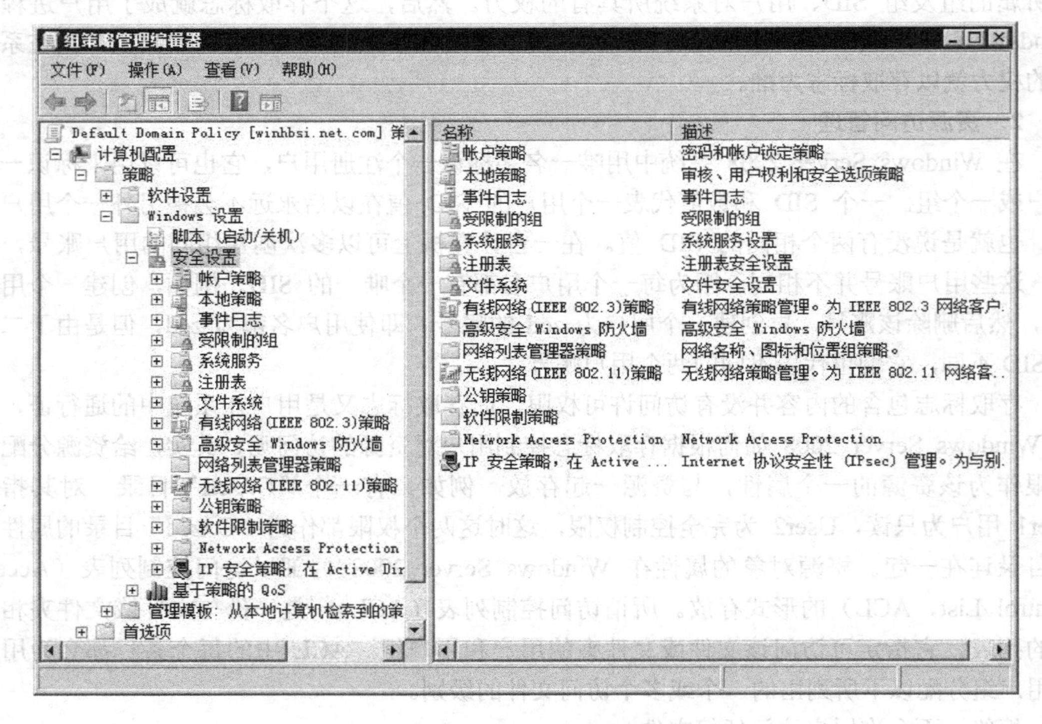

图 6-65 组策略管理编辑器

账户策略：由密码策略、账户锁定策略和 Kerberos 策略组成。

本地策略：只对本地计算机起作用，包括审核策略、用户权利指派和安全选项策略。

事件日志：主要是对各种事件进行记录。为应用程序日志、系统日志和安全日志等配置最大值、访问方式和保留天数等参数。

受限制的组：管理内置组的成员资格。一般内置组都有预定义功能，利用受限制组可以更改这些预定义的功能。

系统服务：为运行在计算机上的服务配置安全性和选择启动模式。

注册表：在 Windows Server 2008 中，注册表是一个集中式层次结构数据库，它存储了 Windows Server 2008 所需要的必要信息。

文件系统：指定文件路径配置安全性。

有线网络策略：为 IEEE 802.3 网络客户端管理有线自动配置设置和 IEEE 802.3 安全设置。

高级安全 Windows 防火墙：具有高级安全性的 Windows 防火墙结合了主机防火墙和 IPSec。与边界防火墙不同，具有高级安全性的 Windows 防火墙在每台运行此版本 Windows 的计算机上运行，并对可能穿越外围网络或源于组织内部的网络攻击提供本地保护。它还提供计算机到计算机的连接安全，使用户可以对通信要求身份验证和数据保护。

网络列表管理器策略：扩展允许用户指定网络名称、图标和位置类型。

无线网络策略：无线技术使得人们使用品种广泛的设备在世界任何位置访问数据的愿望成为可能。无线网络可以降低甚至省去铺设昂贵的光纤和电缆所需的费用，并为有线网络提供备份功能。

公钥策略：配置加密的数据恢复代理、自动证书申请设置、受信任的证书颁发机构和企业信任。证书是软件服务证书可以提供身份鉴定的支持，包括安全的 E-mail 功能，基于 Web 的身份鉴定和 SAM（安全账号数据库）身份鉴定。

软件限制策略：提供了一套策略驱动机制，用于指定允许执行哪些程序以及不允许执行哪些程序。

Network Access Protection：配置和管理网络访问保护组策略扩展设置。

IP 安全策略：配置 IPSec。IPSec 是一个工业标准，用于对 TCP/IP 网络数据流加密以及保护企业内部网内部通信和跨越 Internet 的虚拟专用网络通信的安全。

如果能够很好地利用这些策略，那么就可以使 Windows Server 2008 系统更加安全、可靠。下面，通过实例来讲述一下如何利用组策略。

案例 1

不让别人看到最后登录 Windows Server 2008 系统所使用的用户名，具体设置方法如下：

1）以管理员的身份登录到 Windows Server 2008 系统。

2）打开“开始”→“程序”→“管理工具”→“组策略管理”，在打开的窗口中，新建立一个 OU，打开组策略管理编辑器，如图 6-66 所示。

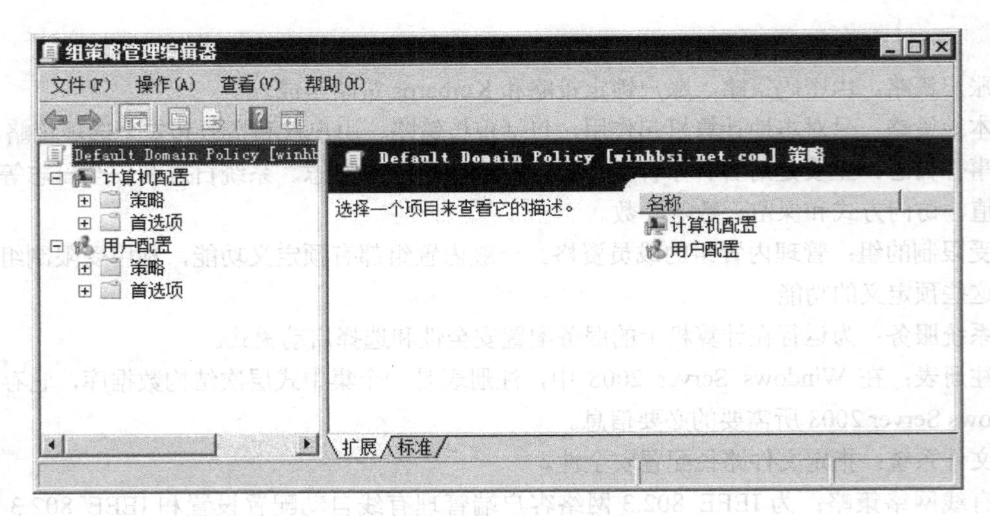

图 6-66　组策略管理编辑器

3）在出现的窗口中选择“计算机配置”→“策略”→“Windows 设置”→“安全设置”→“本地策略”→“安全选项”→“交互式登录:不显示最后的用户名”，如图 6-67 所示。

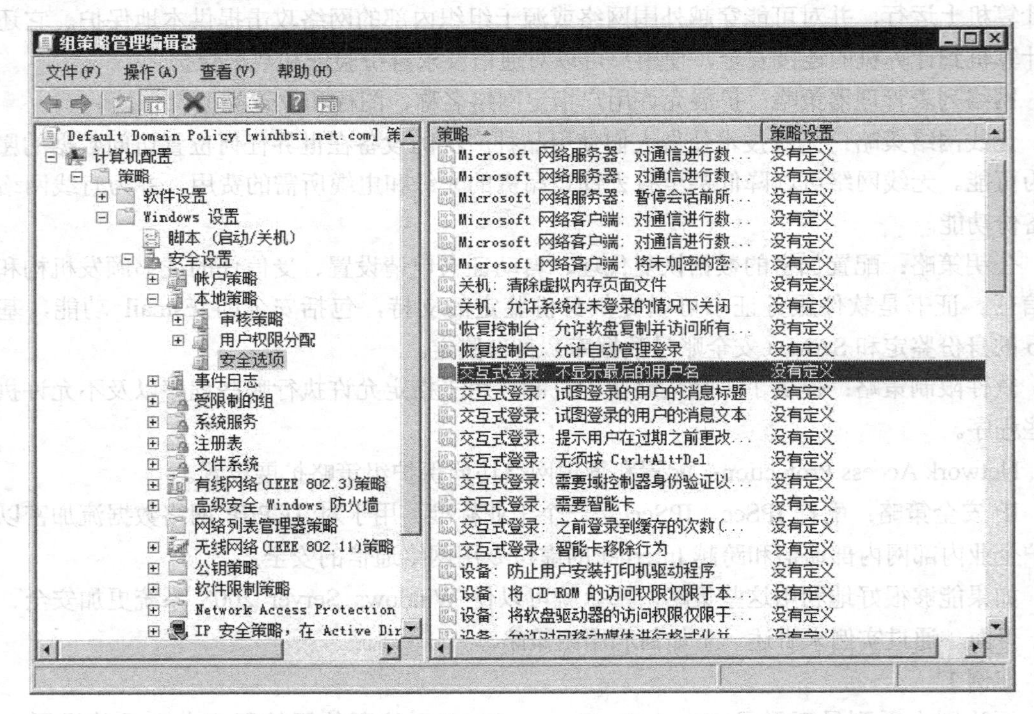

图 6-67　不显示最后登录的用户名

案例 2

从“开始”菜单中删除“最近的项目”菜单，具体设置方法：

打开“组策略管理编辑器”→“用户配置”→策略→“管理模板：从本地计算机检索”→“桌面”→“所有设置”→从「开始」菜单中删除‘最近的项目’菜单，如图 6-68 所示。

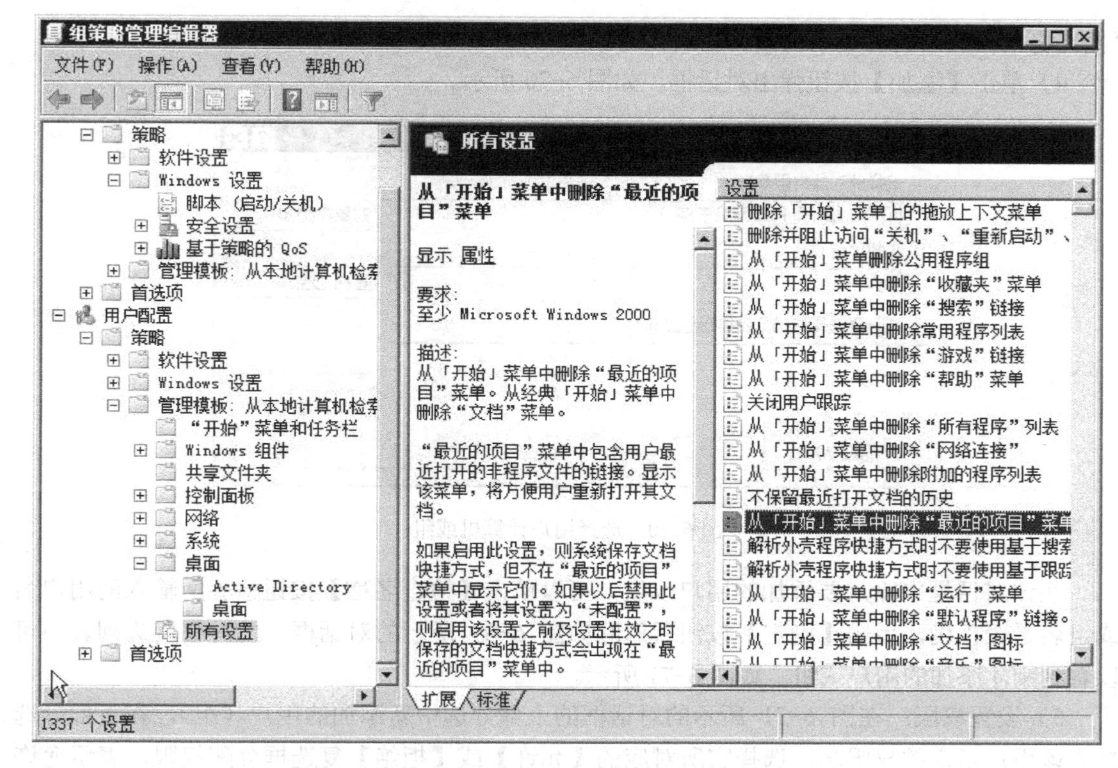

图 6-68　从「开始」菜单中删除“最近的项目”菜单

6.2.6　Windows Server 2008 安全访问控制

1．对文件或文件夹的权限设置

在 Windows Server 2008 系统中，可以采用 NTFS（New Technical File System）的分区格式。NTFS 分区格式的最大优点就是使文件夹和文件增加了安全性，它可以对文件夹和文件进行权限设置，以限制用户的访问。

将文件或文件夹的标准权限指派给用户或组的步骤大致如下：

1）找到要进行权限设置的文件或文件夹，右击，选择“属性”命令。

2）打开对象的属性对话框后，选择“安全”选项卡，在此对话框中列出了现有用户和组的权限设置情况，如图 6-69 所示。

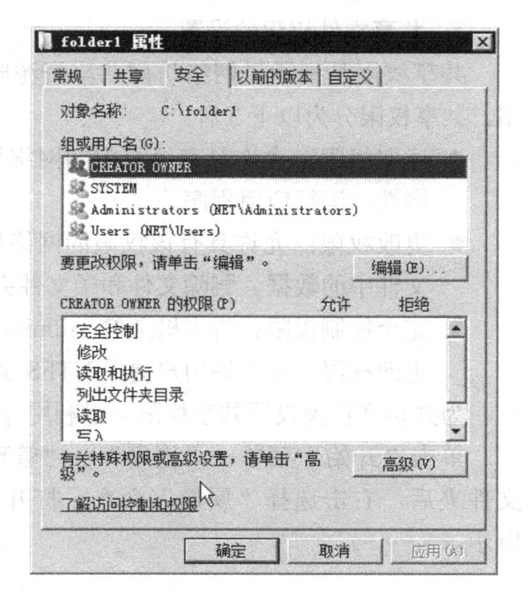

图 6-69　文件“安全”选项卡

3）由于它们的权限是继承了上一层的权限，因此不能直接修改。若要更改则单击【高级】按钮，在“权限”设置选项卡中取消选择

"允许将来自父系的可继承权限传播给该对象"。

4）单击【添加】按钮弹出对话框，如图 6-70 所示。

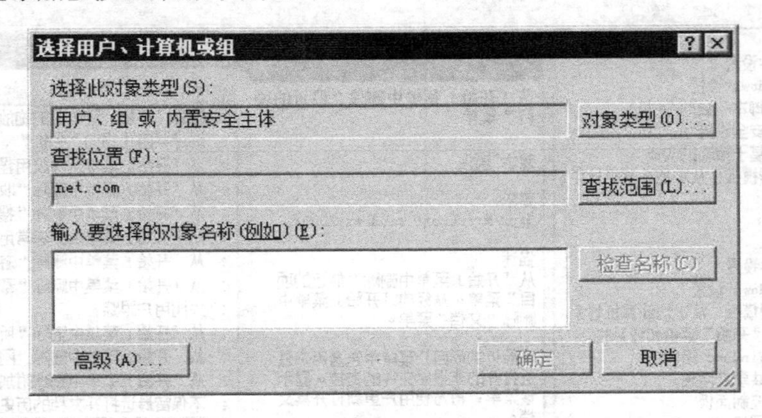

图 6-70　选择用户计算机或组

在该对话框中输入要添加的用户或组，可以单击【检查名称】按钮检验所输入的用户名或组名是否正确，单击【确定】按钮后返回如图 6-69 所示的对话框，此时在用户列表中可以看到刚才添加的用户或组，如图 6-71 所示。

5）设置权限：在图 6-71 所示的对话框的上部分选中新添加的用户（组），在下部分选择为该用户指定的权限名，选择它所对应的【允许】或【拒绝】复选框分配权限，表示允许该用户执行权限相对应的操作，或不允许执行相应的操作。

6）以新添加的权限用户登录计算机，可以验证刚才设置权限的有效性。

上面的步骤是以文件为例说明标准权限的设置过程，为文件夹设置标准权限的步骤相同，只是在"安全"选项卡中列出的权限名稍有不同。

2．共享文件权限的设置

共享权限是指通过网络访问共享资源时需要的权限，对于本地登录系统的用户不起作用。共享权限分为以下 3 种。

- 读取权限：允许具有该权限的网络用户查看文件名和子文件夹名、文件中的数据和属性、运行应用程序。
- 更改权限：允许具有该权限的网络用户向共享文件夹中创建文件和子文件夹、修改文件中的数据、删除文件和子文件夹。
- 完全控制权限：将本机上的 Administrators 组的默认权限分给网络用户，包含读取和更改权限，并允许用户更改 NTFS 文件和文件夹的权限。

为共享文件夹设置共享权限可以利用计算机管理控制台，具体操作如下：

单击"开始"菜单→"程序"→"管理工具"→"计算机管理"工具，选中某个共享文件夹后，右击选择"属性"命令，打开属性对话框，其"共享权限"选项卡如图 6-72 所示。

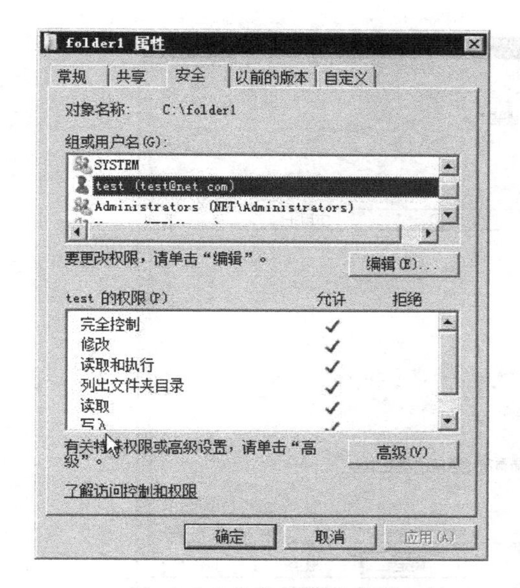

图 6-71　文件属性对话框

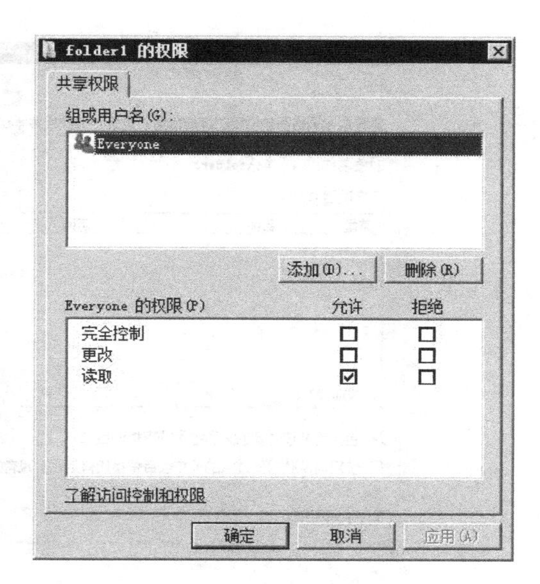

图 6-72　“共享权限”选项卡

在上述对话框中可以修改现有用户的共享权限，也可以单击【添加】按钮添加新的网络用户及其共享权限，还可以选中某个用户删除其共享权限。

3．事件的审核

1）在文件或文件夹处单击鼠标右键，选择“属性”命令；

2）选择“安全”选项卡；

3）单击“高级”按钮，然后选择“审核”选项卡，如图 6-73 所示；

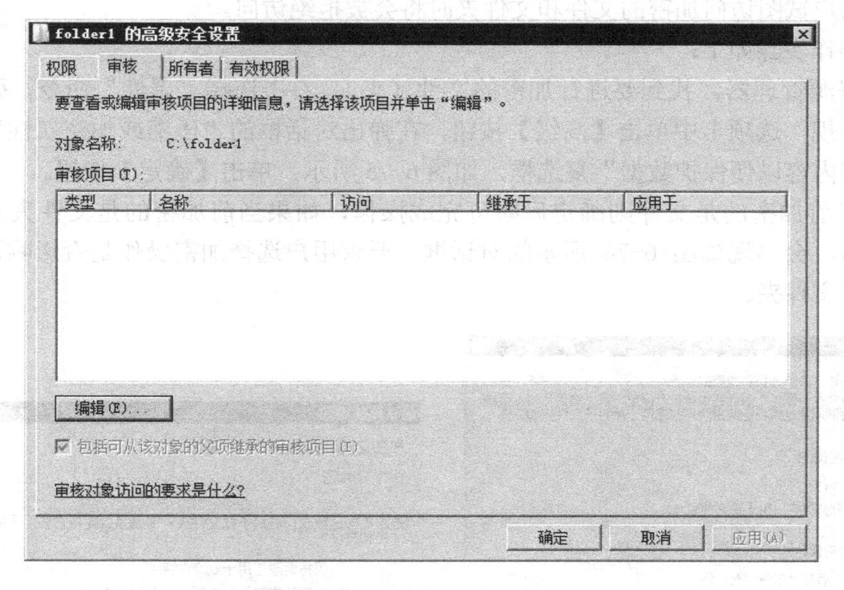

图 6-73　“审核”选项卡 1

4）再单击【编辑】按钮，将出现如图 6-74 所示的界面。单击【添加】按钮，可以添加进行审核的对象。

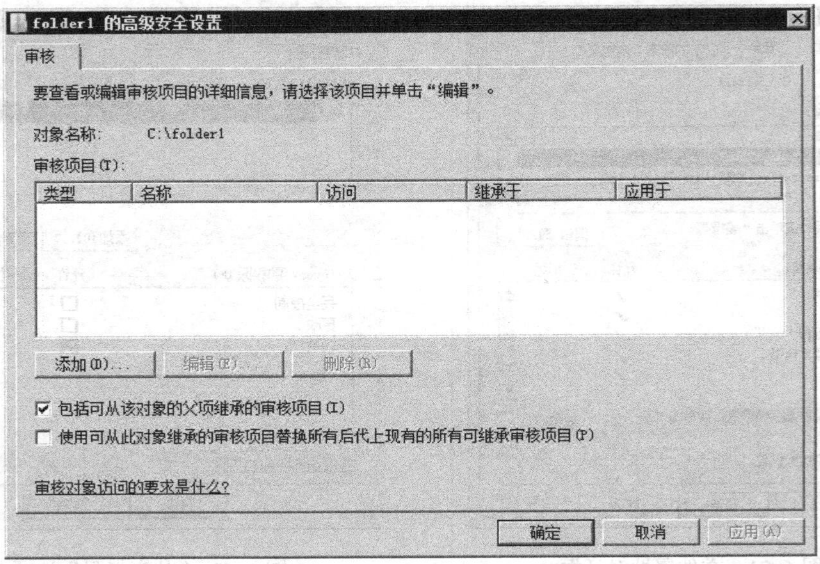

图 6-74 “审核”选项卡 2

4. NTFS 分区的加密属性

加密属性是 Windows Server 2008 系统的属性，通过对 NTFS 分区上的文件或文件夹进行加密，为用户数据提供更高的安全性。加密文件系统（EFS）提供了一种核心文件加密技术，该技术用于在 NTFS 分区上存储已加密的文件。加密的文件或文件夹还可以像使用其他文件和文件夹一样使用。对加密该文件的用户而言，加密是透明的，在使用前不必解密。但是，非法用户试图访问加密的文件和文件夹时将会被拒绝访问。

具体操作步骤如下：

打开资源管理器，找到要进行加密的文件（夹），右击选择“属性”命令，弹出属性对话框在“常规”选项卡中单击【高级】按钮，在弹出对话框的“压缩或加密属性”选项组中选中“加密内容以便保护数据”复选框，如图 6-75 所示，单击【确定】按钮。

如果当前加密的是文件则确定后即可完成操作，如果当前加密的是文件夹则单击【确定】按钮后，会出现如图 6-76 所示的对话框，要求用户选择加密操作是否影响该文件夹下的文件及子文件夹。

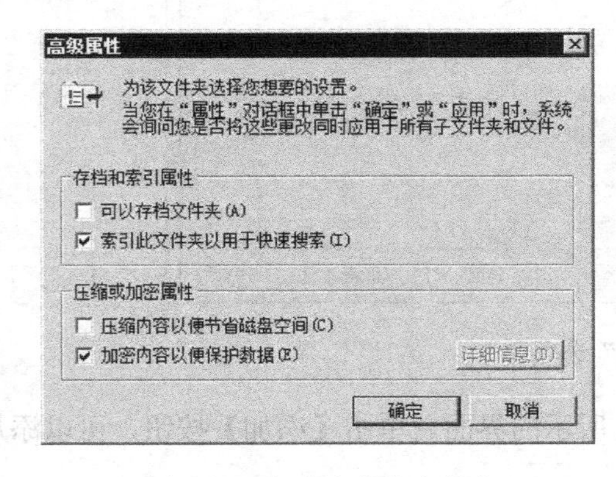

图 6-75 加密文件和文件夹

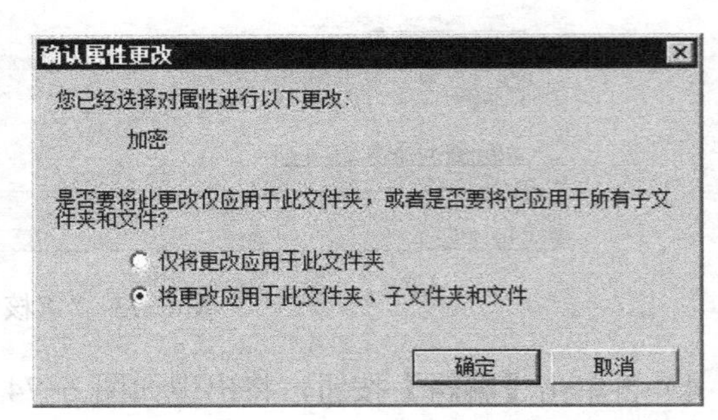

图 6-76 确认属性更改对话框

6.2.7 在 Windows Server 2008 系统中监视和优化性能

作为一个合格的网络管理员，应该时刻注意系统的状态并能够评估其负载状况，这样才能尽早地发现潜在的问题以及发展趋势，并能适时地采取有效措施。用户可以通过监视事件日志、监视系统记录等掌握系统的运行状况，发现系统的瓶颈所在并及时解决，以提高系统的性能。

1．监视事件日志

当启动 Windows Server 2008 时，EventLog 服务会自动启动。操作系统和应用程序发生的重要事件以及基于审核策略的用户操作都被该服务所记录，并保存在事件日志中。日志文件是 Windows 系统中一个比较特殊的文件，它记录着 Windows 系统中所发生的一切，如各种系统服务的启动、运行、关闭等信息。用户可以利用“事件查看器”来查看管理事件日志、收集硬件和软件问题及监视 Windows 的安全事件，如图 6-77 所示。

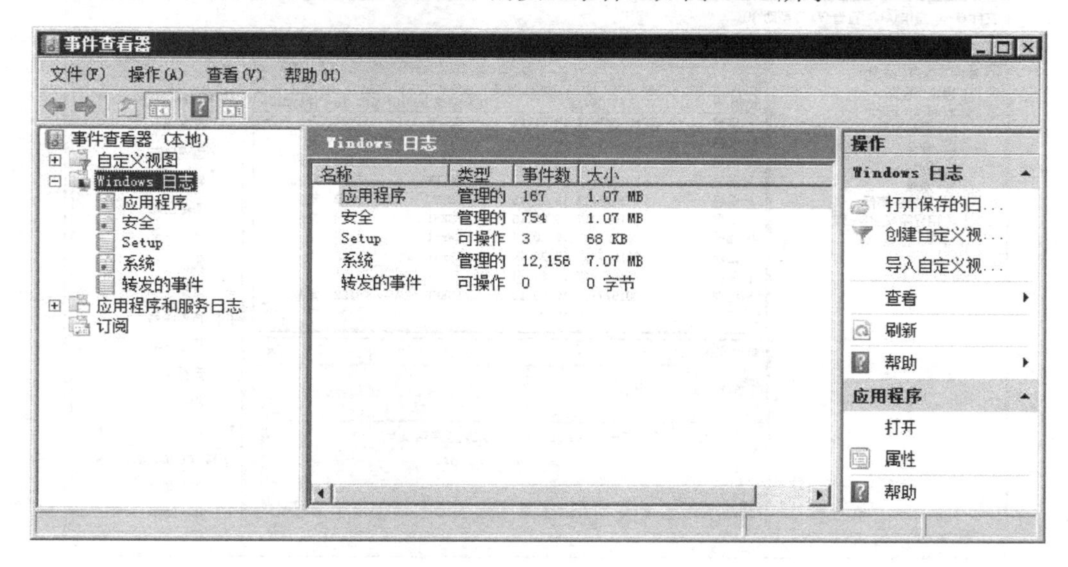

图 6-77 事件查看器

（1）日志记录方式

Windows Server 2008 记录的常用事件日志分为 Windows 日志、应用程序和服务日志、订阅日志。Windows 日志又分为应用程序日志、安全日志、Setup 日志、系统日志和转发的事件日志。

1）应用程序日志：该日志包含由应用程序或程序记录的事件。

应用程序日志记录在“%systemroot%\system32\config\AppEvent.Evt”文件中，所有用户都有权限查看。

2）安全日志：该日志包括有效和无效的登录尝试以及与资源使用相关的事件，例如创建、打开或删除文件或其他对象。

安全日志记录在“%systemroot%\system32\config\SecEvent.Evt”文件中，在默认情况下，安全日志是关闭的，另外只有管理员才有权限访问安全日志。

3）Setup 日志：包含与应用程序安装有关的事件。

4）系统日志：该日志包含 Windows Server 2008 系统组件所记录的事件。例如，在启动过程中将加载的驱动程序或其他系统组件的失败记录在系统日志中。

系统日志记录在“%systemroot%\system32\config\SysEvent.Evt”文件中，所有用户都有权限查看系统日志（“%systemroot%”表示当前系统的根目录，如 Windows Server 2008 系统安装在“C:\Windows”目录下，则“%systemroot%”表示的路径就是“C:\Windows”）。

5）转发的事件日志：用于存储从远程计算机收集的事件。若要从远程计算机收集事件，则必须创建事件订阅。

（2）日志类型

事件查看器显示的事件日志分为多种类型，包括错误、警告、信息、成功审核和失败审核 5 种，如图 6-78 所示。

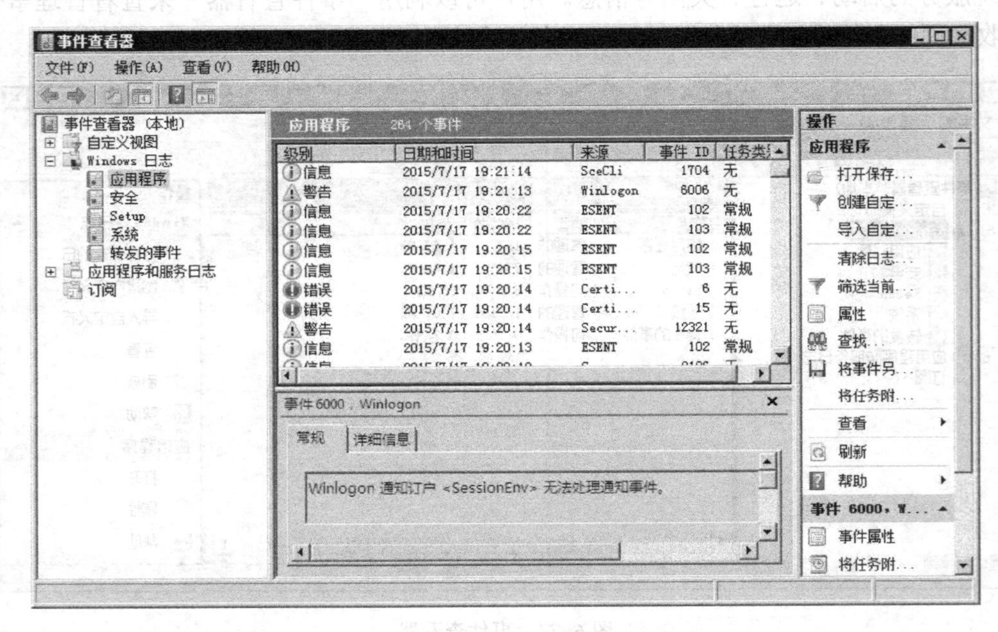

图 6-78　日志类型

1）错误：记录重要的事件，例如在启动过程中某个服务加载失败，则会将这个错误记录下来。

2）警告：并不是特别重要，但说明将来可能存在的潜在问题的事件。例如，当磁盘空间不足时会发出警告。

3）信息：描述了应用程序、驱动程序或服务的成功操作的事件。例如，当 U 盘驱动程序加载成功时，将会记录一个信息事件。

4）成功审核：成功的审核安全访问尝试。例如，用户登录系统成功会被当作成功审核事件记录下来。

5）失败审核：失败的审核安全访问尝试。例如，用户试图登录系统失败了，则会将它作为失败审核事件记录下来。

（3）查看事件的详细信息

用户可以通过以下步骤了解事件的详细内容：

1）选择“开始”→“程序”→“管理工具”→“事件查看器”；

2）在事件查看器控制台树中，单击要查看的事件日志；

3）在详细信息窗口中，单击要查看的事件；

4）在“操作”菜单上，单击“事件属性”可以看到该事件的具体信息，如图 6-79 所示。

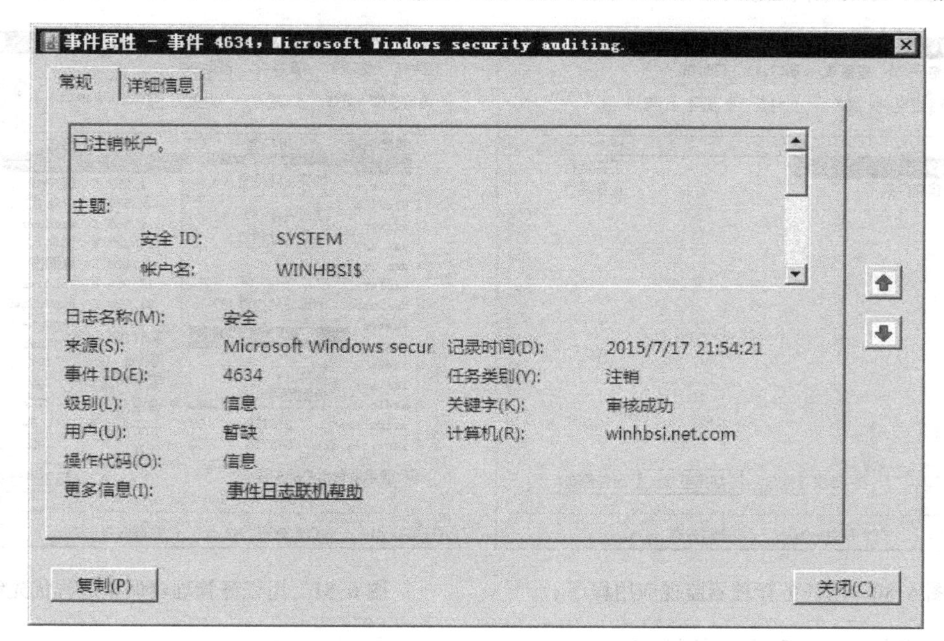

图 6-79　查看日志详细内容

2．使用任务管理器去监视系统资源

当某台计算机中正在运行的应用程序没有任何响应时，用户通常使用任务管理器去强行关闭该程序。在 Windows 操作系统中，任务管理器的功能更加强大，它提供了有关计算机性能、计算机上运行的程序和进程的信息。使用 Windows 任务管理器，用户可以结束程序或进程、启动程序、查看计算机性能的动态信息。

在 Windows Server 2008 中打开“任务管理器”有 3 种方法：一是在任务栏的空白处单击右键，然后选择“任务管理器”命令；二是按〈Ctrl+Alt+Del〉组合键，打开登录对话框，然后单击“任务管理器”；三是直接按〈Ctrl+Shift+Esc〉组合键。

（1）监视应用程序

Windows Server 2008 系统是一个多任务的操作系统，同时可以执行多个应用程序。在任务管理器的“应用程序”选项卡，可以查看、切换、结束或启用应用程序。“应用程序”的正常状态为“正在运行”，当状态为“未响应”时，可以单击【结束任务】按钮，将异常的程序结束。当需要运行新的应用程序时，可以单击新任务，在对话框中输入具体命令去执行新的任务如图 6-80 所示。

（2）监视进程

Windows 的任务管理器提供了对进程控制的能力。进程是指执行中的程序，是一个动态的概念，而程序是指保存在媒介上的可执行的文件，是一个静态的概念。要运行程序，操作系统必须对每个程序至少创建一个进程。“进程”选项卡中显示了关于计算机上正在运行的进程的信息，例如关于 CPU 和内存的使用情况等。任务管理器可以查看、结束进程，以及调整进程的优先级。系统提供了多种级别，优先级按照实时、高、高于标准、普通、低于标准、低这样的顺序降低如图 6-81 所示。优先级越高，处理器就越优先响应它的请求。

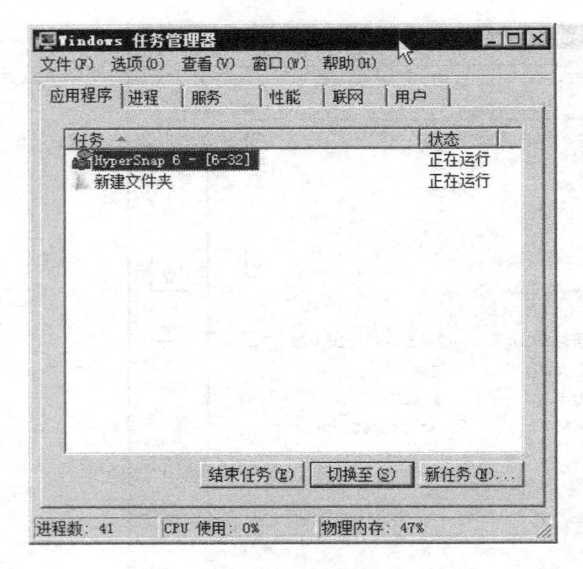

图 6-80 用任务管理器监视应用程序

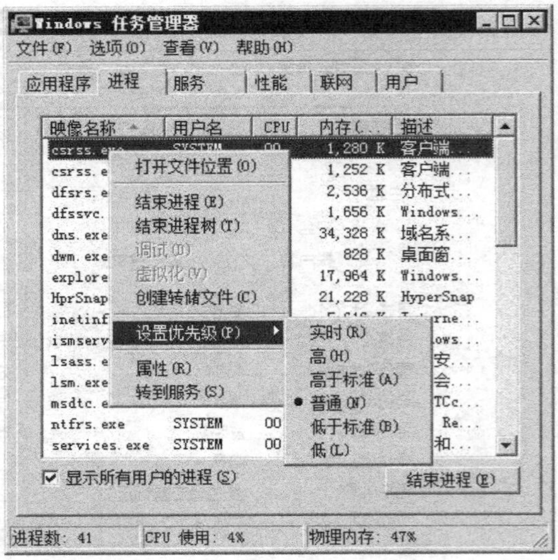

图 6-81 用任务管理器调整进程优先级

（3）监视 CPU 和内存的性能

在任务管理器的“性能”选项卡中，显示计算机性能的动态概况，其中包括 CPU 和内存的使用情况，计算机上正在运行的句柄、线程和进程的总数，物理、核心和认可的内存总数，如图 6-82 所示。

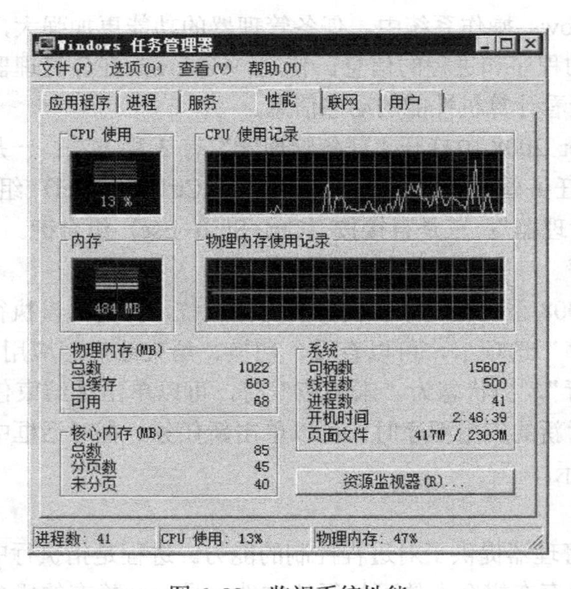

图 6-82 监视系统性能

3．可靠性和性能监视器

使用任务管理器只能监视内存和 CPU 使用的简单情况，要了解系统中其他组件的详细性能，就需要使用“可靠性和性能监视器”这个工具。监视系统最常用的默认对象有 CPU、磁盘、网络、内存等。要想监视系统某个组件，必须选择它的一个对象才可以，如图 6-83 所示。

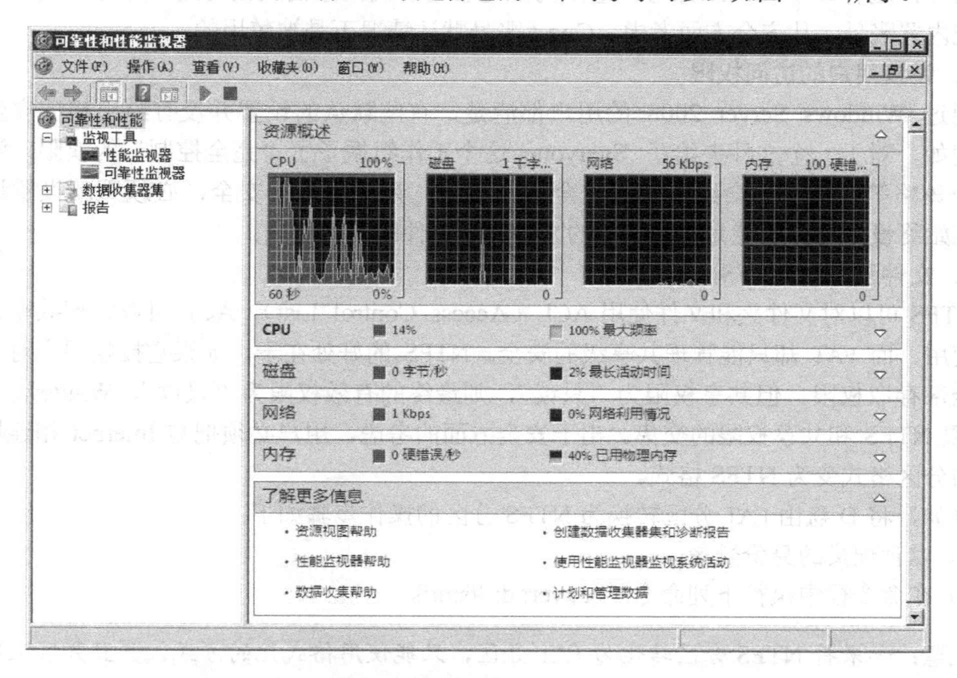

图 6-83　可靠性和性能监视器

6.2.8　Windows Server 2008 的安全措施

随着 Internet 的发展，病毒、信息泄密、黑客攻击操作系统的事件时有发生，所以一个操作系统的安全性和稳定性就更加被关注了。为了加强 Window 操作系统的安全管理，人们从物理安全、登录安全、用户安全、文件系统和打印机安全、注册表安全等方面制定安全的防范措施。

1．加强物理安全管理

1）去掉或封锁软盘驱动器；

2）禁止其他操作系统访问 NTFS 分区；

3）在 BIOS 中设置口令，禁止使用软盘或光盘引导系统；

4）保证机房的物理安全，检查门、窗、锁是否牢固。

2．对用户名的管理和设置

对于试图猜测口令的非法用户，Windows Server 2008 可以通过设置账号锁定限制来防止它的发生，建议 3 次口令输入错误后就锁定该账号，在适当的锁定时间后被锁定的账号自动打开，或者只有管理员才能打开，用户才可恢复正常。问题在于 Administrator 这个账号却用不上这项防范措施，因为 Administrator 这个账号不能删除或禁用，因此非法用户仍然可以对 Administrator 账号进行攻击。

那么应该怎样解决这个问题呢？首先，将系统管理员的用户名由原来的“Administrator”改为一个无意义的字符组合。这样试图攻击系统的非法用户不但要猜出密码，还要先猜出用户名。修改方法：右击该用户名，再选择“重命名”命令即可。

另外，还有一个 Guest 账号，它是为那些临时访问网络而又没有用户账号的使用者准备的系统内置账号。从安全方面考虑，Guest 账号默认情况下是被禁用的。

3．设置用户的访问权限

用过 Windows Server 2008 的用户都清楚，有些默认的设置并没有给出相应安全的功能。例如，对于一个文件夹给了 Everyone 这个工作组授予了“完全控制”的权限，没有实施口令策略等，这些都会给网络的安全留下漏洞。为了服务器安全，必须重新设置这些功能，应始终设置用户所能允许的最小的文件夹和文件的访问权限。

4．文件系统用 NTFS，不用 FAT

NTFS 可以对文件夹和文件使用 ACL（Access Control List），ACL 可以管理共享目录的合理使用，而 FAT 却只能管理共享级的安全。NTFS 的好处在于，如果它授权用户对某分区具有全部存取权限，但共享权限为“只读”，则最终的有效权限为“只读”。Windows Server 2008 取 NTFS 和共享权限的交集。出于安全方面的考虑，用户必须把与 Internet 相连接的计算机的分区格式变为 NTFS 格式。

例如，将 D 盘由 FAT 分区转换为 NTFS 分区的操作步骤如下：

1）以管理员的身份登录；

2）在命令行中执行下列命令：convert d: /fs:ntfs。

> 注意：如果将 NTFS 分区转化为 FAT 分区，只能使用格式化的方式，并且分区上所有数据将丢失。

5．确保注册表安全

前面已经多次提到注册表对于系统的重要性，概括来说，只有管理员才有权限修改注册表等。

6．打开审核系统

首先，打开 User Manager 中的“Policies→Audit”菜单，这时可以激发控制审核事件的屏幕。审核的事件包括成功的事件和失败的事件，失败的情况通常比成功的情况少得多，但从安全角度考虑，失败的事情更应值得关注，还有不常用的操作也需注意。另外，对一个事件的审核每设置一次都需要大量的存储空间，而且对跟踪所得的数据进行分析也不是一件容易的事情，所以在设置审核的事件时，应注意不是审核的事件越多越好。

通过事件查看器，用户也会发现许多问题，所以要常看看日志是不是有什么异常的记录。当然有些高级的黑客在非法登录了系统以后通常会抹掉其活动踪迹，所以这对于系统管理员来说就是一件麻烦事。这时最好定时自动备份日志文件，并以 E-mail 或其他方式传给系统管理员。

7．关闭不必要的服务

当用户打开 Windows 操作系统后，Windows 操作系统自带的某些服务会自动启动，而有些黑客恰恰就是针对这些服务进行远程攻击。所以，为了保证系统的安全性，应该将目前不使用的服务关闭。

8．更新补丁

应该及时使用最新的 Service Pack 去升级 Windows，因为 Windows 网络操作系统中也存在着许多漏洞，如果不及时升级，则很有可能被黑客攻击。

6.3 UNIX 系统的安全性

6.3.1 UNIX 操作系统简介

UNIX 操作系统是目前网络系统中主要的服务器操作系统，对于一个企业网来说，它们的安全性举足轻重。按照美国计算机安全等级的划分，UNIX 系统的安全等级已达到 C2 级。因此，用户有必要了解有关 UNIX 操作系统方面的知识。

UNIX 操作系统是 1969 年由 Ken Thompson、Dennis Ritchie 和其他一些人在 AT&T 贝尔实验室开发成功的。UNIX 在 AT&T 的发展经历了数个版本。V4 是用 C 语言编写的，这成为系统间操作系统可移植性的一个里程碑。V6 第一次在贝尔实验室以外使用，成为加州大学伯克利分校开发的第一个 UNIX 版本的基础。1979 年 1 月发行的 UNIX 版本是一个真正可移植的 UNIX 系统，它对其后的 UNIX 发展有着深远的影响。该版本最初是运行在 PDP-11 和 Interdata 8/32 上的，该系统更加健壮，而且提供了比版本 6 更强大的功能，但其运行速度相当慢。贝尔实验室继续在 UNIX 上工作到 20 世纪 80 年代，有 1983 年的 System V 版本和 1989 年的 System V Release 4（缩写为 SVR4）版本。同时，加利福尼亚大学的程序员改动了 AT&T 发布的源代码，引发了许多主要论题。Berkeley Standard Distribution（BSD）成为第 2 个主要“UNIX”版本。从 20 世纪 90 年代开始，AT&T 的源代码许可证创造了市场的繁荣，不同的开发者开发了数百种 UNIX 版本。现在流行的 Linux 操作系统就是按照 UNIX 的风格设计的操作系统，它在源代码上与 UNIX 系统绝大多数相兼容。

UNIX 操作系统是一个分时多用户多任务的通用操作系统。所谓分时系统，是指允许多个联机用户同时使用同一台计算机进行处理的操作系统。作为一个多任务系统，用户可以请求系统同时执行多个任务。在运行一个作业的时候，可以同时运行其他作业，例如用户可以在打印文件的同时编辑文件等。

6.3.2 UNIX 系统的安全性介绍

一般来说，UNIX 系统的安全包括设定口令安全、root 账号的使用、文件许可和目录许可、设置用户 ID 和同组用户 ID 许可、文件加密和其他的一些安全设定等。

1．口令安全

UNIX 系统中的“/etc/passwd”文件含有全部系统需要知道的关于每个用户的信息。“/etc/passwd”中包含用户的登录名、经过加密的口令、用户号、用户组号、用户注释、用户主目录和用户所用的 Shell 程序。其中，用户号（UID）和用户组名（GID）用于 UNIX 系统唯一地标识用户和同组用户的访问权限。

“/etc/passwd”中存放的加密口令与用于用户登录时输入的口令经计算后相比较，符合则允许登录，否则拒绝用户登录。用户可用“passwd”命令修改自己的口令，但不能直接修改“/etc/passwd”中的口令部分。

在设置密码时应注意以下几点：

1）密码不应为空，至少应有 6 个字符长；

2）不要和用户名相同或者是用户名的简单变化；

3）与用户相关的个人信息（如生日、电子邮件地址、名字等）；

4）不要是普通的英语单词，因为用穷举法可能会攻击；

5）密码应定期更换；

6）密码中应包括字母＋数字＋符号＋大小写的几项组合，并且这个组合应为无意义的字符串。

2. root 账号

root 账号是 UNIX 系统中享有特权的账号，是不受任何限制和制约的。因为系统认为 root 知道自己在做些什么，而且会按 root 说的做，不问任何问题。因此，可能会因为敲错了一个命令，导致重要的系统文件被删除。用 root 账号的时候，要非常小心。出于安全考虑，在不是绝对必要的情况下，不要用 root 账号登录。特别要注意的是，不在自己的服务器上的时候，千万不要在别的计算机上用“root”登录自己的服务器，这样做是非常危险的。

3. 文件许可和目录许可

文件属性决定了文件的被访问权限，即谁能存取或执行该文件。用 ls –l 可以列出详细的文件信息，包括文件许可、文件联结数、文件所有者名、文件相关组名、文件长度、上次存取日期和文件名。其中文件许可分为以下 4 个部分。

–：表示文件类型。

第一个 rwx：表示文件所属用户的访问权限。

第二个 rwx：表示文件同组用户的访问权限。

第三个 rwx：表示其他用户的访问权限。

若某种许可被限制，则相应的字母换为-。在许可权限的执行许可位置上，可能是其他字母，如 s、S、t、T。s 和 S 可能出现在所有者和同组用户许可模式位置上，与特殊的许可有关，t 和 T 可能出现在其他用户的许可模式位置上，与“粘贴位”有关而与安全无关。负号或大写字母表示执行许可为允许。改变许可方式可使用 chmod 命令，并以新许可方式和该文件名为参数。新许可方式以 3 位八进制数给出，r 为 4，w 为 2，x 为 1，如 rwxr-xr-为 754。

在 UNIX 系统中，目录也是一个文件，用 ls –l 列出时，目录文件的属性前带一个 d，目录许可也类似于文件许可，用 ls 列目录要有读许可，在目录中增删文件要有写许可，进入目录或将该目录做路径分量时要有执行许可。因此要使用任意一个文件，必须有该文件及找到该文件的路径上所有目录分量的相应许可。仅当要打开文件时，文件的许可才开始起作用，而 rm、mv 只要有目录的搜索和写许可即可，不需文件的许可。

4. 设置用户 ID 和同组用户 ID 许可

用户 ID 许可（SUID）设置和同组用户 ID 许可（SGID）可给予可执行的目标文件。一个进程执行时被赋予 4 个编号，以标识该进程隶属于谁。它们分别为实际和有效的 UID、实际和有效的 GID。有效的 UID 和 GID 一般和实际的 UID 和 GID 相同。有效的 UID 和 GID 用于系统确定该进程对于文件的存取许可，而设置可执行文件的 SUID 许可将改变上述情况。当设置了 SUID 时，进程的有效 UID 为该可执行文件的所有者的有效 UID，而不是执行该程序的用户的有效 UID，因此，由该程序创建的都有与该程序所有者相同的存取许可。这样，程序的所有者将可通过程序的控制在有限的范围内向用户发表不允许被公众访问的信息。同样，SGID 是设置有效 GID。

5．文件加密

“crypt”命令可以提供给用户以加密文件，使用一个关键词将标准输入的信息编码为不可读的杂乱字符串，送到标准输出设备。再次使用此命令，用同一关键词作用于加密后的文件，可恢复文件内容。一般来说，在文件加密后，应删除原始文件，只留下加密后的版本，且不能忘记加密关键词。在 vi 中一般都有加密功能。用“vi–x”命令可以编辑加密后的文件。加密关键词的选取规则与口令的选取规则相同。由于“crypt”程序可能被做成特洛伊木马，故不宜用口令作为关键词。最好在加密前用“pack”或“compress”命令对文件进行压缩，之后再加密。

6．其他安全问题

（1）特洛伊木马

在 UNIX 系统中，用特洛伊木马来代表某种程序，这种程序在完成某种具有明显意义的功能时，还破坏用户的安全。如果 Path 设置为先搜索系统目录，则受特洛伊木马的攻击会大大减少。

（2）诱骗

诱骗类似于特洛伊木马，模拟一些东西使用户泄漏一些信息，不同的是，它由某人执行，等待无警觉用户来上当，如模拟的 login。

（3）计算机病毒

病毒通过把其他程序变成病毒从而传染系统，它可以迅速扩散，作为 root 用户运行一个被感染的程序。

（4）要离开自己已登录的终端

在运行完系统后，一定要注销账户，否则后果不堪设想。

（5）断开与系统的连接

用户应在看到系统确认用户登录注销后再离开，以免在用户未注销时由他人潜入。

6.4　Linux 系统的安全性

6.4.1　Linux 操作系统简介

Linux 最早是由赫尔辛基大学的一位学生 Linus Torvalds 编写的。当时他经常使用 Minix（一套功能简单、易学的 UNIX 操作系统），他发现 Minix 的功能还很不完善，于是自己写了一个保护模式下的操作系统，这就是 Linux 的原型。1991 年发行了 Linux 0.11 版本，并将它发布在 Internet 上，免费提供给大家使用。由于 Linux 具有结构清晰、功能简捷和完全开放等特点，许多科研机构的研究员和大学生纷纷将其作为学习和研究的对象。他们在修改原 Linux 版本中的错误的同时，也在不断地为 Linux 增加新的功能。在全世界众多热心者的努力下，Linux 操作系统迅速发展，成为一个稳定可靠、功能完善的操作系统，并赢得了许多公司的支持。到 1994 年，Linux 1.0 版本发布时，这一操作系统已经具备了多任务和对称多处理的功能，如今 Linux 家庭已经有 140 多个不同的版本，所有这些不同的版本都是基于最初的、免费的源代码。不同的公司可以推出不同的 Linux 产品，但是共同点是都必须承诺对初始源代码的任何修改皆公布于众。

Linux 自问世以来，已成为世界上最快的操作系统，国际上许多著名的 IT 厂商和软件商纷纷宣布支持 Linux。Linux 很快被移植到 Alpha、PowerPC、Mips 和 Sparc 等平台上；Netscape、IBM、Oracle、Informix、Sybase 公司均已推出支持 Linux 的产品。Netscape 对 Linux 的支持，大大加强了 Linux 在 Internet 应用领域中的竞争地位；大型数据库软件公司对 Linux 的支持，对其进入大中型企业的信息系统应用领域奠定了基础。随着时间的推移，越来越多的人加入到 Linux 开发中，对它进行不断的完善，目前已成为引人注目的开发与应用领域。

Linux 和 Windows 系统比起来在技术上存在很多优势，最主要体现在 3 个方面：一是 Linux 更安全，二是 Linux 更稳定，三是 Linux 硬件资源占用要比 Windows 少得多。在安全方面，针对 Linux 系统的病毒非常少，而针对 Windows 系统的病毒就举不胜举了。运行 Windows 的服务器每周都会由于各种各样的原因而重新启动一次机器，而运行 Linux 的机器则几乎没有这种情况。由此看出，Linux 系统在稳定性上确实优于 Windows 系统。在资源占用方面，一台运行 Windows 的服务器可以跑 50 个用户，而同一台 Linux 服务器则可以跑 1 000 个用户。由此可以看出，使用 Windows 和使用 Linux 的成本差异实在是太大了。

6.4.2 Linux 系统的常用命令

1．ls 命令

功能：列出当前目录下的文件。

格式：ls [参数][目标路径]

常用参数：-l：使用详细格式显示文件；
-a：显示所有文件，包含以.开始的隐含文件；
-d：仅显示目标名，不显示目录内容；
-F：在目录下，可执行文件；
-R：递归处理。

2．cp 命令

功能：复制文件。

格式：cp[参数][源地址][目标地址]

常用参数：-b：删除、覆盖先前的备份；
-i：覆盖前进行提示；
-f：覆盖前不进行提示，强行覆盖。
-v：使用详细模式；
-h：列出简洁帮助。

例如：复制文件 file1 到文件 file2。

```
cp file1 file2
```

3．rm 命令

功能：删除文件。

格式：rm[参数][目标文件]。

常用参数：-i：删除前进行提示；

-f：删除前不进行提示，强行删除；

-r：递归删除。

例如：删除文件 file1。

rm file1

4．mv 命令

功能：将指定文件或目录转移位置，如果目标位置与源位置相同，则效果相当于为文件或目录改名。

格式：mv[参数]源文件或目录目标文件或目录

常用参数：-i：若目的地已有同名文件，则先询问是否覆盖。

例如：将当前目录中的 myfile 程序文件改名为 myfile1.exe。

mv myfile myfile1.exe

将当前目录中的 grub 目录转移到 home/linux 目录中。

mv grub /home/linux/

5．cd 命令

功能：改变目录。

格式：cd [目标路径]

例如：回到主目录 cd 或 cd ～

回到上一次目录 cd ..

进入根目录 cd /

6．su 命令

功能：用于临时切换身份。

格式：su [参数][用户名]

常用参数：-c：执行完指定的命令后，即恢复原来身份；

-m：变更身份时，不更改环境变量。

6.4.3 Linux 系统的网络安全

Linux 不论在功能、价格或性能方面都有很多优点，然而，作为开放式操作系统，它不可避免地存在一些安全隐患。关于如何解决这些隐患，为应用提供一个安全的操作平台，本小节将会介绍有关 Linux 网络安全的知识。

Linux 是一种类似于 UNIX 的操作系统。从理论上讲，UNIX 本身的设计并没有什么重大的安全缺陷。多年来，绝大多数在 UNIX 操作系统上发现的安全问题主要存在于个别程序中，所以大部分 UNIX 厂商都声称有能力解决这些问题，提供安全的 UNIX 操作系统。但 Linux 有些不同，因为它不属于某一家厂商，没有厂商宣称对它提供安全保证，因此用户只有自己解决安全问题。

近几年来，Internet 变得越来越不安全了。网络的通信量日益增大，越来越多的重要交易正在通过网络完成，这就意味着数据被破坏、信息被泄漏，修改的风险也在增加。当然 Linux 也不能摆脱这个“普遍规律”而独善其身。因此，优秀的系统应当拥有完善的安全措施，应当足够坚固，能够抵抗来自 Internet 的侵袭，这正是 Linux 之所以流行的主要原因之一。Linux 作为一个开放式的系统，可以在网络上找到许多现成的程序和工具，这既方便了用户，也方便了黑客，因为他们也能很容易地找到程序和工具来潜入 Linux 系统，或者盗取 Linux 系统的重要信息。不过，只要仔细设定 Linux 的各种系统功能，并且加上必要的安全措施，就能让黑客们无机可乘。

一般来说，对 Linux 系统的安全设定包括取消不必要的服务、允许/拒绝服务器、口令安全、保持最新的系统核心、检查登录密码、设定用户账号的安全级别、监视程序和运行日志、消除黑客犯罪的温床、root 账号的使用以及定期为服务器进行备份等。

1．取消不必要的服务

早期的 UNIX 版本中，每一个不同的网络服务都有一个服务程序在后台运行，后来的版本用统一的/etc/inetd 服务器程序担此重任。Inetd（Internetdaemon）监视多个网络端口，一旦接收到外界传来的连接信息，就执行相应的 TCP 或 UDP 网络服务。由于受到 Inetd 的统一指挥，Linux 中的大部分 TCP 或 UDP 服务都是在“/etc/inetd.conf”文件中设定，所以取消不必要服务的第一步就是检查“/etc/inetd.conf”文件，在不要的服务前加上“#”号。

一般来说，只需开启 HTTP、SMTP、FTP 和 Telnet 等服务，就可以保证网络的正常运行。另外，还有一些报告系统状态的服务，如 Finger、Systat 和 Netstat 等，虽然它们对系统查错和寻找用户非常有用，但也给黑客提供了方便之门，例如，黑客可以利用 Finger 服务查找用户的电话、使用目录以及其他重要信息。因此，很多 Linux 系统将这些服务全部取消或部分取消，以增强系统的安全性。

Inetd 除了利用“/etc/inetd.conf”设置系统服务项之外，还利用“/etc/services”文件查找各项服务所使用的端口。因此，用户必须仔细检查该文件中各端口的设定，以免造成安全上的隐患。

2．允许/拒绝服务器

为进一步加强各种服务的安全性，Linux 提供了一个允许或禁止它们选择服务器的机制。例如，用户可能希望允许自己网站的机器登录，但不允许来自 Internet 的机器登录。/etc/hosts.allow 和/etc/hosts.deny 这两个文件列出了服务器和服务的信任关系。

3．口令安全

在进入 Linux 系统之前，所有用户都需要登录，即用户需要输入用户账号和密码，只有通过系统验证之后，用户才能进入系统。

Linux 一般将密码加密之后，存放在“/etc/passwd”文件中。Linux 系统上的所有用户都可以读到“/etc/passwd”文件，虽然文件中保存的密码已经经过加密，但仍然不算太安全。因为一般的用户可以利用现成的密码破译工具以穷举法猜测出密码。比较安全的方法是设定影子文件“/etc/shadow”，只允许有特殊权限的用户阅读该文件。

在 Linux 系统中，如果要采用影子文件，必须将所有的公用程序重新编译，才能支持影子文件，这种方法比较麻烦。比较简单的方法是采用插入式验证模块（PAM）。很多 Linux 系统都带有 Linux 的工具程序 PAM，它是一种身份验证机制，可以用来动态地改变身份验证的方法和要求，而不要求重新编译其他公用程序。这是因为 PAM 采用封闭包的方式，将所有与身份验证有关的逻辑全部隐藏在模块内，因此它是采用影子档案的最佳帮手。

此外，PAM 还有很多安全功能：它可以将传统的 DES 加密方法改写为其他功能更强的加密方法，以确保用户密码不会轻易地遭人破译；它可以设定每个用户使用计算机资源的上限；它甚至可以设定用户的上机时间和地点。

4．保持最新的系统核心

由于 Linux 流通的渠道很多，而且经常有更新的程序和系统补丁出现，因此，为了加强系统安全，一定要经常更新系统内核。

Kernel 是 Linux 系统的核心，它常驻内存，用于加载操作系统的其他部分，并实现操作系统的基本功能。由于 Kernel 控制计算机和网络的各种功能。因此，它的安全性对整个系统至关重要。

早期的 Kernel 版本存在许多众所周知的安全漏洞，只有 2.0.x 以上的版本才算是比较稳定和安全的，新版本的运行效率也大有改观。在设定 Kernel 的功能时，只选择必要的功能，千万不要所有功能全部加上，否则会使 Kernel 变得很大，这就会占用大量的系统资源，同时也给黑客提供了机会。

Internet 常有最新的安全修补程序，系统管理员应经常查看新的修补程序，以使 Linux 系统更加安全。

5．检查登录密码

设定登录密码是一项非常重要的安全措施，如果用户的密码设定不合适，就很容易被破译，尤其是拥有超级用户使用权限的用户，如果没有级别高的密码，将给系统造成很大的安全隐患。

在多用户系统中，如果强迫每个用户选择不易猜出的密码，将大大提高系统的安全性。但如果 passwd 程序无法强迫每个上机用户使用恰当的密码，要确保密码的安全度就只能依靠密码破解程序了。在网络上可以找到很多密码破解程序，比较有名的程序是 crack，用户可以自己先执行密码破解程序，找出容易被黑客破解的密码，然后将这些易破解的密码改成没有意思的字符串。

6．设定用户账号的安全级别

在 Linux 上每个账号可以被赋予不同的权限，因此在建立一个新用户时，系统管理员应该根据需要赋予该账号的不同权限，并且将该用户归到不同的用户组中。

在 Linux 系统上的“tcpd”中，可以设定允许上机和不允许上机人员的名单。其中，允许上机人员名单在“/etc/hosts.allow”中设置，不允许上机人员名单在“/etc/hosts.deny”中设置。设置完成之后，需要重新启动 inetd 程序才会生效。此外，Linux 将自动把允许进入或不允许进入的结果记录到“/rar/log/secure”文件中，系统管理员可以据此查出可疑的进入记录。在用户账号之中，黑客对具有 root 权限的用户最感兴趣，这种超级用户拥有修改或删除各种系统设置的权限。因此，对任何账号赋予 root 权限之前，都必须谨慎考虑。

Linux 系统中的“/etc/securetty”文件包含了一组能够以 root 账号登录的终端机名称。最好不要修改该文件，如果一定要从远程以 root 权限登录，则最好先以普通账号的身份登录，然后利用 su 命令将普通用户升级为超级用户。

7．监视程序和运行日志

Linux 为系统管理员了解系统中所发生的事情提供了一组精简的程序。下面要介绍的就是有关日志记录的工具。检查一下这些工具是否已经正确安装，以后出现可疑的入侵企图时就可以查看日志文件。记录事件日志的主要问题在于记录的数据往往太多，因此设置好过滤条件，只记录关键信息是非常重要的。

8．消除黑客犯罪的温床

在 Linux 系统中，有一系列 r 字头的公用程序，可以使用户在不需要提供密码的情况下执行远程操作，它常被黑客用作入侵的武器。系统通过查看“/etc/hosts.equiv”及“$HOME/.rhosts”文件来控制可以使用“r”命令的节点和用户。所以，这两个文件的正确设置是安全使用“r”命令的基本保障。

黑客在侵入某个 Linux 系统后，通常做的一件事就是修改在主目录下的“.rhosts”文件，以便为自己日后再次进入系统留下后路。建议用户在怀疑自己的系统被闯入时，马上查看“.rhosts”文件，检查其最后一次修改日期及内容，特别注意文件中不能出现“＋＋”，否则账户就可以被网络上任何一个用户在不需要知道密码的情况下任意进入了。另外，“.rhosts”文件中不能涉及一些特别账号，如 news，一些黑客就是通过这条途径进入用户账户而不留下自己的踪迹的。由此可见，“.rhosts”为黑客的入侵留下了潜在的危险，建议对此文件不要设置外部入口。

9．root 账号的使用

在使用 root 账号时，必须注意以下几点：

1）在执行任务之前，必须明白自己的目的，尤其在执行 rm 这样的可能破坏系统的命令时应特别注意。

2）root 用户的命令路径是非常重要的。命令路径也就是 PATH 环境变量的位置，它定义了 shell 搜索命令的位置。

3）不要由 root 执行 r 命令，这些命令将会导致各种类型的攻击，不要为 root 创建.hosts 文件。

4）不要使用 root 远程登录系统。

5）以 root 身份登录后，任何操作都要仔细考虑，因为每一个操作都可能给系统带来重大的后果。

10．定期对服务器进行备份

为了防止不能预料的系统故障或用户不小心的非法操作，必须对系统进行安全备份。除了应该对全系统进行每月一次的备份外，还应对修改过的数据进行每周一次的备份。同时应该将修改过的重要的系统文件存放在不同的服务器上，以防万一。

6.5 实训

6.5.1 Windows 7 的安全设置

1．实训目的

掌握 Windows 7 的安全设置。

2．实训环境

要求每两位同学一组，每组提供两台装有 Windows 7 操作系统的计算机，结构为对等网络，且采用 TCP/IP 进行通信。

3．实训内容

1）设置 Windows 7 系统中的防火墙。

2）设置 Windows 7 系统中的 Windows_Defender。

3）调整及设置 Windows 7 的用户账户控制策略。

4）使用 Windows 7 超级管理员 Administrator 账户登录。

4．实训步骤

将上面的每个实训内容都以报告的形式写出来。

6.5.2 Windows Server 2008 用户账户的管理

1．实训目的

掌握 Windows Server 2008 用户账户的管理机制，学习使用计算机管理器和域用户管理器建立、修改和删除用户。

2．实训环境

要求每人一台装有 Windows Server 2008 操作系统的计算机。

3．实训步骤

1）创建用户账号，根据要求对用户进行修改，例如对用户密码进行重新设定、对用户名重新命名等。

2）设置用户的登录时间。

3）设置用户的有效使用期限。

4）限制用户由某台客户机登录的设置。

5）删除用户账号。

6）将实训步骤写成实训报告。

6.6 习题

1）请说明 Windows 7 注册表的重要性，并说出如何利用注册表提高 Windows 7 系统的安全性。

2）为了加强 Windows Server 2008 账户的登录安全性，Windows Server 2008 做了哪些工作？

3）怎样对 Windows Server 2008 系统进行安全管理？

4）为什么 UNIX 系统为会成为当前主流的操作系统？

5）试比较 Linux 操作系统与 Windows 操作系统有哪些不同（从价格、安全、占用系统资源等方面考虑）。

第7章　计算机病毒

7.1　计算机病毒概述

如今，人们对计算机病毒已经不再陌生，特别是经历了 CIH、冲击波、震荡波、熊猫烧香等病毒以后，对计算机病毒有了更深一层的认识。随着计算机的普及、病毒技术和网络技术的日趋成熟，病毒也在不断地发展变化，由计算机病毒造成的经济损失也是不可估量的。为了更好地防范计算机病毒，人们必须对它的发展、结构、特征和工作原理有一个清楚的认识。

7.1.1　计算机病毒的定义

计算机病毒是一种特殊的计算机程序，它具有与生物学病毒相类似的特征，具有独特的复制能力，可以很快蔓延，又常常难以根除。它们能把自身附着在各种类型的文件上，当文件被复制或从一个用户传送到另一个用户时，它们就随同文件一起蔓延。

随着计算机病毒的不断发展，人们对它有了更清楚的认识。有人认为计算机病毒寄生于磁盘、光盘等存储介质当中，病毒通过这些存储介质传染到其他的程序中。有人认为计算机病毒是能够自身复制的具有潜在性、传染性和破坏性的程序。还有人认为病毒是在某种条件成熟的时候才会发生，使计算机的资源受到破坏等。

“计算机病毒”的概念是由美国计算机研究专家 F.Cohen 博士最早提出来的。虽然许多专家和学者对计算机病毒做了不尽相同的定义，但是一直没有公文公认的明确定义。直到 1994 年 2 月 18 日，我国颁布的《中华人民共和国计算机安全保护条例》中对病毒的定义如下：“计算机病毒，是指编制或者在计算机程序中插入的破坏计算机功能或者毁坏数据、影响计算机使用，并能自我复制的一组计算机指令或者程序代码。”

7.1.2　计算机病毒的发展历史

早在 1949 年，距离第一部商用计算机的出现还有好几年时，计算机的先驱者冯·诺依曼在他的一篇论文《复杂装置的理论及组织的进行》中，提出计算机程序能够在内存中实现自我复制的功能。

10 年后，美国贝尔实验室的 3 名年轻的程序员在业余时间想出一种游戏，叫作“磁芯大战”，游戏的参与方分别将自己的程序输入计算机，然后程序就在内存中开始战斗，直到有一方把其他各方都从内存中抹去为止。“磁芯大战”中的程序具有了相当多的病毒特征，它们可以自我复制，而且可以从一台计算机跳到另一台计算机，可以说它是计算机病毒的起源。

1977 年，在计算机迅速发展的美国又出版了描写计算机作为正义和邪恶斗争的工具的科幻小说——《震荡波骑士》，以及描述计算机病毒的科幻小说——《P1 春天》。书中构思了一种能够自我复制，利用通信进行传播的计算机程序，称为计算机病毒。它们相互感染，控制了计算机的运行并造成灾难。

第一个被称作计算机病毒的程序是在 1983 年 11 月由弗雷德·科恩博士研制出来的。它是一种运行在 VAX11/750 计算机系统上的可以复制自身的破坏性程序，这是人们在真实的实验环境中编制出的一段具有历史意义的特殊代码，使得计算机病毒完成了从构思到构造的飞跃。

1988 年 11 月，美国 23 岁的研究生罗伯特·莫里斯编写的“蠕虫病毒”虽然并没有恶意，但这种“蠕虫”却在美国的 Internet 上到处爬行，6 000 多台计算机被病毒感染，并不断复制，其充满整个系统中而使系统不能正常运行，造成巨额损失。这是一次非常典型的计算机病毒入侵计算机网络的事件。

1998 年，首例破坏计算机硬件的 CIH 病毒的出现，引起全世界的恐慌，一般在 4 月 26 日发作，一旦发作，硬盘会被抹去，BIOS 会被改写，甚至还会损坏主板。1999 年 4 月 26 日，CIH 病毒在我国大规模爆发，造成了巨大的损失。

2001 年，亦好亦坏的灰鸽子病毒出现了。灰鸽子是一款远程控制软件，有时也被视为一种集多种控制方法于一体的木马病毒。若用户计算机不幸感染，则一举一动都在黑客的监控之下，窃取账号、密码、照片、重要文件都轻而易举。灰鸽子还可以连续捕获远程计算机屏幕，还能监控被控计算机上的摄像头，自动开机并利用摄像头进行录像。截至 2006 年底，“灰鸽子”木马已经出现了 6 万多个变种。虽然灰鸽子病毒具有相当强的破坏性，但是若在合法情况下使用，它是一款优秀的远程控制软件，例如电子课堂软件、网络教室软件；如果使用者通过病毒做一些非法的事情，那么灰鸽子就成了强大的黑客工具。

2003 年，伴随着互联网的快速发展，以及数据库技术的广泛应用，SQL Slammer 病毒出现了。Slammer 也称蓝宝石病毒，是一款 DDOS 恶意程序，通过一种全新的传染途径，采取分布式阻断服务攻击及感染服务器，它利用 SQL Server 弱点采取阻断服务攻击 1434 端口，并在内存中感染 SQL Server，通过被感染的 SQL Server 再大量地散播阻断服务攻击与感染，造成 SQL Server 无法正常作业或死机，使内部网络拥塞。在补丁和病毒专杀软件出现之前，这种病毒造成 10 亿美元以上的损失。蓝宝石病毒的传播过程十分迅速，和红色代码病毒类似，它只是驻留在被攻击服务器的内存中。

2007 年，国内互联网上爆发了熊猫烧香病毒，破坏力巨大。熊猫烧香是一种经过多次变种的蠕虫病毒，2006 年 10 月 16 日由 25 岁的中国湖北人李俊编写，2007 年 1 月初肆虐网络。这是一波计算机病毒蔓延的狂潮，在极短时间之内就可以感染几千台计算机，严重时可以导致网络瘫痪。那只憨态可掬、颔首敬香的“熊猫”除而不尽，反病毒工程师们将它命名为“尼姆亚”。病毒变种使用户计算机中毒后可能会出现蓝屏、频繁重启以及系统硬盘中的数据文件被破坏等现象。同时，该病毒的某些变种可以通过局域网进行传播，进而感染局域网内所有计算机系统，最终导致企业局域网瘫痪，无法正常使用，它能感染系统中的 EXE、COM、PIF、SRC、HTML、ASP 等文件，它还能终止大量的反病毒软件进程并且删除扩展名为.gho 的备份文件。感染的用户系统中所有.exe 可执行文件全部被改成熊猫举着三根香的模样。

2010 年初，针对工业控制系统的 Stuxnet 病毒出现，Stuxnet 病毒也称为震网病毒。震网病毒是一种 Windows 平台上针对工业控制系统的计算机蠕虫，它是首个旨在破坏真实世界，而非虚拟世界的计算机病毒，利用西门子公司控制系统（SIMATIC WinCC/Step7）存在的漏洞感染数据采集与监控系统（SCADA），向可编程逻辑控制器（PLCs）写入代码并将代码隐藏。这是有史以来第一个包含 PLC Rootkit 的计算机蠕虫，也是已知的第一个以关键工业基础设施为目标的蠕虫。据报道，该蠕虫病毒可能已感染并破坏了伊朗纳坦兹的核设施，并最终使伊朗的布什尔核电站推迟启动。不过西门子公司表示，该蠕虫事实上并没有造成任何损害。

在计算机病毒发展历史上，病毒的出现是有规律的，一般情况下一种新的病毒技术出现后，病毒迅速发展，接着反病毒技术的发展会抑制其发展流传，新的计算机技术的出现又为新病毒的产生提供了一块新的天地。循环往复，以至无穷。

概括来讲，计算机病毒的发展可分为以下几个主要阶段：DOS 引导阶段，DOS 可执行阶段，伴随、批次性阶段，幽灵、多形阶段，生成器、变体机阶段，网络、蠕虫阶段，Windows 阶段，宏病毒阶段，互联网阶段，邮件炸弹阶段。

7.1.3　计算机病毒的危害

随着计算机网络的不断发展，病毒的种类也是越来越繁多，如果没有为系统加上安全防范措施，那么计算机病毒可能会破坏系统的数据甚至导致系统瘫痪。归纳起来，计算机病毒的危害大致有如下几个方面：

1）破坏磁盘文件分配表，使磁盘的信息丢失。这时使用 DIR 命令查看文件，就会发现文件还在，但是文件的主体已经失去联系，文件已经无法再使用。

2）删除软盘或磁盘上的可执行文件或数据文件，使文件丢失。

3）修改或破坏文件中的数据，这时文件的格式是正常的，但是内容已发生了变化。这对于军事部分或金融系统的破坏是致命的。

4）产生垃圾文件，占据磁盘空间，使磁盘空间逐渐减少。

5）破坏硬盘的主引导扇区，使计算机无法启动。

6）对整个磁盘或磁盘的特定扇区进行格式化，使磁盘中的全部或部分信息丢失。

7）破坏计算机主板上的 BIOS 内容，使计算机无法正常工作。

8）破坏网络中的资源。

9）占用 CPU 运行时间，使运行效率降低。

10）破坏屏幕正常显示，干扰用户的操作。

11）破坏键盘的输入程序，使用户的正常输入出现错误。

12）破坏系统设置或对系统信息加密，使用户系统工作紊乱。

7.1.4　计算机病毒的特征

计算机病毒是一种特殊的程序，除与其他正常程序一样可以存储和执行之外，还具有传染性、潜伏性、破坏性、触发性等多种特征。

1．传染性

计算机病毒的传染性是计算机病毒的再生机制，即病毒具有把自身复制到其他程序中的特性。

带有病毒的程序一旦运行，那些病毒代码就成为活动的程序，它会搜寻符合其传染条件的程序或存储介质，确定目标后再将自身代码插入其中，与系统中的程序连接在一起，达到自我繁殖的目的。被感染的程序有可能被运行，再次感染其他程序，特别是系统命令程序。被感染的软盘、移动硬盘等存储介质被移到其他的计算机中，或者是通过计算机网络，只要有一台计算机感染，若不及时处理，病毒就会在迅速扩散。正常的程序一般是不会将自身的代码强行连接到其他程序之上的，而病毒却能使自身的代码强行传染到一切符合其传染条件的程序之上，有些病毒甚至会对一个程序进行多次传染。可以说，传染性是病毒的根本属性，也是判断一个程序是否被感染病毒的主要依据。

2. 潜伏性

计算机病毒的潜伏性是指计算机感染病毒后并非是马上发作，而是要潜伏一段时间。从病毒感染某个计算机系统开始到该病毒发作为止的这段时期，称为病毒的潜伏期。不同病毒的潜伏性差异很大。有的病毒非常外露，每次病毒程序运行的时候都企图进行感染，但是这种病毒的编制技巧比较粗糙，很容易被人发现，因此往往以较高的感染率来换取较短的生命周期；有的病毒却不容易被发现，它通过降低感染发作的频率来隐蔽自己，侵入系统后不露声色，看上去像是以偶然的机会进行感染，以获得较大的感染范围。与外露型病毒相比，这种隐蔽型的病毒更加可怕。著名的“黑色星期五”病毒是逢 13 日的星期五发作，CIH 病毒是 4 月 26 日发作。这些病毒在平时隐藏得很好，只有在发作日才会露出本来的面目。

3. 破坏性

破坏性是计算机病毒的最终表现，只要它侵入计算机系统，就会对系统及应用程序产生不同程度的影响。由于病毒就是一种计算机程序，程序能够实现对计算机的所有控制，病毒也一样可以做到，其破坏程度的大小完全取决于该病毒编制者的意愿。良性病毒可能只显示一些提示信息或出点声音等，或者不做任何破坏性的工作，但会战胜系统资源，从而降低计算机的工作效率，使系统变慢甚至死机。恶性病毒则可以修改系统的配置信息、删除数据、破坏硬盘分区表、引导记录等，甚至格式化磁盘、导致系统崩溃，对数据造成不可挽回的破坏。

4. 隐蔽性

计算机病毒为了隐藏，一般将病毒代码设计得非常短小精悍，一般只有几百个字节或 1 KB 大小，所以病毒瞬间就可将这短短的代码附加到正常程序中或磁盘中较隐蔽的地方，使人不易察觉。其设计微小的目的也是尽量使病毒代码与受传染的文件或程序融合在一起，具有正常程序的一切特性，隐藏在正常程序中，在不经过特殊代码分析的情况下，病毒程序与正常程序是不容易区别开来的。通常在没有预防措施的情况下，病毒程序取得系统控制权后，可以在很短的时间里传染大量程序。而且受到传染后，计算机系统仍能正常运行，使用户不会感到任何异样。正是由于计算机病毒的这种不露声色的特点，使得它可以在用户没有丝毫察觉的情况下扩散到上百万台计算机中。

一个编制巧妙的计算机病毒程序，可以在几周、几个月甚至几年内都隐藏在程序中，并不断地对其他系统进行传染，而不易被人发觉。潜伏性越好，在系统中存在的时间就会越长，病毒的传染范围也就会越大。

5. 触发性

计算机病毒因某个事件的出现进行感染或破坏，称为病毒的触发。病毒为了隐蔽自己，通常会潜伏下来，少做动作，但是如果完全不动，也就失去了病毒的意义，因此病毒为了既隐蔽自己又保持杀伤力，就必须给自己设置合理的触发条件。每个病毒都有自己的触发条件，这些条件可能是时间、日期、文件类型或某些特定的数据。如果满足了这些条件，病毒就进行感染或破坏；如果还没有满足条件，则继续潜伏。

6. 衍生性

衍生性表现为两个方面：一方面，有些计算机病毒本身在传染过程中会通过一套变换机制，产生出许多与原代码不同的病毒；另一方面，有些恶作剧者或恶意攻击者人为地修改病毒的原代码。这两种方式都有可能产生不同于原病毒代码的病毒——变种病毒，使人们防不胜防。

7. 寄生性

寄生性是指病毒对其他文件或系统进行一系列非法操作，使其带有这种病毒，并成为该病毒的一个新的传染源的过程。这也是病毒的最基本特征。

8. 持久性

持久性是指计算机病毒被发现以后，数据和程序的恢复都非常困难。特别是在网络操作的情况下，由于病毒程序由一个受感染的程序通过网络反复传播，这样就使得病毒的清除非常麻烦。

7.2 计算机病毒的分类

世界上从第一个病毒问世以来，病毒的数量在不断增加。杀毒研究者使用不同的标准去分析病毒，解释病毒是怎样进行区分的。不管怎样进行分类，究其本质都是为了更深刻地认识病毒，理解病毒，从而能够更好地防范病毒。在对计算机病毒进行分类时，可以根据病毒的诸多特点从不同的角度进行划分：按照病毒的传染途径可以分为引导型病毒、文件型病毒和混合型病毒；按照病毒的传播媒介可以分为单机病毒和网络病毒；按照病毒的表现性质可分为良性病毒和恶性病毒；按病毒的破坏能力可以划分为无害型病毒、无危险型病毒、危险型病毒和非常危险型病毒；按病毒的攻击对象可分为攻击 DOS 的病毒、攻击 Windows 的病毒和攻击网络的病毒等。

1. 按照病毒的传染途径分类

按传染途径可划分为引导型病毒、文件型病毒和混合型病毒。

（1）引导型病毒

引导型病毒的感染对象是计算机存储介质的引导扇区。病毒将自身的全部或部分程序取代正常的引导记录，而将正常的引导记录隐藏在介质的其他存储空间中。由于引导扇区是计算机系统正常工作的先决条件，所以此类病毒会在计算机操作启动之前就获得系统的控制权，因此其传染性较强。此类病毒主要是通过软盘在 DOS 操作系统里传播。引导型病毒感染软盘中的引导区，蔓延到用户硬盘，然后传播到硬盘中的 MBR（主引导记录）。一旦 MBR 或硬盘中的引导区被病毒感染，病毒就会试图感染每一个插入该计算机的软盘的引导区，从而使病毒得以传播。

由于病毒一般隐藏在软盘的第一扇区，所以它可以在系统文件装入内存之前先进入内存，从而获得对 DOS 的完全控制，使它得以传播并造成危害。这些病毒常常用它们的程序内容来替代 MBR 或 DOS 引导区中的源程序，又移动扇区到软盘的其他存储区域。清除引导区病毒，可以用一个没有被感染病毒的系统软盘来启动计算机。

（2）文件型病毒

文件型病毒通常感染带有.com、.exe、.drv、.ovl、.sys 等扩展名的可执行文件。它们在每次激活时，感染文件把自身复制到其他可执行的文件中，并能在内存中保存很长的时间，直到病毒被激活。当用户调用感染了病毒的可执行文件时，病毒首先被运行，然后病毒驻留在内存中以等待感染其他的文件或直接感染其他文件。这种病毒的特点是依附于正常文件中，成为程序文件的一个外壳或部件，如宏病毒等。

文件型病毒的种类比较多，多数病毒也是活动在 DOS 和 Windows 系统的平台上。

（3）混合型病毒

混合型病毒兼有引导型病毒和文件型病毒的特点，既感染引导区又感染文件，因此扩大了这种病毒的传染途径。例如，1997 年在国内流传的幽灵病毒。这种病毒通常都具有复杂的算法，使用非常规的办法入侵系统，同时使用了加密和变形的算法，其破坏力比前两种病毒更大，而且也难以根除。

2．按照病毒的传播媒介分类

按照计算机病毒的传播媒介来划分，可以分为单机病毒和网络病毒。

（1）单机病毒

单机病毒就是 DOS 病毒、Windows 病毒和能在多操作系统下运行的宏病毒。单机病毒常用的传播媒介是磁盘，通常病毒是从软盘传入硬盘，再感染操作系统，接着传染给其他的软盘，最后软盘又传染给其他的操作系统，循环往复，使病毒得以传播。

DOS 病毒就是在 MS-DOS 及其兼容系统上编写的病毒程序，例如“黑色星期五”病毒。它运行在 DOS 平台上，但是由于 Win3.x/Win9x 含有 DOS 的内核，所以这类病毒仍然会感染 Windows 操作系统。

Windows 病毒是在 Win3.x/Win9x 上编写的纯 32 位病毒程序，例如 4 月 26 日发作的 CIH 病毒等，这类病毒只感染 Windows 操作系统，发作时破坏硬盘引导区、感染系统文件和破坏用户资料等。

（2）网络病毒

网络病毒是通过计算机网络来传播感染网络中的可执行文件，这种病毒的传播媒介不再是软盘、光盘和移动硬盘等存储介质，而是通过计算机网络或邮件等进行病毒的传播。此种病毒具有传播的速度快、危害性大、变种多、难以控制、难以根治、容易产生更多的变种等特点。利用网络传播的病毒，一旦在网络中传播、蔓延，就很难控制，往往是防不胜防。由网络病毒所带来的灾难也是举不胜举。有的会造成网络拥塞，甚至瘫痪；有的造成数据丢失；还有的造成计算机内存储的机密信息被窃等。

3．按照病毒的表现性质分类

按照病毒的表现性质可分为良性病毒和恶性病毒。

（1）良性病毒

良性病毒是指那些仅为了表现自己，而不想破坏计算机系统资源的病毒。这些病毒多是出自于一些恶作剧的人之手，病毒发作时常常是在屏幕上出现提示信息或者是发出一些声音等，病毒的编写者不是为了对计算机系统进行恶意的攻击，仅仅是为了显示他们在计算机编程方面的技巧和才华。尽管它不会对系统造成巨大的损失，但是它也会占用一定的系统资源，从而干扰计算机系统的正常运行，如小球病毒、巴基斯坦病毒等。因此，这种病毒也有必要引起人们的注意。

（2）恶性病毒

恶性病毒就像是计算机系统的恶性肿瘤，它们的目的就是为了破坏计算机系统的资源。常见的恶性病毒的破坏行为就是删除计算机中的数据与文件，甚至还会格式化磁盘；有的不是删除文件，而是让磁盘乱作一团，表面上看不出有什么破坏痕迹，其实原来的数据和文件都已经改变了；甚至还有更严重的破坏行为。例如CIH病毒，它不仅能够破坏计算机系统的资源，甚至擦除主板BIOS，造成主板损坏。如黑色星期五病毒、磁盘杀手病毒等，这种病毒的破坏力和杀伤力都很大，人们一定要做好预防工作。

4．按照病毒的破坏能力分类

按病毒的破坏能力可以划分为无害型病毒、无危险型病毒、危险型病毒和非常危险型病毒。

（1）无害型病毒

无害型病毒仅仅是占用磁盘的可用空间，没有其他的破坏行为。

（2）无危险型病毒

无危险型病毒通常会占用内存空间，在屏幕上显示提示信息、图像或者是发出声音等。

（3）危险型病毒

危险型病毒通常会使系统的操作造成严重的错误。

（4）非常危险型病毒

非常危险型病毒通常会删除数据或文件，清除操作系统中的重要信息。这类病毒会对操作系统造成巨大的损失，因此一定要严格加以防范。

5．按照病毒的攻击对象分类

按病毒的攻击对象分为攻击DOS的病毒、攻击Windows的病毒和攻击网络的病毒。

（1）攻击DOS的病毒

在已发现的病毒中，攻击DOS的病毒种类最多，数量也是最多的，然而每种病毒都有变种，所以这种病毒传播得最广泛。例如，小球病毒就是国内发现的第一个DOS病毒。

（2）攻击Windows的病毒

Windows操作系统从Windows3.x到Windows 98，再到Windows XP、Windows 7，直到如今的Windows 10，可以说Windows操作系统是大多数人所使用的系统，在人们享受到Windows操作系统的简单易用等种种好处的同时，也感受到了各种病毒潜入Windows操作系统所带来的痛苦。攻击Windows的病毒多种多样，例如CIH病毒、宏病毒等。其中感染Word的宏病毒最多，Concept病毒就是世界上首例感染Word的宏病毒。

（3）攻击网络的病毒

随着Internet的迅猛发展，上网已经成为一种普遍现象。随着网络用户的增加，网络病毒的传播也日益猖獗，病毒造成的危害难以估量，并且这种病毒难以根除，为人们带来了很大困扰。GPI病毒就是世界上第一个专门攻击网络的病毒。

7.3 计算机病毒的工作原理

由于计算机病毒的种类繁多，病毒的工作原理也是多种多样的，下面介绍一下计算机病毒的结构，并分别对引导型病毒和文件型病毒的工作原理进行介绍。

7.3.1 计算机病毒的结构

计算机病毒的种类繁多，但是如果对计算机病毒的代码进行分析、比较就可以看出，它们的主要结构是类似的，有其共同特点。概括来说可包含 3 个部分：引导部分、传染部分和表现部分。这 3 个部分从功能上是相互独立的，但又是相互关联的，构成病毒程序的整体。引导部分是传染和表现部分的基础，表现部分又依靠传染部分，扩大攻击范围，完成对计算机系统及其数据文件的破坏。

引导部分：是指病毒的初始化部分，它的作用是将病毒主体加载到内存，为传染部分做准备。另外，引导部分还可以根据特定的计算机系统，将分别存放的病毒程序链接在一起，重新进行装配，形成新的病毒程序，破坏计算机系统。

传染部分：这部分是将病毒代码复制到传染目标上去。一般复制速度比较快，不会引起用户的注意。一般病毒在对目标进行传染前要判断传染条件。不同类型的病毒在传染方式、传染条件上各有不同。

表现部分：这部分是病毒间差异最大的一部分，是病毒的核心，前两个部分也是为此部分服务的。它破坏被传染系统或者在被传染系统的设备上表现出特定的现象。大部分的病毒都是在一定条件下才会触发其表现部分。例如，以时钟、计数器等作为触发条件。这一部分为最灵活的一部分，它完全根据编制者的不同目的而千差万别，或者根本没有此部分。

7.3.2 引导型病毒的工作原理

引导型病毒感染的是硬盘的主引导区或软盘的引导扇区，它是 BIOS 调入内存的第一个程序。也就是说，计算机病毒已经常驻内存，一旦满足条件，病毒就会发作。软盘引导区被感染的传染机制同硬盘被感染的机制相似，但是病毒感染软盘引导扇区的隐蔽性比较差，它没有隐含的扇区，所以病毒要么把正常的引导扇区内容放到软盘的最后一个扇区，要么放到根目录中，当用户发现软盘目录显示出乱七八糟的文件名时，就会引起用户的警觉。有的病毒根本就不保存正常的引导程序，这样用这种软盘启动时就不能正常引导系统，这时用户也会很快发现软盘可能已经感染了病毒。

大麻病毒就是一种典型的引导型病毒。它感染硬盘的主引导扇区（硬盘的 0 柱面 0 头 1 扇区），或者感染软盘的引导扇区（软盘的 0 磁道 0 头 1 扇区）。大麻病毒的程序有 512 个字节，病毒将自身驻留到计算机的内存高端，使内存总量比实际大小少 2 KB。发作时，在屏幕上显示“Your PC is now stoned!”信息。下面分别从病毒的加载过程、传染过程和破坏过程来讲一下病毒的工作原理。

1．加载过程

由于大麻病毒将自身存放在硬盘的主引导扇区或软盘的引导扇区，所以当系统启动时，程序便把病毒体当作系统的引导程序装入内存，并将系统控制权交给病毒程序。这样，大麻病毒就轻易地获得了控制权，然后病毒就会修改 INT 13H 的程序入口地址，INT 13H 是一个磁盘中断，将其指向病毒程序本身，同时把正确的 INT 13H 的程序入口地址保留好。然后减少 DOS 可用的内存空间，使病毒程序常驻内存。最后把正确的主引导区原来的内容调入内存，开始正常的计算机启动程序。

以后如果其他的应用程序借助这个中断程序进行有关的键盘操作，首先就被病毒盗取控制权，执行病毒程序，再由病毒程序将控制权交给原有的中断服务程序来完成正在执行的磁盘操作，并且在病毒获得控制权后，它可以进行传播和破坏等操作。

2．传染过程

当其他程序通过 INT 13H 中断服务程序执行磁盘操作时，由于这时该中断向量已经指向了病毒程序，因此病毒程序自动获得控制权，首先运行它。

病毒程序会先判断一下是否是读盘操作，如果是，则把当前磁盘的 0 号相对扇区读入内存，并判断它是否感染过这个病毒，如果已经感染过了，则执行正常的读盘操作，没有必要进行重复感染；如果没有被感染过，则把正常的 0 扇区内容放到病毒指定的位置，再将病毒程序写入该磁盘的 0 号扇区，这样病毒就将自身复制了一份放在原来未感染的磁盘上，完成其传播。传播之后，病毒程序再执行正常的磁盘操作。

3．破坏过程

病毒要把原引导区写到硬盘文件分配表的第 7 扇区。既然是文件分配表的第 7 扇区，那么 DOS 就会认为这个扇区中表项为 0 的对应磁盘上的簇是自由空间，于是就会把数据存放进去。经过一段时间，这个主引导扇区中所有的为 0 字节都被填充了其他内容，以至于硬盘主引导程序被破坏，将来病毒调用它来启动计算机时就无法启动。

如果病毒把原主引导扇区写到了第 7 扇区，原主引导扇区文件分配表所对应的磁盘数据区已经分配完毕，那么这部分的文件分配表项就出错，这将导致一些文件的丢失。对于软盘而言，如果写进去的根目录扇区已经有目录表项占用，那么这几个文件的数据表项就丢失了；如果该位置还没有目录表项占用，那么就损失了 16 个文件目录表项（一个扇区 512 个字节，一个目录表项为 32 个字节，所以为 512/32=16）。

7.3.3 文件型病毒的工作原理

文件型病毒专门攻击扩展名是.com、.exe、.sys 和.dll 等的可执行文件。因为它感染的是可执行文件，所以它要迟于引导型病毒发生。它的加载、感染和破坏过程同引导型病毒一样。下面以著名的黑色星期五病毒为例为说明它的工作原理。黑色星期五病毒也叫耶路撒冷病毒，它能够使病毒文件增加 1 813 个字节。它有两种破坏方式：一种是使计算机速度降低 20%；另一种是删除可执行文件。

1．加载过程

当运行感染了黑色星期五病毒的可执行文件时，现有病毒将获得系统的控制权。病毒立即判断它是否已常驻内存，如果已经常驻内存，则把控制权交给可执行文件，进行正常操作；如果没有，则先把病毒调入内存，然后修改 INT 21H 中断向量，将其指向病毒程序所在的内存地址，并保存正常的 INT 21H 中断向量。

修改完毕后，病毒程序判断计算机日期是否是 13 日，随后再判断是否是星期五，若同时满足这两个条件则置某一特征单元（0EH）为 1，否则为 0。最后，调用 DOS 常驻内存功能把病毒体常驻内存，然后把控制权交给可执行文件，执行正常的程序操作。

2．传染过程

黑色星期五病毒加载之后，时刻等待机会准备去传染。它监视 INT 21H 中断，当用户执行 INT 21H 的 4BH 号（4BH 号的功能为加载程序功能）功能时，病毒程序获得控制权，它先判断 0EH 单元的值，如为 0 则进行感染，若为 1 则运行发作程序段。

黑色星期五病毒感染扩展名为.com 和.exe 的可执行文件的机制稍有不同。传染前者时它首先申请 64 KB 内存，若申请成功，则将病毒程序传送到该内存区的前端；其次将原有文件读入内存，紧接病毒程序存放，同时病毒标志“MsDos”追加到原程序尾；最后将这 3 部分内容统一存盘，并退出病毒传染程序。感染后者时比较复杂，首先修改文件头信息，过程如下：

1）将文件头控制信息读入自内存 4FH 开始的 1CH 个单元中；

2）将值 1984H 送入 61H 单元；

3）将堆栈段和代码段的入口地址送 43H-4AH 单元保存；

4）修改 051H-054H 单元值，使文件总长度增加 710H-71FH 中的某一段；

5）修改 5DH-60H 和 63H-64H 值，使其指向程序中的病毒代码入口和其所新设堆栈入口；

6）将修改后的文件控制头信息写回原文件。完成对 EXE 文件头控制信息的修改后，传染程序移动文件指针到病毒程序存放处，最后将传染程序在内存中驻留的 710H 字节病毒存入位于文件结尾处的磁盘存储区，退出病毒传染程序。

3．发作过程

如果 0EH 值为 1，则修改文件属性，然后删除任何一个在计算机上运行的.com 或.exe 文件，退出发作程序，执行原 4BH 号功能调用。如果不为 1，则病毒程序内部有一个计数器，它对系统调用 INT 8H 中断的次数进行计数，当计数值为 0 时，病毒会强迫计算机运行一段无用程序，使系统工作速度减慢。如果计数值为 2，则病毒在屏幕上显示一个“长方块”的小窗口。

7.4　反病毒技术

随着计算机网络的发展，新病毒不断产生。根据国家计算机病毒应急处理中心 2016 年 7 月发布的《第十五次全国信息网络安全状况暨计算机和移动终端病毒疫情调查分析报告》显示：2015 年，64.22%的被调查者发生过网络安全事件，与 2014 年相比下降了 24.48%；感染计算机病毒的比例为 63.89%，比 2014 年增长了 0.19%；移动终端的病毒感染比例为 50.46%，比 2014 年增长了 18.96%。无论是传统 PC 还是移动终端，安全事件和病毒感染率都呈现出了上升的态势。在这种情况下，反病毒事业也需要不断进步。在政府和各界人士的不断努力下，我国的反病毒技术也得到了飞速的发展。

用户在享受着 Internet 所带来的好处的同时，也承受着计算机病毒所带来的困扰。病毒一次次地侵入计算机系统，毁坏操作系统，删除重要信息甚至格式化磁盘。每年，各个国家都会承受由于各种计算机病毒所带来的巨大损失，以至于有些人到了谈“病毒”色变的地步。通常，软件公司总是在发现新的病毒之后，才会编写新的软件查杀这种病毒，也就是说，反病毒技术总是慢一步。老一代的反病毒软件只能查出已知的计算机病毒，随着社会的发展，它已日益不能满足人们的需要。新一代的反病毒软件虽然能够在一些病毒发作前就发出警报，但是对有些病毒也是无能为力的。所以，为了更好地防范病毒，以防计算机病毒给人们带来侵扰和破坏，用户和杀毒软件公司应该建立一个更好的防范体系和制度，不给计算机病毒任何可乘之机。

实时监测是先前性的，而不是滞后性的。任何程序在调用之前都先被过滤一遍。一旦发现有病毒侵入，它就报警，并自动杀毒，将病毒拒之门外，做到防患于未然。这与病毒侵入后甚至破坏系统数据以后再去查杀病毒绝对不一样，其安全性更高。互联网是大趋势，它本身就是实时的、动态的，网络已经成为病毒传播的最佳途径，迫切需要具有实时性的反病毒软件。

7.4.1 反病毒技术的发展

自从计算机病毒诞生以来，计算机病毒的种类迅速增加，并迅速蔓延到全世界，对计算机安全以及网络安全构成了巨大的威胁。反病毒技术也就应运而生，并随着病毒技术的发展而发展。

早期的反病毒技术以杀毒、除毒为主。20 世纪 80 年代中期，计算机病毒刚刚开始流行，种类不多，但危害很大，往往一个简单的病毒就能在短时间内传播到世界的各个国家和地区。杀毒软件出现了，消除磁盘病毒是病毒传染的逆过程。所谓计算机病毒的传染，是用一些非法的程序和数据去侵占磁盘的某些部位，而消除病毒正是找出磁盘上的病毒，把它们清除出去，恢复磁盘的原状，所以杀毒软件就成了计算机病毒的克星。早期的杀毒软件可以称为消除病毒程序，这种程序是一对一的，即一个程序消除一种病毒。随着计算机病毒数量的急剧膨胀，用一对一的方式消除计算机病毒显然是不可取的，并且新病毒往往通过病毒变种等方式出现，计算机病毒也在不断升级。杀毒软件能检测及杀除已知病毒，是对抗计算机病毒、彻底解除病毒危害的有力工具，但是面对新病毒时却力不从心，同时用户发现杀毒软件本身也会感染病毒。那么能否研制一种既能对抗新病毒，又不怕病毒感染的新型反病毒产品呢？后来这种反病毒硬件产品研制出来了，就是防病毒卡。防病毒卡确实能防治很多新病毒并且不怕病毒攻击，在保护用户计算机信息资源安全方面起到一定作用。

随着计算机技术及反病毒技术的发展，防病毒卡像其他的计算机硬件卡（如汉字卡等）一样，逐步衰落出市场。与此对应的，各种反病毒软件开始日益流行起来，并且经过十几年经历了几代反病毒技术的发展。

第一代反病毒技术是采取单纯的病毒特征代码分析，将病毒从带毒文件中清除掉。这种方式可以准确地清除病毒，可靠性很高。后来病毒技术发展了，特别是加密和变形技术的运用，使得这种简单的静态扫描方式失去了作用。随之而来的反病毒技术也发展了一步。

第二代反病毒技术是采用静态广谱特征扫描方法检测病毒，这种方式可以更多地检测出变形病毒，但另一方面误报率也有所提高，尤其是用这种不严格的特征判定方式去清除病毒带来的风险很大，容易造成文件和数据的破坏。所以说，静态防病毒技术也有难以克服的缺陷。

第三代反病毒技术的主要特点是将静态扫描技术和动态仿真跟踪技术结合起来，将查找病毒和清除病毒合二为一，形成一个整体解决方案，能够全面实现防、查、杀等反病毒所必备的各种手段，以驻留内存方式防止病毒的入侵，凡是检测到的病毒都能清除，不会破坏文件和数据。随着病毒数量的增加和新型病毒技术的发展，静态扫描技术将会使反毒软件速度降低，驻留内存防毒模块容易产生误报。

第四代反病毒技术则是针对计算机病毒的发展而基于病毒家族体系的命名规则、多位 CRC 校验和扫描机理、启发式智能代码分析模块、动态数据还原模块（能查出隐蔽性极强的压缩加密文件中的病毒）、内存解毒模块、自身免疫模块等先进的解毒技术，较好地解决了以前防毒技术顾此失彼、此消彼长的状态。

7.4.2 计算机病毒的防范

用户在日常使用中，可以通过以下几种措施防范计算机病毒的入侵。

1．培养日常良好的安全习惯

从小事做起，注意细节。首先，在日常应用中，网络上的下载内容要谨慎处理，尤其是应用程序的下载应该选择可靠的网站。其次，对不熟悉或是来历不明的电子邮件及附件不要轻易打开，对邮件附件是安装程序的更要加倍注意，应当直接删除。再次，关闭或者删除操作系统中不需要的服务。

2．安装杀毒软件

计算机内要运行实时的监控软件和防火墙软件。当然，这些软件必须是正版的。目前，国产的个人杀毒软件大多是免费的且提供升级服务，例如金山毒霸、瑞星安全软件、360 安全软件等杀毒软件。安装杀毒软件后，用户还要注意在日常使用中，应保证杀毒软件的各种防病毒监控始终处于打开状态，及时更新杀毒软件的病毒库。现在的杀毒软件基本上都提供基于云计算技术的杀毒服务，用户可以在联网的状态下使用云端对计算机进行病毒扫描。

3．安装操作系统的安全补丁

如果使用的是 Windows 操作系统，则最好经常到微软网站查看有无最新发布的补丁，以便及时升级，防患于未然。

4．隔离处理

一旦发现计算机感染病毒，或是使用过程中计算机出现异常，应当首先断开网络连接，然后尽快采取有效地查杀计算机病毒方法来清除计算机病毒，最后待病毒处理完成后，再接入网络。这样可以防止计算机受到更多的感染，也防止感染其他更多的计算机。

5．远程文件

接收远程文件时，不要直接将文件写入硬盘，最好将远程文件先存入 U 盘或其他外接存储设备，然后对其进行杀毒，确认无毒后再复制到硬盘中。

6．及时备份，减少共享

首先，对重要的数据和文件做好备份，最好是设定一个特定的时间，例如每晚 12:00，系统自动对当天的数据进行备份；其次，尽量不要共享文件或数据，给计算机病毒留下可乘之机。

当然，上述几点还远远不能防止计算机病毒的攻击，但是做了这些准备，从一定程度上会使系统更安全一些。在这场没有硝烟的战争中，人们一定要做好与计算机病毒抗争到底的准备。

7.4.3 计算机病毒的检测方法

对于引导型病毒、文件型病毒，检测的原理是一样的，但是由于二者的存储方式不同，其检测方法还是有区别的。

1．比较法

比较法是使用原始备份与被检测的引导扇区或是被检测的文件进行比较。这种方法简单易行，比较时不需要专业的查杀计算机病毒的程序，使用常规的 DOS 软件及其他工具软件就可以完成。比较法可以发现没有被明确判断的计算机病毒。使用比较法可以发现文件异常，如文件的长度有变化，或是虽然文件的长度没有发生变化，但是文件内的程序代码发生了变化。由于要进行比较，因此保留原始备份是非常重要的，制作备份时必须在无计算机病毒的环境里进行，制作好的备份必须妥善保管。

比较法的优点是简单、方便，不需要使用专用软件。缺点是无法确认计算机病毒的种类及名称。另外，造成被检测程序与原始备份之间差别的原因尚需进一步验证，在 DOS 环境中，突然停电、程序失控、恶意程序都可能造成文件变化，这些变化并不是由于计算机病毒造成的。另外，当原始备份丢失时，比较法就不起作用了。

2．加总对比法

根据每个程序的档案名称、大小、时间、日期及内容，加总得到一个检查码，再将检查码放于程序的后面，或是将所有检查码放在同一个数据库中，再利用加总对比系统，追踪并记录每个程序的检查码是否遭篡改，以判断是否感染了计算机病毒。这种技术可以侦测到各式的计算机病毒，但最大的缺点是误判断高，且无法确认是哪种计算机病毒感染的，对于隐形计算机病毒，作用不明显。

3．搜索法

搜索法是用每一种计算机病毒体含有的特定字符串对被检测的对象进行扫描。如果在被检测对象内部发现了某一种特定字节串，则表明该字节串包含计算机病毒。计算机病毒扫描软件由两部分组成：一部分是计算机病毒代码库，含有经过特别选定的各种计算机病毒的代码串；另一部分是利用该代码库进行扫描的扫描程序。目前常见的杀毒软件对已知计算机病毒的检测大多采用这种方法。计算机病毒扫描程序能识别的计算机病毒的数目完全取决于计算机病毒代码库内所含计算机病毒的种类多少。因此，病毒代码库中的计算机病毒代码种类越多，扫描程序能认出的计算机病毒就越多。计算机病毒代码的恰当选取也是非常重要的，如果随意从计算机病毒体内选一段作为代表该计算机病毒的特征代码，那么在不同的环境中，该代码可能并不真正具有代表性，也就不能将该特征代码串所对应的计算机病毒检查出来。

扫描法的缺点也是明显的。第一是扫描费时；第二是合适的特征串选择难度较高；第三是特征库要不断升级；第四是怀有恶意的计算机病毒制造者得到代码库后，会很容易改变计算机病毒体内的代码，生成一个新的变种，使扫描程序失去检测它的能力；第五是容易产生误报，只要在正常程序内扫描到有某种计算机病毒的特征串，即使该代码段已不可能被执行，扫描程序仍会报警；第六是难以识别多变种病毒。但是，基于特征代码串的计算机病毒扫描法仍是目前使用最为普遍的查杀计算机病毒方法。

4．分析法

这种方法一般是查杀计算机病毒的技术人员使用，使用分析法的工作顺序如下。

1）确认被观察的磁盘引导扇区和程序中是否含有计算机病毒。

2）确认计算机病毒的类型和种类，判定其是否是一种新的计算机病毒。

3）明确计算机病毒体的大致结构，提取特征识别用的字节串或特征串，用于增添到计算机病毒代码库以供扫描病毒和识别程序用。

4）详细分析计算机病毒代码，制定相应的防杀计算机病毒措施。

使用分析法要求具有比较全面的有关计算机、操作系统和网络等的结构和功能调用以及关于计算机病毒方面的各种知识。使用分析法检测计算机病毒，除了要具有相关的知识外，还需要反汇编工具、二进制文件编辑器等分析用的工具程序和专用的试验计算机。因为即使是很熟练的查杀计算机病毒的技术人员，使用性能完善的分析软件，也不能保证在短时间内将计算机病毒代码完全分析清楚。而计算机病毒有可能在分析阶段继续传染甚至发作，把硬盘内的数据完全毁坏掉。这就要求分析工作必须在专门设立的试验计算机上进行，不怕其中的数据被破坏。在不具备条件的情况下，不要轻易开始分析工作，很多计算机病毒都采用了自加密、反跟踪等技术，同时与系统的牵扯层次很深，使得分析计算机病毒的工作变得异常艰辛。计算机病毒检测的分析法是防杀计算机病毒工作中不可缺少的重要技术，任何一个性能优良的查杀计算机病毒系统的研制和开发都离不开专门人员对各种计算机病毒的详尽而认真的分析。

7.4.4 Windows 病毒防范技术

众所周知，由于 Windows 操作系统界面美观、简单易用，因而被大多数用户所青睐。但是，人们也发现需要为此付出代价，那就是 Windows 操作系统经常会受到各种各样的计算机病毒的攻击。普通用户总是在感染了病毒之后，去想办法清除病毒。其实，如果把系统设置得更加安全一些，不让病毒侵入，应该比在感染了计算机病毒之后再去查杀病毒要省事得多了。下面，就从几个方面来介绍一下如何来提高 Windows 操作系统的安全性。

1．经常对系统升级并经常浏览微软的网站去下载最新补丁

具体操作方法：单击“开始”菜单中的“Windows Update”，就可以直接连接到微软的升级网站，然后按照提示一步步做就可以了，如图 7-1 所示。

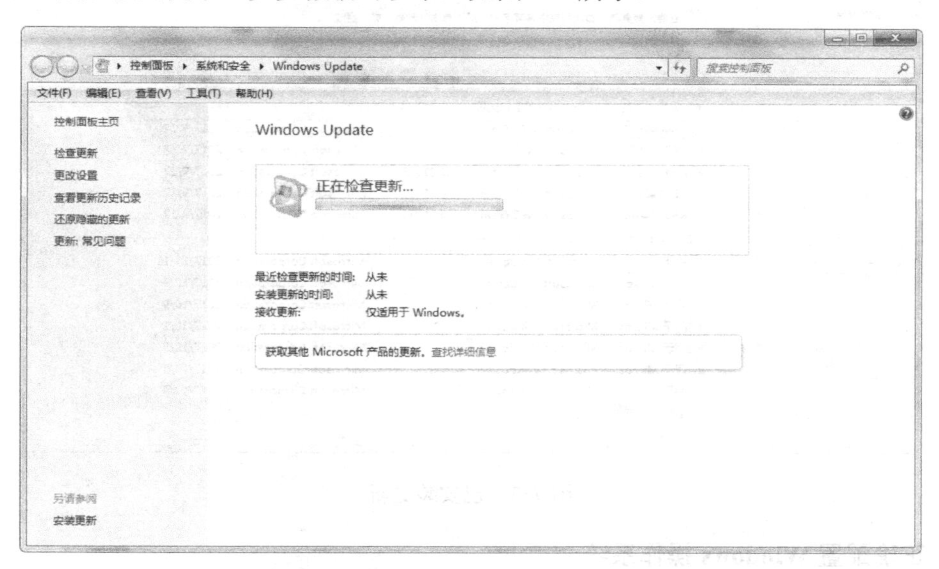

图 7-1 Windows 操作系统的升级页面

用户还可以根据需要选择 Windows 安装更新的方法和频率，如图 7-2 所示。

用户可以查看已经安装的更新程序，如果更新程序和其他应用软件有冲突或者不兼容，用户可以将其卸载，打开“控制面板”，接着打开“程序”→“程序和功能”→“已安装更新”，如图 7-3 所示，用户可以查看更新程序，并选择卸载更新程序。

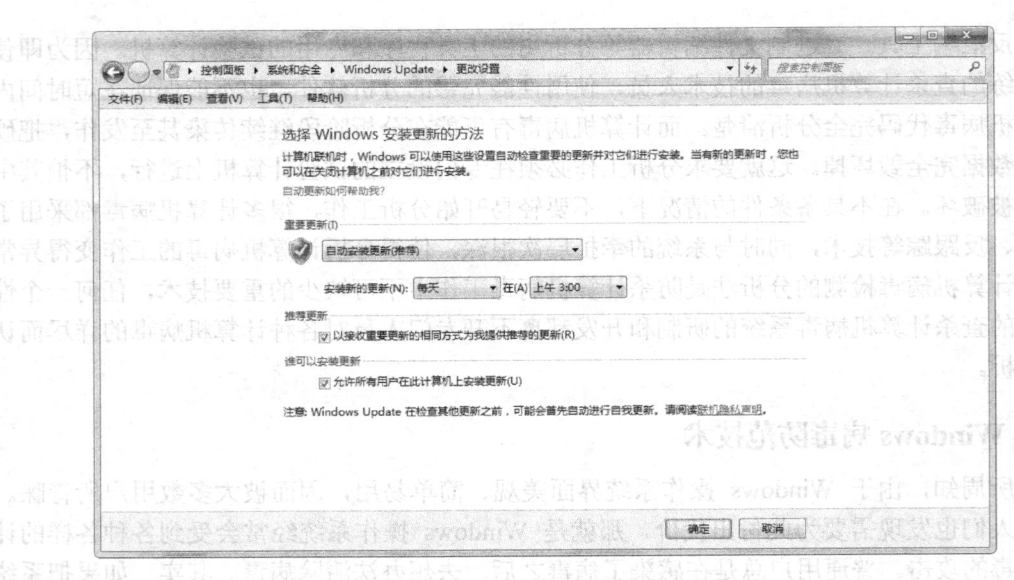

图 7-2 选择 Windows 安装更新的方法和频率

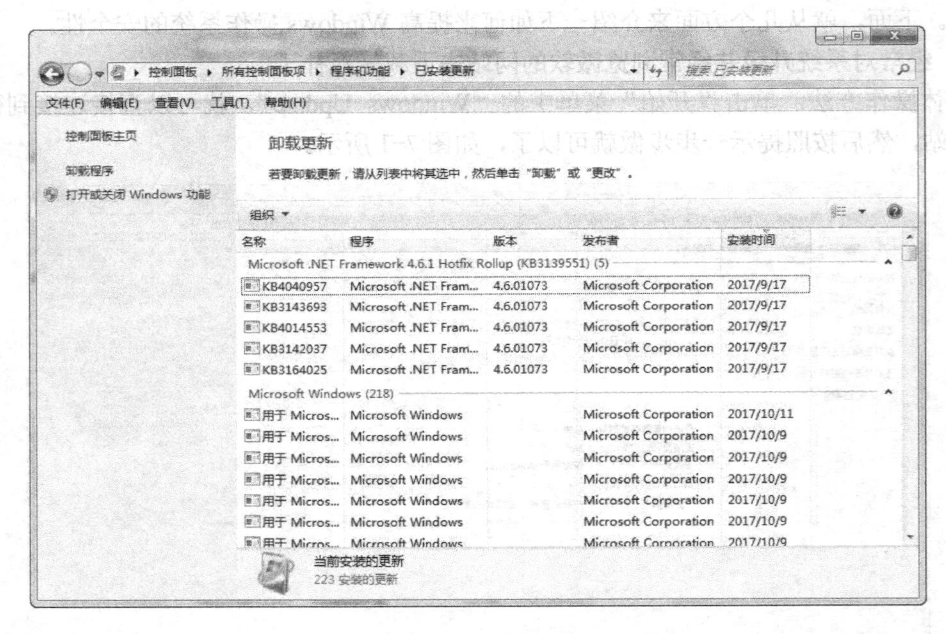

图 7-3 已安装更新

2．正确配置 Windows 操作系统

在安装完 Windows 操作系统以后，一定要对系统进行配置，这对 Windows 操作系统防病毒起着至关重要的作用，正确的配置也可以使 Windows 操作系统免遭病毒的侵害。

（1）正确配置网络

具体操作：右击"本地连接"，选择"属性"快捷菜单命令，在弹出的对话框中，取消选择"Microsoft 网络的文件和打印机共享"复选框，如图 7-4 所示。

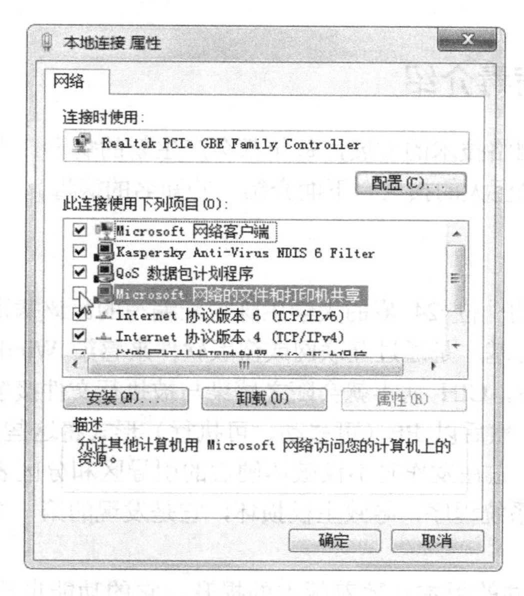

图 7-4　禁用网络的文件和打印机共享

（2）正确配置服务

对于一个网络管理员来说，服务打开的越多可能会带来许多方便，但不一定是一件好事，因为服务也可能是病毒的切入点。所以应该将系统不必要的服务关闭。在 Windows 7 系统中的具体操作：打开“控制面板”中的“系统和安全”，再选择“管理工具”一项，打开“服务”一项，窗口如图 7-5 所示。用户可以查看服务的描述来了解服务内容，根据自己的使用需求，将相应的不必要的服务设置为禁用即可。

图 7-5　服务的启动或关闭窗口

7.5 知名计算机病毒介绍

随着计算机技术和网络技术的发展，每年都会产生新的病毒，有些病毒的危险度很高，很可能给企业和个人带来巨大的损失。下面介绍一些知名的病毒。

7.5.1 CIH 病毒

CIH 病毒是由台湾的一位 24 岁的大学生陈盈豪编写的。该病毒是迄今为止发现的最危险的病毒之一，CIH 病毒基本是通过互联网或盗版软件来感染 Windows 95 或 98 的.exe 文件。在执行被感染文件后，CIH 病毒就会随之感染与被执行文件接触到的其他程序。它将其自身代码拆为多个片段，然后以 PE（可移动、可执行）形式将这些片段放到 Windows 文件尚未使用的磁盘空间里。它在发作时不仅破坏硬盘的引导区和分区表，而且破坏计算机系统的 Flash BIOS 芯片中的系统程序，导致主板损坏，它是发现的第一个直接破坏计算机系统硬件内系统程序的病毒。

CIH 病毒有各个不同的版本，随着版本的提升，它的功能也日趋完善，破坏力也逐渐变大。

（1）CIH 病毒 v1.0 版本

这个版本的 CIH 病毒只有 656 字节，与普通类型的病毒在结构上并没有什么不同，但其最大的特点是可以感染 Microsoft Windows PE 类可执行文件，从而使被感染的程序文件长度增加，这类病毒在当时也是很少见的。此版本的 CIH 病毒不具有破坏性。

（2）CIH 病毒 v1.1 版本

此版本的病毒长度变为 796 字节，这个版本的 CIH 病毒具有可判断操作系统是否是 Windows NT 的作用，如果判断用户运行的是 Windows NT 系统，则不发作，而是进行自我隐藏。这是因为 CIH v1.1 版本采用了 VxD（虚拟设备驱动程序）的技术来使自己拥有与操作系统相同级别的系统控制权，但在 Windows NT 操作系统下，VxD 是不被支持的，这样 CIH 在运行时将会产生错误信息，这个信息会提示病毒的存在。另外，此版本的 CIH 病毒可以利用 WIN PE 类可执行文件中的“空隙”，将自身根据需要分裂成几个部分后，分别插入到 PE 类可执行文件中，这样做的优点是在感染大部分 WIN PE 类文件时，不会导致文件长度增加。

（3）CIH 病毒 v1.2 版本

此版本是 CIH 病毒最流行的一个版本，病毒长度变为 1 003 字节，它除了弥补 v1.1 版本的不足之外，还增加了破坏硬盘及用户主机 BIOS 程序的代码，这一版本使 CIH 病毒的破坏力大大增加。该版本的最大缺陷是感染 ZIP 的自解压文件时会提示错误信息。

（4）CIH 病毒 v1.3 版本

此版本对 v1.2 版本的改进：判断打开的文件是 WinZip 类的程序，则不进行感染。这个版本的病毒长度改为 1 010 字节，病毒发作时间改为每年的 6 月 26 日。

（5）CIH 病毒的 v1.4 版本

此版本的病毒长度变为 1 019 字节，改进了前几个版本的不足之处，同时修改了发作日期为每月的 26 日。

1．CIH 病毒的传播方法

CIH 病毒的传播主要使用 Windows 的 VxD 编程方法，目的是获取与操作系统相同级别的系统控制权。CIH 病毒在获得了系统控制权后，将为自己申请足够的内存空间，接着将从被感染文件中将原先分成多段的病毒代码收集起来，并且进行组合后放到申请到的内存空间中，完成组合、放置过程后，CIH 病毒将截取文件调用的操作。这样，一旦出现操作系统要求开启文件的调用时，CIH 病毒将在第一时间截获此文件，并判断此文件是否为 PE 格式的可执行文件，如果是，则感染它；如果不是，则不感染，将调用权交给 Windows。

CIH 病毒的感染还有这样的特点：它不会重复多次感染 PE 格式文件，同时可执行文件的只读属性是否有效不影响感染过程，感染文件后，文件的日期与时间信息将保持不变。对于绝大多数的 PE 程序，其被感染后，程序的长度也将保持不变，CIH 病毒将会把自身分成多段，插入到程序的空隙中。

2．CIH 病毒的防范和清除

（1）防范 CIH 病毒

要判断一台计算机是否感染上 CIH 病毒，人们可以通过搜索执行文件中的字符串来执行。具体搜索方法：打开“开始”菜单，然后打开“查找”中的“文件或文件夹”选项，在弹出对话框中输入要查找的字符串，例如“CIH v”或“CIH v1”等，以及要查找的目录。设置好这些以后，就可以单击【开始查找】按钮进行搜索。如果结果显示查找到包含有这样字符串的可执行文件，那么说明这台计算机感染了 CIH 病毒。这个方法能够简单地证明某台计算机是否感染了 CIH 病毒，但是却存在着另外的隐患，那就是在搜索的过程中实际上也是在扩大病毒的感染面。因此，推荐的方法为：先运行一下“写字板”，然后使用上面的方法在“写字板”对应的可执行程序 Notepade.exe 中搜索特征串，以判断是否感染了 CIH 病毒。

由于 CIH 在发作时可能会改写系统的 BIOS，而为了方便用户升级 BIOS，主板厂商普遍采用 Flash ROM 来作为装载 BIOS 程序的芯片，它一般在 12 V 电压下可改写。为了防止 BIOS 被改写，可以使用以下几种方法：

1）在主板的 BIOS 设置中有一项是“BIOS 写保护”，将这项设置为“Enable”。

2）通常，在每个主板上都有一个跳线，它也可以设置 Flash ROM 是否可以改写，可以将这个路线设置为不可改写。不过这种方法有时也不行，因为有一些芯片的读写电压和改写电压是一样的，这一点要特别注意。

3）如果不升级 BIOS，则可以考虑将 Flash 芯片的改写电压所对应的管脚去掉，这样这个芯片就只能读不能写了。

4）可以将 BIOS 设置中的“Boot Sector Virus Protection”设置为“Enable”，此时任何对硬盘引导扇区的改写都会在 BIOS 的监控之下。

5）一些杀毒软件公司已经推出了终身防范 CIH 病毒的免疫程序，在网上也有免费的 CIH 病毒疫苗发送。另外，在此之前，要对系统进行彻底的杀毒，保证系统没有 CIH 病毒再装这个免疫程序。

（2）清除 CIH 病毒

人们已经对 CIH 病毒有了深入的了解，而且清除这类病毒也比较简单。总的来说，有两种方法：一种是用手工的方法，此类方法要求要有专业的知识，而且如果修改不好可能不能根除 CIH 病毒；另一种就是用公安部认证合格的杀毒软件，例如，瑞星、KV 等都能很好地查找CIH病毒。

7.5.2 Word宏病毒

1. 宏病毒介绍

宏病毒的产生，是利用了一些数据处理系统（如字处理系统或表格处理系统），内置宏命令编程语言的特性而形成的。这种特性可以把特定的宏命令代码附加在指定文件上，在未经使用者许可的情况下获取某种控制权，实现宏命令在不同文件之间的共享和传递。它使得目前的办公软件能够完成许多自动文档批处理功能，而宏病毒正是借助和应用了这些功能才得以四处扩散。病毒通过文件的打开或关闭来获取控制权，然后进一步获取一个或多个系统事件，并通过这些调用完成对文件的感染。

宏病毒与传统的病毒有很大的不同，它不感染.exe和.com等可执行文件，而是将病毒代码以"宏"的形式潜伏在Office文件中，主要感染Word和Excel等文件。当采用Office软件打开这些染毒文件时，这些代码就会执行并产生破坏作用。本小节主要以Word宏病毒为例来讲述。

2. Word宏病毒的传播方法

在Office系统中集中了许多模板，这些模板包含了相应类型的文档格式、允许用户在模板中添加宏等。Word最常用的通用模板就是Normal.dot。用户在打开或建立Word文件时，系统就会自动装入通用的模板并执行其中的宏命令。其中的操作可以是打开文件、关闭文件、读取数据以及保存和打印文件，并对应着特定的宏命令，如保存文件与FileSave命令相对应、另存为文件对应着FileSaveAs等。

当在Word中打开文件时，首先要检查文件内包含的宏是否有自动执行的宏（AutoOpen）存在，如果存在这样的宏，Word就启动并运行它；如果AutoClose宏存在，则系统在关闭一个文件时会自动执行它。通常，Word宏病毒至少会包含一个以上的自动宏，Word运行这类自动宏时，实际上就是在运行病毒代码。宏病毒的内部都具有把带病毒的宏复制到通用宏的代码段，也就是说病毒代码被执行后，它就会将自身复制到通用宏集合内。当Word系统退出时，会自动把包括宏病毒在内的所有通用宏保存到模板文件中。以后每当Word应用程序启动初始化时，系统都会随着通用模板的装入而成为带病毒的Word系统，然后在打开和创建任何文档时感染该文档。

如果宏病毒侵入Word系统，它就会替代原有的正常宏，如FileOpen、FileSave等，并通过这些宏所关联的文件操作功能获取对文件交换的控制。当某项功能被调用时，相应的宏病毒就会篡夺控制权，实施病毒所定义的非法操作。宏病毒在感染一个文档时，首先要把文档转换成模板格式，然后把所有宏病毒复制到该文档中。被转换成模板格式后的染毒文件无法另存为任何其他格式。含有自动宏的宏病毒染毒文档，当被其他计算机的Word系统打开时，便会自动感染该计算机。

3. Word宏病毒的防范和清除

（1）禁止使用自动执行的宏

因为Word宏病毒肯定会将自动宏作为一个侵入点，所以应禁止使用所有的自动宏，这种方法将能够有效地防止宏病毒发生。

具体方法：以Word 2003为例，选择菜单栏中的"工具"→"宏"→"安全性"命令，然后在弹出的对话框中选择“安全级”选项卡中的“高”单选按钮，如图 7-6 所示。

另外，在打开一个文件的同时按住〈Shift〉键，也可以禁止使用自动宏。

（2）检查宏

当用户怀疑自己的计算机受到了宏病毒的侵害时，首先应当检查是否存在可疑的宏。也就是说，是否存在既不是 Word 默认提供的宏，也不是用户自己编写的宏。特别要注意以 Auto 开头的 Word 宏，或者是一些奇怪的名字的宏，如 Cfaza0、Dfaafs 等。毫无疑问，这些肯定是 Word 宏病毒，可以将这些病毒立即删除。

具体方法：以 Word 2003 为例，选择菜单栏中的“工具”→“宏”→“宏”命令，然后在弹出的对话框中查看有无可疑的宏，如果有，可以立即删除该宏，如图 7-7 所示。

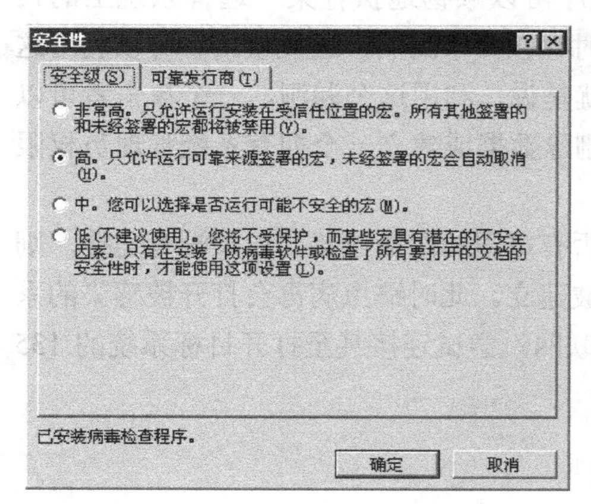

图 7-6　在 Word 2003 中安全宏的设置

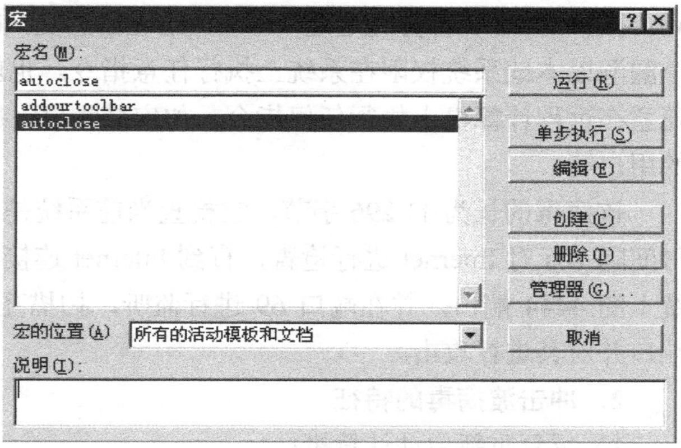

图 7-7　删除宏

（3）备份通用模板（Normal.dot）

针对 Word 宏病毒感染 Normal.doc 模板的特点，用户应在新安装了 Word 软件之后就将 Word 的工作环境进行设置，把自己使用的宏一次性编好并保存。此时新生成的 Normal.doc 模板是没有宏病毒的，用户可以把这原始的通用模板备份起来。如果以后怀疑自己的计算机感染了宏病毒，就可以用备份的通用模板覆盖当前的 Normal.doc 模板。

另外，由于大部分 Word 用户仅使用简单的文字处理功能，很少使用到宏功能，因此对 Normal.doc 模板是很少修改的。所以，用户可以选择菜单栏中的“工具”→“选项”命令，在出现的对话框中选择“保存”选项卡，然后选择“提示保存 Normal 模板”复选框，如图 7-8 所示。也就是说，如果 Normal.doc 模板被改写的话，Word 就会提示“更改的内容会影响到公用模板 Normal.doc，是否保存这些修改的内容”，这说明此时可能已经感染了 Word 宏病毒，应单击【否】按钮退出，最后，再用杀毒软件杀毒即可。

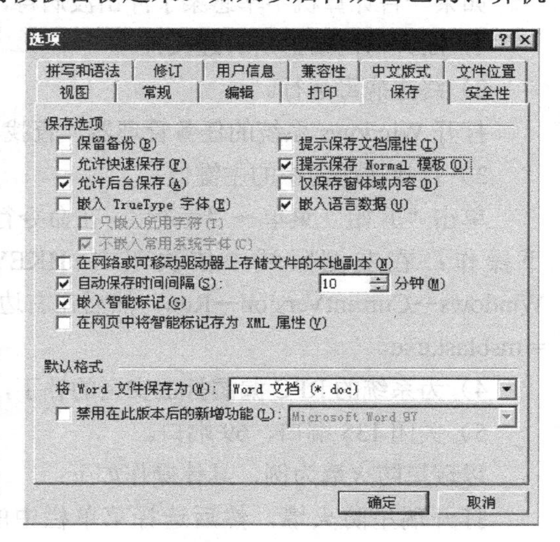

图 7-8　设置提示保存 Normal.doc 通用模板

7.5.3 冲击波病毒

1．冲击波病毒介绍

2003 年 8 月 11 日，国家计算机病毒应急处理中心发现了一种新型的蠕虫病毒，经过分析证实了该病毒就是冲击波病毒（WORM_MSBlast.A）。其实，微软早在 2003 年 7 月 16 日就公布了 Windows 操作系统 RPC（Remote Procedure Call，远程过程调用）漏洞，而冲击波病毒正是利用了 RPC 漏洞攻击系统。只是大多数用户并没有特别在意，才让病毒有机可乘。RPC 是 Windows 操作系统使用的一种远程过程调用协议，它提供了一种远程间交互通信机制。通过这一机制，在一台计算机上运行的程序可以顺畅地执行某个远程系统上的代码。微软的 RPC 部分在通过 TCP/IP 处理信息交换时存在一个漏洞，远程攻击者可以利用这个漏洞以本地系统权限在系统上执行任意指令。也就是说，利用这个漏洞，一个攻击者可以随意在远程计算机上执行任何指令，如安装程序、删除数据或建立一个拥有系统管理员权限的用户等。

该病毒的长为 11 296 字节，它检查当前系统是否有可用的网络连接。如果没有连接，则每间隔 10s 对 Internet 进行检查，直到 Internet 连接被建立。此时蠕虫病毒会打开被感染的系统上的 4444 端口，并在端口 69 进行监听，扫描互联网，尝试连接甚至打开目标系统的 135 端口并对其进行攻击。

2．冲击波病毒的特征

1）反复重新启动计算机；

2）Windows 界面下的某些功能无法正常使用；

3）Office 等文件无法正常使用，一些功能如“复制”“粘贴”等无法使用。

4）用 IE 浏览器无法打开链接，网络速度明显变慢。

3．冲击波病毒的防范和清除

如果一台计算机不幸感染了冲击波病毒，可按如下方法进行清除：

1）断开与网络的所有连接；

2）终止病毒运行。

打开 Windows 系统的任务管理器，查找“Msblast.exe”进程，并终止该进程的运行。

3）查找注册表中的主键值。

单击“开始”菜单→“运行”，在命令行中输入“Regedit”命令，在打开窗口中进行如下操作：在左侧区域中依次双击 HKEY_LOCAL_MACHINE→Software→Microsoft→Windows→CurrentVersion→Run，然后在右边的列表中查找并删除项目 Windows auto update" = msblast.exe。

4）为系统的 RPC 漏洞打上安全的补丁，并重新启动计算机。

5）关闭 135 端口、69 端口。

以瑞星防火墙为例，具体操作如下：

打开瑞星防火墙，然后选择菜单栏中的“选项”→“规则设置”命令，弹出窗口如图 7-9 所示。用户即可以设置关闭哪些端口了。

瑞星个人防火墙规则设置

操作(V) 规则(R) 帮助(H)

规则描述：

序号	规则	方向	协议	操作
☑ 102	缺省的Kid Terror Trojan	接收	TCP	禁止
☑ 103	缺省的CrazzyNet Trojan	接收	TCP	禁止
☑ 104	缺省的Audiodoor Trojan	接收	TCP	禁止
☑ 105	缺省的Nephron Trojan	接收	TCP	禁止
☑ 106	缺省的Millenium Trojan	接收	TCP	禁止
☑ 107	缺省的AcidkoR Trojan	接收	TCP	禁止
☑ 108	缺省的VP Killer Trojan	接收	TCP	禁止
☑ 109	缺省的冰河 Trojan	接收	TCP	禁止
☑ 110	缺省的山泉 Trojan	接收	TCP	禁止
☑ 111	Worms 2003	接收	UDP	禁止
☐ 112	禁止windows信使服务	接收	UDP	禁止
☐ 113	缺省的SMTP入站	接收	TCP	允许
☐ 114	缺省的SMTP出站	发送	TCP	允许
☑ 115	禁止135端口	接收	TCP	禁止

图 7-9　防火墙设置规则

选择“规则”→“添加”命令，用户就可以在弹出的如图 7-10 所示的对话框填写相应的规则。

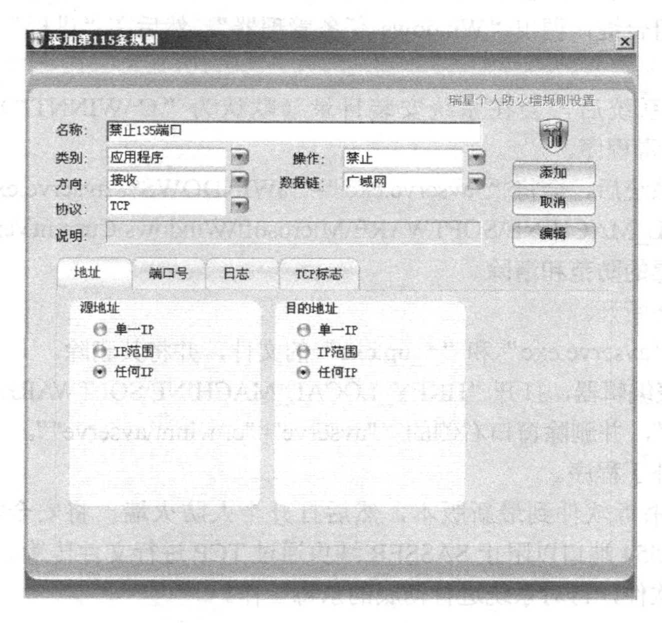

图 7-10　设置禁止 135 端口

单击【添加】按钮完成设置，并且在防火墙下次启动后生效。

7.5.4　振荡波病毒

1．振荡波病毒介绍

2004 年 5 月 1 日，互联网上出现了一种新的高威胁病毒，命名为振荡波病毒

（Worm.Sasser）。该病毒会感染 Windows NT/XP/2000/2003 操作系统，该病毒利用 Windows 平台的 Lsass 漏洞进行传播，会攻击远程计算机的 445 端口，感染后的系统将开启 128 个线程去攻击其他网上的用户，可造成机器运行缓慢、网络堵塞，并让系统不停地进行倒计时重启。振荡波病毒会在网络上自动搜索系统有漏洞的计算机，直接引导这些计算机下载病毒文件并执行，因此整个传播和发作过程不需要人为干预。只要这些用户的计算机没有安装补丁程序并接入互联网，就有可能被感染。

振荡波病毒会随机扫描 IP 地址，对存在有漏洞的计算机进行攻击，并会打开 FTP 的 5554 端口用来上传病毒文件，该病毒还会在注册表“HKEY_LOCAL_MACHINE\SOFTWARE\Microsoft\Windows\CurrentVersion\Run”中建立“"avserve.exe"= %Windows% \avserve.exe”的病毒键值进行自启动。

该病毒会使“安全认证子系统”进程 LSASS.exe 崩溃，出现系统反复重启的现象，并且使跟安全认证有关的程序出现严重运行错误。

2．振荡波病毒的特征

当用户的计算机出现如下特征时，表明该计算机可能感染了振荡波病毒。

1）病毒一旦感染系统，会开启上百个线程，占用大量系统资源，使 CPU 占用率达到 100%，系统运行速度极为缓慢。

2）系统感染病毒后，会在内存中产生名为“avserve.exe”的进程，用户可以按下〈Ctrl+Shift+Esc〉组合键，调出“Windows 任务管理器”，然后在“进程”中查看系统中是否存在该进程。

3）病毒感染系统后，会在系统安装目录（默认为“C:\WINNT”）下产生一个名为“avserve.exe”的病毒程序。

4）病毒感染系统后，会将“"avserve.exe "="%WINDOWS%\avserve.exe"”加入注册表键值“HKEY_LOCAL_MACHINE\SOFTWARE\Microsoft\Windows\CurrentVersion\Run”中。

3．振荡波病毒的防范和清除

1）立刻将网络断开。

2）查找名为“avserve.exe”和“*_up.exe”的文件，并将其删除。

3）运行注册表编辑器，打开“HKEY_LOCAL_MACHINE\SOFTWARE\Microsoft\Windows\CurrentVersion\Run”，并删除窗口右侧的“"avserve"="c:\winnt\avserve"”。

4）下载微软补丁程序。

5）迅速升级杀毒软件到最新版本，然后打开个人防火墙，将安全等级设置为中、高级，关闭 TCP 的 5554 端口以阻止 SASSER 蠕虫通过 TCP 进行文件传输。

6）运行杀毒软件，再对系统进行彻底的杀毒工作。

7.5.5 熊猫烧香病毒

1．熊猫烧香病毒介绍

一只熊猫拿着三支香，这个图像一度令计算机用户胆战心惊。从 2006 年底到 2007 年初，“熊猫烧香”在短短时间内通过网络传遍全国，数百万台计算机中毒。2007 年 2 月，“熊猫烧香”病毒设计者李俊归案，交出杀病毒软件。这是我国侦破的国内首例制作计算机病毒的大案。

熊猫烧香病毒其实是尼姆亚蠕虫病毒的变种——变种 W（Worm.Nimaya.w），由于中毒计算机的可执行文件会出现“熊猫烧香”图案，所以称为熊猫烧香病毒。用户计算机中毒后可能会出现蓝屏、频繁重启以及系统硬盘中数据文件被破坏等现象。同时，该病毒的某些变种可以通过局域网进行传播，进而感染局域网内的所有计算机系统，最终导致局域网瘫痪，无法正常使用。它能感染系统中的.exe、.com、.pif、.src、.html 和.asp 等文件，添加病毒网址，导致用户一打开这些网页文件，IE 就会自动连接到指定的病毒网址中下载病毒。在硬盘各个分区下生成文件“autorun.inf”和“setup.exe”，可以通过 U 盘和移动硬盘等方式进行传播，并且利用 Windows 系统的自动播放功能来运行，搜索硬盘中的.exe 可执行文件并感染，感染后的文件图标变成“熊猫烧香”图案。“熊猫烧香”病毒还可以通过共享文件夹、系统弱口令等多种方式进行传播。该病毒会在中毒计算机中所有的网页文件尾部添加病毒代码。一些网站编辑人员的计算机如果被该病毒感染，上传网页到网站后，就会导致用户浏览这些网站时也被病毒感染。“熊猫烧香”病毒还能中止大量的反病毒软件进程并且会删除扩展名为.gho 的文件，该文件是系统备份工具 Ghost 的备份文件，使用户的系统备份文件丢失。

2．解决办法

1）立即检查本机 Administrators 组成员口令，一定要重新设置简单口令甚至空口令，安全的口令是字母、数字、特殊字符的组合。

2）利用组策略，关闭所有驱动器的自动播放功能。

3）修改文件夹选项，以查看不明文件的真实属性，避免无意打开病毒程序。

4）时刻保持操作系统获得最新的安全更新，不要随意访问来源不明的网站，特别是微软的 MS06-014 漏洞，应立即打好该漏洞补丁。同时，QQ、UC 的漏洞也可以被该病毒利用，因此，用户应该去它们的官方网站打好最新补丁。此外，由于该病毒会利用 IE 浏览器的漏洞进行攻击，因此用户还应该给 IE 打好所有的补丁。

5）启用 Windows 防火墙保护本地计算机。

6）局域网用户尽量避免创建可写的共享目录。

7.5.6 震网病毒

震网病毒又名 Stuxnet 病毒，是一个席卷全球工业界的病毒。震网病毒于 2010 年 6 月首次被检测出来，是第一个专门定向攻击真实世界中基础设施的“蠕虫”病毒。

震网病毒利用了微软视窗操作系统之前未被发现的 4 个漏洞。据全球最大网络保安公司赛门铁克和微软公司的研究，近 60%的感染发生在伊朗，其次为印度尼西亚（约 20%）和印度（约 10%），阿塞拜疆、美国与巴基斯坦等地亦有小量个案。

震网病毒采取了多种先进技术，因此具有极强的隐身和破坏力。只要计算机操作员将被病毒感染的 U 盘插入 USB 接口，这种病毒就会在没有任何其他操作要求或者提示出现的情况下取得一些工业用计算机系统的控制权。

和其他计算机病毒比较，震网病毒有如下特点。

1）震网病毒不会通过窃取个人隐私信息牟利。

2）震网病毒并没有借助网络连接进行传播。

3）震网病毒破坏世界各国的工业企业所使用的核心生产控制计算机软件。

4）震网病毒极具毒性和破坏力，且定向明确。它是专门针对工业控制系统编写的恶意病毒，能够利用 Windows 系统和西门子工业系统的多个漏洞进行攻击，同时病毒可以下达指令，定向破坏工业系统。

7.5.7 手机病毒

1. 手机病毒介绍

随着智能手机日益普及，手机的功能越来越丰富多彩，愈来愈像一个小型计算机，可以安装程序、执行程序等。进而计算机世界的毒瘤——病毒，也不可避免地开始出现在手机中。

手机病毒是一种具有传染性、破坏性的手机程序。其可利用发送短信、彩信、电子邮件，浏览网站，下载铃声，蓝牙等方式进行传播，会导致用户手机死机、关机、个人资料被删、向外发送垃圾邮件、泄露个人信息、自动拨打电话、发短（彩）信等进行恶意扣费，甚至会损毁 SIM 卡、芯片等硬件，导致使用者无法正常使用手机。

2. 手机病毒的产生原因

1）开个玩笑或证明病毒制作者的能力。有些精通编程语言的人，为了炫耀或者证明自己的能力，编写了特殊的程序，这些程序将在一定条件下被触发，实现一定的功能，比如在屏幕上显示特殊的字符等。这类病毒一般是良性的，不会对客户的移动终端造成实质性的不良影响。

2）用于版权保护。版权拥有者为了维护自己的经济利益反对盗版而采取相应的措施。

3）用于特殊目的。一旦手机的电子货币功能真正成熟并且投入使用，不排除有人会为了经济利益而用病毒去盗取账号、密码。同时，其他有心人士也可能用病毒达成自己的险恶用心。

3. 手机病毒的分类

1）通过“无线传送”蓝牙设备传播的病毒“卡比尔”“Lasco.A”。以“卡比尔”（Cabir）为例，它可以感染运行“Symbian”操作系统的手机。手机中了该病毒将使用蓝牙无线功能对邻近的其他存在漏洞的手机进行扫描，在发现漏洞手机后，病毒就会复制自己并发送到该手机上。

2）针对移动通信商的手机病毒，比如“蚊子木马”，隐藏于手机游戏“打蚊子”的破解版中。虽然该病毒不会窃取或破坏用户资料，但是它会自动拨号，向所在地为英国的号码发送大量文本信息，结果导致用户的信息费剧增。

3）针对手机 BUG 的病毒，比如“移动黑客”。移动黑客（Hack.mobile.smsdos）病毒通过带有病毒程序的短信传播，只要用户查看带有病毒的短信，手机即刻自动关闭。

4）利用短信或彩信进行攻击的“Mobile.SMSDOS”病毒，典型的例子就是出现的针对某些品牌手机的“Mobile.SMSDOS”病毒。“Mobile.SMSDOS”病毒可以利用短信或彩信进行传播，造成手机内部程序出错，从而导致手机不能正常工作。

4. 手机病毒的防范

手机病毒和计算机病毒的传播方式有所不同，因此对于手机病毒的防范应当从多个角度考虑。

（1）用户个人

1）不要接收不认识的人发送过来的任何应用程序或短消息，尤其是出乎预料的应用程序或短消息。

2）只从可信任的站点下载应用程序。即使是可信任的站点，下载之前也要证实该程序是否是所期望下载的程序。

3）安装专业厂商的手机防病毒软件。

（2）手机制造商

1）为用户预装手机防病毒软件是病毒的第一道防线。毕竟很多用户没有防范的意识，甚至不知道已经出现了手机病毒。所以，帮助用户筑起第一道防线是手机制造商们不可推卸的责任。

2）建立相应的手机中毒应急处理小组。当然，这也许是安全专业厂商的责任，但是他们无法深入硬件，而手机制造商可以，他们对于自己手机的软硬件都十分了解，所以可以提供更加完备的处理方案。

（3）安全专业厂商

不要总是想着在病毒出现时查杀，因为那是最后的一条路。如何去事先防御，这是应该考虑的问题。免疫系统的理论是一个很好的解决方案之一。虽然手机有存储容量小等制约因素，但是如果把处理数据的方向由终端放到服务器端，终端只负责运行，那么将免疫系统理论用于手机病毒新病毒或者病毒变种的防范不失为一种良好的方法。

7.5.8 其他类型病毒

1．后门工具（BackDoor.XXX）

后门工具一般是指那些绕过安全性控制而获取对程序或系统访问权的程序方法。在软件的开发阶段，程序员常常会在软件内创建后门程序以便可以修改程序设计中的缺陷。但是，如果这些后门被其他人知道，或是在发布软件之前没有删除后门程序，那么它就成了安全风险，容易被黑客当成漏洞进行攻击，如灰鸽子（Backdoor.Huigezi）。灰鸽子是国内一款著名后门，其丰富而强大的功能、灵活多变的操作、良好的隐藏性使其他后门都相形见绌，而且客户端简易便捷的操作使刚入门的初学者都能充当黑客。当使用在合法情况下时，灰鸽子是一款优秀的远程控制软件。但如果拿它做一些非法的事，灰鸽子就成了很强大的黑客工具。这就好比火药，用在不同的场合，给人类带来不同的影响。

2．黑客工具（HackTool.XXX）

黑客工具是黑客用来入侵其他计算机的工具，它既可以作为主要工具，也可以作为一个跳板工具安装在计算机上供黑客侵入计算机系统使用，如流光、X-scan。

3．广告软件（Adware.XXX）

Adware 就是传统意义上的广告软件，带有商业目的。广告软件是在未经用户许可的情况下，下载并安装或与其他软件捆绑通过弹出式广告或其他形式来进行商业广告宣传的程序，弹出让用户非常反感的广告，并偷偷收集用户个人信息，转交给第三方。安装广告软件之后，往往造成系统运行缓慢或系统异常。防治广告软件，应注意以下方面：

1）不要轻易安装共享软件或“免费软件”，这些软件里往往含有广告程序、间谍软件等不良软件，可能带来安全风险。

2）有些广告软件通过恶意网站安装，所以不要浏览不良网站。

3）采用安全性比较好的网络浏览器，并注意弥补系统漏洞。

4．密码大盗（Password.XXX）

密码偷窃程序是现在互联网上对个人用户危害最大的木马程序，黑客出于经济利益目的，安装此类程序以获取用户的机密信息，如网上银行账户，网络游戏密码，QQ、MSN 密码等，这是在互联网上给用户的真实财富带来最大威胁的后门程序。

5．恶作剧程序（Joker.XXX）

恶作剧程序的公有特性是本身具有好看的图标来诱惑用户点击，当用户点击这类图标时，病毒会做出各种破坏操作来吓唬用户，其实病毒并没有对用户计算机进行任何破坏，如女鬼病毒。

7.6 常用杀毒软件

如今，各种各样的计算机病毒发作日益频繁，杀毒软件的使用已成为计算机用户日常工作中必不可少的。杀毒软件的种类也比较繁多，比较常用的有瑞星、卡巴斯基、360 安全软件等杀毒软件。这些软件各有千秋，每个用户也都有不同的偏爱。这一节将介绍几款常用的杀毒软件，具体说明它们的主要特色、使用方法和一些使用技巧。

7.6.1 瑞星杀毒软件

“瑞星杀毒软件”是北京瑞星信息技术有限公司自主研制开发的反病毒工具，主要用于对病毒或黑客等的查找、实时监控、清除病毒、恢复被病毒感染的文件或系统，以及维护计算机系统的安全。瑞星是一款非常有特色的杀毒软件，由于界面简单易用、功能强大而备受用户的喜爱。从 2011 年 3 月 18 日起，瑞星杀毒软件的个人安全软件产品全面、永久免费，价格不再成为阻碍广大用户使用瑞星安全软件的障碍。免费产品包括瑞星杀毒软件、瑞星防火墙、瑞星账号保险柜、瑞星安全助手等所有个人软件产品。下面就对新版的瑞星杀毒软件进行详细介绍。

1．安装瑞星杀毒软件

瑞星公司的个人安全产品已经免费使用，用户可以登录瑞星公司的主页，下载最新版的瑞星杀毒软件安装程序。瑞星杀毒软件的安装相当简便，只需要找到下载目录的安装文件，然后双击该文件并按照提示进行安装就可以了。安装界面也非常简洁，如图 7-11 所示。用户可以根据需要选择使用的文字种类、安装路径等，普通用户使用默认设置即可，最后单击【开始安装】按钮。图 7-12 所示为杀毒软件的安装过程。

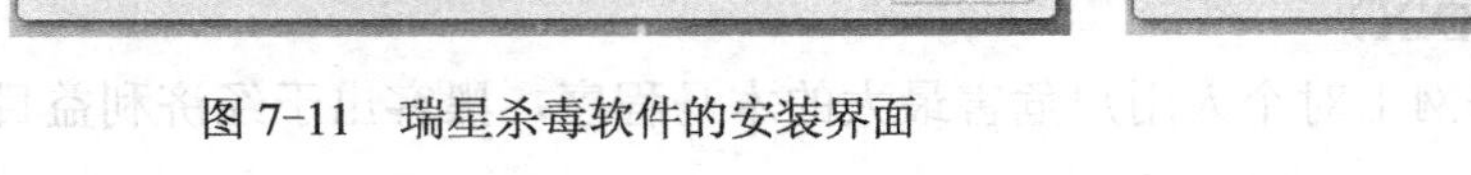

图 7-11　瑞星杀毒软件的安装界面　　　图 7-12　安装过程

当软件安装成功后会出现如图 7-13 所示的对话框，默认选择“启动瑞星杀毒软件”和“启动瑞星注册向导”复选框，当用户单击【完成】按钮后就完成了安装。系统会自动运行瑞星杀毒程序和瑞星监控中心，用户就可以进行正常的杀毒了。

图 7-13　完成安装

当安装完成后，在任务栏右边会出现一个图标，这就说明瑞星监控中心已经启动了。用户在使用中应注意，标志为绿色，表示监控正常运行，如果出现黄色或者红色，表示软件的监控出现问题，用户应当及时查看。

2．瑞星杀毒软件的功能

瑞星杀毒软件自从推出以来，以其强大的功能而备受用户所喜爱。下面将瑞星杀毒软件的部分功能进行详细介绍。

（1）智能主动防御

木马入侵拦截—网站拦截：通过对恶意网页行为的监控，阻止木马病毒通过网站入侵用户计算机，将木马病毒威胁拦截在计算机之外。

木马入侵拦截—U 盘拦截：通过对木马病毒传播行为的分析，阻止其通过 U 盘、光盘等入侵用户计算机，阻断其利用存储介质传播的通道。

木马行为防御：通过对木马等病毒的行为分析，智能监控未知木马等病毒，抢先阻止其偷窃和破坏行为。

（2）“云安全”策略

“云安全”就是一个巨大的系统，它是杀毒软件互联网化的实际体现。具体来说，瑞星“云安全”系统主要包括 3 个部分：超过一亿的客户端、智能型云安全服务器、数百家互联网重量级公司。

瑞星杀毒软件中集成了“云安全探针”，用户计算机安装软件后就成为“云安全”的客户端。用户安装的“云安全探针”能够感知计算机上的安全信息，如异常的木马文件开始运行、木马对系统注册表关键位置的修改、用户访问的网页带毒等，“云安全探针”会把这些信息上传到“云安全”服务器，进行深入分析。

服务器进行分析后，把分析结果加入“云安全”系统，使“云安全”的所有客户端立刻能够防御这些威胁。不同类型的威胁，有不同的处理方式。如果是新发现的木马病毒，则“云安全”服务器会将病毒的特征码送回中毒客户端，使用户能够及时查杀该病毒。如果发现的是“带毒网页”，则“云安全”系统会将网址发送给所有的合伙伙伴，使搜索引擎、下载软件这样的公司能够在第一时间屏蔽这些网站，这样能够在最短的时间内保证用户的安全。

（3）智能解包还原技术支持族群式变种病毒查杀

采用瑞星独创的智能解包还原技术，解决了杀毒软件无法有效查杀因使用各种公开、非公开的自解压程序对病毒进行压缩打包而产生大量变种病毒的世界难题，彻底根治此类变种病毒造成的危害。

（4）增强型行为判断技术防范各类未知病毒

此技术不仅可查杀 DOS 、邮件、脚本及宏病毒等未知病毒，还可自动查杀 Windows 未知病毒。在国际上率先使杀毒软件走在了病毒前面，并将防病毒范围拓展到防范 Windows 新病毒。

（5）文件级、邮件级、内存级、网页级一体化实时监控系统

通过对实时监控系统的全面优化集成，使文件系统、内存系统、协议层邮件系统及互联网监控系统的多层次实时监控有机融合成单一系统，各个子系统更好地协调工作，使监控系统更有效地与脚本解释器的多层次实时监控完整地融合，有效降低系统资源消耗，提升监控效率，让用户可以放心打开陌生文件和网页、邮件。

（6）三重病毒分析过滤技术

瑞星杀毒软件在继承传统的特征值扫描技术的基础上，又增加了瑞星独有的行为模式分析（BMAT）和脚本判定（SVM）两项查杀病毒技术。检测内容经过三重检测和分析，既能通过特征值查出已知病毒，又可以通过程序分析出未知的病毒。3 个杀毒引擎相互配合，从根本上保证了系统的安全。

（7）SME 技术

瑞星杀毒软件采用了国际上最先进的结构化多层可扩展（SME）技术，使软件具有极强的可扩展性和稳定性。

（8）硬盘数据保护系统可自动恢复硬盘数据

采用超容压缩数据保护技术，无须用户干预，定时自动保护计算机系统中的核心数据，即使在硬盘数据遭到病毒破坏，甚至格式化硬盘后，都可以迅速恢复硬盘中的宝贵数据。

（9）屏幕保护程序杀毒可充分利用计算机的空闲时间

通过屏幕保护杀毒功能，计算机会在运行屏幕保护程序的同时启动瑞星杀毒软件以进行后台杀毒，充分利用计算机空闲时间。

（10）内嵌信息中心及时为用户提供最新的安全信息和病毒预警提示

在 Internet 连接状态下，程序的主界面会自动获取瑞星网站公布的最新信息，诸如重大病毒疫情预警、最新安全漏洞和安全资讯等信息，用户能及时做好相应的预防措施。

（11）主动式智能升级技术，无须再为软件升级操心

上网用户再也不必为软件升级操心，主动式智能升级技术会自动检测最新的版本，只需轻松单击鼠标，系统就会自动为用户升级。

（12）瑞星注册表修复工具可安全修复系统故障

瑞星杀毒软件最新提供的注册表修复工具，可以帮助用户快速修复被病毒、恶意网页篡改的注册表内容，排除故障，保障系统安全稳定。

（13）安全级别设置用以快速设定不同安全级别

用户可在瑞星设置中快速灵活地选择已定制的安全级别，即低安全级别、中安全级别和高安全级别，也能在自定义级别设置中按照传统方式自行调整。

（14）支持多种压缩格式

瑞星杀毒软件支持 DOS、Windows、UNIX 等系统的几十种压缩格式，如 ZIP、GZIP、ARJ、CAB、RAR、ZOO、ARC 等，使得病毒无处藏身，并且支持多重压缩以及对 ZIP、RAR、ARJ、ARC、LZH 等多种压缩包内文件的杀毒。

（15）Windows 共享文件杀毒

瑞星杀毒软件成功地解决了正在运行的程序不能被修改的共享冲突难题，在染毒程序运行的情况下，也可以清除程序文件中的病毒。

（16）实现在 DOS 环境下查杀 NTFS 分区

瑞星公司以领先的技术，突破了 NTFS 文件格式的读写难题，解决了在 DOS 环境下对 NTFS 格式分区文件进行识别、查杀的问题。瑞星杀毒软件可以彻底、安全地查杀 NTFS 格式分区下的病毒，免除了因 NTFS 文件系统感染病毒带来的困扰。

（17）邮件发送失败列表

瑞星杀毒软件的邮件监控具备邮件发送失败记录的功能，该功能是指用户在发送带毒邮件或因网络故障导致该邮件无法发送的情况下，瑞星邮件监控将会拦截该邮件并将其存放到瑞星目录下，用户可以从发送失败的邮件列表中选择是否将发送失败的邮件重新保存。

（18）主动防御

瑞星杀毒软件可以阻止程序的恶意行为，即使用户的计算机感染了新出现的未知病毒，也能够保护计算机不被病毒破坏，以及保护用户的账号、密码等敏感信息不被窃取。同时，主动防御功能还可以通过行为判断，有效查杀大量的未知病毒、木马等。

（19）木马查杀

通过结合“病毒 DNA 识别”“主动防御”“恶意行为检测”等大量核心技术，瑞星杀毒软件可以有效地查杀目前各种加壳木马病毒、混合型木马病毒和家族式木马病毒共约 70 万种。

3．最新版瑞星杀毒软件

截至 2015 年 12 月，瑞星杀毒软件的最新版本是 V16+。其优越性体现在以下两个方面。

（1）决策引擎

新加入的决策引擎（RDM）是瑞星第一款人工智能杀毒引擎，它依托海量恶意软件库引入机器学习算法，使 V16+获得类似人脑的病毒识别能力。它能够摆脱传统杀毒引擎对病毒截获的依赖，能更加精准地找出病毒程序，快速有效查杀互联网上最新出现的未知病毒。

（2）基因引擎

新增加的基因引擎采用了瑞星自主研发的“软件基因”提取及比对技术，瑞星根据程序相似度对大量病毒程序进行了家族分类，对这些病毒家族提取“软件基因”，生成基因引擎用于识别病毒的“病毒基因库”。整个运行过程无须人工介入，并具有及时、高效等特点。另外，本次 V16+的更新还对基础引擎做了功能升级，引入了图形相似、二次检测等查毒方法。

4．瑞星杀毒软件的使用

瑞星 V16+采用了全新的操作界面，主界面主要由功能分类按钮、查杀按钮、注册用户信息、推荐内容、信息栏所组成。界面支持换肤功能，并自带 3 款皮肤，用户也可以用本地图片作为自定义皮肤，如图 7-14 所示。

图 7-14　瑞星杀毒软件主界面

瑞星杀毒软件的主要功能如下。

（1）杀毒

瑞星杀毒软件的病毒查杀操作十分简单，用户可以在主界面直接选择“快速查杀/全盘查杀/自定义查杀”操作，其中自定义查杀旁边的下拉按钮可显示最近查杀的目标路径，而自定义路径则采用小窗口目录选择模式，方便用户快速对某个磁盘分区进行病毒查杀操作。这些按钮皆采用动画形式，鼠标指针移入后会出现动态效果。瑞星杀毒分为两个步骤：第一个步骤是选择要查杀病毒的对象，具体来说就是要选择需要查杀病毒的范围（查找的分区、引导区、内存和邮件）；第二个步骤就是开始查杀病毒。普通用户可以直接单击【快速查杀】按钮开始杀毒，如图 7-15 所示。在查杀病毒的过程中，用户可以看到查杀病毒的详细信息，如图 7-16 所示。在查杀完病毒以后，瑞星会给出一个查杀病毒报告，询问用户如何处理，如图 7-17 所示。

图 7-15 瑞星“快速查杀”病毒

图 7-16 瑞星查杀病毒的详细信息

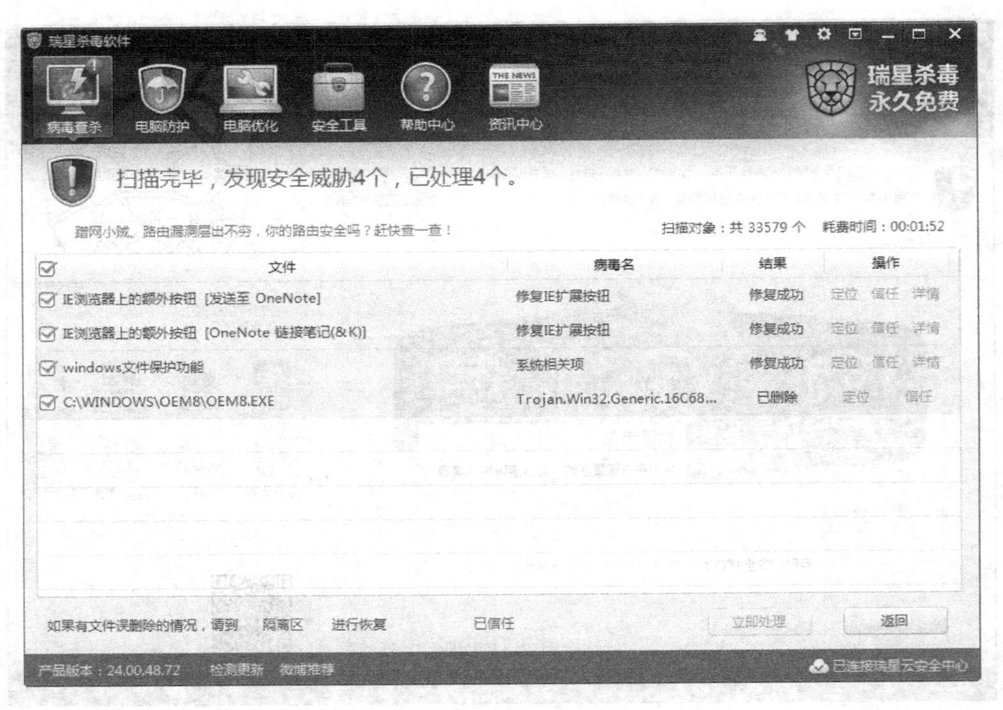

图 7-17　瑞星杀毒报告

第一次进行病毒查杀操作时，瑞星 V16+会要求用户升级病毒库，决策引擎和基因引擎将在用户进行升级操作后自动开启，如图 7-18 所示。

图 7-18　首次使用杀毒功能

（2）计算机防护

在主界面中，单击【电脑防护】按钮，即可进入防护界面，如图 7-19 所示。拥有了这些功能，瑞星杀毒软件能够帮助用户在打开陌生文件或收发电子邮件、复制粘贴文件、使用 U 盘时，查杀和截获病毒，从而全面保护用户的计算机不受到病毒的侵害。

图 7-19　瑞星【电脑防护】界面

（3）计算机优化

目前各大国产杀毒软件几乎都加入了系统优化功能，可以帮助用户在一定程度上优化操作系统，降低资源占用率。瑞星杀毒软件也不例外，“电脑优化”功能具有一键扫描、快速优化计算机的作用，帮助用户大幅度提升开机、网络及系统运行的速度，在增强产品实用性的同时完善了用户体验。计算机优化功能主要分为三大模块：开机加速、网络加速及系统加速。开机加速功能主要针对开机启动项进行优化，通过清理计算机中过多的启动程序来提升计算机的开机速度；网络加速功能主要是针对网络相关设置进行优化，能够全面提升计算机对网络数据的处理速度；系统加速功能主要针对计算机中的系统运行设置进行优化，大幅度提升计算机运行速度。用户首次使用计算机优化功能时，软件将自动进行扫描，并将扫描结果告知用户，用户可以自行选择需要优化的项目进行优化，如图 7-20 所示。

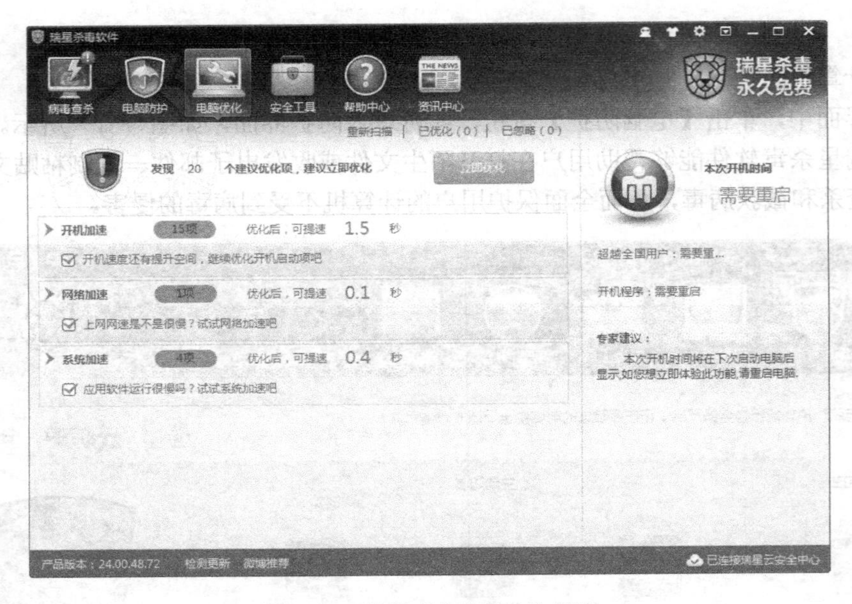

图 7-20　瑞星【电脑优化】界面

（4）提供了多种附加功能

瑞星 V16+为用户提供了多款实用小工具，具有诸如隐私痕迹清理、账号保险箱、安全浏览、垃圾清理、手机管理、制作安装包等附加功能。瑞星 V16+对这些小工具进行了分类，方便用户查找。在主界面中，单击【安全工具】按钮，即可进入如图 7-21 所示的界面。在该界面中可以查看全部安全工具，也可以根据用户的需求分类别查看安全工具，如瑞星安全产品、系统优化产品、网络安全、手机安全、辅助工具，每一个类目下还有若干工具供用户选择使用。

图 7-21　瑞星【安全工具】界面

（5）软件升级

在主界面中，单击【立即更新】按钮，即启动瑞星杀毒软件升级程序，进入如图 7-22 所示的界面。此外，瑞星杀毒软件还提供“自动升级”功能。只要用户的计算机联网，瑞星升级服务器就会主动向用户推送软件升级包，保障瑞星用户随时获得最新版本的病毒库，从根本上提升整个瑞星用户对抗新病毒的能力。

图 7-22　升级窗口

7.6.2　360 杀毒软件

360 杀毒软件是 360 安全中心出品的一款免费的云安全杀毒软件。它创新性地整合了 5 大领先查杀引擎，包括国际知名的 BitDefender 病毒查杀引擎、小红伞病毒查杀引擎、360 云查杀引擎、360 主动防御引擎以及 360 第 2 代 QVM 人工智能引擎。360 杀毒具有查杀率高、资源占用少、升级迅速等优点，同时 360 安全中心提供零广告、零打扰、零胁迫的服务，可以一键扫描，快速、全面地诊断系统安全状况和健康程度，并进行精准修复。360 杀毒的防杀病毒能力得到多个国际权威安全软件评测机构认可，荣获多项国际权威认证。

1．安装 360 杀毒软件

360 杀毒软件的安装比较简便，360 安全中心提供该软件的下载，可以下载离线完整安装包进行安装，也可以通过在线智能安装的方式完成。下面下载离线安装包并以在计算机上安装该软件为例进行介绍。登录 360 官方网站即可下载 360 杀毒软件，下载完成后，双击该文件，按照提示进行安装就可以了，安装欢迎界面和安装完成界面如图 7-23、图 7-24 所示。

图 7-23　360 杀毒软件安装欢迎界面

图 7-24　360 杀毒软件安装完成界面

2．360 杀毒软件的功能

目前，360 杀毒软件具有以下功能。

（1）全面防御 U 盘病毒

彻底剿灭各种借助 U 盘传播的病毒，第一时间阻止病毒从 U 盘运行，切断病毒传播链。

（2）五引擎领先技术，强力杀毒

国际领先的小红伞引擎+比特凡德引擎+360 云引擎+QVM 人工智能引擎+系统修复引擎，强力杀毒，全面保护用户的计算机安全。360 杀毒独创的刀片式智能五引擎架构，包含领先的云引擎、主动防御引擎、QVM 人工智能引擎，更可搭配全球知名的 Avira 及 BitDefender 常规查杀引擎。多个引擎可如“刀片”般嵌入查杀体系，根据用户的需求和计算机配置，以最优的组合协同工作，提供最强大的查杀能力。

（3）第一时间阻止最新病毒

360 杀毒具有领先的启发式分析技术，能第一时间拦截新出现的病毒。

（4）独有可信程序数据库，防止误杀

依托 360 安全中心的可信程序数据库可进行实时校验，360 杀毒的误杀率极低。

（5）网购保镖

网购保镖可全程守护用户的网购及网银交易，拦截任何可疑程序及网址，网购安心不受骗。3.0 版本新增了“网购保镖”功能，为用户的网络购物、网络支付、网银交易提供安全保护。360“网购保镖”在用户进行网购、网上支付、网银交易时会提高安全防护级别，防止支付网页被篡改，并可自动帮用户下载安装网银安全控件。“网购保镖”还为用户提供了常用购物和网银网站列表，用户可从这里直接进入安全放心的网站。

（6）Pro3D 全面防御体系

根据 360 安全中心对网络恶意软件及网络犯罪趋势的分析，360 杀毒首创了包含入侵防御、隔离防御、系统防御的 Pro3D 全面防御体系。Pro3D 全面防御体系以内核级智能主动防御技术及虚拟隔离防御技术为核心，是计算机真实系统防御与虚拟化沙箱的完美结合：入侵防御让病毒无法进入计算机，系统防御实时拦截程序有害行为，隔离防御可放心使用带毒播放器、电子书、算号器等风险程序。

（7）极速云鉴定技术

360 安全中心已建成全球最大的云安全网络，服务近 4 亿用户，更依托深厚的搜索引擎技术积累，以精湛的海量数据处理技术及大规模并发处理技术，实现用户文件云鉴定 1s 级响应。采用独有的文件指纹提取技术，甚至无须用户上传文件，就可在不到 1s 的时间获知文件的安全属性，实时查杀最新病毒。

（8）“病毒免疫”，防止系统敏感区域被病毒利用

360 安全中心跟踪分析病毒入侵系统的链路，锁定病毒最常利用的目录、文件、注册表位置，阻止病毒利用，免疫流行病毒。目前已经可实现对动态链接库劫持的免疫，以及对流行木马的免疫。免疫点还会根据流行病毒的发展变化而及时增加。

（9）优秀的病毒扫描及修复能力

360 杀毒具有强大的病毒扫描能力，除普通病毒、网络病毒、电子邮件病毒、木马之外，对于间谍软件、Rootkit 等恶意软件也有极为优秀的检测及修复能力。

（10）全新扫描优化向导，解决计算机问题更进一步

新版增加了扫描优化向导，如果用户发现 360 杀毒扫描结果并未解决问题，可以看看扫描优化向导提供的更多计算机问题解决方案，用户的问题很可能就在其中。

（11）“原地隔离快照”功能，被隔离的文件一目了然

新版在隔离文件后，会在文件原始目录生成一个快捷方式，和原先文件名一致，并在文件图标上叠加显示 360 杀毒图标，就好像原始文件的一个“快照”。用户单击此快捷方式之后，就能打开 360 杀毒隔离区查看被隔离的文件。

（12）全面的病毒特征码库

360 杀毒具有超过 600 万的病毒特征码库，病毒识别能力强大。

（13）优化的系统资源占用

精心优化的技术架构，对系统资源占用很少，不会影响系统的速度和性能。

（14）应急修复功能

在遇到系统崩溃时，可以通过 360 系统急救盘以及系统急救箱进行系统应急引导与修复，帮助系统恢复正常运转。

（15）精准修复各类系统问题

计算机救援为用户精准修复各类计算机问题。

3．最新版 360 杀毒软件

360 杀毒软件的目前最新版本是 5.0，其优越性体现在以下几个方面。

（1）首创的人工智能启发式杀毒引擎

360 杀毒 5.0 版本集成了 360 第二代 QVM 人工智能引擎。这是 360 自主研发的一项重大技术创新，它采用人工智能算法，具备“自学习、自进化”能力，无须频繁升级特征库，就能检测到 70%以上的新病毒。

（2）全面的主动防御技术

360 杀毒 5.0 包含 360 安全中心的主动防御技术，能有效防止恶意程序对系统关键位置的篡改、拦截钓鱼挂马网址、扫描用户下载的文件、防范 ARP 攻击。

（3）集大成的全能扫描

360 杀毒在快速扫描和全盘扫描中集成了上网加速、磁盘空间不足、建议禁止启动项、黑 DNS 等扩展扫描功能，并且还会持续添加更多的项目。

（4）全新的监控引擎

360 杀毒重构了文件系统监控引擎，新的引擎对于各种恶意文件的监控更严密，发现更及时，处理更迅速和精确，同时占用系统的性能更小。

（5）界面全新设计

用户可以使用“雪线之上”的默认皮肤，仿佛置身于阿尔卑斯山山巅，皑皑白雪在远处与蓝天相接。

（6）使用【功能大全】按钮取代之前的【自定义扫描】按钮

【功能大全】按钮集成了 360 杀毒的所有精选功能。单击【功能大全】按钮后，全界面展现推荐功能，让用户更加方便快捷地找到需要的功能，并且调整快捷工具栏。

（7）新增防护中心界面

用户单击主界面的拉绳，即可展开防护中心界面，所有防护组件状态一目了然，用户还可以查看实时防护数据。

（8）新增自定义换肤功能

用户在皮肤中心既可以任意更换定制的皮肤，也可以选择自己喜欢的图片作为杀毒主界面的皮肤，并且可以自主调节皮肤透明度。

4．360 杀毒软件的使用

360 杀毒软件的主界面如图 7-25 所示。

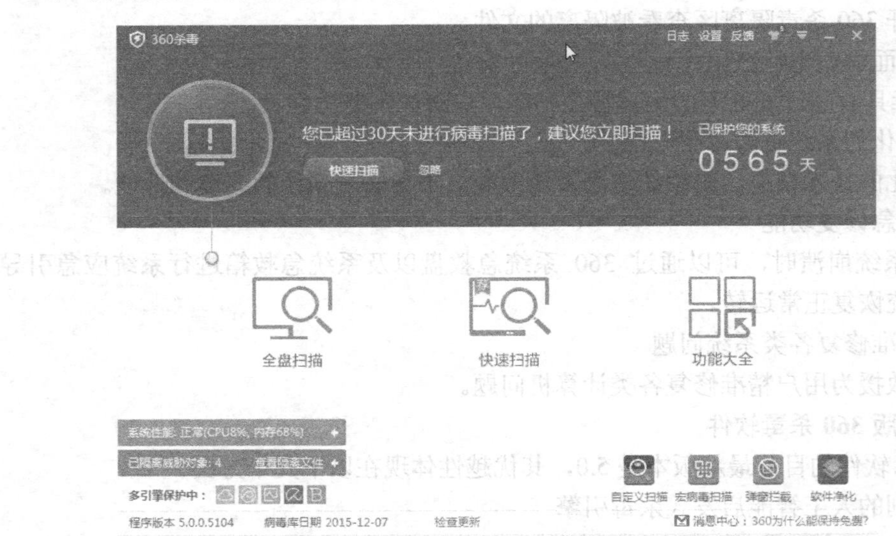

图 7-25　360 杀毒软件主界面

360 杀毒软件的主要功能如下。

（1）病毒查杀

360 杀毒提供了 4 种手动病毒扫描方式：快速扫描、全盘扫描、自定义扫描及 Office 宏病毒扫描。快速扫描与全盘扫描单击链接后直接开始进行相应区域的病毒查杀工作。如果要对计算机系统内的某个区域进行病毒查杀，则需要使用指定位置扫描。启动扫描之后，显示扫描进度窗口，快速扫描界面如图 7-26 所示。在这个窗口中，用户可看到正在扫描的文件、总体进度及发现的问题文件。

图 7-26　病毒查杀——快速扫描界面

快速扫描完成后，软件将结果告知用户（图 7-27），用户可以根据自身需要选择是否信任检测出来的异常项目。普通用户可以使用软件推荐的处理方式来处理，处理结果如图 7-28、图 7-29 所示。

360杀毒

本次扫描发现 5 个待处理项！

如果您公司开发的软件被误报，请联系 360软件检测中心 及时去除误报。

暂不处理　立即处理

项目	描述	处理状态	
高危风险项（4）			
C:\Windows\system\System Idle Procese.exe	[尝试修复] 木马程序(Trojan.Generic)	未处理	信任
C:\Program Files\Microsoft Visual Studio\Comm...	[尝试修复] 建议禁止开机自动运行的程序	未处理	信任
C:\Windows\Ktasfv01234.exe	[尝试修复] HEUR/QVM11.1.Malware.Gen	未处理	信任
C:\Windows\system\update.exe	[尝试修复] HEUR/QVM05.1.Malware.Gen	未处理	信任
系统异常项（1）			
无法保存硬件驱动错误日志	[开启蓝屏日志] 系统设置异常	未处理	信任

图 7-27　快速扫描结果界面

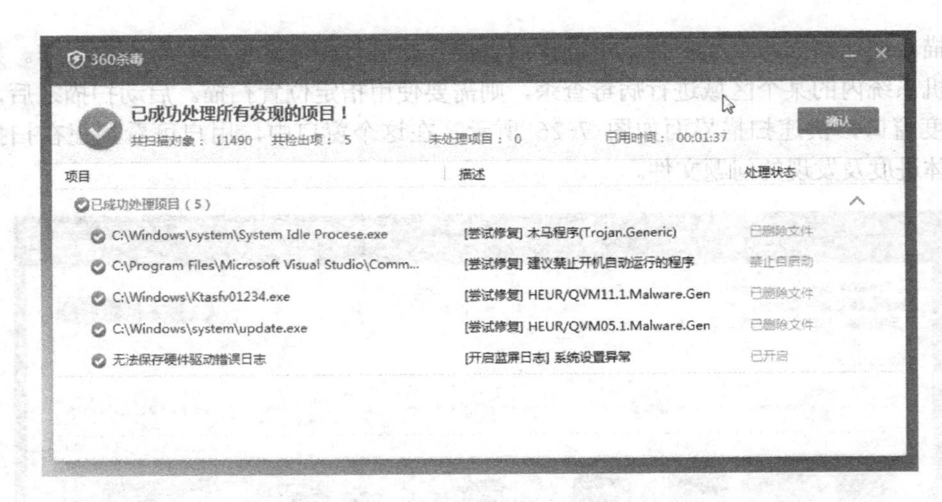

图 7-28　异常项目处理结果界面 1

图 7-29　异常项目处理结果界面 2

（2）功能大全

在 360 杀毒 5.0 以上的版本中，广告拦截、上网加速、软件净化以及杀毒搬家等功能模块，都归为 360 杀毒功能大全，如图 7-30 所示。功能大全模块从系统安全、系统优化和系统急救 3 个方面，提供了 21 款专业全面的软件工具，用户无须再去互联网上寻找软件，就可以优化处理各类计算机问题。

（3）产品升级

360 杀毒具有自动升级和手动升级功能，如果开启了自动升级功能，360 杀毒就会在有新升级文件时自动下载并安装，自动升级完成后会通过气泡窗口提示。如果想手动进行升级，则可以在 360 杀毒主界面底部单击【检查更新】按钮，此时升级程序会连接服务器检查是否有可用更新，如果有就会下载并安装升级文件，如图 7-31 所示。360 杀毒软件升级成功后会提示用户升级完成，以及当前软件的版本信息。

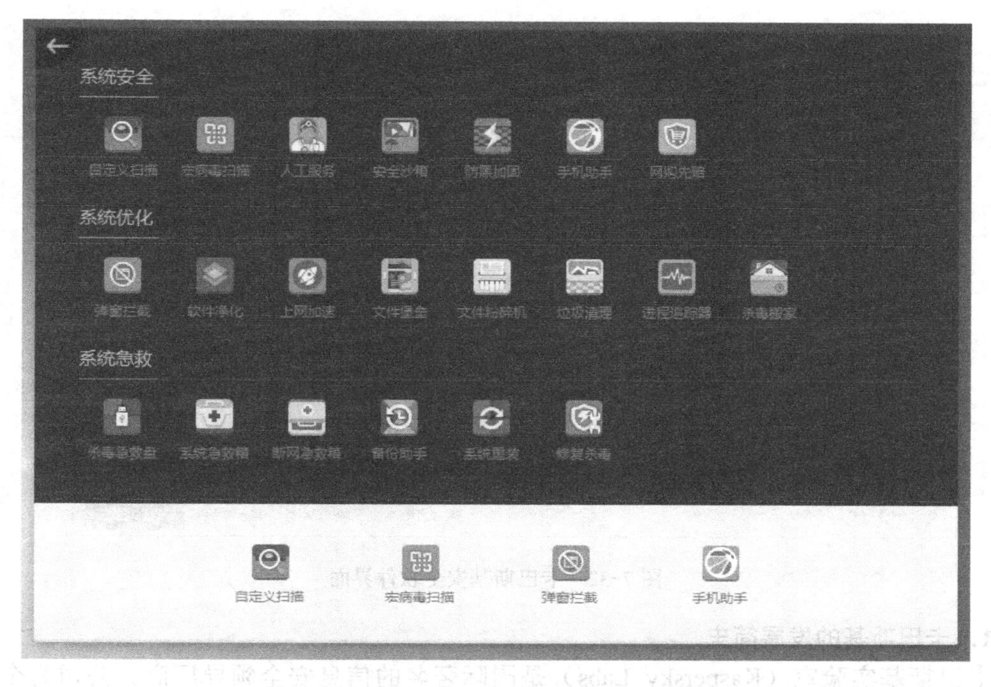

图 7-30　功能大全界面

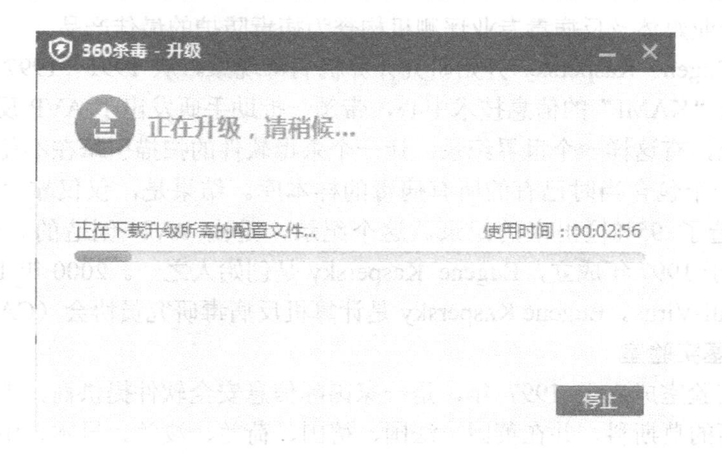

图 7-31　产品升级界面

7.6.3　卡巴斯基杀毒软件

前面介绍的杀毒软件都是国内自主研发的具有代表性的杀毒软件，这里介绍一款国外的杀毒软件——卡巴斯基。卡巴斯基反病毒软件具有很高的警觉性，它会提示所有具有危险行为的进程或者程序，因此很多正常程序就会被它“误报”，其实只要使用一段时间把正常程序添加到卡巴斯基的信任区域就可以了。卡巴斯基安全软件界面如图 7-32 所示。

图 7-32　卡巴斯基安全软件界面

1. 卡巴斯基的发展简史

卡巴斯基实验室（Kaspersky Labs）是国际著名的信息安全领导厂商。公司为个人用户、企业网络提供反病毒、防黑客和反垃圾邮件的产品。经过十余年与计算机病毒的战斗，被众多计算机专业媒体及反病毒专业评测机构誉为病毒防护的最佳产品。

1989 年，Eugene Kaspersky 开始研究计算机病毒现象。从 1991—1997 年，他在俄罗斯大型计算机公司“KAMI”的信息技术中心，带领一批助手研发出了 AVP 反病毒程序。在杀毒软件的历史上，有这样一个世界纪录：让一个杀毒软件的扫描引擎在不使用病毒特征库的情况下，扫描一个包含当时已有的所有病毒的样本库。结果是，仅仅靠“启发式扫描”技术，该引擎创造了 95%检出率的纪录。这个纪录，是由 AVP 创造的。卡巴斯基实验室 Kaspersky Lab 于 1997 年成立，Eugene Kaspersky 是创始人之一。2000 年 11 月，AVP 更名为 Kaspersky Anti-Virus。Eugene Kaspersky 是计算机反病毒研究员协会（CARO）的成员。

2. 卡巴斯基实验室

卡巴斯基实验室成立于 1997 年，是一家国际信息安全软件提供商。卡巴斯基实验室的总部设在俄罗斯的莫斯科，并在英国、法国、德国、荷兰、波兰、日本、中国、韩国、罗马尼亚及美国设有分支机构，全球合作伙伴超过 500 家，网络覆盖全球。

卡巴斯基实验室产品得到了西海岸实验室的认证，并不断获得来自世界各地主要 IT 刊物和测试实验室的奖项。2003 年，卡巴斯基实验室获得微软安全解决方案金牌合作伙伴资格。卡巴斯基实验室同时也是 SUSE 和 Red Hat 的荣誉合作伙伴。卡巴斯基实验室的专家们活跃于各种 IT 组织，如 CARO（计算机病毒研究组织）和 ICSA（国际计算机安全协会）。

3. 卡巴斯基的特点

1）对病毒上报反应迅速。卡巴斯基具有全球技术领先的病毒运行虚拟机，可以自动分析 70%左右未知病毒的行为，再加上一批高素质的病毒分析专家，反应速度就是快于别的软件。每小时升级病毒的背后是以雄厚的技术为支撑的。

2）随时修正自身错误。杀毒分析是项烦琐的苦活，卡巴斯基并不是不犯错，而是犯错后立刻纠正，只要用户指出，误杀误报会立刻得到纠正。知错就改，堪称其他杀毒软件的楷模。

3）卡巴斯基的超强脱壳能力。无论病毒怎么加壳，只要程序体还能运行，就逃不出卡巴斯基的掌心。因此，卡巴斯基病毒库目前的 48 万多种病毒是真实可杀数量。

4）卡巴斯基反病毒软件单机版可以基于 SMTP/POP3 协议来检测出系统的邮件，可实时扫描各种邮件系统的全部接收和发出的邮件，检测其中的所有附件，包括压缩文件和文档、嵌入式 OLE 对象及邮件体本身。它还新增加了个人防火墙模块，可有效保护运行 Windows 操作系统的 PC，探测对端口的扫描、封锁网络攻击并报告，系统可在隐形模式下工作，封锁所有来自外部网络的请求，使用户隐形、安全地在网上遨游。

5）卡巴斯基反病毒软件可检测出 700 种以上的压缩格式文件和文档中的病毒，并可清除 ZIP、ARJ、CAB 和 RAR 文件中的病毒。卡巴斯基提供 7×24 小时全天候技术服务。

4．卡巴斯基杀毒软件的使用

和国内的杀毒软件不同，卡巴斯基杀毒软件并不是免费使用的，用户可以申请下载 30 天的试用版，到期后需要购买才可继续使用。卡巴斯基反病毒软件的安装与使用与其他杀毒软件相似，这里就不再详细叙述。

7.7 实训

1．实训目的

1）了解各种杀毒软件的工作原理。

2）学习使用杀毒软件监视和清除病毒。

2．实训环境

一台装有 Windows 7 / 8.1 /Server 2008 操作系统的计算机。

3．实训内容

使用最新版的瑞星杀毒软件、金山毒霸、360 杀毒软件或卡巴斯基反病毒软件（30 天试用版）对计算机病毒进行检测和查杀病毒，并将检测步骤和结果写成实训报告。

7.8 习题

1）什么是计算机病毒？

2）简述计算机病毒的发展主要经历了哪几个阶段。

3）简述计算机病毒的基本特征。

4）简述计算机病毒的分类以及各自的特点。

5）计算机病毒一般由哪几部分组成？

6）简述熊猫烧香病毒的主要特征以及如何清除此病毒。

第 8 章　黑客的攻击与防范

8.1　关于黑客

网络安全问题归根结底是人的问题，网络安全最终解决的就是提高人类的道德素质。虽然前几章所述的密码技术及防火墙是一种很好的防范措施，但这些只是整体安全防范的一部分。人是使用网络资源的主体，也是破坏网络安全环境的最危险的因素，其中黑客在网络安全中成为一个非常重要的角色。

随着互联网的迅速发展，黑客也随之诞生，黑客成就了互联网，同时也成就了自由软件，黑客成为计算机和互联网发展过程中的一个重要角色。

“黑客”一词来源于英语动词 hack，意为“劈，砍”，也就意味着“辟出，开辟”。很自然的，这个词被进一步引申为“干了一件非常漂亮的工作”。计算机黑客在自己熟知的领域中显然是极为出色的，个个都是编程高手。黑客的诞生是社会发展的一个必然产物，在计算机技术发展的过程中，一方面由于早期的计算机硬件价格昂贵，导致要充分发挥计算机的整体性能主要依靠软件来实现。另一方面由于早期的计算机和大部分软件被少数精英人才所垄断，这样随着计算机的普及，一些人提出“计算机为人民所用”的观点，从硬件上倡导计算机开放式的体系结构，从软件上倡导免费共享的自由软件。20 世纪 60 年代，黑客家谱中的第一代出现了，他们对于新兴的计算机科技充满好奇，编写一些免费软件，并把源代码公布在网络上，同时还帮忙测试和调试一些免费的共享软件，并且义务找出一些网站存在的漏洞并默默地为其修补，他们的宗旨是：“通往计算机的路不止一条，所有信息应该免费共享，打破计算机集团，在计算机上创造艺和美”，这也是最初意义上的黑客。

事实上，目前黑客这一群体包括各种各样的人，起初的“黑客”并没有贬义成分，直到后来，少数怀有不良企图的为了个人利益的计算机技术人员非法侵入他人网站，窃取他人资料等进行计算机犯罪活动，这就是我们所说的骇客“Cracker”。

还有一类称为朋客、恶作剧者，他们未必有很高的技术，只能凭借一些傻瓜型的黑客工具完成对个人计算机的攻击，喜欢开玩笑，通常用一些简单的攻击手段去搞一搞 BBS、聊天室等。

总结以上内容，人们可以把黑客分为传统的网络黑客、网络朋客及网络骇客。

8.2　黑客攻击的步骤与防范

8.2.1　黑客攻击的步骤

由于黑客攻击的目的不同，其攻击的目标也不尽相同，有的黑客攻击的是某个政府部门，有的是银行或者重要企业的信息中心，但他们采用的攻击方式和手段却有一定的共同性。一般黑客的攻击大体有如下 3 个步骤。

（1）信息收集

信息收集的目的是为了进入所要攻击的目标网络的数据库。黑客首先确认攻击目标，主要是收集目标计算机的相关信息，这些信息包括计算机硬件信息；使用的是什么操作系统；运行的什么应用程序及网络信息；还包括用户信息及系统中存在哪些漏洞等。收集更多的信息是黑客攻击目标的最重要的一步，有了这些信息，黑客就可以找出系统中的安全弱点。

（2）系统安全弱点的探测

在收集到攻击目标的一批网络信息之后，黑客会探测网络上的每台主机，以寻求该系统的安全漏洞或安全弱点，黑客可能使用下列方式自动扫描驻留网络上的主机。

自编程序：黑客已经发现某些产品或者系统的一些安全漏洞，该产品或系统的厂商、组织会提供一些“补丁”程序给予弥补。但是用户并不一定及时使用这些“补丁”程序。黑客发现这些“补丁”程序的接口后会自己编写程序，通过该接口进入目标系统，这时该目标系统对于黑客来讲就变得一览无余了。

利用公开的工具：例如安全扫描程序、审计网络用的安全分析工具等，这样的工具可以对整个网络或子网进行扫描，寻找安全漏洞。这些工具有两面性，就看是什么人在使用它们。系统管理员可以使用它们，以帮助发现其管理的网络系统内部隐藏的安全漏洞，从而确定系统中哪些主机需要用“补丁”程序去堵塞漏洞。而黑客也可以利用这些工具，收集目标系统的信息，获取攻击目标系统的非法访问权。

（3）网络攻击

黑客使用上述方法收集或探测到一些“有用”信息之后，就可能会对目标系统实施攻击。黑客一旦获得了对攻击的目标系统的访问权后，还可能做以下事情。

可能在目标系统中安装探测器软件，包括特洛伊木马程序，用来窥探所在系统的活动，收集黑客感兴趣的一切信息。

可能试图毁掉攻击入侵的痕迹，并在受到损害的系统上建立另外新的安全漏洞或后门，以便在先前的攻击点被发现之后继续访问这个系统。

还可能进一步发现受损系统在网络中的信任等级，这样黑客就可以通过该系统信任等级展开对整个系统的攻击。

如果该黑客在这台受损系统上获得了特许访问权，那么它就可以读取邮件，搜索和盗窃私人文件，毁坏重要数据，破坏整个系统的信息，造成不堪设想的后果。

8.2.2 防范黑客原则

随着互联网络的日益普及，网上的一些站点公然讲解一些黑客课程，开辟黑客讨论区，发布黑客攻击经验，使得黑客攻击技术日益公开化，攻击站点变得越来越容易了。加之有些管理员认为可以借助各种技术措施，如计算机反病毒程序和网络防御系统软件，来阻止黑客的非法进攻，保证计算机信息安全。但是构筑信息安全的防洪堤坝依然不能放松警惕，不能对破坏计算机信息安全的事例熟视无睹，还应结合各种安全管理的手段和制度扼制黑客的攻击，防患于未然。

1）加强监控能力。系统管理员要加强对系统的安全监测和控制能力，检测安全漏洞及配置错误，对已发现的系统漏洞要立即采取措施进行升级、改造，做到防微杜渐。

2）加强安全管理。在确保合法用户合法存取的前提下，本着最小授权的原则给用户设置属性和权限，加强网络访问控制，做好用户上网访问的身份认证工作，对非法入侵者采取物理隔离方式，可阻挡绝大部分黑客非法进入网络。

3）集中监控。对网络实行集中统一管理和集中监控机制，建立和完善口令，使用分级管理制度，重要口令由专人负责，从而防止内部人员越级访问和越权采集数据。

4）多层次防御和部门间的物理隔离。可以在防火墙的基础上实施对不同部门之间的由多级网络设备隔离的小网络，根据信息源的性质，尽量对公众信息和保密信息实施不同的安全策略和多级别保护模式。

5）要随时跟踪最新网络安全技术，采用国内外先进的网络安全技术、工具、手段和产品。同时，一旦防护手段失效，要有先进的系统恢复、备份技术。总之，只有把安全管理制度与安全管理技术结合起来，整个网络系统的安全性才有保证，网络破坏活动才能够被阻挡于门户之外。

8.3 端口扫描与安全防范

8.3.1 端口的概念

在网络技术中，端口（Port）有两种含义。一种是物理端口，指的是集线器、交换机、路由器等连接其他网络设备的接口，如 RJ-45 端口、Serial 端口等。这里所指的端口不是指物理意义上的端口，而是特指 TCP/IP 中的端口，是逻辑意义上的端口。

端口是为运行在计算机上的各种服务提供的服务端口，计算机通过端口进行通信和提供服务。如果把 IP 地址比作一间房子，端口就是出入这间房子的门。端口是通过端口号来标记的，端口号只有整数，范围是从 0～65 535。在计算机网络中，每个特定的服务都在特定的端口侦听，当用户有数据到达，计算机检查数据包中的端口号再将它们发向特定的端口。

一台拥有 IP 地址的主机可以提供许多服务，比如 Web 服务、FTP 服务、SMTP 服务等，这些服务完全可以通过一个 IP 地址来实现。那么，主机是怎样区分不同的网络服务呢？显然不能只靠 IP 地址，因为 IP 地址与网络服务的关系是一对多的关系。实际上是通过“IP地址+端口号”来区分不同的服务的，即套接字。

8.3.2 端口的分类

按分配方式的不同，端口分为公认端口、注册端口及动态（私有）端口。与 IP 地址一样，端口号也不是随意使用的，而是按照一定的规定进行分配的。

（1）公认端口

端口号从 0 到 1023，这些端口紧密绑定于一些服务。其中，80 端口分配给 WWW 服务，25 端口分配给 SMTP 服务等，通常这些端口的通信明确表明了某种服务的协议。用户在 IE 的地址栏里输入一个网址的时候是不必指定端口号的，因为在默认情况下 WWW 服务的端口号是“80”。网络服务是可以使用其他端口号的，如果不是默认的端口号则应该在地址栏上指定端口号，方法是在地址后面加上“:”，再加上端口号。比如使用“8080”作为 WWW 服务的端口，则需要在地址栏里输入“www.huawei－3com:8080”。

（2）注册端口

端口号从 1024 到 49151，这些端口松散地绑定于一些服务。也就是说有许多服务绑定于这些端口，这些端口同样用于许多其他目的。例如，许多系统处理动态端口从 1024 左右开始。

（3）动态端口

又称私有端口，端口号从 49152 到 65535。之所以称为动态端口，是因为它一般不固定分配某种服务，而是动态分配。动态分配是指当一个系统进程或应用程序进程需要网络通信时，它向主机申请一个端口，主机从可用的端口号中分配一个供它使用。当这个进程关闭时，同时也就释放了所占用的端口号。

8.3.3 端口扫描

端口扫描就是利用某种程序自动依次检测目标计算机上的所有端口，根据端口的响应情况判断端口上运行的服务。通过端口扫描，可以得到许多有用的信息，从而发现系统的安全漏洞。

进行扫描的方法很多，可以是手工进行扫描，也可以用端口扫描软件进行。

（1）手工扫描——系统内置的命令：netstat

此命令可以显示出计算机当前开放的所有端口，其中包括 TCP 端口和 UDP 端口。有经验的管理员会经常使用它，以此来查看计算机的系统服务是否正常，是否被“黑客”留下后门、木马等。用户可在安装了系统及配置好服务器以后运行一下 netstat-a，看看系统开放了什么端口，并记录下来，以便以后作为参考使用，当发现有不明端口时就可以及时做出对策。由于这个参数同时还会显示出当前计算机有什么人的 IP 正连接着用户的服务器，所以也是一种实时入侵检测工具，如发现有个 IP 连接着不正常的端口，就可以及时做出有效对策。

示例：C:\>netstat -a

```
Active Connections
  Proto   Local Address          Foreign Address      State
  TCP     media:epmap            media:0              LISTENING
  TCP     media:microsoft-ds     media:0              LISTENING
  TCP     media:1025             media:0              LISTENING
  TCP     media:1027             media:0              LISTENING
  TCP     media:1475             media:7080           CLOSE_WAIT
  TCP     media:1476             media:7080           CLOSE_WAIT
  TCP     media:netbios-ssn      media:0              LISTENING
  UDP     media:microsoft-ds     *:*
  UDP     media:1031             *:*
  UDP     media:isakmp           *:*
```

从上面的显示结果用户可以知道，本台计算机现在开放的 TCP 端口有 1025、1207，开放的 UDP 端口有 1031。

（2）利用扫描软件

扫描软件也就是人们所说的扫描器，对一个网络管理员或者网络攻击者而言，一款好的扫描软件是必不可少的。随着互联网的逐步普及，各种各样的扫描软件也就传播开来，扫描器是一种自动检测远程或本地主机安全性弱点的程序。通过使用扫描器，可以不留痕迹地发现远程服务器的各种端口的分配、提供的服务及它们使用的软件版本，这样能间接或直接地了解到远程主机所存在的问题。扫描器并不是一个直接攻击网络漏洞的程序，不同于攻击软件，它仅能发现目标计算机的某些内在弱点，而这些弱点可能是破坏目标计算机的关键。

按扫描的目的来分类，可将扫描器分为端口扫描器和漏洞扫描器。在这里介绍一款赫赫有名的扫描器 X-Scan，它不仅是一个端口扫描软件，同时还是一个漏洞扫描器，其主要功能有采用多线程方式对指定 IP 地址段（或单机）进行安全漏洞检测，支持插件功能，提供图形界面和命令行两种操作方式；扫描内容包括远程服务类型、操作系统类型及版本、各种弱口令漏洞、后门、应用服务漏洞、网络设备漏洞、拒绝服务漏洞等 20 多个大类。X-Scan 的主界面如图 8-1 所示。

1）扫描模块的设置。单击工具栏上的【扫描模块】按钮，在弹出窗口中选择需要扫描的内容，如图 8-2 所示。

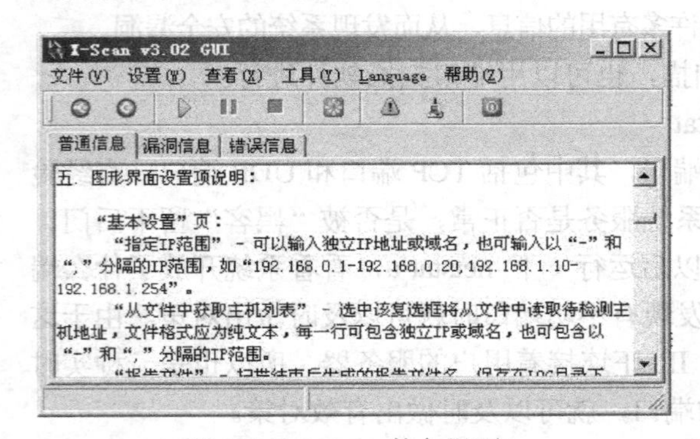

图 8-1 X-Scan 的主界面

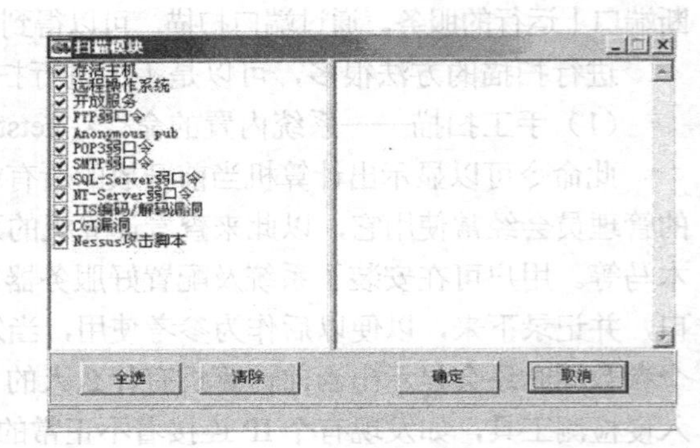

图 8-2 【扫描模块】窗口

2）扫描参数的设置。单击工具栏上的【扫描参数】按钮，然后在弹出窗口中输入扫描计算机的 IP 地址，其他选项可根据要求设置，如图 8-3 所示。

3）开始扫描。单击工具栏中的【扫描】按钮，扫描完成后得出扫描结果，如图 8-4 所示。

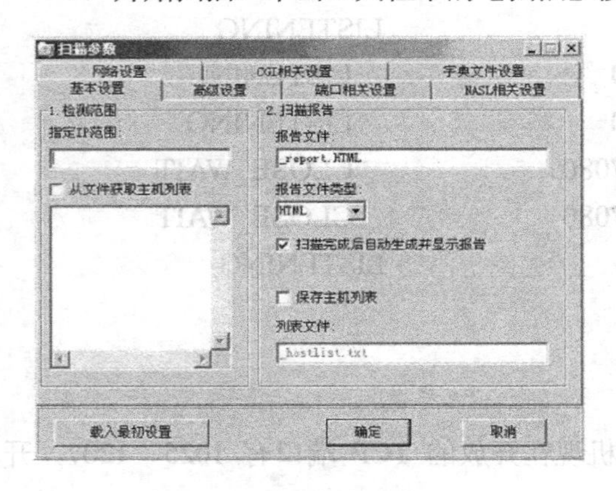

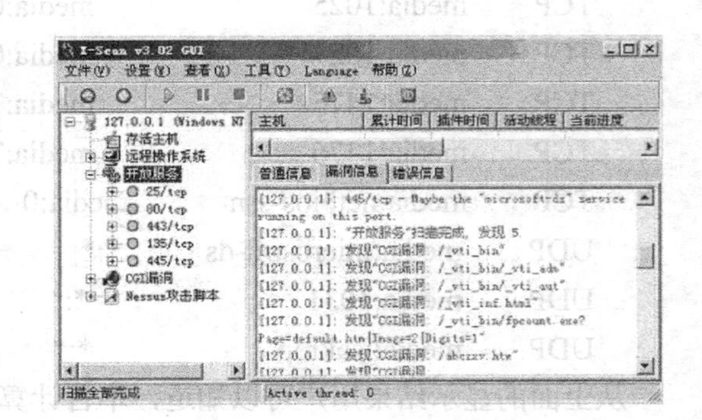

图 8-3 【扫描参数】窗口

图 8-4 扫描结果窗口

从扫描结果可以看出，X-Scan 不仅能够扫描到目标计算机中的 25、80、443 等端口是开放的，同时能够检测到该计算机存在着很多漏洞，这样可以帮助用户修补其漏洞。当然这也是黑客们使用的一个很好的扫描工具。

8.3.4 端口扫描的安全防范

现在，网络上有很多扫描器，比较经典的还有流光、SuperScan 等，此类工具威力强大，并且简单易学，使用者中不乏有很多捣乱分子。如果尽早地发现那些黑客的扫描活动，就可以及时采取相应的措施。安全防范的措施有很多，例如可以安装一个防火墙，它可以及时发现黑客的扫描活动，具体使用方法在前面的章节中已经介绍。另外，还可以安装一个扫描监测工具——ProtectX，ProtectX 可以在连接网络时保护计算机，防止黑客入侵。如果有人尝试入侵并连接到用户的计算机，ProtectX 就会发出声音警告并将入侵者的 IP 地址记录下来。

8.4 拒绝服务攻击与防范

8.4.1 拒绝服务攻击的概念

自 2000 年来，国内和国外的一些大型网站屡次遭到攻击，服务器连续几十个小时无法正常工作，造成巨大的经济损失。黑客利用的攻击方法都是拒绝服务攻击中的一种，拒绝服务攻击现在已是一种遍布全球的系统漏洞攻击方法，无数的网络用户已成为这种攻击的受害者。

拒绝服务攻击，即 DoS（Denial of Service），造成 DoS 的攻击行为称为 DoS 攻击，其目的是使计算机或网络无法提供正常的服务。这种攻击行为通常是攻击者利用 TCP/IP 的弱点或系统存在的漏洞，对网络服务器充斥大量要求回复的信息，消耗网络的带宽或系统资源，导致网络或系统不胜负荷以致瘫痪而停止提供正常的网络服务。

造成拒绝服务攻击大多是由于错误配置或者软件弱点导致的。错误配置大多是由于一些没有经验的网络管理员或者错误的理论所导致的。这些错误配置通常发生在硬件装置、系统或者应用程序中。如果对网络中的路由器、防火墙、交换机及其他网络连接设备都进行正确的配置，则会减小这些错误发生的可能性。如果发现了这种漏洞应当请教专业的技术人员来解决这些问题。软件弱点是包含在操作系统或应用程序中与安全相关的系统缺陷，这些缺陷大多是由于错误的程序编制或一些不适当的绑定所造成的。由于使用的软件几乎完全依赖于开发商，所以对于由软件引起的漏洞只能依靠打补丁来解决。

DoS 的攻击方式有很多种。最基本的 DoS 攻击就是利用合理的服务请求来占用过多的服务资源，致使服务超载，无法响应其他的请求。这些服务资源包括网络带宽、文件系统空间容量、开放的进程或者向内的连接。这种攻击会导致资源的匮乏，无论计算机的处理速度多么快，内存容量多么大，互联网的速度多么快，都无法避免这种攻击带来的后果。因为任何事都有一个极限，所以，总能找到一种方法使请求的值大于该极限值。下面是黑客最常用的几种 Dos 攻击方法。

1．SYN Flood

SYN Flood 是一种最常见的拒绝服务攻击手段，其攻击原理是在 TCP/IP 连接的 3 次握手过程中伪造许多 SYN 包（利用虚假的 IP 地址），连接到被攻击方的一个或多个端口，被攻击方就会向那些虚假的 IP 地址发送等待确认包，然后等待回答。而那个虚假的 IP 地址肯定不会响应的，所以被攻击的服务器就一直等待，直到超时后才从未完成的队列中删除这个数据包。假设攻击者伪造大量的 SYN 包，就会造成未完成的连接队列被填满，这样正常的用户发送的 TCP 连接就会被丢弃，造成服务器的拒绝服务现象。

2．Ping 攻击

Ping 攻击是通过向目标端口发送大量的超大尺寸的 ICMP 包来实现的。由于在早期阶段，路由器对所传输的文件包最大尺寸都有限制，许多操作系统对 TCP/IP 的实现在 ICMP 包上都是规定 64 KB，并且在对包的标题头进行读取之后，要根据该标题头里包含的信息来为有效载荷生成缓冲区，一旦产生畸形即声称自己的尺寸超过 ICMP 上限的包，也就是加载的尺寸超过 64 KB 上限时，就会出现内存分配错误，导致 TCP/IP 堆栈崩溃，致使接收方死机。这种攻击方式主要是针对 Windows 9X 操作系统的，而 Windows 2000、UNIX、Linux、Mac OS 都具有抵抗一般 Ping 攻击的能力。

3．Land 攻击

Land 攻击是利用向目标计算机发送大量的源地址和目标地址相同的数据包，造成目标主机解析 Land 包时占用大量的系统资源，从而使网络功能完全瘫痪。其方法是将一个特别打造的 SYN 包中的源地址和目标地址都设置成某一个服务器地址，这时将导致接收服务器向它自己的地址发送 SYN-ACK 消息，结果这个地址又发回 ACK 消息并创建一个空连接，每一个这样的连接都将保留直到超时。由于这种攻击是利用 TCP/IP 本身的漏洞来实现的，所以几乎所有的 Internet 网络系统都会受到它的攻击。

4．Smurf 攻击

Smurf 攻击是一种放大效果的攻击方式，其原理是攻击者冒充被攻击者向某个网络上的广播设备发送请求，然后广播设备将请求转发到该网络上的大量设备，于是所有的这些设备都向被攻击者进行回应，这样就达到了使用很小的代价来进行大量攻击的目的。例如攻击者冒充被攻击者的 IP 使用 Ping 来对一个 C 类网络的广播地址发送 ICMP 包，该网络上的 254 台主机就会向被攻击者的 IP 发送 ICMP 回应包，这样攻击者每发送一个数据包就会给被攻击者带来 254 个包的攻击效果。

5．电子邮件炸弹

电子邮件炸弹是攻击者最常用也是最古老的匿名攻击手段之一，攻击者通过设置一台机器不断大量地向同一地址发送电子邮件，攻击者就能够耗尽接收者网络的带宽。由于这种攻击方式简单易用，也有很多发匿名邮件的工具，而且只要对方获悉电子邮件地址就可以进行攻击，所以这是大家最值得防范的一个攻击手段。

从以上的几种攻击手段可以看出 DoS 攻击的基本过程：首先攻击者向服务器发送众多的带有虚假地址的请求；服务器发送回复信息后等待回传信息，由于地址是伪造的，所以服务器一直等不到回传的消息，分配给这次请求的资源就始终没有被释放；当服务器等待一定的时间后，连接会因超时而切断，攻击者会再度传送新的一批请求，在这种反复发送伪地址请求的情况下，服务器资源最终会被耗尽。

8.4.2 分布式拒绝服务攻击——DDoS

分布式拒绝服务攻击（Distributed Denial Of Service）是一种基于 DoS 的分布、协作的大规模特殊形式的拒绝服务攻击，就是攻击者在客户端控制大量的攻击源，并且同时向攻击目标发起的一种拒绝服务攻击。在分布式拒绝服务攻击中，“分布”的意思是指较大的计算量和工作量由多个处理器或多个节点共同完成。

上面介绍的几种 DoS 攻击均采用一对一的攻击方式，在攻击目标的 CPU 速度比较低、内存比较小或者网络带宽比较小的情况下，DoS 攻击的效果比较明显。然而随着计算机与网络技术的发展，计算机的处理能力迅速增长，内存大大增加，同时也出现了千兆级别的网络，这样DoS 攻击的效果就不太好了，也就是说，目标计算机的处理数据包的能力远远大于攻击数据包量，这样就有了一种新的拒绝服务攻击方式——DDoS。这种方法是攻击者利用更多的傀儡机来发起进攻，给目标计算机带来更大的处理任务，最终导致目标计算机的网络瘫痪。

网络带宽的高速发展，为 DDoS 攻击者创造了极为有利的条件。在低速网络时代，攻击者占领攻击用的傀儡机时，总是会优先考虑离目标网络距离近的机器，因为经过路由器的跳数少，效果好。而现在的电信骨干节点之间的连接都是以 G 为级别的，这使得攻击可以从更远的地方或者其他城市发起，攻击者的傀儡机位置可以分布在更大的范围，选择起来更灵活了。

分布式拒绝服务攻击主要由以下 5 个部分组成。

1）客户端：用于发动攻击的应用程序，攻击者通过它来发送各种命令。

2）主控端：运行客户端程序的主机。

3）代理端：运行守护程序的主机。

4）守护程序：在代理端主机运行的进程，接收和响应来自客户端的命令。

5）目标主机：DDoS 攻击的主机或网络。

分布式拒绝服务攻击的基本思路：攻击者首先控制主控端，主控端是一台已经被攻击者入侵并完全控制的运行特定攻击程序的系统主机，然后由主控端去控制多台代理端，每个代理端也是一台被入侵并运行特定程序的系统主机。当攻击者向主控端发送攻击命令后，主控端再向每个代理端发送，这样每个代理端就会向目标主机发送大量的拒绝服务攻击数据包来实现分布式拒绝服务攻击。整个过程是自动完成的，主要分为以下几个步骤：

1）探测扫描大量主机，以寻找可以入侵的主机。

2）入侵有安全漏洞的主机并获得控制权。

3）在每台入侵主机中安装攻击程序。

4）利用已入侵主机继续进行扫描和入侵。

5）利用这些入侵主机向目标主机发动 DDoS 攻击。

分布式拒绝服务攻击的结构如图 8-5 所示。

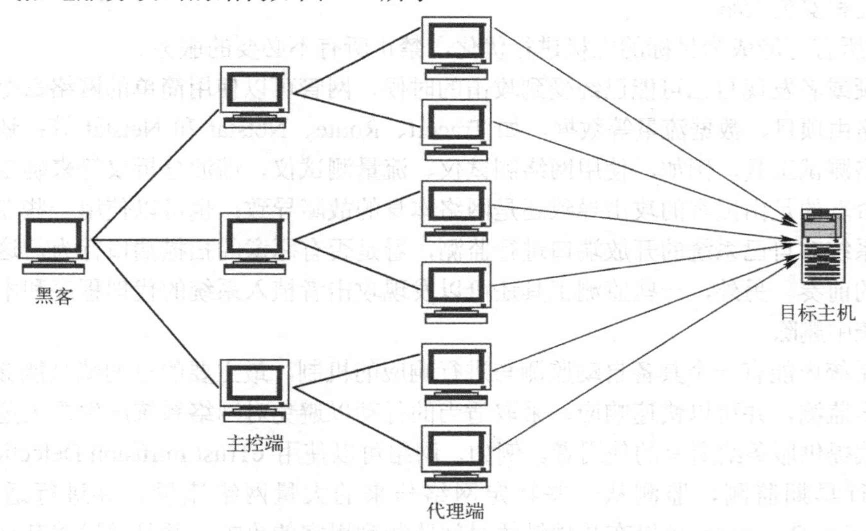

图 8-5　分布式拒绝服务攻击的结构

8.4.3 拒绝服务攻击的防范

如前所述，由于拒绝服务攻击是利用网络协议的一些漏洞进行攻击的，要想完全抵挡拒绝服务攻击是非常困难的。比如从 SYN Flood 理论上来说，只要是有限带宽的服务都会被攻击，对于暴力型的 DoS 攻击，即使是最先进的防火墙也无能为力，攻击者可能无法越过防火墙的拦击，但是会转而攻击防火墙本身，大量的 DoS 攻击可以使防火墙日志被很快填满或造成日志爆炸。而且，越是有效的防火墙越容易受到攻击。如果想要完全抵挡拒绝服务攻击的攻击，则只能彻底修改网络协议，而这种情况又不太现实，所以如果要防范拒绝服务攻击，只能应用各种安全和保护策略来尽量减少因拒绝服务攻击而造成的损害。如果防范及时，措施得当，应对正确，那么拒绝服务攻击并非不可防范。

1）网络管理员应随时注意自己网络的通信量，如果发现异常情况，例如网站的某一特定服务总是失败，网络的通信量突然急剧增长并超过平常的极限值，有特大型的 ICP 和 UDP 数据包通过，那么网络管理员就必须提高警觉并作出及时响应和分析。用户可以采用适当的 Web 网站管理、网络管理与系统管理软件，在黑客进行入侵时涌入异常网络流量时或异于平时的系统资源使用量时及时通知用户。

2）平时，网络管理员应健全设备的防范机制，如安装系统补丁，安置和保护密码或重要数据文件，取消本网段不需要的协议服务等。这样不仅可以有效地防止黑客入侵并作为发动拒绝服务攻击的代理端，同时也可以避免某些系统漏洞导致的拒绝服务攻击方式攻击。

3）配置防火墙，阻止任何实际不需要的端口上的通信。防火墙可以筛选进入和流出的数据，并在特殊事件发生时发出警告。

4）要求 ISP 协助和合作。DDoS 攻击主要是耗用带宽，如果只凭自己管理网络是无法应付这些攻击的，网络管理员可以与 ISP 协商，确保他们同意帮助用户实施正确的路由访问控制策略以保护带宽和内部网络，所以获得 ISP 的协助和合作是非常重要的。

5）必须周期性地审核系统。在很多情况下，许多主机已经被黑客入侵，但管理员却毫无察觉。所以作为一个管理员应该充分了解系统和服务器软件是如何工作的，必须经常检查系统的配置和安全策略。

6）对所有可能成为目标的主机进行优化，禁止所有不必要的服务。

当怀疑或者发现自己可能已经受到攻击的时候，网管可以使用简单的网络命令来监测网络动态、路由项目、数据流量等数据，如 Tracert、Route、Nbtstat 和 Netstat 等；还可以使用专门的网络测试工具，例如，使用网络测试仪、流量测试仪、谐波分析仪等来确定系统问题的来源是否真的是由黑客的攻击导致还是网络本身的故障导致；也可以使用一些专门的网络入侵检测系统对自己系统的开放端口进行监测，看是否有恶意的扫描端口行为，这通常是黑客们入侵的前奏。另外，一些监测工具还可以发现攻击者植入系统的代理程序和木马，并将它们从系统中删除。

最好系统内能有一个具备自动监测与进行响应的机制，最主要的目的就是能够进行早期的黑客攻击监测，并可以快速响应，采取适当的行动以避免对网络系统产生重大危害，让站点可以持续提供服务给所有的使用者。例如，网络可以使用 eTrust Intrusion Detection 等类似软件来进行早期监测，监测从一些特定网络传来的大量网络流量，并进行适当响应。eTrust Intrusion Detection 可以在几秒钟的时间监测到黑客的攻击，并且通过将其动态的规则

（Dynamic Rules）送至不同的常用的防火墙产品，以进行封包的过滤响应动作。

如果发现自己的网络系统已经遭到了攻击或者自己的主机正在成为一个 DoS 或 DDoS 的攻击受控者，那么这时候必须采取积极而果断的措施来击退或化解这种攻击所造成的伤害。此时应当紧急启动应付策略，尽可能快地追踪攻击包，并且要及时联系 ISP 和有关应急组织，分析受影响的系统，确定涉及的其他节点，从而阻挡已知攻击节点的流量。必要时如果能够确定攻击的类型和方式，就可以有针对性地采取相应的措施，如暂时关闭本网段向外界的路由，拒绝异常的 IP 包从本网段中发出，关闭某些可能受到特定程序攻击的端口，如 Trinoo 通常使用 27665/TCP、27444/UDP、31335/UDP 等端口。

如果是潜在的 DDoS 攻击受害者，则应该及时联系那些 DDoS 的受控端主机，通知它们及时消除系统中的木马；如果发现是自己的主机被攻击者用作主控端和代理端，也同样应该及时联系被攻击的受害方，同时尽快发现系统中存在 DDoS 攻击的程序并且及时把它清除，以免留下后患。

8.5 网络监听与防范

8.5.1 网络监听的工作原理

网络监听也是攻击者最常用的一种方法，当信息在网络中进行传播的时候，攻击者可以利用一种工具将网络接口设置成为监听的模式，便可将网络中正在传播的信息截获或者捕获到，从而进行攻击。

自 1994 年后，网络监听才开始引起人们的注意，因为在安全领域中相继发生了几次大的安全事件，一个不知名的人在众多的主机和骨干网络设备上安装了网络监听软件，利用它从美国骨干互联网和军方网窃取了超过十万个有效的用户名和口令。这个事件可能是互联网上最早期的大规模的网络监听事件，它使网络监听迅速地在大众中普及开来。

网络监听技术本来是提供给网络安全管理人员进行管理的工具，网络安全管理人员可以利用网络监听技术来监视网络的状态、数据流动情况及网络上传输的信息，利用监听技术得到的这些数据可以及时发现网络中存在的问题并可以对入侵者进行追踪定位，在对网络犯罪进行侦查取证时可以获取有关犯罪行为的重要信息。而对于攻击者来说，攻击者可以利用网络监听技术收集网络中传输的数据，利用所收集的这些数据，攻击者可以分析出自己所需要的口令及其他重要信息。

在网络中为什么可以实现监听，因为绝大部分在网络中传输的信息都是以明文的形式传输的，所以用户得到这些数据后很容易分析出在网络中传输的数据是什么内容。另外，在网络中传输的每个数据包都有目的地址，只有目标主机可以接收到，但只要将主机的网络接口设置成监听模式，就可以源源不断地将网上传输的信息截获。

网络监听最方便的是在以太网中进行监听，只需安装一个监听软件，然后就可以坐在机器旁浏览监听到的信息。首先了解一下以太网传输数据的基本方式：在以太网中，数据都是以帧为单位进行传输数据的，在帧的组成部分中含有源地址、目的地址、校验码等其他控制信息，这样要传输的数据帧通过网络接口卡发送到网络中，因为在每个帧中都含有目标主机的地址，所以只有与数据帧中目的地址一致的主机才能接收到，其他的主机其实也能收到这些数据，只是当数据帧传输到这里后比较自己的地址和数据帧的目的地址，不一致就丢弃这些数据帧，表面上看只有与源主机发送的数据帧中与目的地址相同的主机才能接收到数据。但是如果主机工作在监听模式下，那么不管数据包中的目标物理地址是什么，主机都将可以接收到。

在 Internet 上同样可以实现网络监听，由于现在的 Internet 由众多局域网组成，很多计算机是由集线器和交换机连接到一起的，当一台主机向另外一台主机发送数据时，由集线器把数据向各个接口进行转发，当数据帧到达一台主机的网络接口时，如果数据帧中携带的物理地址是自己的或者是广播地址，那么网络接口读入数据帧，进行检查，否则就将这个帧丢弃。如果连接在同一条电缆或集线器上的主机被逻辑地分为几个子网，也就是说虽然这些主机不在同一个子网但都连接到同一台物理设备上，只要这台主机处于监听模式下，它照样接收到发向与自己不在同一子网的主机的数据包。网络监听只能获取一个物理网段上的数据包，也就是说监听主机和目标主机中间不能由路由器和其他屏蔽广播数据包的设备，所以对于普通的拨号，用户是不可能在本机上来实现网络监听的。

网络监听可以使用软件或硬件来实现，硬件设备通常称为协议分析仪，费用高，但监听效果比较好，用于专业的网络监听。一般情况使用的都是软件，其优点是物美价廉，易于学习和使用，缺点是无法抓取网络上所有的数据，在某些情况下也无法真正了解网络的运行情况。图 8-6 所示为一个网络监听软件的主界面。

图 8-6　某网络监听软件的监听界面

8.5.2　网络监听的检测和防范

网络监听是采用被动的方式接收局域网上传输的信息，不主动与其他主机交换信息，也不会修改在网上传输的数据包，这就使防范网络监听变得十分困难。不过仍然可以采用一些有效的措施来检测网络监听并可以有效地防止网络监听。用户可以用下面几种方法来检测自己网络上是否存在网络监听。

1）如果使用的是 Windows 操作系统，可以按〈Ctrl＋Alt＋Del〉组合键来看一下计算机上运行着哪些应用程序，这样可以发现一些可疑的运行程序，这些可疑的运行程序有可能是网络监听软件。但这种方法不十分可靠，因为一些编程技巧比较高的黑客可以编写不会让其显示在这里的程序。

2）对于怀疑有可能运行着网络监听程序的计算机，可以分别用正确的 IP 地址和错误的物理地址 Ping，如果计算机有响应，那么这台计算机就有可能运行着监听程序。这是因为正常的计算机不能接收错误的物理地址，而处理监听状态的计算机则能接收。

3）向网上发送大量不存在的物理地址数据包，由于监听程序分析和处理大量的数据包会占用很多的 CPU 资源，这样将导致这台计算机性能下降，比较前后该计算机的性能就可以判断。

4）可以安装反监听工具来检测是否存在着网络监听。

那么怎样有效地防范网络监听呢？

1）在传输的数据中，最重要的是用户名及口令，所以使用加密技术来防止网络监听。数据经过加密后，监听到的数据显示为乱码，黑客在一般情况下是不能解密的。但是使用加密技术会影响数据传输速率。

2）在拓扑结构上从逻辑或物理上对网络进行分段，其目的是将非法用户与敏感的网络资源相互隔离，从而防止可能的非法监听。

3）用交换式集线器代替共享式集线器。对局域网的中心交换机进行网络分段后，局域网监听的危险仍然存在。这是因为网络最终用户的接入往往是通过分支集线器而不是中心交换机，使用最广泛的分支集线器通常是共享式集线器，当用户与主机进行数据通信时，两台机器之间的数据包还是会被同一台集线器上的其他用户所监听。因此，应该以交换式集线器代替共享式集线器，使数据包仅在两个节点之间传送，从而防止非法监听。

4）运用 VLAN 技术，将以太网通信变为点到点通信，这样可以防止大部分基于网络监听的入侵。

网络监听往往是攻击者在入侵系统后进行的，当攻击者得到了用户权限后，就会在这台计算机上安装监听软件去攻击同一网段上的其他主机，对以太网设备上传送的数据进行侦听，从而收集计算机的有用信息，所以防止系统被攻破是重中之重。

8.6 木马与安全防范

8.6.1 木马的概念

木马的全称是“特洛伊木马”（Trojan Horse），计算机中的木马名称来源于希腊神话《木马屠城记》。古希腊有大军围攻特洛伊城，久久无法攻下。于是有人献计制造一只高两丈的大木马，假装作战马神，让士兵藏匿于巨大的木马中，大部队假装撤退而将木马摈弃于特洛伊城下。城中得知解围的消息后，遂将“木马”作为奇异的战利品拖入城内，全城饮酒狂欢。到午夜时分，全城军民进入梦乡，匿于木马中的将士开启城门并四处纵火，城外伏兵涌入，部队里应外合，将特洛伊城攻下。后来人们将“特洛伊木马”之词引用到计算机网络安全中，称为木马。

在计算机网络安全中，木马程序是指一种基于远程控制的黑客工具，由两部分组成：一个是服务器程序，一个是控制器程序。服务器程序驻留在目标计算机中，在目标计算机系统启动的时候自动运行，然后这个服务程序就会在目标计算机上的某一端口进行侦听，为攻击者的控制程序提供服务。若用户的计算机安装了服务器程序，则拥有控制器程序的人就可以通过网络控制用户的计算机，为所欲为，这时计算机上的各种文件、程序，以及在用户计算机上使用的账号、密码就没有安全可言了。

木马程序其实是一种网络客户/服务器程序，不能算是一种病毒，因为它不具备病毒的传染性等特点，但越来越多的新版杀毒软件可以查杀一些木马，所以也有不少人称木马程序为黑客病毒。

木马程序往往具备以下特点。

（1）隐蔽性

隐蔽性是木马最重要的一个特点，这也是和网络客户/服务器程序的区别所在。网络客户/服务器程序在服务器端运行时，客户端与服务器端连接成功后，客户端上会出现很醒目的提示标志，而木马类软件的服务器端在运行的时候应用各种手段隐藏自己，不会在“任务栏”中产生图标，也不会出现任何提示。木马程序往往隐藏在以下内容中：

1）隐藏在系统的配置文件中。木马程序要想达到控制或者监视计算机的目的必须运行，所以木马程序在目标计算机上运行后，就会想方设法驻留在操作系统的系统配置文件中，比如注册表文件、Win.ini、Autoexec.bat、System.ini 等文件。因为这些文件是操作系统的必要文件，系统每次启动时都会读取，这样就会使隐藏在系统文件中的木马自动运行，而且用户一般也不会去访问它，也不会删除它，这样木马就会达到很好的隐身效果，并且还能够保证计算机每次都能够自动运行。

2）隐藏在普通文件中。木马经常伪装成一个普通的图片文件和其他一些人们常见的文件，用户往往误认为是自己的文档，这样就会被用户执行，木马就会轻松地进入到用户的计算机中。

3）通过超级链接放到网页上。当用户单击网页上的超级链接后，木马程序就会自动安装在用户的计算机中。

4）放置到系统的启动组和启动文件中。每次计算机启动后木马通过启动组和启动文件一同启动。

（2）自动恢复功能

大多数木马程序中的功能模块都由多个文件组成，而且具有多重备份，当用户将木马程序在系统中删除后，木马程序的其他备份就会马上启动并继续运行，这也是不容易彻底删除木马非常主要的原因之一。

（3）功能的特殊性

木马除了具备客户/服务器程序的功能外，还具备其他一些特殊的功能，比如搜索 cache 中的口令、进行键盘记录、扫描目标机器人的 IP 地址、进行远程注册表的操作、锁定鼠标等，而这些功能是客户/服务器程序不可能具有的，这也是攻击者利用木马类程序最主要的原因。

8.6.2 木马的种类

自从木马诞生到现在，出现了很多种类，其功能也不尽相同，并且很多木马并不是只具备一种功能，往往一种木马具有多种功能，大致将木马分为以下几类。

1．远程控制型木马

这种类型的木马是现在攻击者最常用的一种，其危害也最大。攻击者利用这种木马可以完全控制目标计算机，可以像操作本机一样来控制目标计算机，删除文件、运行程序、进行键盘记录等。这种木马的功能往往在其他种类的木马中同时存在。

2．密码发送型木马

这类木马的功能是窃取目标计算机中的密码，然后将这些密码通过电子邮件发送到指定的邮箱。这种类型的木马在目标计算机中运行后，自动搜索内存、缓存、密码文件中的密码，或者记录用户的击键记录，当搜索到密码后就会利用端口 25 自动发送到攻击者指定的邮箱中，这样攻击者就会利用这种木马来盗取用户的账号及密码。

3．破坏型木马

这种类型的木马进入到目标计算机中后会破坏和删除计算机中的文件，这种特点和病毒的破坏性类似，只是病毒的破坏性是在达到它本身的触发条件时才完成的，而木马的破坏是由攻击者来控制的。

4．FTP 型木马

这种木马是最古老、最简单的一种木马，它的主要功能是进入计算机后打开端口 21,让任何利用 FTP 软件的用户不用密码就可以连接用户的计算机并能够上传和下载。

8.6.3 远程控制工具 TeamViewer

1．TeamViewer 的介绍

TeamViewer 是一个能穿透内网的远程控制工具软件，是在任何防火墙和 NAT 代理的后台用于远程控制、桌面共享和文件传输的简单且快速的解决方案。

为了连接到另一台计算机，用户只需要在两台计算机上同时运行 TeamViewer 即可。该软件第一次启动时在两台计算机上自动生成伙伴 ID，只需要输入伙伴的 ID 到 TeamViewer，然后就会立即建立起连接。

这款软件是至今唯一的一款能穿透内网的远程控制软件，可以穿透各种防火墙。使用时要求双方都安装这个软件，同时双方打开软件并且接受连接即可，最大的优势在于此软件的任何一方都不需要拥有固定 IP 地址，双方都可以相互控制，只要联入 Internet 即可，不受防火墙影响，而且比 QQ 远程协助简单一些。

2．TeamViewer 的运行环境

TeamViewe 可在 Windows 2000/Windows XP/Windows 2003/WindowsVista/Windows 7/Windows 8/Mac OS/Linux/iphone/Android/Windows Phone 等多种操作系统环境下运行控制，同时还支持手机连接计算机功能。

3．TeamViewer 的功能和特点

1）可支援亲朋好友并存取无人看管的计算机（Windows、Mac、Linux）。

2）使用多种触控方式轻松控制远端计算机，包括单击鼠标左键、单击鼠标右键、拖放、滚轮、缩放、变更屏幕大小等。

3）完整的键盘控制，包括〈Ctrl〉〈Alt〉〈Windows〉等特殊键。

4）轻松使用防火墙和 Proxy 服务器突破防火墙限制。使用 TeamViewer 可以完全突破防火墙的限制，无须担心是否是固定 IP。

5）远端重启计算机。

6）收听和观看远程计算机上的动态，包括系统声音、音乐或视频。

7）会议演示：在线会议最多可容纳 25 名参加者，也可实施在线培训。

8）LAN 唤醒：可以在需要访问时远程唤醒用户的计算机。唤醒功能通过本地网络中的另一台使用 TeamViewer 的计算机或者路由器实现。

9）支持在线状态显示、语音功能、传输文件功能、远程管理无人值守的服务器等。

10）采用密钥交换和 AES（256 位）会话编码，HTTPS/SSL 采用相同的安全标准。

4．TeamViewer 的使用

首次启动 TeamViewer，等待片刻就会生成 ID 和密码；其中 ID 号码（机器码）是不变的，而密码是临时性的。该软件启动一次，密码就会改变一次（没有修改软件“选项”相关项目时）。如果用户是控制方，就将被控制方的计算机 ID 数字输入到如图 8-7 所示的“您的 ID”文本框中，然后单击【连接至伙伴】按钮。

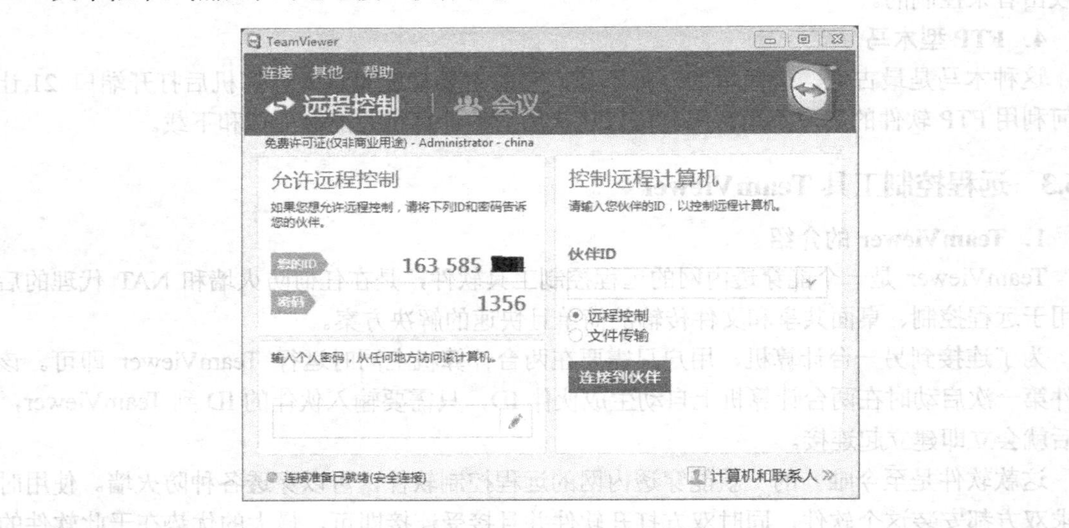

图 8-7　TeamViewer 的主界面

1）输入被控制方计算机上生成的密码后单击【登录】按钮，如图 8-8 所示。

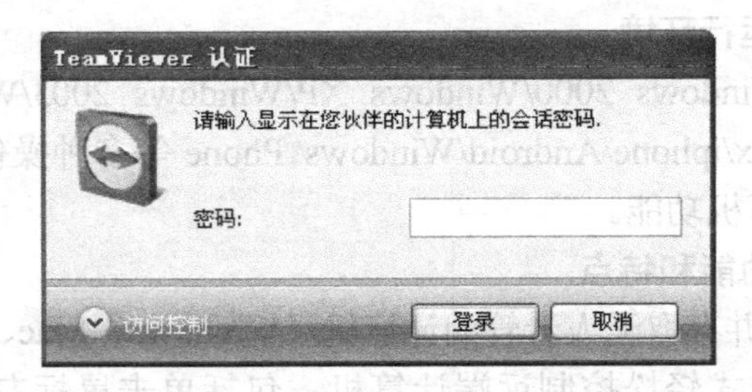

图 8-8　TeamViewer 的认证界面

2）被控制方计算机桌面显示在用户眼前，并且可以控制对方计算机。图 8-9 所示是显示在控制方计算机桌面上的工具条，被控制方是没有的。

图 8-9　TeamViewer 的工具条

3）图 8-10 所示为单击【文件传送】按钮后的画面。左侧是“本地机器”区域，右侧是“远程机器”区域。快捷工具按钮的作用是刷新显示、删除选定对象、新建文件夹、返回上级文件夹、查看磁盘分区，以及发送、接收选定的对象等。

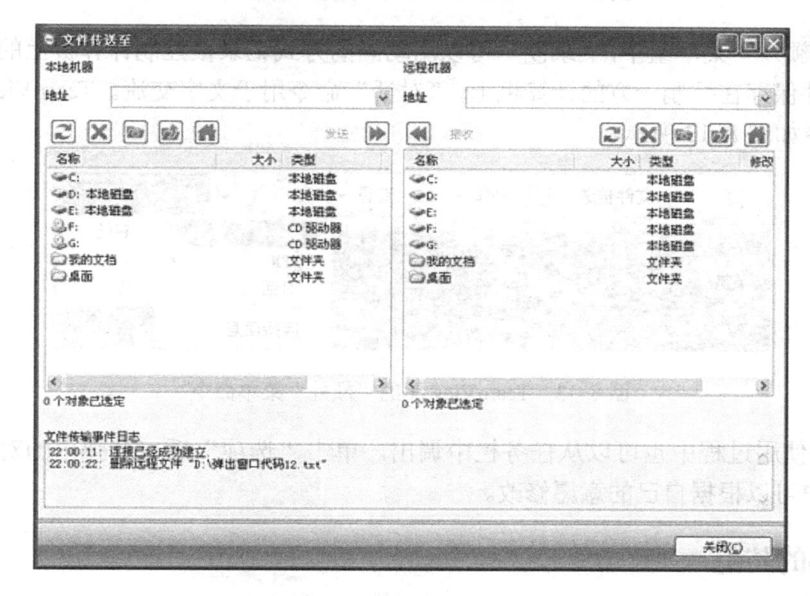

图 8-10　TeamViewer 的文件传送

4）在“动作”菜单组中，“与伙伴交换角色”即“控制”与“被控制”的身份互换；“远程重启”操作是针对被控制计算机实施的操作；若选择“禁止远程输入”命令，被控制方就无法操纵自己的计算机了。TeamViewer 的“动作”菜单命令如图 8-11 所示。

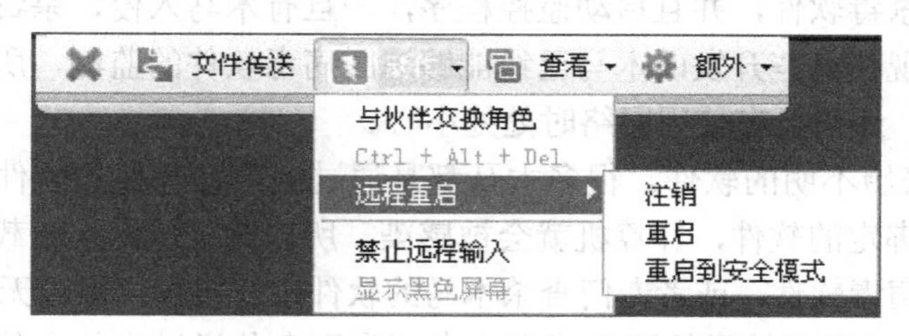

图 8-11　TeamViewer 的“动作”菜单命令

5）在“查看”菜单组中，选择“显示远程光标”命令后可以看到被控制计算机上的鼠标指针的移动。这在了解对方如何操作自己的计算机时有用，比如观看对方使用 AuthorWare 制作课件的过程，便于控制方进行指导。TeamViewer 的“查看”菜单命令如图 8-12 所示。

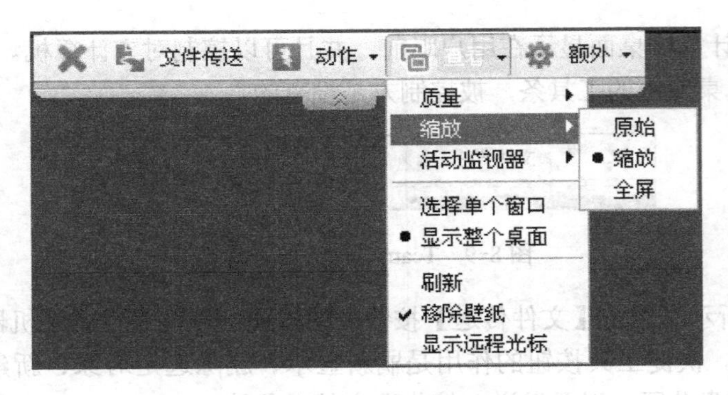

图 8-12　TeamViewer 的“查看”菜单命令

6）在“额外”菜单组中，“录制”可以用动画的方式记录被控制计算机上的操作过程，录制好的文件保存在控制一方的计算机上，“对话”命令用于文字交流。TeamViewer 的“额外”菜单命令如图 8-13 所示。

图 8-13　TeamViewer 的“额外”菜单命令

7）软件使用过程中也可以从任务栏中调出。单击“选项”后，在弹出的对话框中有许多设置，用户可以根据自己的意愿修改。

8.6.4　木马的防范

随着网络的飞速发展，木马也随之传播，用户在使用网络时也要处处防范，只要认识了木马的基本工作原理，提高自身的保护意识，木马也就不再那么可怕了。下面是在使用网络时防范木马侵入计算机的几种方法。

1）由于杀毒软件一般都能够查杀出现在比较流行的木马，所以用户最重要的一件事就是在计算机上安装杀毒软件，并且启动监控程序，一旦有木马入侵，杀毒软件就会提醒并可以将其删除。不过现在有些开发的木马已经能够逃脱病毒软件的监测，所以安装上杀毒软件并不是高枕无忧了，还需要在使用网络时处处小心。

2）不要执行来历不明的软件。很多木马都是通过绑定在其他的软件上来实现传播的，只要执行了这个被绑定的软件，计算机就会被感染。所以对于从网上下载的软件，在安装、使用前一定要用反病毒软件，或者专门查杀木马的软件进行检查，确定无毒了再执行使用。

3）不要轻易地打开邮箱里的附件或者来自陌生网友传送过来的文件，一些攻击者以这种欺骗手段将木马伪装成普通的文件，所以在打开这些陌生的文件前一定要经过反病毒软件的扫描。

4）由于一些扩展名为.vbs、.shs、.pif 的文件大多为木马文件，所以遇到这些扩展名的文件时一定要注意，如果不是自己的重要文件千万不要打开，最好立即删除。

5）上网时最好运行反木马实时监控程序。由于杀毒软件还不能查杀一些木马病毒，所以最好安装专业的木马查杀软件。

8.6.5 木马的清除

根据以上对木马的了解，木马是一种破坏性非常大且隐蔽性较强的“病毒”，如果用户的计算机不小心中了木马怎么办？一种方法是可以使用杀毒软件来清除，但这种方法不能清除所有类型的木马，有些木马能躲过杀毒软件的检测，所以可以利用手工方法来清除木马。

下面就介绍两种木马的清除方法。

1．“广外女生”的清除

据说“广外女生”木马是广东外语外贸大学“广外女生”网络小组制作的，是一种功能强大的远程监控工具，破坏性很大，具有远程上传、下载、删除文件、修改注册表等功能，并且会在系统的 SYSTEM 目录下生成一份自己的 Diagcfg.exe，并关联.exe 文件的打开方式，如果直接删除了该文件，将会导致 Windows 系统中所有的.exe 文件无法打开。另外，“广外女生”服务端被执行后，会自动检查进程中是否含有“金山毒霸”“防火墙”“iparmor”“tcmonitor”“实时监控”“lockdown”“kill”“天网”等字样，如果发现就将该进程终止，也就是说使防火墙失去作用。

清除方法：

1）由于该木马程序运行时无法删除该文件，因此在纯 DOS 模式下启动计算机，找到“SYSTEM”目录下的“diagfg.exe”，删除它。

2）由于 diagcfg.exe 文件已经被删除，因此在 Windows 环境下，任何.exe 文件都将无法运行。找到 Windows 目录中的注册表编辑器“Regedit.exe”，将它改名为“Regedit.com”。

3）回到 Windows 模式下，运行“Windows”目录下的“Regedit.com”程序。

4）找到“HKEY_CLASSES_ROOT\exefile\shell\open\command”，将其默认键值改成“"%1" %*”。

5）找到“HKEY_LOCAL_MACHINE\SOFTWARE\Microsoft\Windows\CurrentVersion\RunServices”，删除其中名称为“Diagnostic Configuration”的键值。

6）关掉注册表编辑器，回到“Windows”目录，将“Regedit.com”改回“Regedit.exe”。

2．“灰鸽子”的清除

“灰鸽子”（Backdoor.GPigeon.gen）是一个极具破坏力的木马病毒，它可以使中毒计算机被黑客远程控制、记录键盘操作、中止运行中的进程、强制重新启动计算机等，并且拥有多个变种。清除“灰鸽子”最好借助可以随时升级病毒库的杀毒软件，或者各大杀毒软件厂商提供的“灰鸽子”专杀工具。但如果一时没有杀毒软件可用，则只能手动清除病毒。

（1）删除“灰鸽子”建立的系统服务

“灰鸽子”后门程序会将其自身注册为系统服务，在通常情况下无法看到“灰鸽子”生成的文件、进程以及服务和注册表信息。若要删除它们，首先必须删除“灰鸽子”注册的系统服务。以安全模式启动 Windows，打开注册表编辑器，定位到“HKEY_LOCAL_MACHINE\SYSTEM\CurrentControlSet\Services\SVCH0ST.EXE”（这里的 SVCH0ST 是数字 0，而不是英文字母 o），在这个注册表项中找到 ImagePath 字符串值，如果其值显示为

“%SystemRoot%\GServer.EXE”，则为“灰鸽子”注册的系统服务。将“HKEY_LOCAL_MACHINE\SYSTEM\CurrentControlSet\Services\SVCH0ST.EXE”直接删除，即可删除“灰鸽子”注册的系统服务。

（2）删除“灰鸽子”文件

修改注册表后重新启动 Windows，那么“灰鸽子”注册的系统服务就已经被删除，因此可以直接查看到“灰鸽子”病毒文件了，即“%SystemRoot%\GServer.EXE”，将其删除。如果依然看不到此文件，可在控制面板中打开“文件夹选项”，在“查看”选项卡中选择“显示所有文件夹和文件”，并取消“隐藏受保护的系统文件（推荐）”这一项即可。

（3）删除注册表中的残留信息

打开注册表编辑器，定位到“HKEY_LOCAL_MACHINE\SYSTEM\CurrentControlSet\Enum\Root\LEGACY_SVCH0ST.EXE”，右击，选择“安全”→“权限”命令，在“Everyone”权限设置中选择“完全控制”的权限为允许，然后重新启动 Windows。至此，“灰鸽子”病毒被清除完毕。

8.7 邮件炸弹

8.7.1 邮件炸弹的概念

随着网络的普及和发展，电子邮件已成为人们生活工作中一种必要的工具，用户通过电子邮件交流信息，发送文件，大大提高了工作效率。不过在使用电子邮件的人群中，一些别有用心的人利用网络存在的缺陷去攻击他人的邮箱，导致邮箱不能使用，造成了很大的损失。这种攻击他人邮箱的技术通常指的就是邮件炸弹。

所谓邮件炸弹，指的是邮件发送者利用特殊的电子邮件软件，在很短的时间内连续不断地将邮件邮寄给同一个收信人，在这些数以千万计的大容量信件面前，收件箱肯定不堪重负，最终导致邮箱不能使用。

电子邮件炸弹可以说是目前网络安全中最为“流行”的一种恶作剧方法，而这些用来制作恶作剧的特殊程序也称为 E-mail Bomber。当某人或某公司的所作所为引起了某位好事者的不满时，这位好事者就会通过这种手段来发动进攻，以泄私愤。这种攻击手段不仅会干扰用户的电子邮件系统的正常使用，甚至它还能影响到邮件系统所在的服务器系统的安全，造成整个网络系统全部瘫痪，所以电子邮件炸弹是一种杀伤力极其强大的网络武器。

电子邮件炸弹之所以可怕，是因为它可以大量消耗网络资源，常常导致网络堵塞，使大量的用户不能正常工作。通常，Internet 服务商给一般的网络用户的信箱容量都是有限的，而在这有限的空间中，除了让它处理电子邮件之外，还得用它来存储一些下载下来的文件，或者是存储一些自己喜欢的网页内容。如果用户在短时间内收到成千上万封电子邮件，而每个电子邮件的容量还比较大，那么经过一轮邮件炸弹轰炸后，电子邮件的总容量很容易就把用户有限的空间占满。如果是这样的话，用户的电子邮箱中将没有任何多余的空间接纳其他的邮件，那么其他人寄给用户的电子邮件将会丢失或者退回，这时用户的邮箱也就失去了作用。

另外，这些电子邮件炸弹所携带的大容量信息不断在网络上来回传输，很容易堵塞带宽并不富裕的传输信道，而且用户的网络接入服务提供者需要不停地处理大量的电子邮件，这样会加重服务器的工作强度，减缓处理其他用户的电子邮件的速度，从而导致了整个过程的延迟。如果网络接入服务提供者承受不了这样的疲劳工作，网络随时也会瘫痪，严重的可能会引发整个网络系统崩溃。

8.7.2 预防邮件炸弹

如果用户拥有一个电子邮箱，就有可能遭到邮件炸弹的袭击，此时就有可能遭到巨大损失，所以在使用电子邮箱时可以采用一些技术来预防邮件炸弹的袭击。在使用电子邮箱时应该注意如下几点。

1. 采用过滤功能

通常在接收任何电子邮件之前预先检查发件人的资料，如果觉得有可疑之处，则可以将其删除，不让它进入用户的电子邮件系统，但这种做法有时会误删除一些有用的电子邮件。在电子邮件中安装一个过滤器是一种最有效的防范措施。如果担心有人恶意破坏用户的信箱，可以启用邮件的过滤功能，把邮件服务器设置为超过信箱一定容量的邮件时，会自动进行删除，从而保证了信箱安全。

2. 使用转信功能

有些邮件服务器为了提高服务质量往往设有“自动转信”功能，利用该功能可以在一定程度上解决容量特大邮件的攻击。假设用户申请了一个转信邮箱，利用该邮箱的转信功能和过滤功能，可以将那些不愿意看到的邮件统统过滤掉，在邮件服务器中删除，或者将垃圾邮件转移到自己其他免费的邮箱中，或者干脆放弃使用被轰炸的邮箱，另外重新申请一个新的邮箱。

3. 谨慎使用自动回信功能

所谓“自动回信”，就是指对方给用户的这个邮箱发来一封信而用户没有及时收取，邮件系统就会按照事先的设定，自动给发信人回复一封确认收到的信件。这个功能本来给用户带来了方便，但也有可能造成邮件炸弹。试想一下，如果给你发信的人使用的邮件账号系统也开启了自动回信功能，那么当收到他发来的信而没有及时收取时，你的系统就会给他自动发送一封确认信。恰巧他在这段时间也没有及时收取信件，那么他的系统又会自动给你发送一封确认收到的信。如此一来，这种自动发送的确认信便会在双方的系统中不断重复发送，直到把你们双方的邮箱撑爆为止。现在有些邮件系统虽然采取了措施能够防止这种情况的发生，但是为了慎重起见，一定要小心使用“自动回信”功能。

4. 使用专用工具

如果用户的邮箱不幸已经遭到破坏，而且还想继续使用这个邮箱名的话，可以用一些邮件工具软件来清除这些垃圾信息。这些清除软件可以登录到邮件服务器上，使用其中的命令来删除不需要的邮件，保留有用的信件。

5. 向 ISP 求援

假如发现自己的邮箱被轰炸了，而又没有好的办法来对付它，这时应该做的就是拿起电话向用户上网的 ISP 服务商求援，ISP 就会采取办法帮用户清除邮件炸弹。在向 ISP 求援时，最好不要发电子邮件到他们那里，因为这可能需要等好长时间，在等待的这段时间中，用户上网的速度或多或少会受到这些“炸弹”的冲击。

6. 在公共场合注意言行

在公共聊天室或论坛上，一定要注意言辞不可过激，更不能进行人身攻击。否则，一旦对方知道用户的邮箱地址，很有可能就会因此攻击用户的邮箱。另外，也不要轻易在网上到处乱贴自己的网页地址或者产品广告之类的帖子，或者直接向陌生人的信箱里发送这种有可能被对方认为是垃圾邮件的东西，因为这样做极有可能引起别人的反感，甚至招致对方的邮箱攻击。

8.8 实训

认识一些黑客工具软件。

1. 实训目的

通过对一些黑客工具软件的使用，了解黑客攻击一台计算机的常用手段，掌握一般的网络安全防范知识。

2. 实训环境

连接到 Internet 上的局域网环境下的计算机。

3. 实训步骤

1）学习使用 netstat 命令，观察本机的端口情况。

2）利用 X-Scan 软件扫描网络中的一台计算机，观察扫描结果。

3）根据上面观察到的两个结果，写出实训报告。

8.9 习题

1）黑客攻击分哪几个步骤？

2）什么是端口扫描？怎样预防端口扫描？

3）什么是 DoS 和 DDoS？怎样防范拒绝服务攻击？

4）木马的特点是什么？木马通常分为哪几类？

5）什么是邮件炸弹？怎样预防邮件炸弹？

第 9 章 网络入侵与入侵检测

9.1 网络入侵

入侵是指在非授权的情况下，试图对信息进行存取、处理或者破坏以使系统不可靠、不可用的故意行为。Hacking（黑客行为）原指那些具有熟练编写和调试计算机程序技巧，并使用这些技巧非法或未授权入侵网络的行为，由于媒体宣传导致 hacking 具有了入侵的含义。

“黑客”（Hacker）从许多途径入侵系统或侵犯网络服务器，而且即使重要的安全部门对此也防不胜防。但了解“黑客”的入侵攻击方法，可使用户尽可能地保护自己的系统及资源免受侵害。

9.1.1 入侵目的及行为分类

入侵按目的分类可分为渗透型、破坏型和跳板型。渗透型的主要目的是盗取重要数据、骗取信任资源以及盗用网络资源；破坏型则以修改发布信息、摧毁核心数据、中断网络服务为目的；跳板型把入侵机作为入侵其他目标机的跳板，以毁坏日志数据、隐藏黑客行踪、跳转攻击目标为入侵目的。当然对于入侵者来说，侵入他人系统要达到的或可以达到的往往不只是其中某一目的。

要达到上述目的，入侵者会尝试多种攻击方法，但总的来说，入侵者的攻击多通过特权升级或拒绝服务来达到。特权升级可以是远程权限获取，也可能是本地权限非正常提升。特权升级可利用程序设计缺陷或某些脆弱点来达到，比如共享函数库、密码脆弱点等，当然脆弱点也会来自远程路途中，比如路由器访问控制配置不当、防火墙配置不当、DMZ 服务器配置不当等。

入侵以攻击为手段，攻击会存在于整个入侵过程之中。入侵通过攻击实现，攻击的结果就是入侵。所以从网络安全角度看，入侵和攻击的结果都是一样的。

9.1.2 入侵步骤

入侵一个系统是阶段性很强的“工作”，有很多步骤，其最终的目标是获得超级用户权限从而控制目标系统。从对系统一无所知，利用各种网络服务收集关于它的信息，然后从获得的信息中分析出系统的安全脆弱性或潜在入口，再利用这些网络服务固有的或配置上的漏洞，想办法从目标系统上取回重要信息（如口令文件），一直到利用目标系统的漏洞来提升访问权限，获取超级用户控制权限，再适当地扩大战果，包括隐藏身份、消除痕迹、安置特洛伊木马和留后门等，可以通过如图 9-1 所示

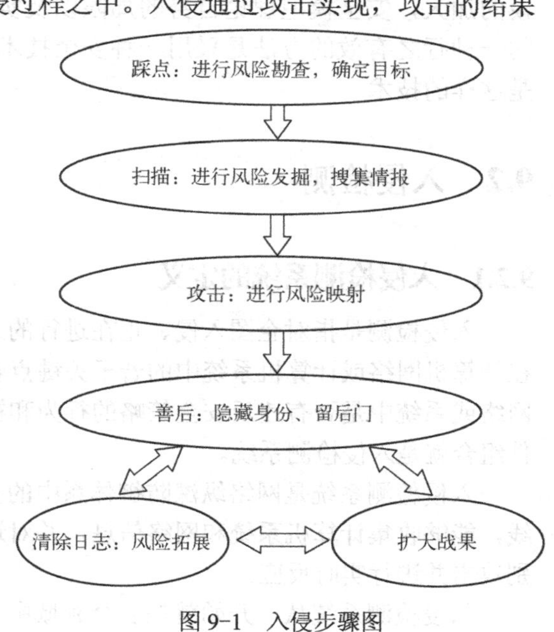

图 9-1 入侵步骤图

的入侵步骤图简明清晰地了解到。

第一步：踩点，确定目标。如果目标明确，那这一步就不用了。如果还没确定目标，可利用经验和各种工具分析对方网络的结构和组织信息。比如利用 DNS 查询、WHOIS 查询可以查询到与域名或 IP 相关的注册信息；另外也可从一个有很多链接的 WWW 站点开始，顺藤摸瓜；如果是区段搜索，则可用如 samsa 开发的 mping（multi-ping）；当然也可到网上去找站点列表从而确定目标，还有其他的如用 TRACEOUT 探测防火墙后的主机，在此只做概述，不再一一给出详细介绍。

第二步：扫描，搜集情报。在对目标一无所知的前提下，可以使用端口扫描工具扫描端口，获得 CGI 漏洞或 RPC 漏洞，获知 NT 弱口令或 FTP 账户等。如前面章节讲过的 X-Scan 或 NMAP 工具，寻找存在漏洞的目标主机，在发现了有漏洞的目标后，对监听端口进行扫描，或者通过创建 Raw Socket 原始套接字发送和接收 IP 层以上的原始数据包，如 ICMP、TCP、UDP 等，实现 Sniffer 嗅探器，从而捕获数据包、分析数据包，从数据包中获得可疑服务、系统入口等有用信息。

第三步：攻击。所用手段包括缓冲区溢出、输入验证漏洞、应用程序漏洞或配置错误漏洞、信任关系欺骗、拒绝服务及暴力猜解密码等多种方法。要点是取得用户账号和保密字。

第四步：善后，隐藏身份、留后门。该步骤方便以后可以随时登录目标用户机。比如安装特洛伊木马，虽然有暴露的可能，但有时也是必要的。

第五步：扩大战果，随之清除日志。多次重复登录，无论成功失败，messages 里都可能有记录。所以无论系统日志，还是应用程序日志，都应删除。通过修改时间戳也可伪装系统。完成上述功能也有许多网络软件，如 ZAP2、REMOVE、MARRY 等。

对于上述入侵，用户肯定不能是完全被动，束手就擒的。用户可根据自身特定的系统设计一定的安全策略，包括使用身份认证、访问控制、信息加密和数字签名等技术实现安全模型并使之成为针对各种入侵活动的防御屏障。但是近年来随着系统入侵行为程度和规模的加大，安全模型理论自身的局限以及实现中存在的漏洞逐渐暴露出来。增强系统安全的一种行之有效的方法是采用一种安全技术对可能存在的安全漏洞进行检查，入侵检测就是这样的技术。

9.2 入侵检测

9.2.1 入侵检测系统的定义

入侵检测是指对企图入侵、正在进行的入侵或已经发生的入侵进行识别的过程，它通过在计算机网络或计算机系统中的若干关键点收集信息并对收集到的信息进行分析，从而判断网络或系统中是否有违反安全策略的行为和被攻击的迹象。而完成入侵检测功能的软件和硬件组合就是入侵检测系统。

入侵检测系统是网络纵深防御体系中的重要组成部分，被看作是防火墙之后的第二道防线，能够收集计算机系统和网络信息，并对这些信息加以分析，对受保护系统进行监控，识别攻击并进行实时反应。

入侵检测系统从一开始就在安全领域中受到了极大的重视。对于大多数人来说，入侵检测系统就像一个勤勉的系统哨兵，它们能够消化吸收复杂系统产生的大量信息，能够准确无误地找到安全问题，能够追踪到攻击源，并且能够采取措施来避免或弥补发生的损害。

从系统结构上看，入侵检测系统至少包括数据采集、入侵分析、响应处理 3 个组成部分，另外还可能包括知识库、数据存储等功能模块，提供完善的安全检测及数据分析功能。图 9-2 所示是入侵检测的基本原理图。

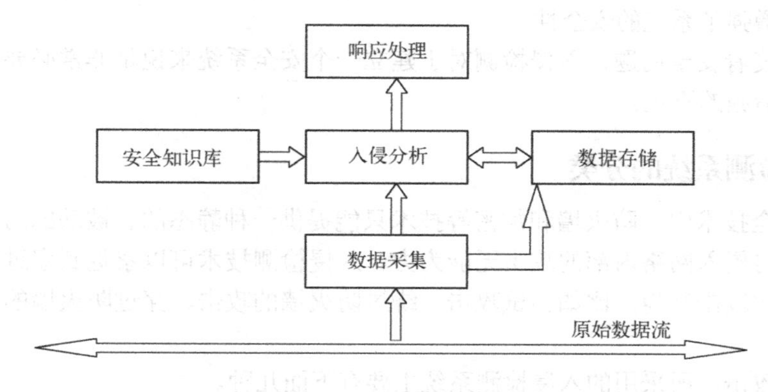

图 9-2　入侵检测基本原理图

原始数据流可以是主机上的日志信息，也可以是网络上的数据信息，甚至是流量变化等，数据采集模块从原始数据流中为系统提供数据。获得数据之后，对数据进行简单处理，如进行简单的过滤、进行数据格式的标准化等，然后将经过处理的数据提交给入侵分析模块。

入侵分析模块是入侵检测系统的核心，它对数据进行深入分析，发现攻击并根据分析结果产生事件，传递给响应处理模块。入侵分析的方式多种多样，可以简单到对某种行为的计数，如一定时间内某个特定用户登录失败的次数，也可以是对应用安全知识库和数据存储库中的大量数据进行复杂分析。

响应处理模块将告警通知管理员。

9.2.2　入侵检测的必要性

一个安全系统至少应该满足用户系统的机密性、完整性及可用性要求。但是，随着网络连接的迅速扩展，特别是 Internet 大范围的开发及金融领域网络的接入，越来越多的系统遭到网络攻击的威胁，这些威胁大多是通过挖掘操作系统和应用服务程序的弱点或者缺陷来实现的。

防范网络攻击最常用的方法曾经是使用防火墙，但仅仅使用防火墙保障网络安全是远远不够的。首先，防火墙本身会有各种漏洞和后门，有可能被外部黑客攻破；其次，防火墙不能阻止内部攻击，对内部入侵者来说毫无作用；再者，由于性能的限制，防火墙通常不能提供实时的入侵检测能力；最后，有些外部访问可以绕开防火墙。因此，仅仅依靠防火墙系统并不能保证足够的安全。而入侵检测系统可以弥补防火墙的不足，为网络提供实时的入侵检测并采取相应的防护手段。

第一，入侵检测系统对于攻击者有强大的威慑作用，使得攻击者的攻击行为不得不冒着很大的被起诉的风险，从而可能使其望而却步；第二，入侵检测系统可以防御防火墙不能处理的内部威胁；第三，入侵检测系统的自动反应能力可以在攻击刚开始时就打断它，从而使后继的攻击难以继续；第四，入侵检测系统可以使系统安全管理员检查出何时安全保护功能运行不正常，并且在攻击者发现之前弥补这些缺陷；第五，入侵检测系统得到的信息有时可以使系统管理更加容易，使系统更加可靠；第六，入侵检测系统的事件监测和攻击识别能力在其他方面也增强了系统的安全性。

从上述角度看安全问题，入侵检测对于建立一个安全系统来说是非常必要的，它可弥补传统安全保护措施的不足。

9.2.3 入侵检测系统的分类

在网络安全技术中，防火墙和加密等技术只能提供一种静态的、被动的防护，它们处于边界网络上，对侵入网络内部的攻击无能为力。入侵检测技术可以察觉到穿过外围保护进入安全网络内部的攻击行为，比如尝试攻击、绕过防火墙的攻击、穿过防火墙的攻击、网络内部攻击等。

对于各种攻击，所采用的入侵检测系统主要有下面几种。

1．基于网络的入侵检测系统

基于网络的入侵检测（Network Intrusion Detection System，NIDS），主要用于实时监控网络关键路径的信息，侦听网络，采取数据，分析可疑现象。这种技术一般利用网卡的混杂模式，对网络传输进行检测，查找出已知攻击模式或特征的数据包。NIDS 设备是无源的，也就是说，网络中的任何用户或应用都不会感觉到 NIDS 的存在。

NIDS 存在的主要缺陷是规则库往往无法立即更新。也就是说，NIDS 系统存在着严重的滞后性，当一种新的攻击行为出现时，NIDS 无法找到它的数据包特征，也就无法对其进行报警。1999 年，当 BIND NXT bug 开始在互联网流行时，没有任何一家 NIDS 能够对它进行检测，直到数个星期以后，才有厂家提供了相关的规则库。但由于基于网络的入侵检测方式具有较强的数据提取能力，因此目前很多入侵检测系统倾向于采用基于网络的检测手段来实现。

2．基于主机的入侵检测系统

基于主机的入侵检测系统（Host-base Intrusion Detection System，HIDS）进行检测的目标主要是主机系统和系统本地用户，主要信息来源是操作系统产生的日志记录、进程记账信息或用户行为信息等，通过对其进行审计，检测入侵行为。多数相关产品会监视主机的系统日志信息，如登录失败尝试、建立新用户、访问异常等。高级产品可以监视到某些恶意行为的核心消息，更高级的 HIDS 可以监视到特洛伊木马或后门程序的安装。HIDS 不对网络数据包或扫描配置进行检查。

HIDS 与 NIDS 一样，存在着规则库滞后的缺点。而且，部署 HIDS 需要同时部署代理服务器，对于大型网络来说这是一个繁重的工作。另外，HIDS 运行在正使用的主机上，占用该主机的一部分系统资源。通常情况下，基于主机的入侵检测系统采用异常检测的办法。

3．基于异常的入侵检测系统

异常检测是弥补 NIDS 与 HIDS 规则滞后的不足的检测模式。这种技术假定网络中存在着有规律的使用模式，并试图建立这种模式的数学模型。依照这个模型，判断网络中的哪些操作属于异常操作，并对其进行报警。大多数基于异常的入侵检测系统（Intrusion Detection System，IDS）工作时，需先通过培训模式来学习本网络的使用情况，这个过程需要人的参与。培训完成后再置为正常工作模式。

异常检测的主要缺陷是对于复杂的大规模的网络来说，无法建立其正常模型，这使得误报率大大增加。同时，检测系统所需的培训模式是个极其耗时的过程。

4. 基于应用的入侵检测系统

基于应用（Application-based）的 IDS 主要检查应用程序的行为。基于应用程序的 IDS 在应用层收集信息，进行入侵检测。应用层的信息包括由数据库管理软件、Web 服务器或防火墙生成的日志文件，它的安全机制主要集中于用户和应用程序之间。这种技术在日益流行的电子商务中也越来越受到注意。它监控在某个软件应用程序中发生的活动，监控的内容更为具体。相应的，监控对象更为狭窄。值得指出的是，基于应用的 IDS 可以直接从具体应用程序中得到数据，因此对于在传输过程中加密处理的应用也有效。

5. 混合型入侵检测系统

在实际应用中，入侵检测系统往往同时检查主机信息和网络信息，以加强系统的准确率。

无论哪种入侵检测，都还需要不断改进，IDS 还处于发展阶段，出现了越来越多的新研究成果，这个领域还有很大的发展空间。

9.2.4 入侵检测系统的发展方向

随着网络技术的发展以及网络规模的不断扩大，入侵检测系统未来发展的趋势主要表现在以下几个方面。

1. 宽带高速网络的实时入侵检测技术

大量高速网络技术近年内不断出现，在此背景下的各种宽带接入手段层出不穷，其中很多已经得到了广泛的应用。如何实现高速网络下的实时入侵检测成为一个现实的问题。

这需要考虑两个方面的问题。首先，入侵检测系统的软件结构和算法需要重新设计，以适应高速网络的新环境，重点是提高运行速度和效率。开发设计相应的专用硬件结构及专用软件是解决这个问题的一个途径。另一个问题是，随着高速网络技术的不断进步和成熟，新的高速网络协议的设计也成为未来发展的一个趋势。

2. 大规模分布式的检测技术

分布式有两层含义，第一层含义是针对分布式网络攻击的检测方法；第二层含义是使用分布式的方法来实现分布式的检测，其中的关键技术为检测信息的协同处理与入侵攻击的全局信息的提取。

3. 更先进的检测算法

在入侵检测技术的发展过程中，新算法（如遗传算法、神经网络、模糊技术、免疫原理等）的出现，可以有效地提高检测效率。

4. 标准化规范

目前，不同的 IDS 之间及与其他安全产品之间的互操作性很差。为了推动 IDS 和其他安全产品之间的互操作性，应提出相应的规范，可从体系结构、API、通信机制、语言格式等方面规范 IDS。

9.3 常用入侵检测防御系统

9.3.1 IDS/IPS的硬件主要产品

IDS产品有软件和硬件两种，下面是几款主流的IDS/IPS硬件产品。

1．天融信入侵防御系统（见图9-3）

图9-3 天融信入侵防御系统

天融信公司自主研发的网络卫士入侵防御系统采用在线部署方式，能够实时检测和阻断包括溢出攻击、RPC攻击、WEBCGI攻击、拒绝服务攻击、木马、蠕虫、系统漏洞等超过3 500种网络攻击行为，可以有效地保护用户网络IT服务资源。此产品还具有应用协议智能识别、P2P流量控制、网络病毒防御、上网行为管理、恶意网站过滤和内网监控等功能，为用户提供了完整的立体式网络安全防护。

2．网御星云IDS入侵检测系统（见图9-4）

图9-4 联想网御星云IDS

网御全新一代入侵检测系统定位于智能威胁检测、分析与管理产品，威胁管理包括威胁发现、威胁展示、威胁分析、威胁处理4个环节，产品对于病毒、蠕虫、木马、DDoS、扫描、SQL注入、XSS、缓冲区溢出、欺骗劫持等攻击行为以及网络资源滥用行为（如P2P上传/下载、网络游戏、视频/音频、网络炒股）等威胁具有高精度的检测能力。同时，该产品中的流量模块对于网络流量的异常情况具有非常准确、有效的发现能力。而且此系列入侵检测系统的智能威胁分析功能可以大大减少低质量报警事件的数量，降低用户的使用成本，提高使用效率。

3．NIP6000下一代入侵防御系统（见图9-5）

图9-5 NIP6000 下一代入侵防御系统

NIP6000 产品是华为推出的下一代入侵防御系统，主要应用于企业、IDC、校园和运营商等大型网络，为客户提供应用和流量安全保障。

NIP6000 系列产品在传统 IPS（Intrusion Prevention System）产品的基础上增加对所保护的网络环境感知能力、深度应用感知能力、内容感知能力，以及对未知威胁的防御能力，实现了更精准的检测能力和更优化的管理体验，更好地保障客户应用和业务安全，实现对网络基础设施、服务器、客户端及网络带宽性能的全面防护。

4．天阗入侵检测与管理系统（见图 9-6）

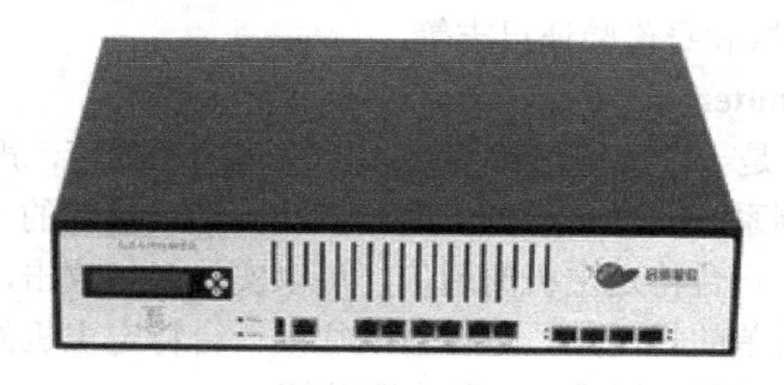

图 9-6　天阗入侵检测与管理系统

天阗入侵检测与管理系统（IDS）是启明星辰公司自主研发的入侵检测类安全产品，其主要作用是帮助用户量化、定位来自内外网络的威胁情况，提供有针对性的指导措施和安全决策依据，并能够对网络安全整体水平进行效果评估。天阗入侵检测与管理系统可以依照用户定制的策略，准确分析、报告网络中正在发生的各种异常事件和攻击行为，实现对网络的“全面检测”，并通过实时的报警信息和多种格式报表，为用户提供翔实、可操作的安全建议，帮助用户完善安全保障措施，确保将信息“有效呈现”给用户。

同时，天阗入侵检测与管理系统支持扩展无线安全模块，可准确识别各类无线安全攻击事件，按不同安全级别实时告警，并据此生成多种统计报表，为用户提供有线、无线网络攻击检测整体解决方案。

对于 IDS/IPS 产品，性能上可以从规则库是否完整，检测能力是否强大，报警内容是否分级，数据报表是否灵活直观，自身是否安全，产品是否通过认证等方面进行衡量。但对于 IDS 产品来说，只考虑性能还不够，产品的安装、配置及管理的方便性，厂商能否提供专业的技术支持和服务也非常重要。

9.3.2　IDS 的主要软件产品

IDS 的软件产品相对于硬件产品，成本更低、应用更便利，所以对于很多普通用户来说，对 IDS 的软件产品会更感兴趣，尤其对于一些开源的 IDS 软件产品。下面介绍的 5 种 IDS 软件产品是人们非常常用的几款入侵检测系统。

1．Snort

Snort 是应用最为广泛的开源入侵检测系统，是一款跨平台、开放源代码的免费软件，支持多种操作系统和硬件平台。它采用灵活的基于规则的语言来描述通信，将签名、协议和不正常行为的检测方法结合起来，能够用于检测缓冲区溢出、隐蔽端口的扫描、检测针对通用网关接口的攻击等大量攻击和探测。其更新速度极快，成为全球部署最为广泛的入侵检测技术，并成为防御技术的标准。

尽管 Snort 不是万能的，但因其具有开放源代码、轻量而功能强大、可移植性强、检测规则简单而有效、允许使用者完全定制自己的规则等特点而具有很好的应用前景。其强大的规则引擎和简洁的体系结构使其可以毫无疑问地取代任何商业的 IDS。

2．OSSEC HIDS

OSSEC HIDS 是一个基于主机的开源入侵检测系统，它可以执行日志分析、完整性检查、Windows 注册表监视、rootkit 检测、实时警告以及动态的适时响应。因为其具有强大的日志分析引擎，互联网供给商、大学和数据中心都乐意运行 OSSEC HIDS，以监视和分析其防火墙、IDS、Web 服务器和身份验证日志等。

3．Fragroute/Fragrouter

Fragroute/Fragrouter 是一个能够逃避网络入侵检测的工具箱，严格来讲，这个工具是用于协助测试网络入侵检测系统的，也可以协助测试防火墙、基本的 TCP/IP 堆栈行为。它能够截获、修改并重写发往一台特定主机的通信，可以实施多种攻击，如插入、逃避、拒绝服务攻击等。它拥有一套简单的规则集，可以对发往某一台特定主机的数据包延迟发送，或复制、丢弃、分段、重叠、打印、记录、源路由跟踪等。

4．BASE

BASE 是一个基于 PHP 的分析引擎，它可以搜索、处理由各种各样的 IDS、防火墙、网络监视工具所生成的安全事件数据。其包括一个查询生成器并可查找接口，这种接口能够发现不同匹配模式的警告，还包括一个数据包查看器/解码器，基于时间、签名、协议、IP 地址的统计图表等。

5．Sguil

Sguil 是一款控制台工具，它由免费的网络监控软件和 IDS 预警分析软件有机组合在一起，可以用于网络安全分析。其主要部件是一个直观的 GUI 界面，可以从 Snort/Barnyard 提供实时的事件活动。还可借助于其他的部件，实现网络安全监视活动和 IDS 警告的事件驱动分析。

对于入侵检测软件系统的配置与应用，都需要有一定专业知识，由于 Snort 在这个领域的特殊地位，现对 Snort 的安装配置与应用系统进行阐述。

9.3.3　Snort 应用

Snort 支持多种硬件平台和操作系统。目前 Snort 支持的操作系统有 Linux、OpenBSD、NetBSD、Solaris （Sparc 或者 i386）、HP-UX、AIX、IRIX、MacOS、Windows 等。现在普通用户常用的系统大多为 Windows，所以在此只讲 Windows 下的 Snort 配置与安装应用。

Snort 可以仅安装为守护进程，也可以安装一个包括很多其他工具的完整系统。如果仅仅安装 Snort，可以得到入侵数据的文本文件或二进制文件，然后可以用文本编辑器或其他类似于 Barnyard 的工具查看，但应用不方便，非专业人士也很难看懂及应用。与其他工具一起安装，则可以做一些更加复杂的操作，比如将 Snort 数据发送到数据库并通过 Web 界面来分析。分析工具能够帮助用户对捕获的数据有更加直观的认识，而不用对日志文件耗费大量时间。

一个综合的 Snort 系统所需软件有 Windows 平台的 Snort、Windows 版本的抓包驱动 WinPcap、Windows 版本的数据库服务器 MySQL、基于 PHP 的入侵检测数据库分析控制台 ACID、用于为 PHP 服务的活动数据对象数据库 Adodb（Active 2Data Objects Data Base for

PHP）、Windows 版本的 apache Web 服务器 apache2、Windows 版本的 PHP 脚本环境、支持 PHP 的图形库 jpgraph 等。Windows 平台下的 Snort 结构如图 9-7 所示。

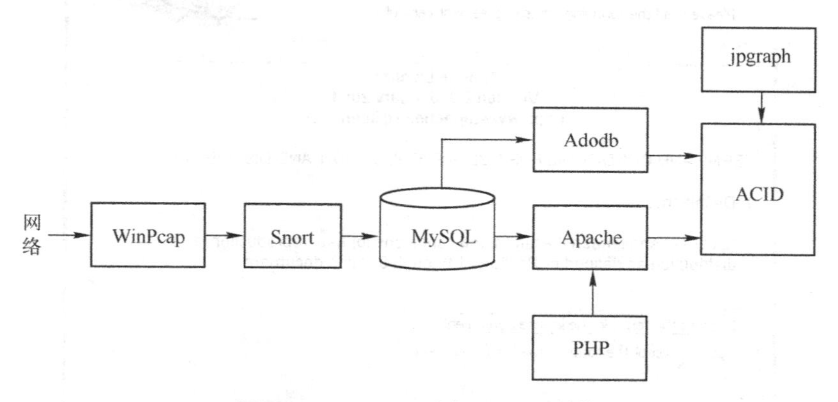

图 9-7　Windows 平台下 Snort 结构

在上述软件中，MySQL 用来记录 Snort 告警日志，当然数据库也可以用 Oracle 或 Microsoft SQL Server，但在 Snort 环境中 MySQL 更加常用。事实上，Snort 可以用任何 ODBC 兼容的数据库。Apache 用作 Web 服务器。PHP 用作 Web 服务器和 MySQL 数据库之间的接口。ACID 是 Web 界面中分析 Snort 数据的 PHP 软件包。PHP 的 GD 库被 ACID 用来生成图表。PHPLOT 用来在 ACID 的 Web 界面将数据表现为图表形式。为了 PHPLOT 工作，GD 库必须要正确配置。ADODB 被 ACID 用来连接 MySQL 数据库。这样的安装会提供一个易于管理的功能全面的 IDS，并具有友好的用户界面。

上述软件可先全部下载，再依次安装。现计划把所有的软件包安装到“C:\IDS”文件夹下，读者可根据下列次序依次安装配置，要求系统为 32 位。

1．安装 Apache

指定安装目录“C:\IDS\Apache”，下载 Apache，运行下载好的“apache_2.0.63-win32-x86-no_ssl.msi”，出现如图 9-8 所示的 Apache HTTP Server 2.0.63 的安装向导界面，单击【Next】按钮继续，进入许可条例界面，如图 9-9 所示。

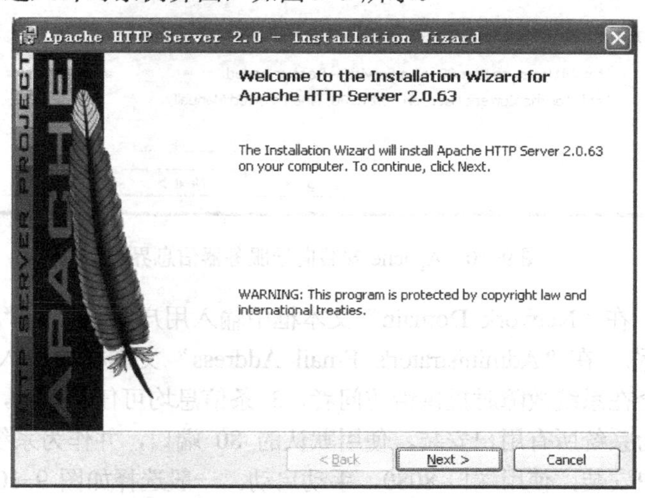

图 9-8　Apache 安装向导界面

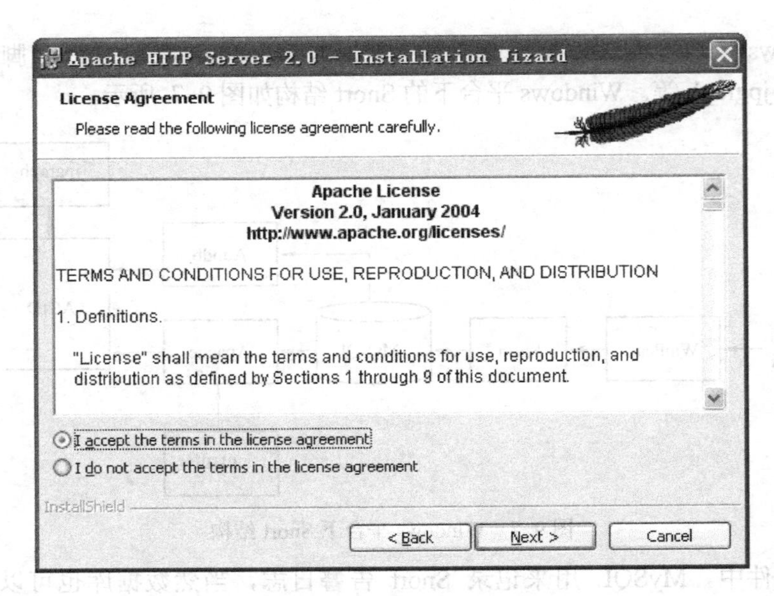

图 9-9　Apache 安装许可条例界面

选择“I accept the terms in the license agreement”单选按钮，单击【Next】按钮继续，进入安装向导的服务器信息界面，如图 9-10 所示。

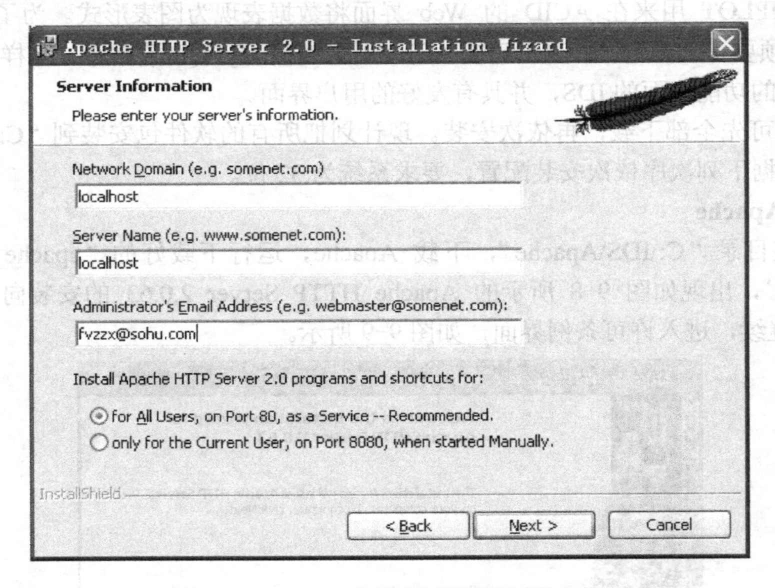

图 9-10　Apache 安装向导服务器信息界面

设置系统信息，在“Network Domain”文本框中输入用户域名，在“Server Name”文本框中输入服务器名称，在“Administrator's Email Address”文本框中输入系统管理员邮件地址，电子邮件地址会在系统故障时提供给访问者，3 条信息均可任意填写，无效的也行。两个安装选项：一个是为系统所有用户安装，使用默认的 80 端口，并作为系统服务自动启动；另一个是仅为当前用户安装，使用端口 8080，手动启动。一般选择如图 9-10 所示的为系统所有用户安装。单击【Next】按钮继续。之后，进入设置类型界面，如图 9-11 所示，选择安装类型，“Typical”为默认安装，“Custom”为用户自定义安装，选择“Custom”单选按钮，有更多可选项。单击【Next】按钮继续，进入“Custom”设置界面，如图 9-12 所示。

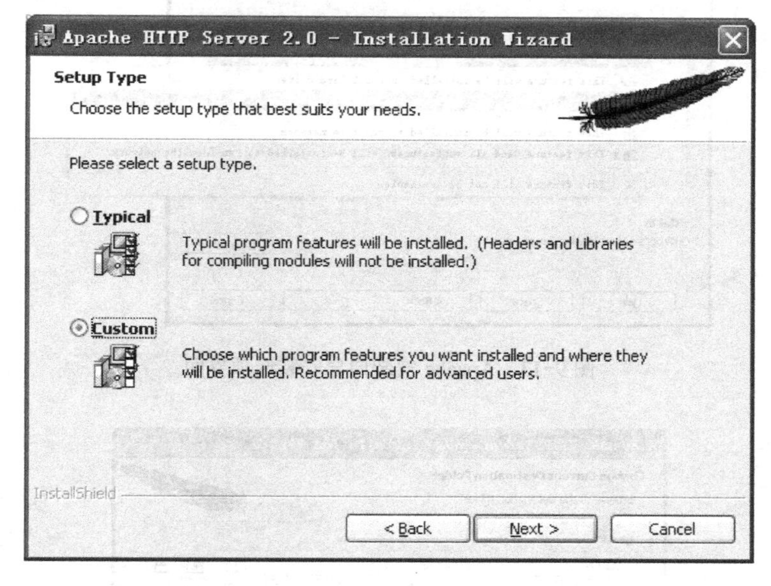

图 9-11　Apache 安装向导设置类型界面

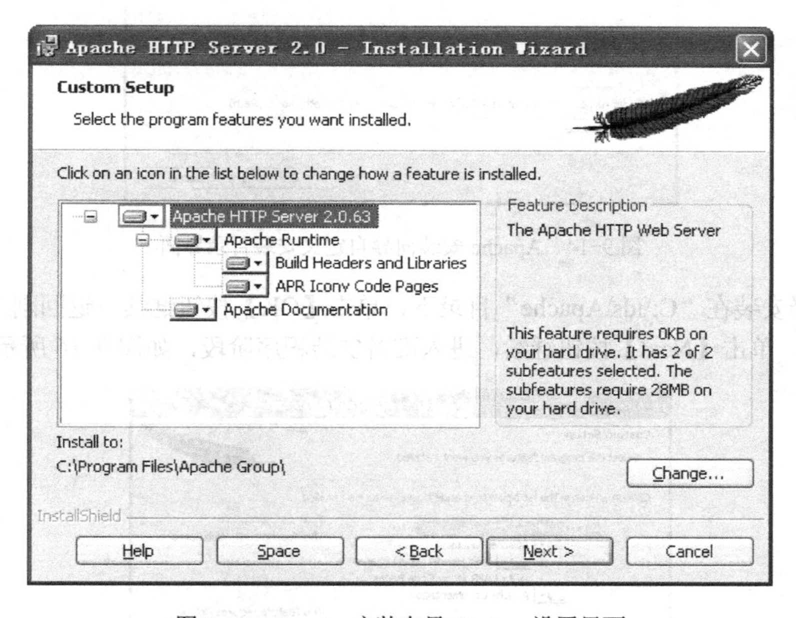

图 9-12　Apache 安装向导 Custom 设置界面

在“Custom”设置界面，选择安装选项，单击“Apache HTTP Server 2.0.63”，选择“This feature，and all subfeatures，will be installed on local hard drive.”，即“此部分，以及下属子部分内容，全部安装在本地硬盘上”，如图 9-13 所示。然后单击【Change...】按钮，手动指定安装目录，如图 9-14 所示。

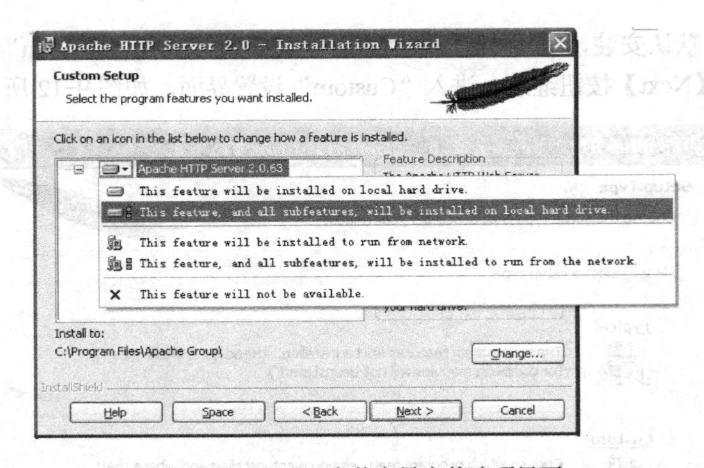

图 9-13　Apache 安装向导安装选项界面

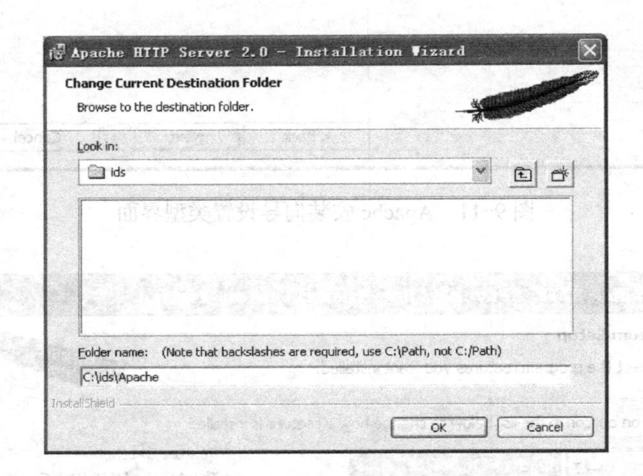

图 9-14　Apache 安装向导自定义安装目录界面

这里选择安装在“C:\ids\Apache”目录下，单击【OK】按钮继续。返回刚才的界面，如图 9-15 所示，单击【Next】按钮继续，进入准备安装程序阶段，如图 9-16 所示。

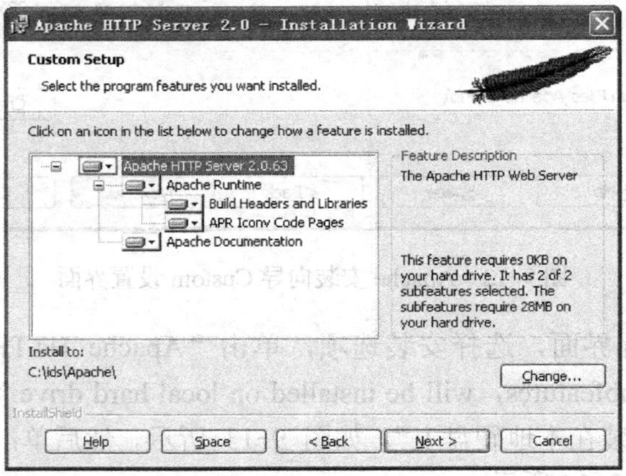

图 9-15　Apache 安装向导设置后的 Custom 设置界面

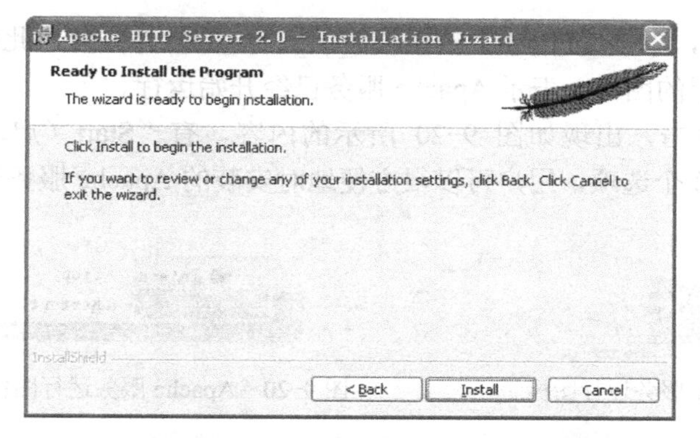

图 9-16　Apache 安装向导准备安装程序界面

如果需要再检查一遍，可以单击【Back】按钮一步步返回检查。确认无误后，单击【Install】按钮开始按前面设定的安装选项安装，如图 9-17 所示。

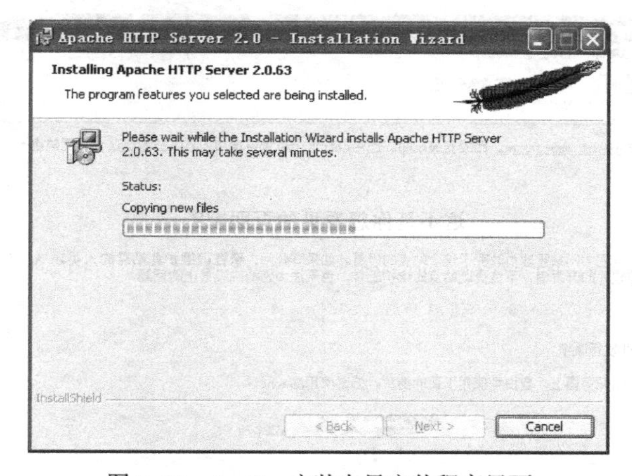

图 9-17　Apache 安装向导安装程序界面

安装程序需要几分钟的时间，需要耐心等待，直到出现如图 9-18 所示的界面，表示安装完成。

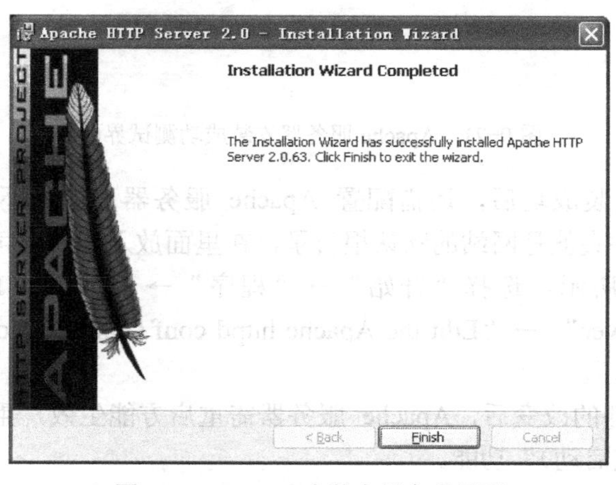

图 9-18　Apache 安装向导完成界面

安装向导完成后，单击【Finish】按钮结束 Apache 的软件安装，此时桌面右下角状态栏应出现如图 9-19 所示的图标，表示 Apache 服务已经开始运行。

在运行图标上单击，出现如图 9-20 所示的内容，有“Start（启动）”“Stop（停止）”“Restart（重启动）”3 个选项，用户可以很方便地对安装的 Apache 服务器进行上述操作。

图 9-19　Apache 服务运行图标

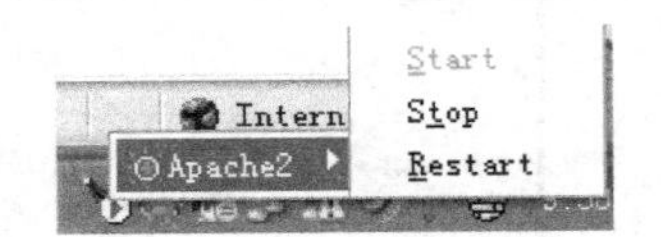

图 9-20　Apache 服务运行图标的应用

安装完成后，需测试按默认配置运行的网站界面，看 Apache 是否安装成功。打开 IE 浏览器，在 IE 地址栏输入“http://127.0.0.1”后确认，若看到如图 9-21 所示的界面，表示 Apache 服务器已安装成功。

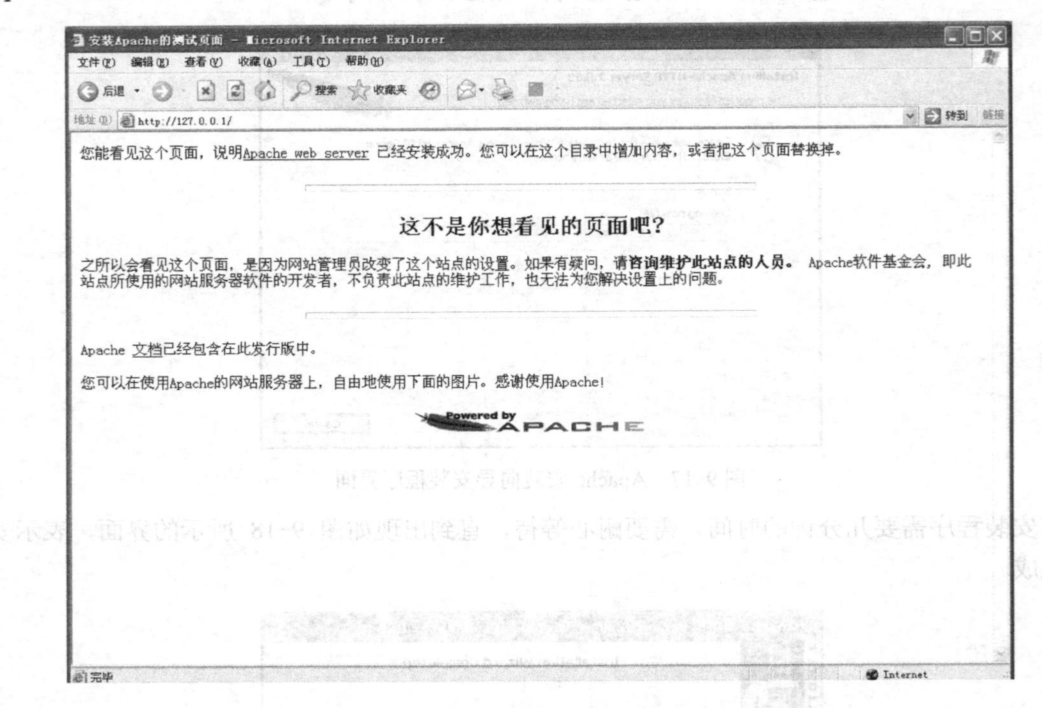

图 9-21　Apache 服务器安装成功测试界面

Apache 服务器安装成功后，还需配置 Apache 服务器。如果不配置，安装目录下的“Apache2\htdocs”文件夹就是网站的默认根目录，在里面放入文件就可以了。这里看一下配置过程。如图 9-22 所示，选择“开始”→“程序”→“Apache HTTP Server 2.0”→“Configure Apache Server” →“Edit the Apache httpd conf Configuration File”命令，打开配置文件，如图 9-23 所示。

每次保存配置文件的改变后，Apache 服务器需重启方能生效，重启可以通过服务运行图标上的“Restart（重启动）”功能。

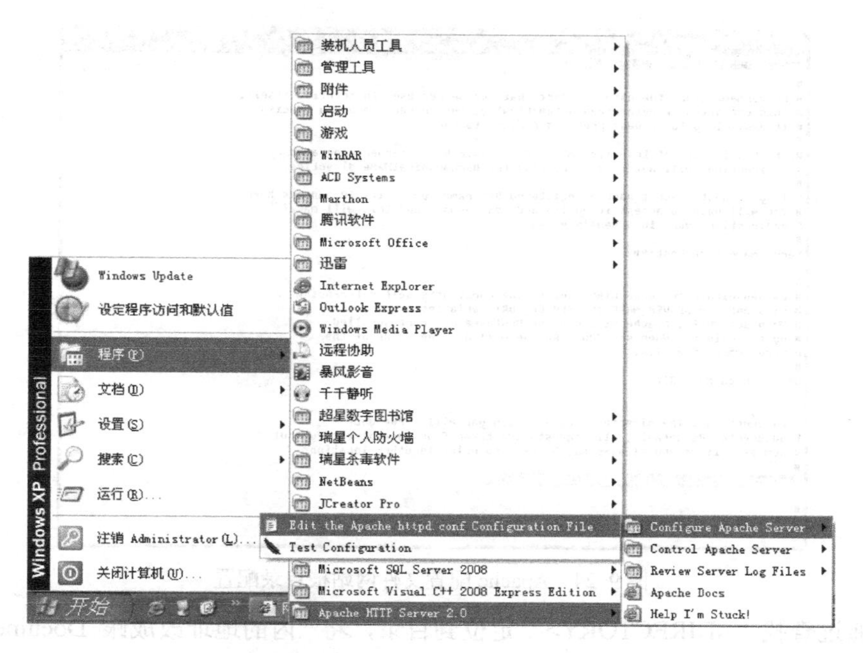

图 9-22　打开 Apache 配置文件过程

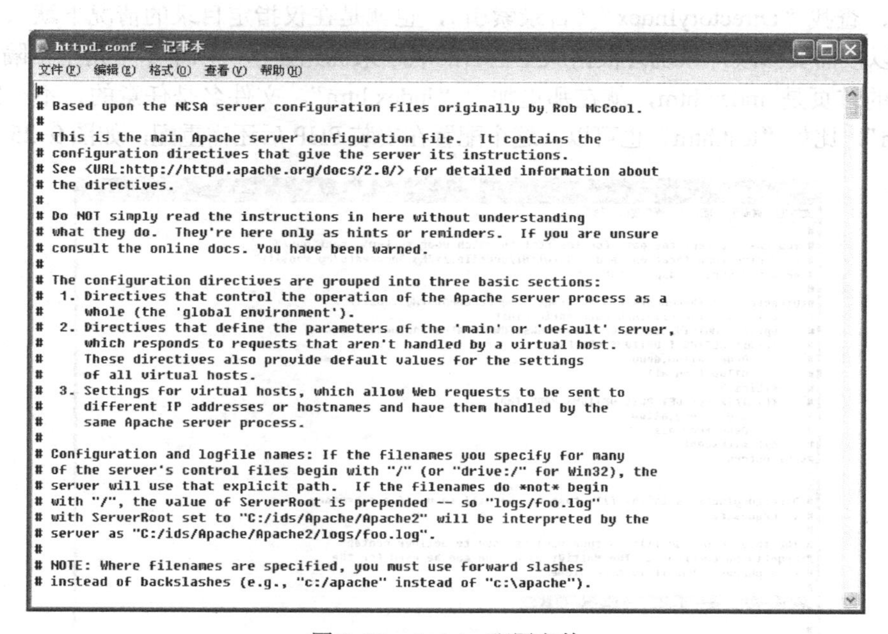


```
#
# Based upon the NCSA server configuration files originally by Rob McCool.
#
# This is the main Apache server configuration file.  It contains the
# configuration directives that give the server its instructions.
# See <URL:http://httpd.apache.org/docs/2.0/> for detailed information about
# the directives.
#
# Do NOT simply read the instructions in here without understanding
# what they do.  They're here only as hints or reminders.  If you are unsure
# consult the online docs. You have been warned.
#
# The configuration directives are grouped into three basic sections:
#  1. Directives that control the operation of the Apache server process as a
#     whole (the 'global environment').
#  2. Directives that define the parameters of the 'main' or 'default' server,
#     which responds to requests that aren't handled by a virtual host.
#     These directives also provide default values for the settings
#     of all virtual hosts.
#  3. Settings for virtual hosts, which allow Web requests to be sent to
#     different IP addresses or hostnames and have them handled by the
#     same Apache server process.
#
# Configuration and logfile names: If the filenames you specify for many
# of the server's control files begin with "/" (or "drive:/" for Win32), the
# server will use that explicit path.  If the filenames do *not* begin
# with "/", the value of ServerRoot is prepended -- so "logs/foo.log"
# with ServerRoot set to "C:/ids/Apache/Apache2" will be interpreted by the
# server as "C:/ids/Apache/Apache2/logs/foo.log".
#
# NOTE: Where filenames are specified, you must use forward slashes
# instead of backslashes (e.g., "c:/apache" instead of "c:\apache").
```

图 9-23　Apache 配置文件

配置 Apache 服务器，可以通过选择“编辑→“查找”命令输入关键字来快速定位。首先查找关键字“DocumentRoot”（也就是网站根目录），找到如图 9-24 所示的加阴影的内容，然后将""内的地址改成自己的网站根目录，地址格式请按如图 9-24 所示改写。需注意的是，一般文件地址里的“\”在 Apache 里要改成“/”。

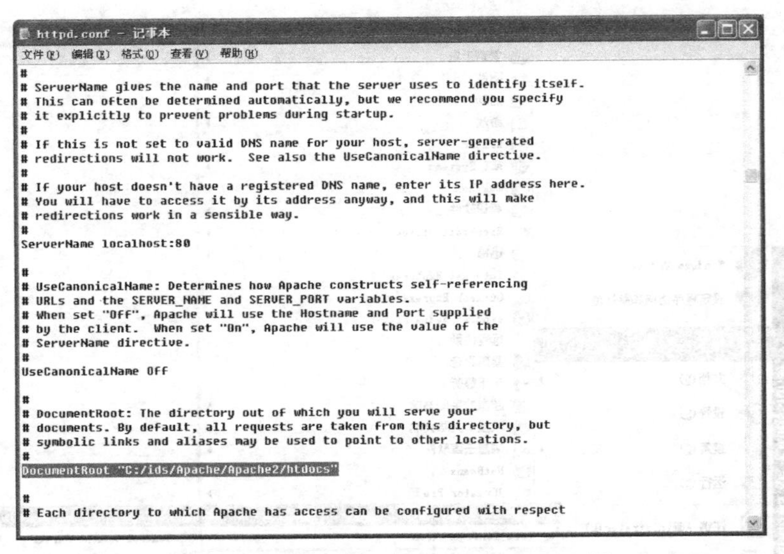

图 9-24　Apache 配置文件网站根目录配置

随后通过查找“<DIRECTORY>”定位到目录，将""内的地址改成跟 DocumentRoot 的一样，当然也可以用默认配置。

之后，查找“DirectoryIndex”（目录索引），也就是在仅指定目录的情况下默认显示的文件名，可以按需要修改，系统会根据从左至右的顺序来优先显示，以单个半角空格隔开。比如有些网站的首页是 index.htm，就在那里加上“index.htm”，文件名是任意的，不一定非要是“index.htm”，比如“test.htm”也可以，这个配置在安装 PHP 后还需重配，如图 9-25 所示。

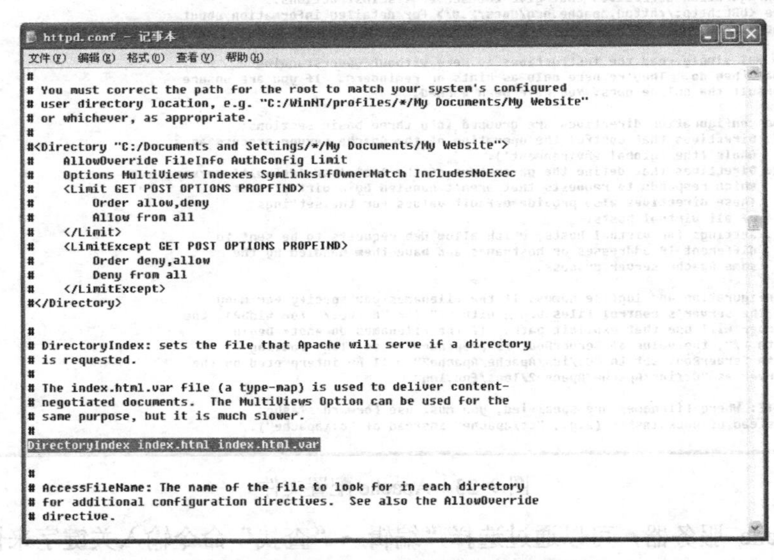

图 9-25　Apache 配置文件目录索引配置

配置后，如果打开的网页出现乱码，先检查网页内有没有上述 HTML 语言标记，如果有，查看配置文件中的“# DefaultLanguage nl”，把前面的“#”去掉，“nl”改成要强制输出的语言，中文是“zh-cn”，保存后关闭即可。

简单的Apache配置结束后，利用Apache运行图标重启动，所有的配置生效，网站就成了一个网站服务器。如果加载了防火墙，需打开80或8080端口，或者允许Apache程序访问网络，否则别人不能访问。如果有公网IP，则可以邀请所有能上网的朋友访问。

2．安装PHP

下载PHP，右击下载的PHP安装文件“php-5.2.8-Win32.zip”，将其解压缩，右键菜单如图9-26所示。

指定解压缩的位置为“C:\ids\PHP”，如图9-27所示，单击【确定】按钮，完成解压缩。

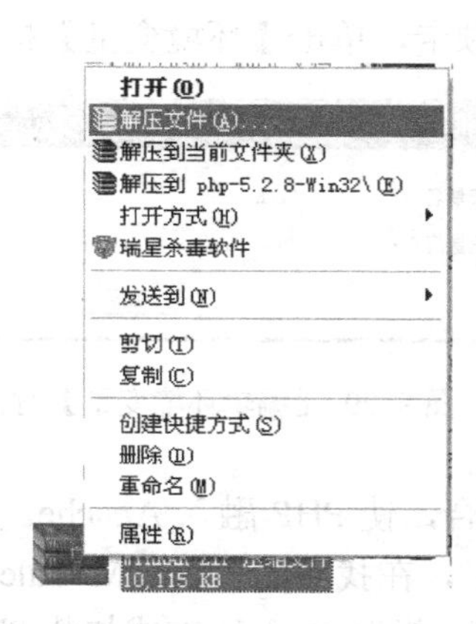

图9-26　解压缩右键菜单

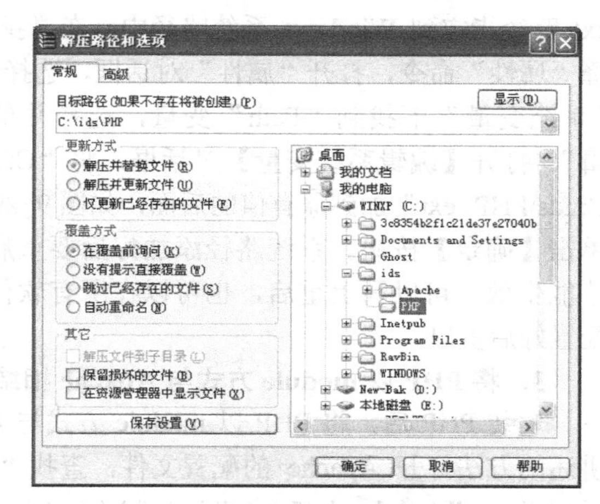

图9-27　指定解压缩的位置为“C:\ids\PHP”

查看解压缩后的文件夹C:\ids\PHP，找到“php.ini-dist”文件，将其重命名为“php.ini”，打开进行编辑，如图9-28所示。

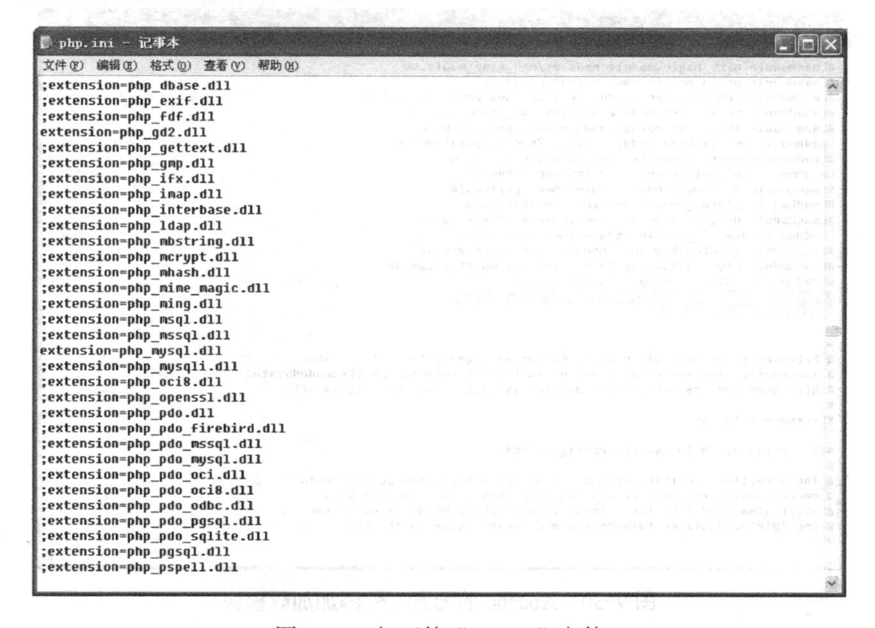

图9-28　打开的“php.ini”文件

需要说明的是，要选择加载的模块，需去掉前面的“;”，功能就是使 PHP 能够直接调用其模块，比如访问 MySQL，去掉“;extension= php_mysql.dll”前的“;”，就表示要加载此模块，加载得越多，占用的资源也就越多。所有的模块文件都放在 PHP 解压缩目录的“ext”之下，前面的“;”没去掉的，是因为“ext”目录下默认没有此模块，加载时会提示找不到文件而出错。例如，因为还没有安装 MySQL，所以“;extension= php_mysql.dll”前的“;”还不能去掉，安装完 MySQL 后再来重新配置“php.ini”文件。

如果前面配置加载了其他模块，则要指明模块的位置，否则重启 Apache 的时候会提示“找不到指定模块”的错误。简单的方法是，直接将 PHP 安装路径以及 PHP 安装路径下的 ext 路径指定到 Windows 系统路径中。在“我的电脑”上单击右键，在弹出的快捷菜单中选择“属性”命令，打开“属性”对话框，选择“高级”选项卡，单击【环境变量】按钮，在“系统变量”下找到“Path”变量，选择并单击“编辑”，打开【编辑系统变量】对话框，将“C:\ids\PHP; C:\ids\PHP\ ext”加到原有值的后面，如图 9-29 所示，单击【确定】按钮。系统路径添加好后要重启计算机才能生效，可以马上重启，也可以在所有软件安装或配置好后重启。

图 9-29 【编辑环境变量】对话框

3．将 PHP 以 module 方式与 Apache 相结合

安装 PHP 后，将 PHP 以 module 方式与 Apache 相结合，使 PHP 融入 Apache。依前面讲述的方法打开 Apache 的配置文件，查找“LoadModule”，在找到的“LoadModule”后面添加“LoadModule php5_module c:/ids/php/php5apache2.dll”，指以 module 方式加载 PHP，添加“PHPIniDir "c:/ids/php"”用于指明 PHP 的配置文件 php.ini 的位置。Apache 的配置文件添加加载模块如图 9-30 所示。

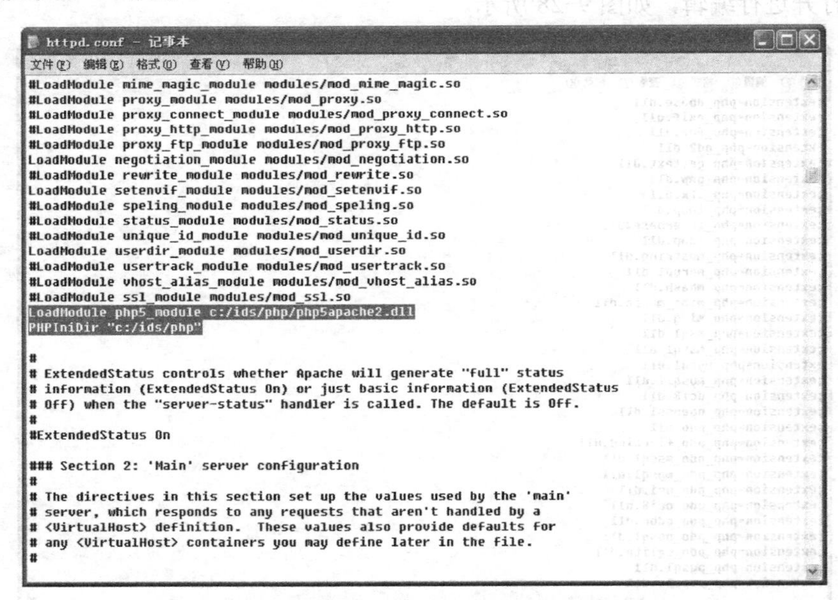

图 9-30 Apache 的配置文件添加加载模块

另外，在 Apache 配置文件中查找“AddType”，加入“AddType application/x-httpd-php .php”

"AddType application/x-httpd-php.html"，即添加可以执行 PHP 的文件类型，如图 9-31 所示。加上"AddType application/x-httpd-php.html"，表示.html 文件可以执行 PHP 程序；如果添加上"AddType application/x-httpd-php.txt"，则普通的文本文件格式也能运行 PHP 程序。

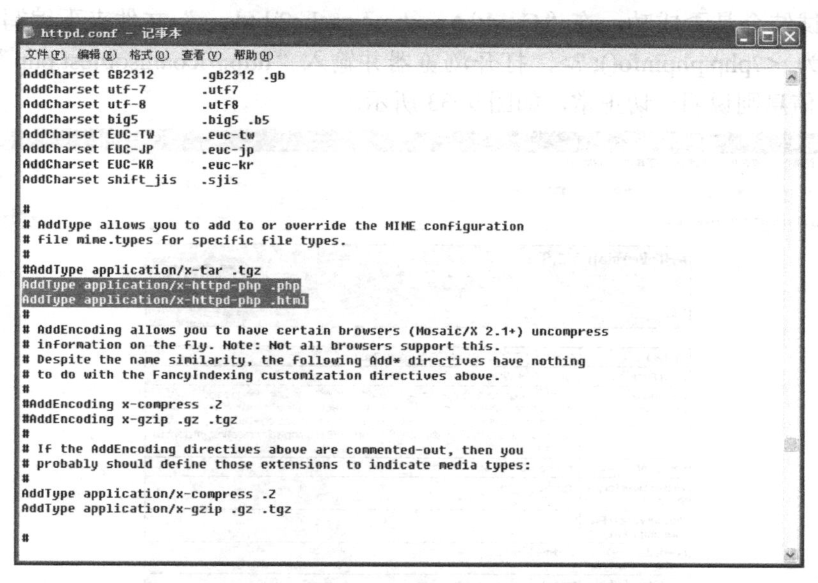


```
AddCharset GB2312      .gb2312 .gb
AddCharset utf-7       .utf7
AddCharset utf-8       .utf8
AddCharset big5        .big5 .b5
AddCharset EUC-TW      .euc-tw
AddCharset EUC-JP      .euc-jp
AddCharset EUC-KR      .euc-kr
AddCharset shift_jis   .sjis

#
# AddType allows you to add to or override the MIME configuration
# file mime.types for specific file types.
#
#AddType application/x-tar .tgz
AddType application/x-httpd-php .php
AddType application/x-httpd-php .html
#
# AddEncoding allows you to have certain browsers (Mosaic/X 2.1+) uncompress
# information on the fly. Note: Not all browsers support this.
# Despite the name similarity, the following Add* directives have nothing
# to do with the FancyIndexing customization directives above.
#
#AddEncoding x-compress .Z
#AddEncoding x-gzip .gz .tgz
#
# If the AddEncoding directives above are commented-out, then you
# probably should define those extensions to indicate media types:
#
AddType application/x-compress .Z
AddType application/x-gzip .gz .tgz

#
```

图 9-31　添加可以执行 PHP 的文件类型

还有，前面所说的目录默认索引文件也需改动，因为现在加了 PHP，有些文件就直接存为.php 了，可以把"index.php"设为默认索引文件，优先顺序用户自己安排，如图 9-32 所示。编辑完成后保存并关闭。

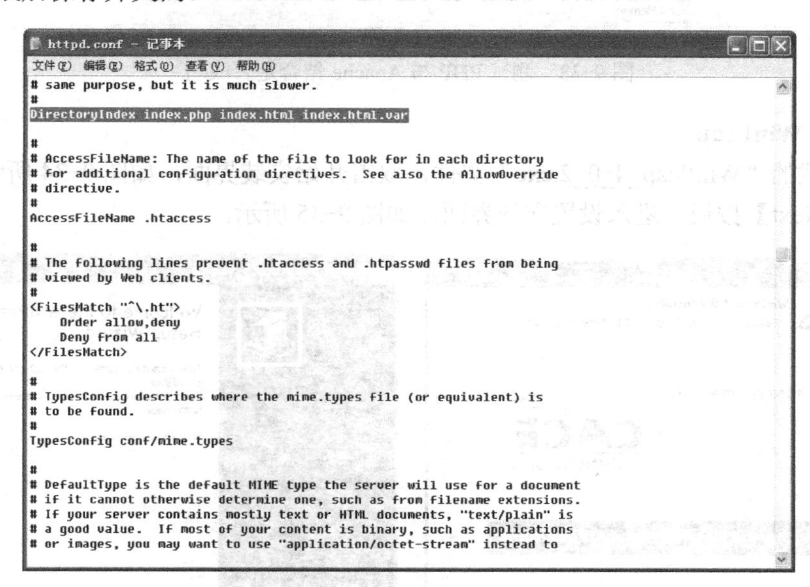


```
# same purpose, but it is much slower.
#
DirectoryIndex index.php index.html index.html.var

#
# AccessFileName: The name of the file to look for in each directory
# for additional configuration directives.  See also the AllowOverride
# directive.
#
AccessFileName .htaccess

#
# The following lines prevent .htaccess and .htpasswd files from being
# viewed by Web clients.
#
<FilesMatch "^\.ht">
    Order allow,deny
    Deny from all
</FilesMatch>

#
# TypesConfig describes where the mime.types file (or equivalent) is
# to be found.
#
TypesConfig conf/mime.types

#
# DefaultType is the default MIME type the server will use for a document
# if it cannot otherwise determine one, such as from filename extensions.
# If your server contains mostly text or HTML documents, "text/plain" is
# a good value.  If most of your content is binary, such as applications
# or images, you may want to use "application/octet-stream" instead to
```

图 9-32　把"index.php"设为默认索引文件

完成上述配置后，复制 php5ts.dll 文件到"C:\Windows\system32"文件夹下。修改 php.ini 文件，去掉";extension=php_gd2.dll"前的分号。复制 php.ini 文件到"C:\Windows"

下。复制 C:\ids\PHP\ext 文件夹下的 php_gd2.dll 文件到“C:\Windows”文件夹下。

现在，PHP 的安装，以及与 Apache 的结合已经全部完成，用屏幕右下角的小图标重启 Apache，使 Apache 服务器支持 PHP。

接着测试结合是否成功。在“C:\ids\Apache\Apache2\htdocs”文件夹下编写“test.php”文件，内容为 <?php phpinfo(); ?>，打开浏览器并输入“http://lcoalhsot/test.php”，如果浏览到了 PHP 的信息则说明一切正常，如图 9-33 所示。

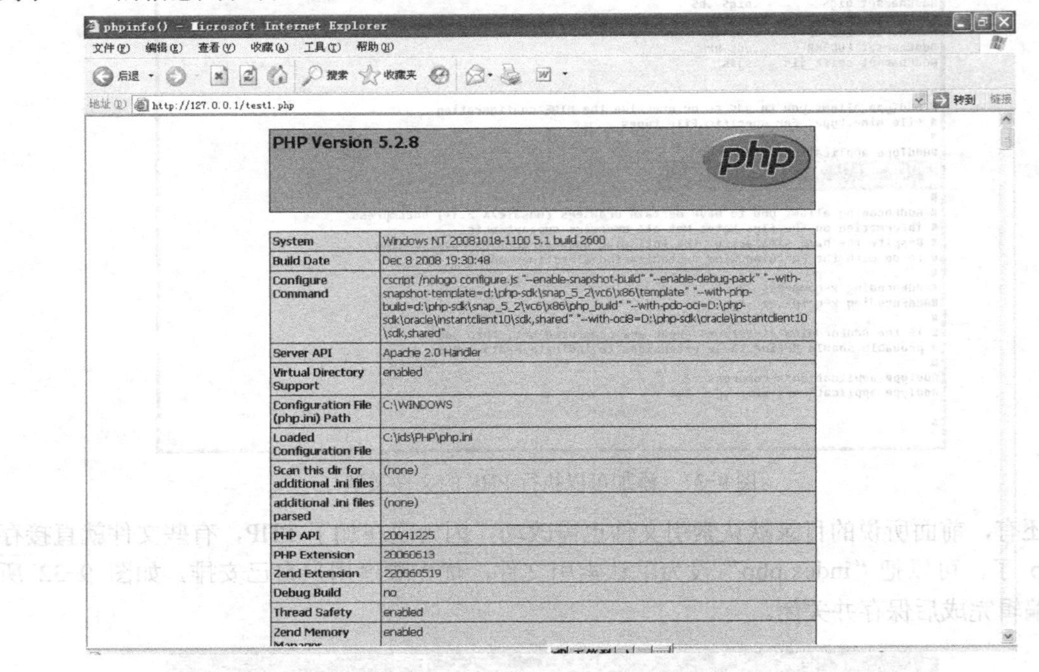

图 9-33　测试 PHP 与 Apache 结合是否成功

4．安装 WinPcap

安装下载的“WinPcap_4_0_2.exe”文件，双击开始安装界面，如图 9-34 所示。

单击【Next】按钮，进入设置向导界面，如图 9-35 所示。

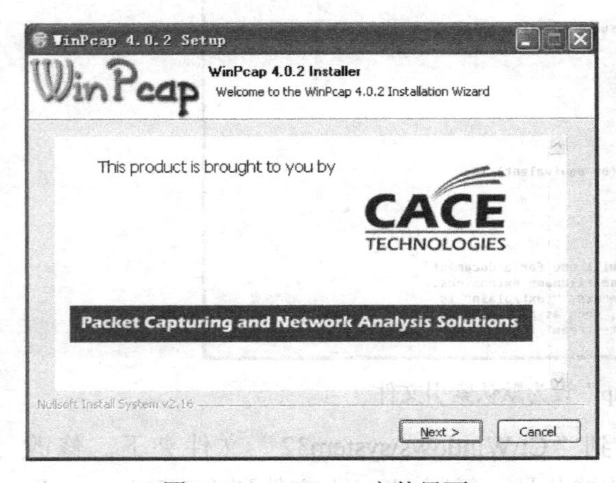

图 9-34　WinPcap 安装界面

图 9-35　WinPcap 设置向导界面

单击【Next】按钮，进入认证许可界面，如图 9-36 所示。

单击【I Agree】按钮，进入安装界面，如图 9-37 所示。

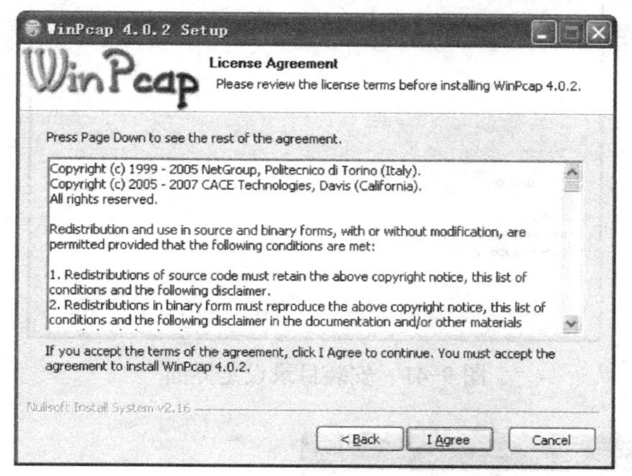

图 9-36　认证许可界面

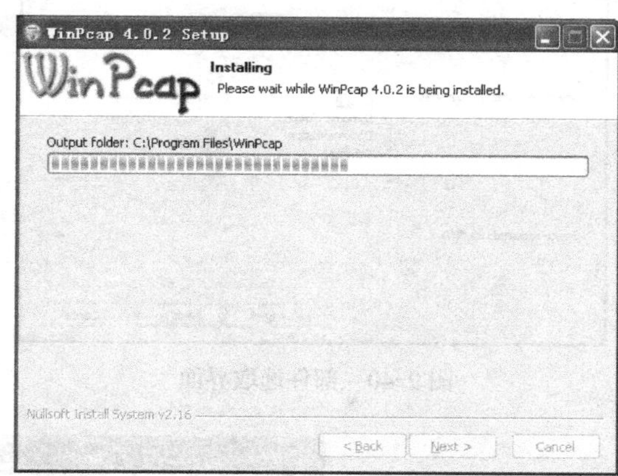

图 9-37　安装界面

安装完后，采用默认值即可。

5. 安装 Snort

下面安装下载的“Snort_2_8_3_1_Installer.exe”文件。双击“Snort_2_8_3_1_Installer.exe”，打开 Snort 认证许可界面，如图 9-38 所示。指定安装路径为“C:\ids\Snort”文件夹。

单击【I Agree】按钮，进入安装选项界面，如图 9-39 所示。

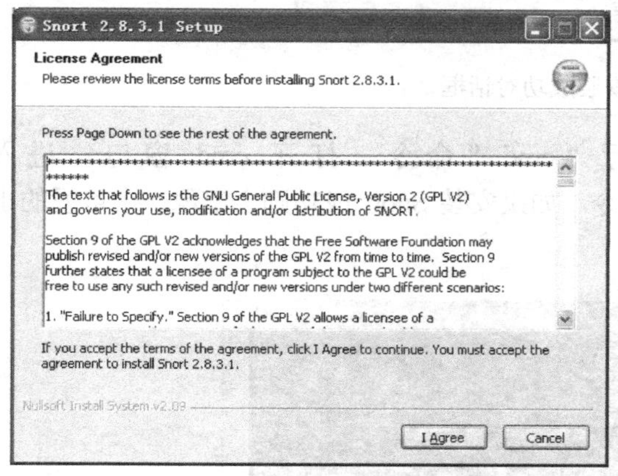

图 9-38　Snort 安装认证许可界面

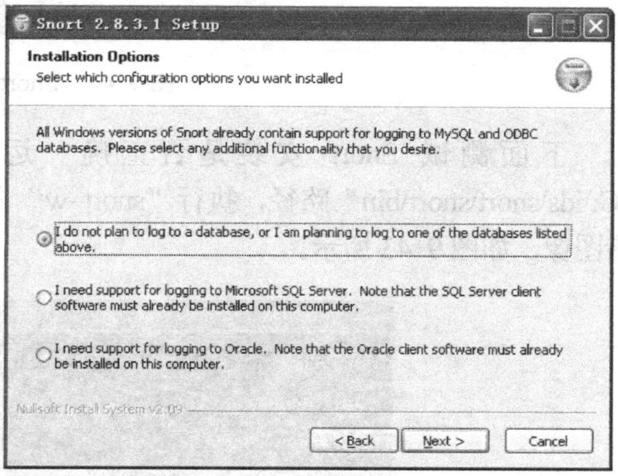

图 9-39　Snort 安装选项界面

因为计划安装 MySQL 数据库，所以在 3 个选项中选择第一个，即计划登录上述列表中的数据库之一。单击【Next】按钮，进入部件选取界面，如图 9-40 所示。

全部选中，单击【Next】按钮，在安装区域界面中设定目标文件夹为“C:\ids\snort”，如图 9-41 所示。

设定好安装目录后单击【Next】按钮开始安装，安装成功后，会有安装成功对话框弹出，如图 9-42 所示。

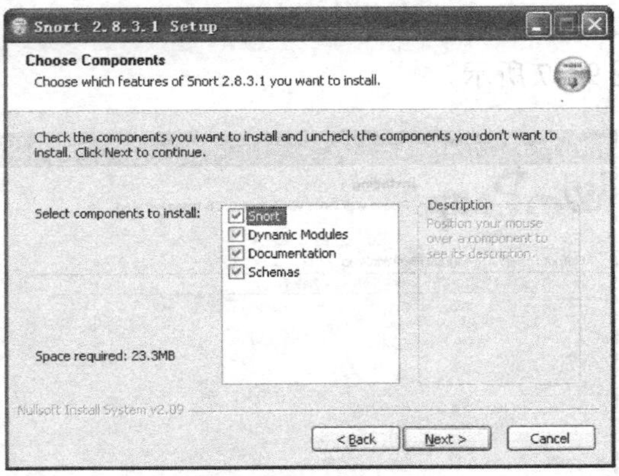

图 9-40　部件选取界面

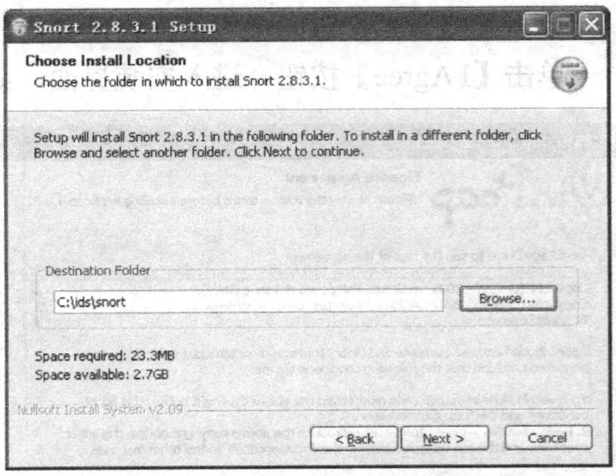

图 9-41　安装目录设定界面

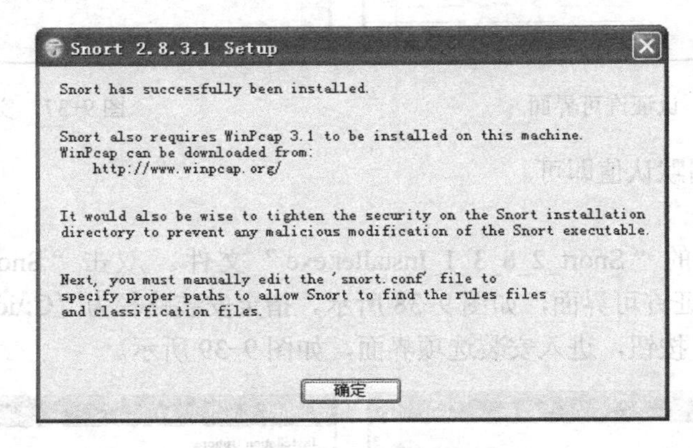

图 9-42　Snort 安装成功对话框

下面测试 Snort 安装是否正确。运行“cmd“命令，打开 cmd 窗口，进入“C:\ids\snort\snort\bin”路径，执行“snort–w”命令。如果安装 Snort 成功则会出现一个可爱的小猪图像，如图 9-43 所示。

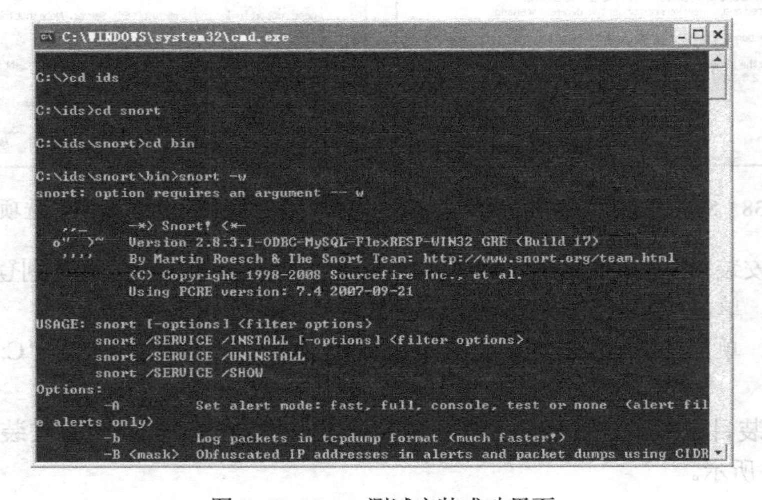

图 9-43　Snort 测试安装成功界面

6．安装 MySQL

下载 MySQL 安装文件“mysql-5.0.22-win32.zip”，双击解压缩，运行“setup.exe”，出现如图 9-44 所示的界面。

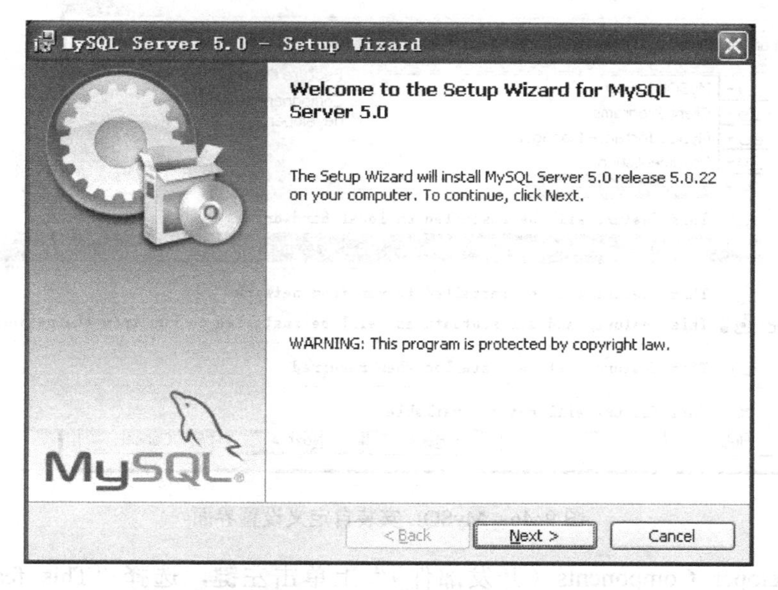

图 9-44　MySQL 安装向导开始界面

启动 MySQL 安装向导后，单击【Next】按钮，进入安装类型界面，如图 9-45 所示。

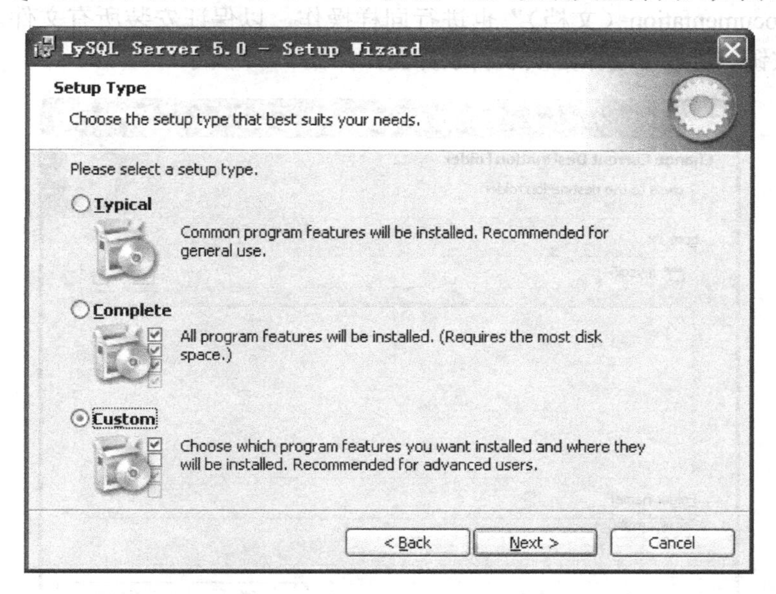

图 9-45　MySQL 安装类型界面

安装类型有“Typical（默认）”“Complete（完全）”“Custom（用户自定义）”3 个选项，为熟悉安装过程并了解更多选项，这里选择“Custom”单选按钮，单击【Next】按钮继续，进入自定义设置界面，如图 9-46 所示。

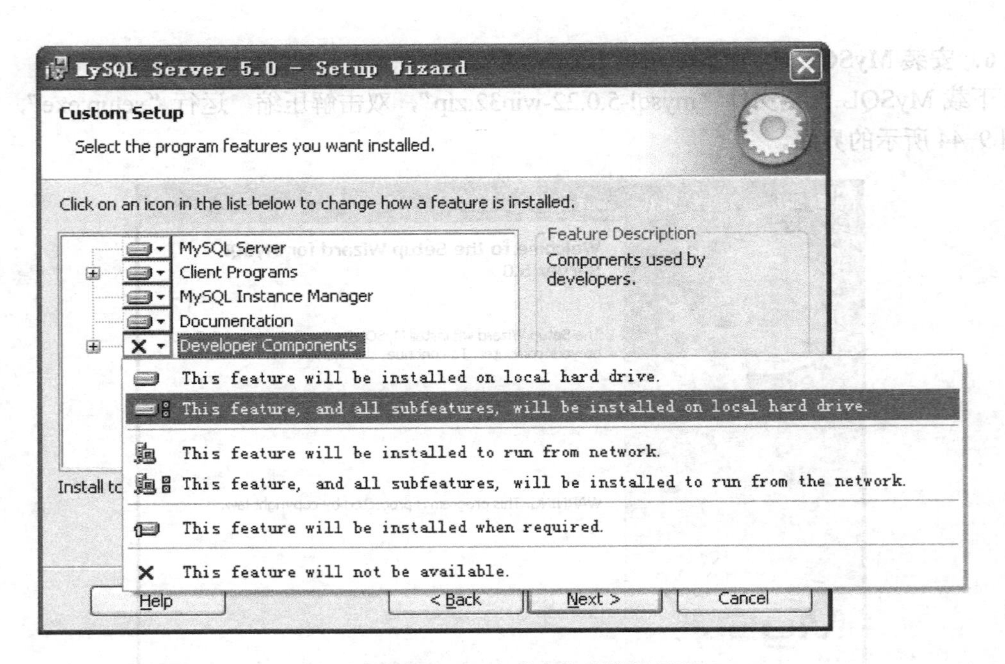

图 9-46 MySQL 安装自定义设置界面

在"Developer Components（开发部件）"上单击左键，选择"This feature，and all subfeatures，will be installed on local hard drive."，即"此部分，以及下属子部分内容，全部安装在本地硬盘上"。在"MySQL Server（MySQL 服务器）""Client Programs（MySQL 客户端程序）""Documentation（文档）"也进行同样操作，以保证安装所有文件。随后，单击【Change...】按钮，进入手动指定安装目录界面，如图 9-47 所示。

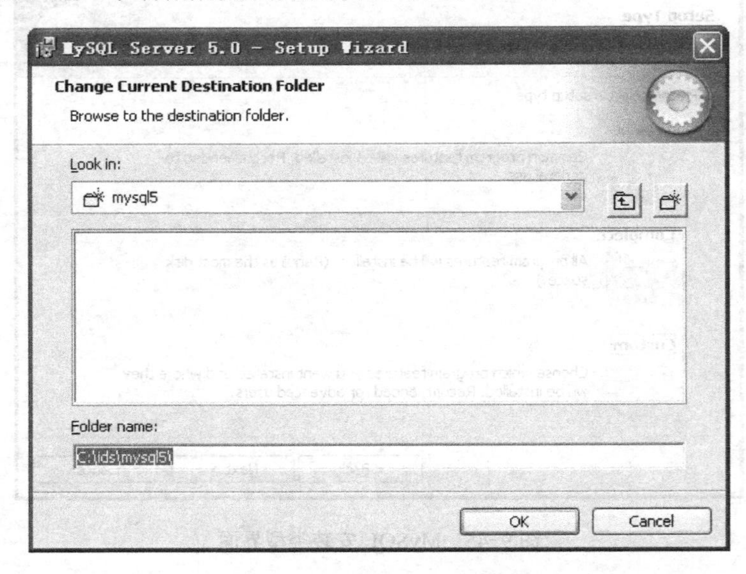

图 9-47 MySQL 手动指定安装目录界面

设定安装目录，在此设定为"C:\ids\mysql5"，单击【OK】按钮继续，返回刚才的界面，单击【Next】按钮继续，进入准备安装界面，显示前面设置的安装类型及安装目录，如图 9-48 所示。

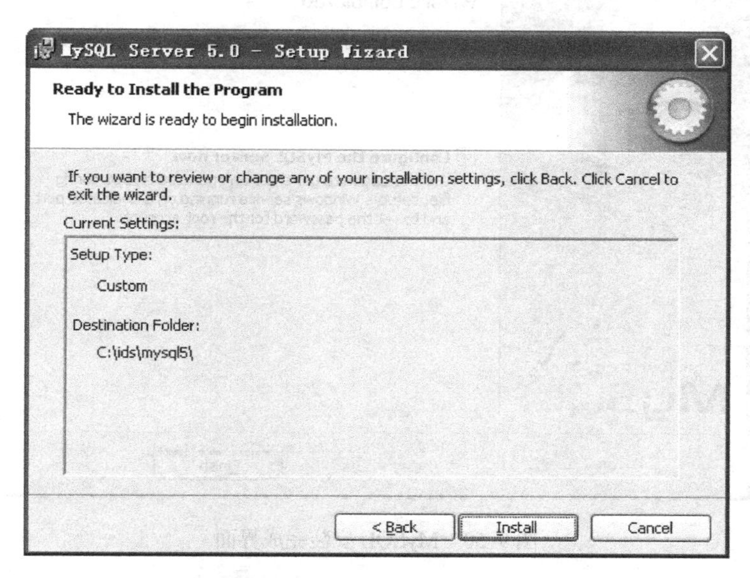

图 9-48　MySQL 准备安装界面

确认一下先前的设置，如果有误，单击【Back】按钮返回重做，确认无误后单击【Install】按钮开始安装。安装需要几分钟时间，直到出现如图 9-49 所示的界面。

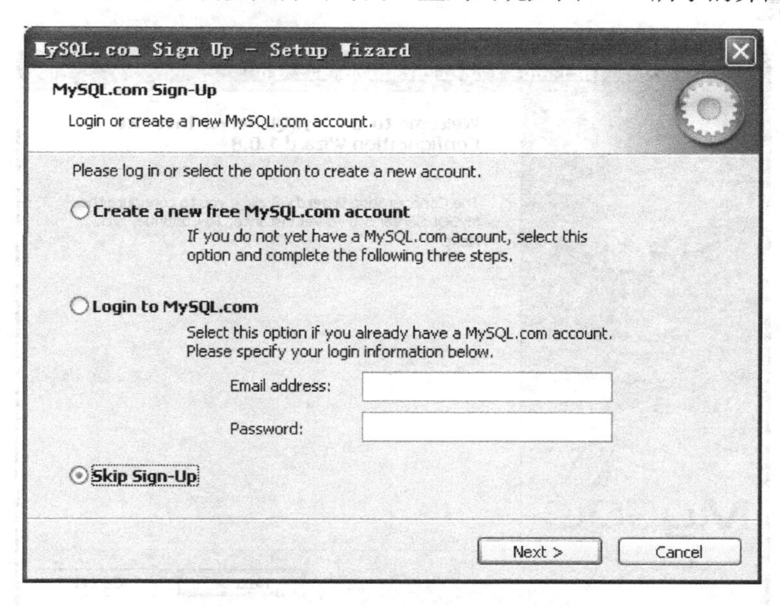

图 9-49　注册登录账号界面

此时询问是否要注册一个 MySQL.com 的账号，或是使用已有的账号登录 MySQL.com，这里选中“Skip Sign-Up”，单击【Next】按钮略过此步，MySQL 安装完成，界面如图 9-50 所示。

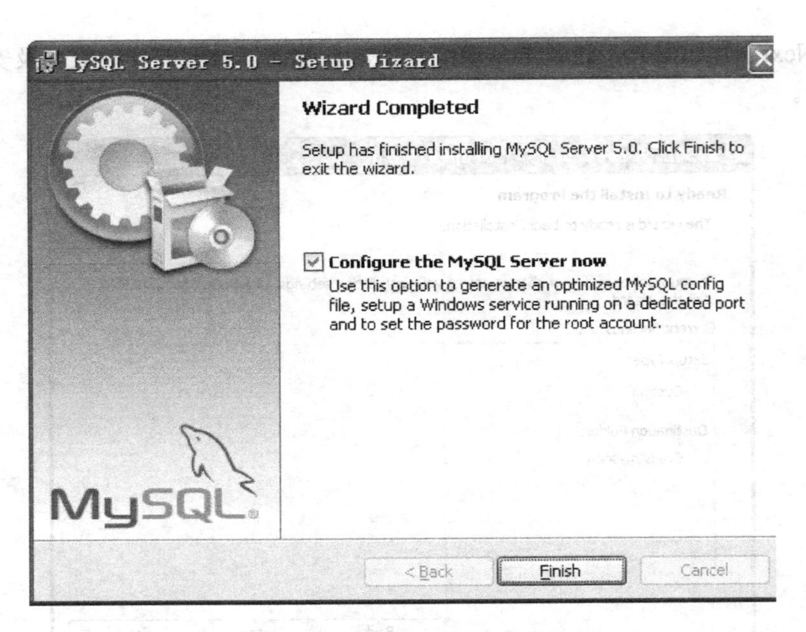

图 9-50　MySQL 安装完成界面

软件安装完成后，出现以上界面，它提供了一个很好的功能，即 MySQL 配置向导，不用用户自己手动配置 my.ini，这为很多非专业人士提供了方便。选择“Configure the MySQL Server now”复选框，单击【Finish】按钮结束软件安装的同时启动 MySQL 配置向导，如图 9-51 所示。

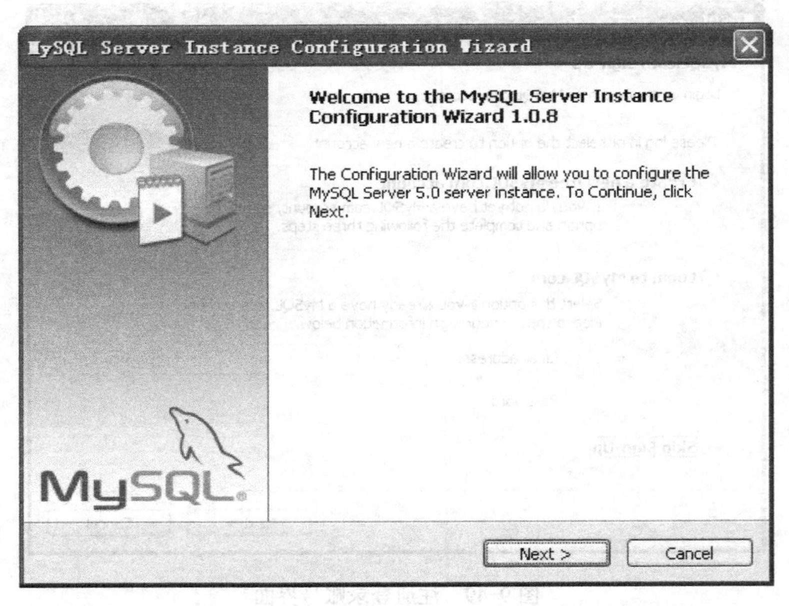

图 9-51　MySQL 配置向导启动界面

在 MySQL 配置向导启动界面中单击【Next】按钮，进入配置方式界面，如图 9-52 所示。

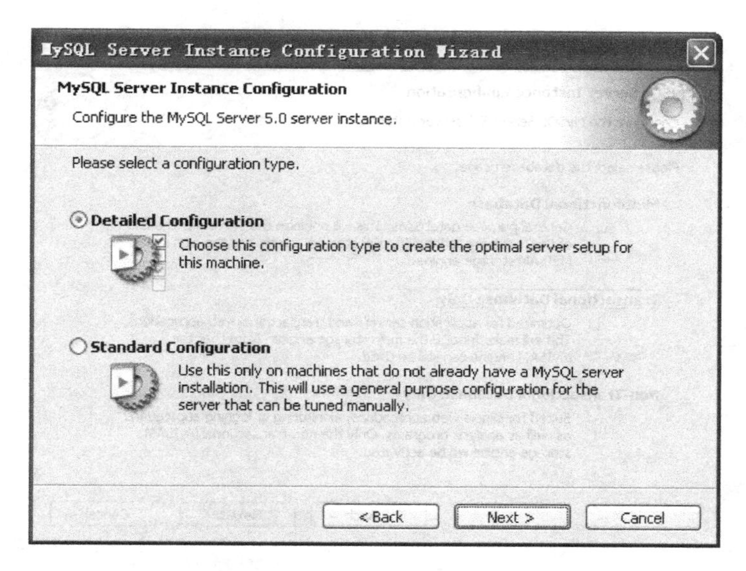

图 9-52　MySQL 配置方式界面

选择配置方式，配置方式有“Detailed Configuration（手动精确配置）”“Standard Configuration（标准配置）”。为方便熟悉配置过程，在此选择“Detailed Configuration”单选按钮，单击【Next】按钮进入选择服务器类型界面，如图 9-53 所示。

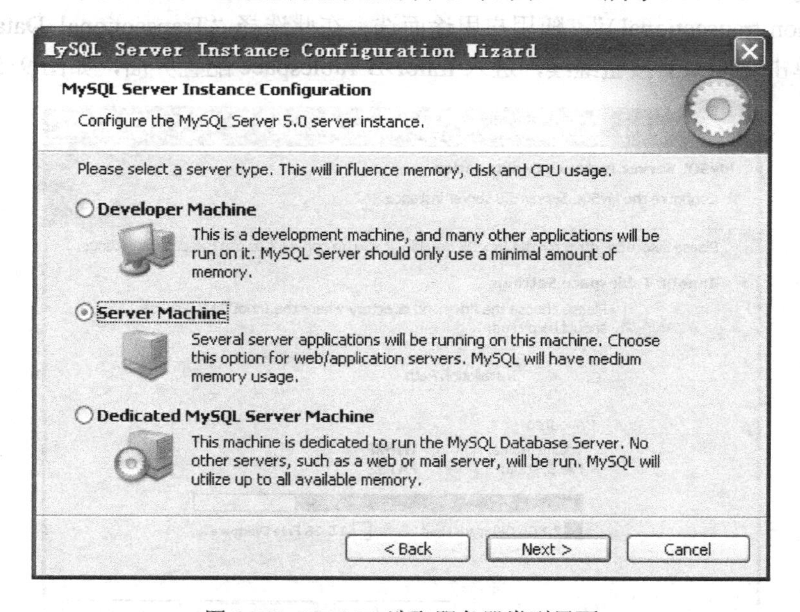

图 9-53　MySQL 选取服务器类型界面

服务器类型有“Developer Machine（开发测试类，MySQL 占用很少资源）”“Server Machine（服务器类型，MySQL 占用较多资源）”及“Dedicated MySQL Server Machine（专门的数据库服务器，MySQL 占用所有可用资源）”，根据需要选定类型，在此选“Server Machine”单选按钮，单击【Next】按钮，进入选择数据库用途界面，如图 9-54 所示。

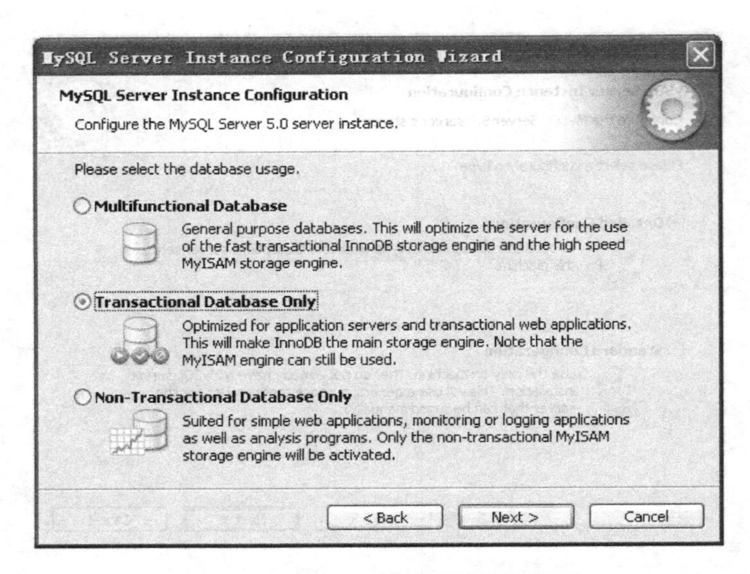

图 9-54　MySQL 选择数据库用途界面

在 MySQL 数据库用途中，有“Multifunctional Database（通用多功能型，好）”“Transactional Database Only（服务器类型，专注于事务处理，一般）”“Non-Transactional Database Only（非事务处理型，较简单，主要做一些监控、计数，对 MyISAM 数据类型的支持仅限于 non-transactional）”，随用户用途而选，在此选择“Transactional Database Only”单选按钮，单击【Next】按钮继续，进入 InnoDB Tablespace 配置界面，如图 9-55 所示。

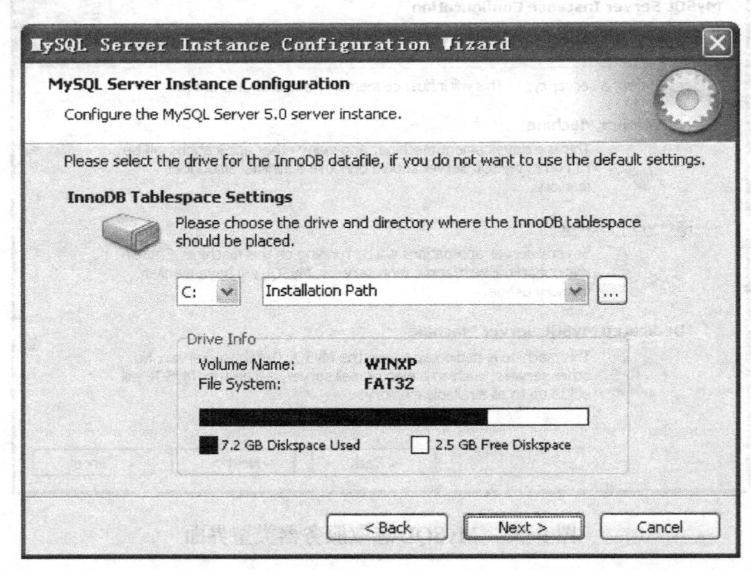

图 9-55　InnoDB Tablespace 配置界面

对 InnoDB Tablespace 进行配置，为 InnoDB 数据库文件选择一个存储空间，可修改存储位置，在此使用默认位置，直接单击【Next】按钮继续，进入设置同时访问服务器的连接数目界面，如图 9-56 所示。

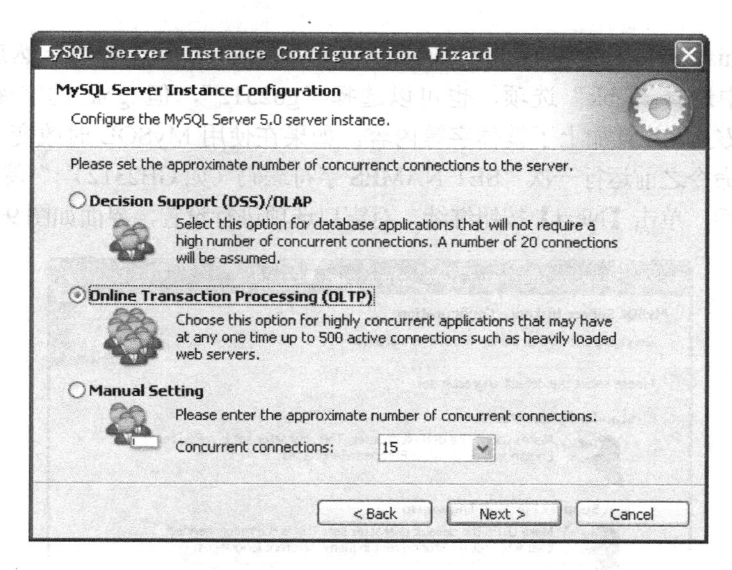

图 9-56　设置同时访问服务器的连接数目界面

根据网站的访问量来设定同时连接的数目，包括“Decision Support(DSS)/OLAP（20 个左右）”“Online Transaction Processing(OLTP)（500 个左右）”“Manual Setting（手动设置，自己设置一个数）”选项，在此选择“Online Transaction Processing(OLTP)”单选按钮，单击【Next】按钮继续，设置网络选项，界面如图 9-57 所示。

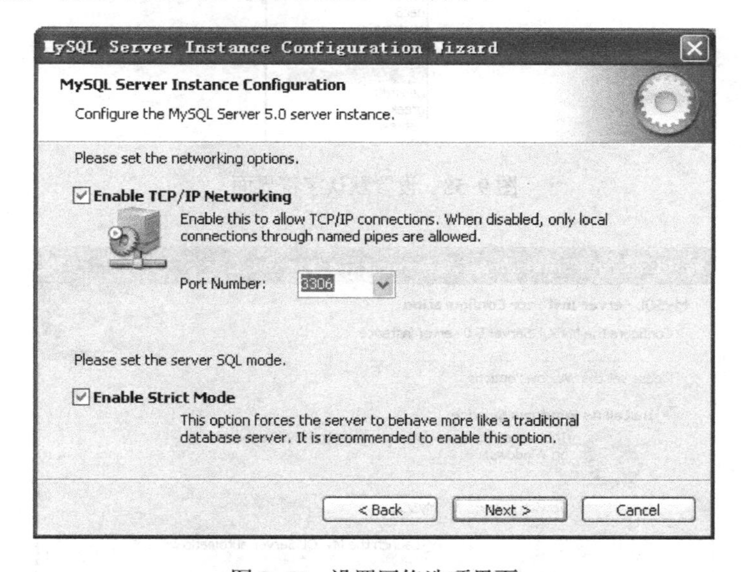

图 9-57　设置网络选项界面

如果不启用 TCP/IP 连接，就只能在自己的机器上访问 MySQL 数据库，这里启用，设定端口，即设定 Port Number 为 3306，单击【Next】按钮继续，进入设置默认字符界面，如图 9-58 所示。

设置默认字符比较重要，在此对 MySQL 默认数据库语言编码进行设置，“Standard Character Set”是西文编码，“Best Support For Multilingualism”是多字节的通用 utf8 编码，这里选择“Manual Selected Default Character Set/Collation”单选按钮，然后在“Character Set”下拉列表中选择“gbk”选项，也可以选择“gb2312”，但 gbk 的字库容量大，包括 gb2312 的所有汉字，并且加上了繁体字等内容。如果在使用 MySQL 时改变字符设置，只需在执行数据操作命令之前运行一次“SET NAMES 字符编码（如 GB2312）;”就可以正常使用设定文字。设定完后，单击【Next】按钮继续，对窗口选项进行设置，界面如图 9-59 所示。

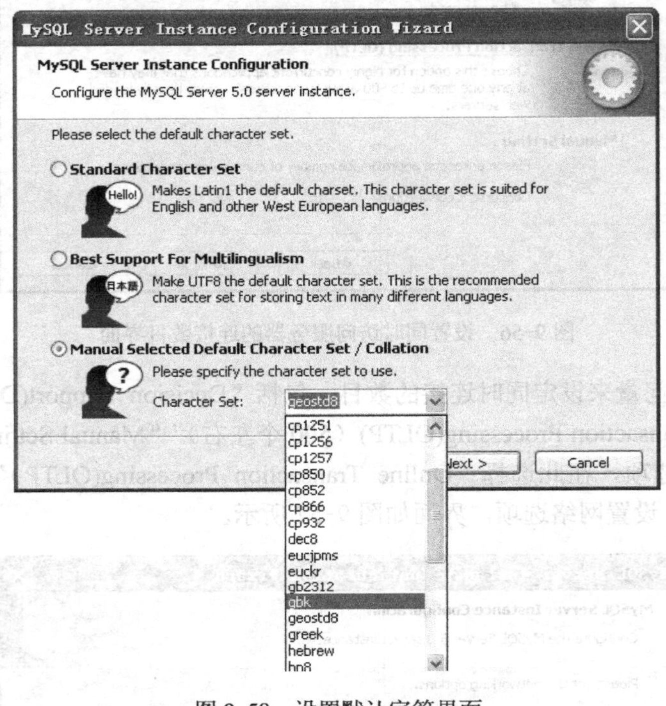

图 9-58　设置默认字符界面

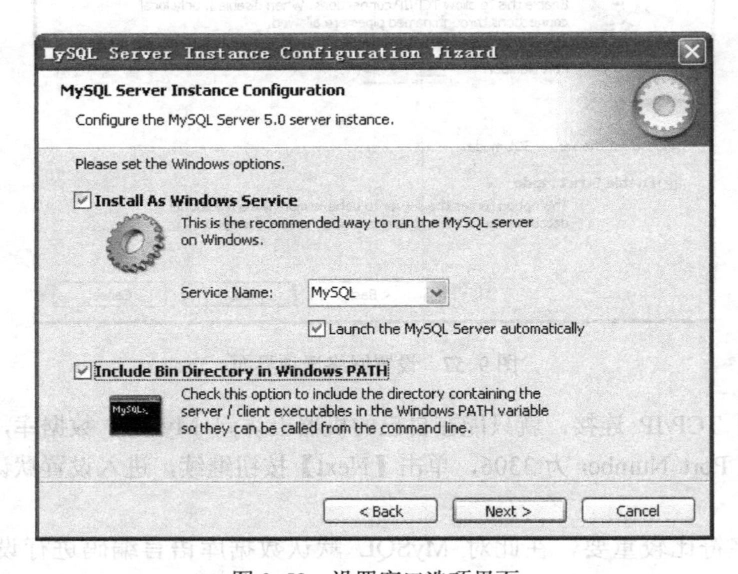

图 9-59　设置窗口选项界面

在设置窗口选项界面中选择是否将 MySQL 安装为 Windows 服务，还可以指定 Service Name（服务标识名称），第二个复选框勾选后，将 MySQL 的 bin 目录加入到 Windows PATH。加入后，就可以直接使用 bin 下的文件，而不用指出目录名，如同设置环境变量一样。单击【Next】按钮，设置安全选项，界面如图 9-60 所示。

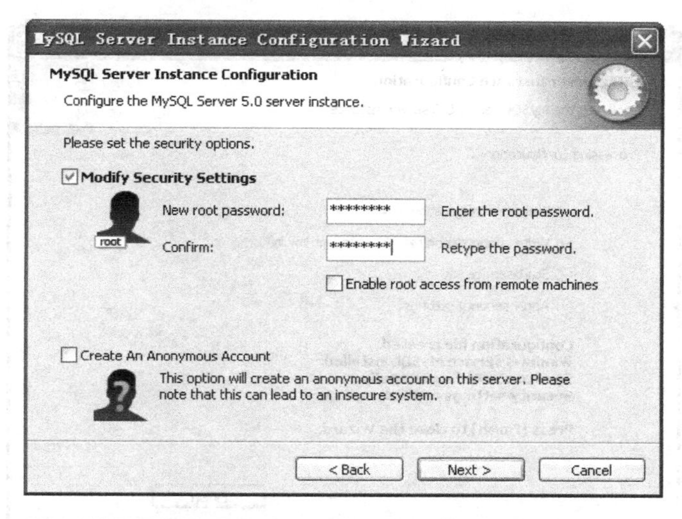

图 9-60　设置安全选项界面

在安全选项界面中，询问是否要修改默认 root 用户（超级管理）的密码（默认为空），如果修改，在此输入新密码，要求输入两次。如果是重装，并且之前已经设置了密码，在这里更改密码可能会出错，取消选择“Modify Security Settings”复选框，待安装配置完成后另行修改密码；“Enable root access from remote machines”，是否允许 root 用户登录远程计算机，为安全起见，不选；“Create An Anonymous Account”，新建一个匿名用户，匿名用户可以连接数据库，不能操作数据，包括查询，在此不选。上述设置完毕后，所有的配置基本上就完成了，单击【Next】按钮进入准备执行界面，如图 9-61 所示。

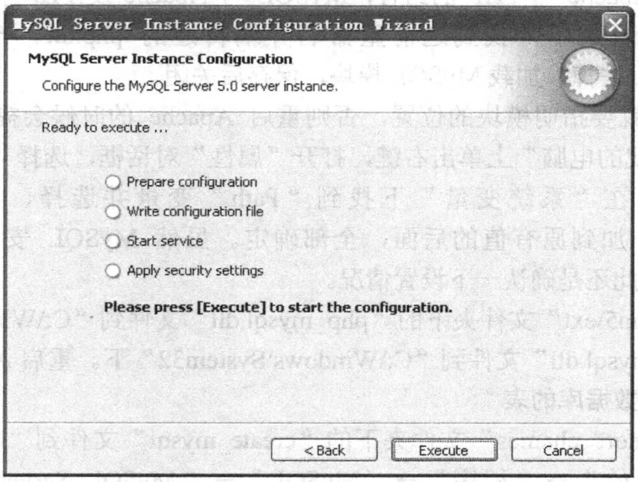

图 9-61　准备执行界面

如果有误，单击【Back】按钮返回检查。确认设置无误，单击【Execute】按钮使设置生效。

设置完毕后，会有如图 9-62 所示的界面出现，单击【Finish】按钮结束 MySQL 的安装与配置。

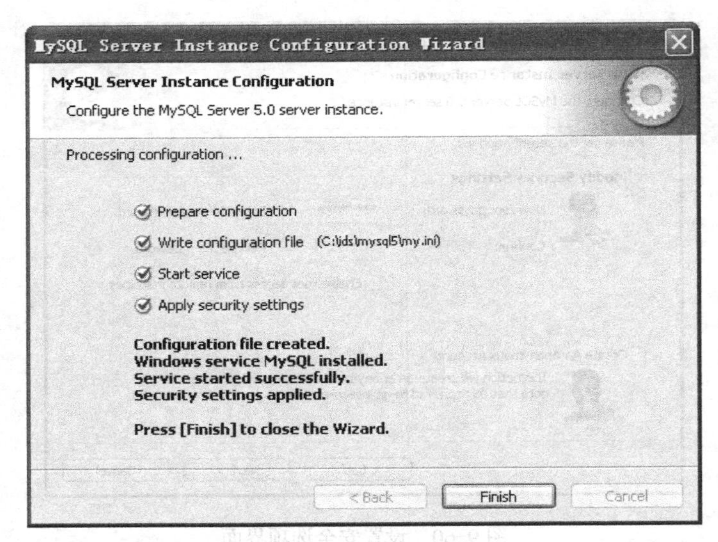

图 9-62 设置完毕界面

如果不能“Start service”，先检查以前安装的 MySQL 服务器是否彻底卸掉；如果确信在本次数据库安装前，上一次安装的数据库已卸载，再检查之前的密码是否有修改，如果依然有问题，将 MySQL 安装目录下的 data 文件夹备份，然后彻底删除数据库，重新安装。重新安装后将安装生成的 data 文件夹删除，将备份的 data 文件夹移回来，再重启 MySQL 服务。

7. 与 Apache 及 PHP 相结合

前面已讲过，Apache 与 PHP 的结合，MySQL 与 Apache 及 PHP 相结合，基本是相似的。在 PHP 安装目录下，找到之前重命名并编辑过的 php.ini，把“;extension=php_mysql.dll”前的“;”去掉，加载 MySQL 模块，保存后关闭。

加载模块后，就要指明模块的位置，否则重启 Apache 的时候会提示“找不到指定模块”的错误，在“我的电脑”上单击右键，打开“属性”对话框，选择“高级”选项卡，选择“环境变量”，在“系统变量”下找到“Path”变量并选择，单击“编辑”，将“C:\ids\mysql5\bin”加到原有值的后面，全部确定。虽然 MySQL 安装过程中已设置了 Windows PATH，在此还是确认一下设置情况。

复制“C:\ids\php5\ext”文件夹下的“php_mysql.dll”文件到“C:\Windows”文件夹；复制“C:\ids\php5\libmysql.dll”文件到“C:\Windows\System32”下。重启 Apache。

8. 创建 Snort 数据库的表

复制“C:\ids\Snort\schames”文件夹下的“create_mysql”文件到“C:\ids\mysql\bin”文件夹下。执行“开始”→“程序”→“MySQL”→“MySQL Server 5.0”→“MySQL Command Line Client”命令，打开 MySQL 的客户端，命令如图 9-63 所示。

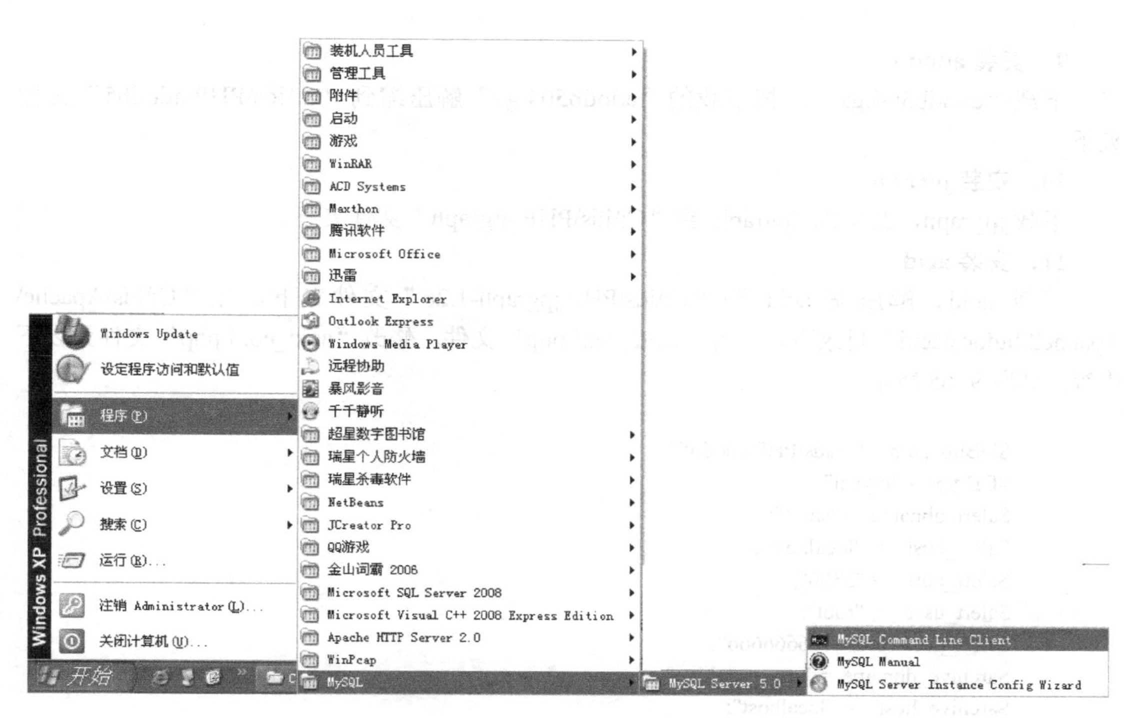

图 9-63　打开 MySQL 的客户端的命令

执行如下命令：

```
Create database snort;
Create database snort_archive;
Use snort;
Source create_mysql;
Use snort_archive;
Source create_mysql;
Grant all on *.* to "root"@"localhost"
```

如图 9-64 所示。

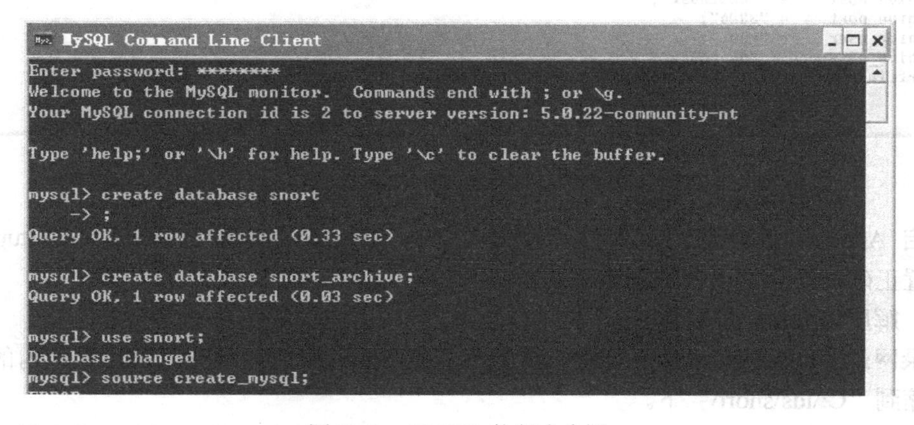

图 9-64　MySQL 执行命令图

9．安装 adodb

下载“adodb504.gz”，把下载的“adodb504.gz”解压缩到“C:\ids\PHP\adodb5”文件夹下。

10．安装 jgraph

下载 jpgraph，解压缩 jpgraph 到“C:\ids\PHP\jpgraph”文件夹下。

11．安装 acid

下载 acid，解压缩 acid 到“C:\ids\PHP\jpgraph-1.26”文件夹下。在“C:\ids\Apache\Apache2\htdocs\acid”目录下，打开“acid_conf.php”文件，修改“acid_conf.php”文件为以下内容，如图 9-65 所示。

```
$DBlib_path = "c:\ids\PHP\adodb5";
$DBtype = "mysql";
$alert_dbname  = "snort";
$alert_host   = "localhost";
$alert_port   = "3306";
$alert_user   = "root";
$alert_password = "66666666";
$archive_dbname  = "snort_archive";
$archive_host   = "localhost";
$archive_port   = "3306";
$archive_user   = "root";
$archive_password = "66666666";
$ChartLib_path = "c:\ids\PHP\ jpgraph-1.26\src";
```

```
acid_conf.php - 记事本
文件(F) 编辑(E) 格式(O) 查看(V) 帮助(H)
<?php■■$DBlib_path = "C:\ids\PHP\adodb5";
$DBtype = "mysql";
$alert_dbname    = "snort";
$alert_host      = "localhost";
$alert_port      = "3306";
$alert_user      = "root";
$alert_password = "66666666";
$archive_dbname   = "snort_archive";
$archive_host     = "localhost";
$archive_port     = "3306";
$archive_user     = "root";
$archive_password = "66666666";
$ChartLib_path = "C:\ids\PHP\jpgraph-1.26\src";■■?>■
```

图 9-65　修改 acid_conf.php 文件

重启 Apache、MySQL 服务，在浏览器中输入“http://localhost/acid/acid_db_setup.php”，如果配置正确，则会出现如图 9-66 所示界面。

12．解压缩 Snort 规则包

登录网站“http://www.snort.org”，注册后下载 Snort 规则压缩包，把压缩包内的所有文件解压缩到“C:\ids\snort\”下。

至此，一个综合的 Snort 系统才算安装及配置完成。但在安装过程中，是否还存在其他问题，还需对 Snort 进行应用测试。

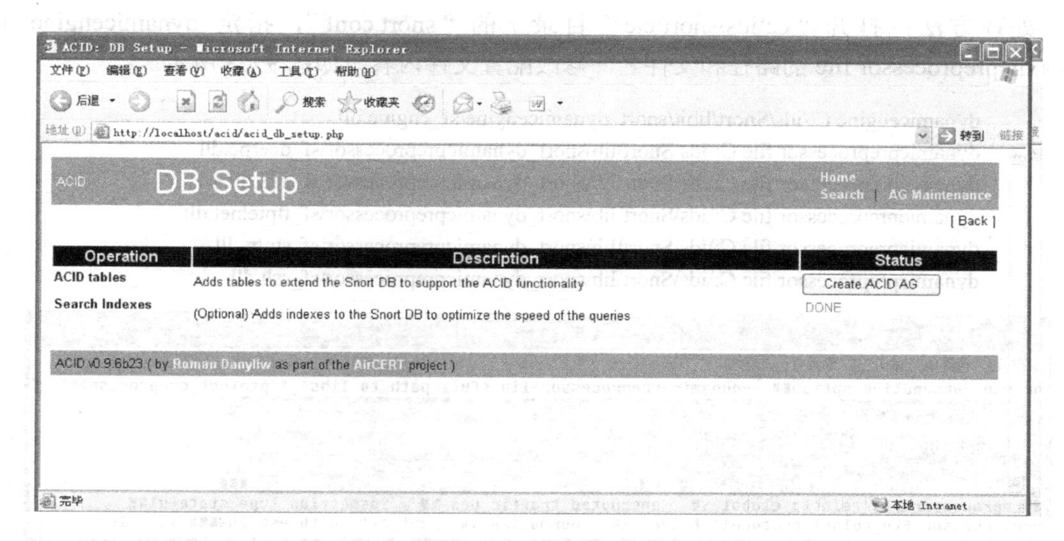

图 9-66　acid 配置成功显示界面

13．对 Snort 测试检错

打开 cmd 窗口，输入命令“C:\ids\snort\bin\snort.exe –c c:\ids\snort\etc\snort.conf –l c:\ids\snort\log– d-e– X –v”，如图 9-67 所示。

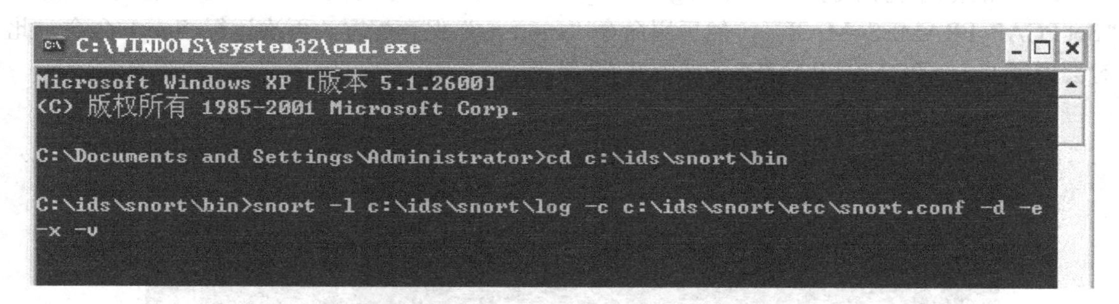

图 9-67　输入 Snort 命令

此命令可启动 Snort 入侵检测系统，启动“C:\ids\snort\etc\”下的“snort.conf”文件，日志保存在“C:\ids\snort\log”目录下，具体各命令的功能在其后会有介绍。

在测试综合 Snort 系统时，可能会出现某些错误，现给出一些常出现的问题及解决方案。

1）如果出现以下错误：

ERROR: Unable to open rules file: ../rules/local.rules or c:\ids\snort\etc\../rules/local.rules

Fatal Error，Quitting..

处理方法：注册下载规则包，按要求安装在指定目录下，再次运行 Snort 命令。

2）如果出现错误：

Loading dynamic engine /usr/local/libit/snort_dynamicengine/libsf_engine.so... ERROR: Failed to load /usr/local/libit/snort_dynamicengine/libsf_engine.so: 126

Fatal Error，Quitting..

处理方法：打开“C:\ids\snort\etc”目录下的“snort.conf”，指定 dynamicengine 和 dynamicpreprocessor file 的路径和文件名，修改配置文件内容，如图 9-68 所示。

```
dynamicengine C:/ids/Snort/libit/snort_dynamicengine/sf_engine.dll
dynamicpreprocessor file C:\ids\Snort\lib\snort_dynamicpreprocessor\sf_dcerpc.dll
dynamicpreprocessor file C:\ids\Snort\lib\snort_dynamicpreprocessor\sf_dns.dll
dynamicpreprocessor file C:\ids\Snort\lib\snort_dynamicpreprocessor\sf_ftptelnet.dll
dynamicpreprocessor file C:\ids\Snort\lib\snort_dynamicpreprocessor\sf_smtp.dll
dynamicpreprocessor file C:\ids\Snort\lib\snort_dynamicpreprocessor\sf_ssh.dll
```

```
snort.conf - 记事本
文件(F) 编辑(E) 格式(O) 查看(V) 帮助(H)
or use commandline option# --dynamic-preprocessor-lib <full path to libsf_ftptelnet_preproc.so>
dynamicpreprocessor file C:\ids\Snort\lib\snort_dynamicpreprocessor\sf_dcerpc.dll
dynamicpreprocessor file C:\ids\Snort\lib\snort_dynamicpreprocessor\sf_dns.dll
dynamicpreprocessor file C:\ids\Snort\lib\snort_dynamicpreprocessor\sf_ftptelnet.dll
dynamicpreprocessor file C:\ids\Snort\lib\snort_dynamicpreprocessor\sf_smtp.dll
dynamicpreprocessor file C:\ids\Snort\lib\snort_dynamicpreprocessor\sf_ssh.dll
preprocessor ftp_telnet: global \   encrypted_traffic yes \   inspection_type stateful
preprocessor ftp_telnet_protocol: telnet \   normalize \   ayt_attack_thresh 200# This is
```

图 9-68　修改 scort.conf 内容

修改时，可通过查找“dynamicengine”“dynamicpreprocessor file”定位修改，修改以上错误后再次运行 Snort 命令。

3）如果出现问题“Not Using PCAP_FRAMES”，则关闭 Snort 运行程序，输入“Set PCAP_FRAMES=MAX”，然后用命令“snort–w”保存配置。再次运行 Snort 命令，此时会出现 Using PCAP_FRAMES，如图 9-69 所示。

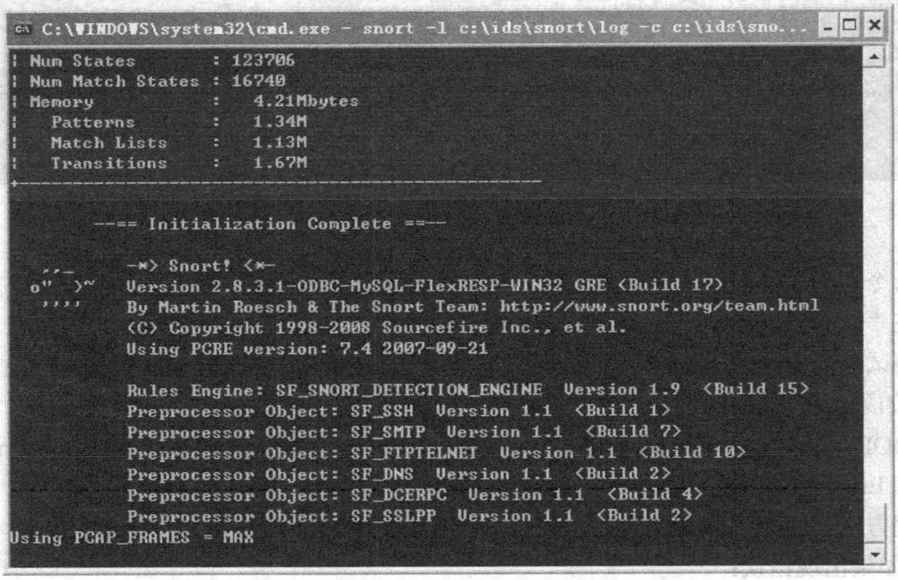

```
C:\WINDOWS\system32\cmd.exe - snort -l c:\ids\snort\log -c c:\ids\sno...
| Num States         : 123706
| Num Match States   : 16740
| Memory             :   4.21Mbytes
|   Patterns         :   1.34M
|   Match Lists      :   1.13M
|   Transitions      :   1.67M
+----------------------------------------------

        --== Initialization Complete ==--

   ,,_     -*> Snort! <*-
  o"  )~   Version 2.8.3.1-ODBC-MySQL-FlexRESP-WIN32 GRE (Build 17)
   ''''    By Martin Roesch & The Snort Team: http://www.snort.org/team.html
           (C) Copyright 1998-2008 Sourcefire Inc., et al.
           Using PCRE version: 7.4 2007-09-21

           Rules Engine: SF_SNORT_DETECTION_ENGINE  Version 1.9  <Build 15>
           Preprocessor Object: SF_SSH  Version 1.1  <Build 1>
           Preprocessor Object: SF_SMTP  Version 1.1  <Build 7>
           Preprocessor Object: SF_FTPTELNET  Version 1.1  <Build 10>
           Preprocessor Object: SF_DNS  Version 1.1  <Build 2>
           Preprocessor Object: SF_DCERPC  Version 1.1  <Build 4>
           Preprocessor Object: SF_SSLPP  Version 1.1  <Build 2>
Using PCAP_FRAMES = MAX
```

图 9-69　using PCAP_FRAMES 显示图

14. 查看统计数据

打开浏览器，输入“http://www.lrq.com/acid/acid_main.php”，若上述安装配置完全正确，则应出现如图 9-70 所示的显示结果。

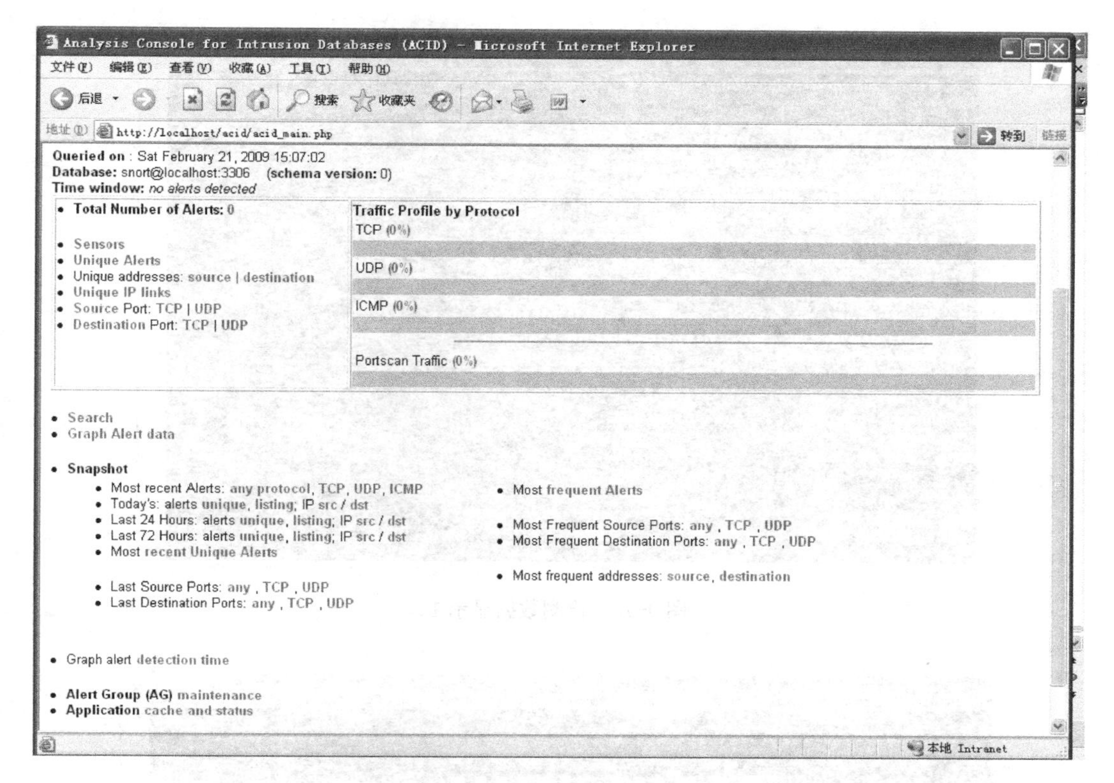

图 9-70　查看统计数据图

15. Snort 的启动、停止和重启

启动 Snort 入侵检测，用命令“snort.exe –c c:\ids\snort\etc\snort.conf –l c:\ids\snort\log –d -e –X –v”手工启动 Snort，如图 9-71 所示。

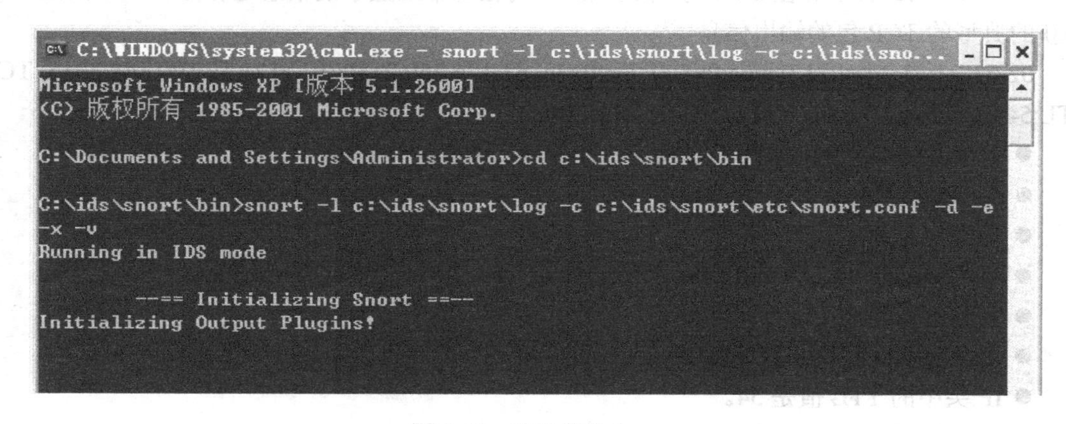

图 9-71　手工启动 Snort

若安装配置正确，则会有检测数据显示，如图 9-72、图 9-73 所示。

```
C:\WINDOWS\system32\cmd.exe - snort -l c:\ids\snort\log -c c:\ids\sno...
    Alert on commands: None

DCE/RPC Decoder config:
    Autodetect ports ENABLED
    SMB fragmentation ENABLED
    DCE/RPC fragmentation ENABLED
    Max Frag Size: 3000 bytes
    Memcap: 100000 KB
    Alert if memcap exceeded DISABLED
    Reassembly increment: DISABLED

DNS config:
    DNS Client rdata txt Overflow Alert: ACTIVE
    Obsolete DNS RR Types Alert: INACTIVE
    Experimental DNS RR Types Alert: INACTIVE
    Ports: 53
SSLPP config:
    Encrypted packets: not inspected
    Ports:
      443      465      563      636      989
      992      993      994      995

+++++++++++++++++++++++++++++++++++++++++++++++++++
Initializing rule chains...
```

图 9-72　检测数据显示 1

```
C:\WINDOWS\system32\cmd.exe - snort -l c:\ids\snort\log -c c:\ids\sno...

=+=+=+=+=+=+=+=+=+=+=+=+=+=+=+=+=+=+=+=+=+=+=+=+=+=+=+=+=+=+=+=+=+=+=+=+=+=+

02/21-23:41:34.402171 ... -> ... type:0x800 len:0x3C
61.135.250.213:80 -> 121.19.190.148:3615 TCP TTL:54 TOS:0x0 ID:51471 IpLen:20 Dg
mLen:40 DF
```

图 9-73　检测数据显示 2

对如图 9-73 所示的在 Snort 嗅探器模式下的在屏幕上显示的信息进行分析。下面是一个捕获的典型的 TCP 包的输出信息。

02/21-23:41:34.402171type:0x800 len:0x3c 61.135.250.213:80 ->121.19.190.148:3615 TCP TTL:54 TOS:0x0 ID:51471IpLen:20 DgmLen:40 DF

- 这个包被捕获的时间和日期是 02/21-23:41:34。
- 源 IP 地址是 61.135.250.213。
- 源端口是 80。
- 目的地址是 121.19.190.148。
- 目的端口是 3615。
- 这个包的传输层协议是 TCP。
- IP 头中的 TTL 值是 54。
- TOS 值是 0x0。
- IP 头的长度是 20。
- IP 载荷是 40 个字节。
- IP 头部中的 DF 位已设置（不要分片）。

当然，用户可以用更多的命令行选项来显示更多关于所捕获的包的信息。

每次重启机器，都要手工启动 Snort。在 Snort 运行中，需使用〈Ctrl+C〉组合键退出，否则 Snort 将一直运行，退出界面如图 9-74 所示。

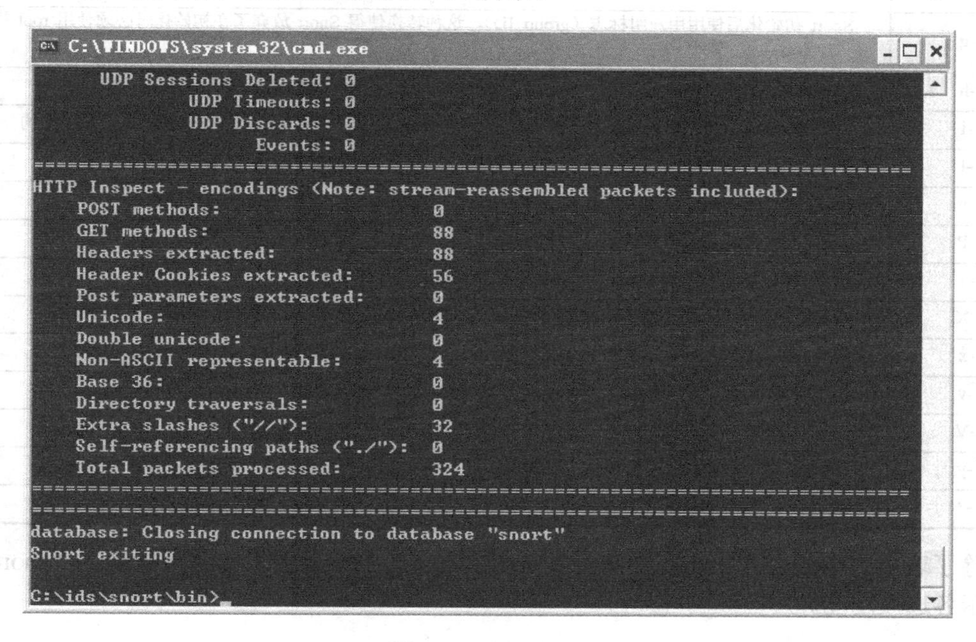

图 9-74　退出界面

16．Snort 命令行选项

Snort 有很多命令行选项，用户可以在启动 Snort 时根据情况选择。

应用格式：snort -[options]。

常用的一些命令行选项如表 9-1 所示。

表 9-1　Snort 命令行选项

选　项	描　述
-A	用来设置告警模式。告警模式用来设置告警数据的详细程度。选择设置警报的模式为 full、fast、unsock 和 none。full 模式是完整警告模式，它记录标准的 alert 模式到 alert 文件中；fast 模式只记录时间戳、消息、IP 地址、端口到文件中；unsock 是发送到 UNIX socket；none 模式是关闭报警
-a	显示 ARP 包
-b	以 Tcpdump 格式记录 LOG 的信息包，所有信息包都被记录为二进制形式，用这个选项，记录速度相对较快，因为它不需要把信息转化为文本的时间
-C	只用 ASCII 码来显示数据报文负载，不用十六进制
-c	用来指定 snort.conf 配置文件的位置。这个规则文件是告诉系统什么样的信息要 LOG，或者要报警，或者通过
-D	这个选项用来使 Snort 在后台运行，在多数实用情况下会用到这个选项。默认情况下，警报将被发送到“/var/log/snort.alert”文件中去
-d	显示应用层数据
-e	显示并记录第二层信息包头的数据
-F	从文件中读 BPF 过滤器（filters）

（续）

选　项	描　述
-g	Snort 初始化后使用用户组标志（group ID），这种转换使得 Snort 放弃了在初始化时必须使用 root 用户权限，从而更安全
-h	设置内网地址，使用这个选项，Snort 会用箭头的方式表示数据进出的方向
-i	指定 Snort 监听的网络接口。当有多个网络接口并想监听其中一个的时候，这个选项是非常有用的
-l	把日志信息记录到目录中去，指定 Snort 记录日志的目录，默认目录是“/var/log/snort”
-n	指定在处理多少个数据包后退出
-P	设置 Snort 的抓包截断长度
-T	进入自检模式，Snort 将检查所有的命令行和规则文件是否正确
-X	从链路层开始复制原包数据
-x	如果 Snort 配置有问题出现则退出
-v	显示 TCP/IP 数据报头信息
-V	显示 Snort 版本并退出
-y	在记录的数据包信息的时间戳上加上年份
-?	显示 Snort 简要的使用说明并退出

除了表中列举的之外，还有一些不太常用的选项，如果需要可在命令行输入“snort –w”来显示各选项功能。

9.4　入侵检测系统与防火墙联动技术

联动是指通过一种组合方式，将不同的安全技术进行整合，由其他安全技术弥补某一安全技术自身功能和性能的缺陷，以适应网络安全整体化、立体化的要求。

由于防火墙本身存在若干不足，使得仅仅依靠防火墙系统并不能保证足够的安全。入侵检测系统虽然具有发现入侵、阻断连接的功能，弥补了防火墙的某些缺陷，但随着网络技术的发展，IDS 受到新的挑战，它无法有效阻断攻击，比如蠕虫暴发造成企业网络瘫痪，IDS 就无能为力。这是因为其重点更多地放在对入侵行为的识别上，网络整体的安全策略还需由防火墙完成。

防火墙及 IDS 的功能特点和局限性使得防火墙和 IDS 之间十分适合建立紧密的联动关系，相互弥补不足，相互提供保护。个人防火墙作为主机安全的最后一道防线，IDS 作为主动发现入侵行为的设备，它们之间协同工作，能够进一步强化各自的作用，从而提高桌面计算机抵抗入侵的能力。从信息安全整体防御的角度出发，这种联动会大大提高网络安全体系的防护能力。

联动系统的基本原理：在防火墙和 IDS 所构筑的安全体系中，当 IDS 检测到入侵行为时，迅速启动联动机制，产生入侵报告，包括入侵类型、协议类型、攻击源的地址和端口、攻击目标的地址和端口、时间等，经过联动代理封装和加密发送给联动控制模块。分析决策模块对入侵报告处理后得出相应的响应策略，并通过策略应用模块通知所有已知防火墙的联动代理。联动代理从中解析响应策略，为各自防火墙新建访问控制规则，从而达到抵御入侵的目的。由于当一次入侵发生时，局域网中的所有防火墙均作出相应策略的动态修改，从而实现了对这种突发网络攻击的主动防御。

随着网络攻击手段不断多样化，简单地采用多种孤立的安全手段已不能满足需求。基于防火墙与入侵检测联动技术的系统，使防护体系由静态到动态，由平面到立体，提升了防火墙的机动性和实时反应能力，也增强了 IDS 的阻断功能。

联动技术的诞生，的确给用户一种“眼前一亮”的感觉。但是，目前联动的应用现状并不理想，尽管如此，基于安全产品的融合、协同、集中管理已经成为网络安全的发展方向。从早期的主动响应入侵检测系统到入侵检测系统与防火墙联动，再到入侵防御系统 IPS 和入侵管理系统 IMS，形成了一个不断完善的解决安全问题的过程。但网络安全不是目标而是过程，这个过程还会不断前行，不断完善。

9.5 实训

熟悉 Snort 软件的安装配置及应用

（1）实训目的

学会 Snort 软件的安装配置，能够灵活运用 Snort 软件的功能，进一步对 Snort 软件检测到的各类数据进行分析。

（2）实训环境

要求每人一台装有 Windows XP 操作系统的计算机。

（3）实训步骤

1）下载所需各软件。

2）按本书所给过程进行安装。

3）调试可能出现的各类问题。

4）测试检测网络，得到检测数据。

5）分析检测到的数据。

6）写出实训报告。

9.6 习题

1）入侵从目的上可分为哪几类？简述每种类型的特点。

2）入侵一般分为几步？所用工具有哪些？

3）什么是入侵检测？入侵检测的作用是什么？

4）至少说出 3 种入侵检测系统，并对其技术特点进行说明。

5）在 Windows 系统下，一个综合的 Snort 系统所需软件有哪些？说明各软件的作用。

6）什么是联动？联动的基本原理是什么？

参 考 文 献

[1] Keith J Jone，Mike Shema C Johnson . 狙击黑客[M]. 宋震，等译. 北京：电子工业出版社，2003.

[2] 邱亮，孙亚刚. 网络安全工具及案例分析[M]. 北京：电子工业出版社，2004.

[3] 周明全，等. 网络信息安全技术[M]. 西安：西安电子科技大学出版社，2003.

[4] 宋红，等. 计算机安全技术[M]. 北京：中国铁道出版社，2003.

[5] 袁家政. 计算机网络安全与应用技术[M]. 北京：清华大学出版社，2002.

[6] 黄允聪，等. 网络安全基础[M]. 北京：清华大学出版社，1999.

[7] 今网垠. 加密与解密实例教程[M]. 珠海：珠海出版社，2004.

[8] Willianm Stallings. 网络安全要素——应用与标准[M]. 潇湘工作室，译. 北京：人民邮电出版社，2001.

[9] 中科红旗软件技术有限公司. 红旗 Linux 管理教程[M]. 北京：电子工业出版社，2001.

[10] 欧培中，仲治国，王熙. Windows 9X/2000/XP 常见漏洞攻击与防范实战[M]. 成都：四川电子音像出版中心，2002.

[11] Chris Brenton，Cameron Hunt. 网络安全从入门到精通[M]. 2 版. 马树奇，金燕，译. 北京：电子工业出版社，2003.

[12] 沈炜，余功栓.加密解密与黑客防御技术[M]. 北京：科学出版社，2003.

[13] 胡建伟，马建峰. 网络安全与保密[M]. 西安：西安电子科技大学出版社，2003.

[14] 程秉辉，John hawke. 黑客任务实战（攻略篇和服务攻防篇）[M]. 北京：北京希望电子出版社，2002.

[15] 谭伟贤，杨立平.计算机网络安全教程[M]. 北京：国防工业出版社，2001.

[16] 赵小林.网络安全技术教程[M]. 北京：国防工业出版社，2002.

[17] 蔡立军.计算机网络安全技术[M]. 北京：中国水利水电出版社，2002.

[18] Cathy Cronkhite，Jack McCullough. 拒绝恶意访问[M]. 纪新元，谭保东，译. 北京：人民邮电出版社，2002.

[19] 聂元铭，丘平.网络信息安全技术[M]. 北京：科学出版社，2001.

[20] 程志鹏，蔚雪洁，谭建明. 基于 Snort 的入侵检测系统的研究与实现[J].北京：电脑开发与应用，2007, 20（11）.

[21] 鲜继清，谭丹，陈辉. 局域网中个人防火墙与入侵检测系统联动技术研究[J].成都：计算机应用研究，2006，5.

[22] Brett McLaughlin，Snort 使用手册——第 1 部分: 安装与配置[EB/OL]. http://www.ibm.com/developerworks/cn/web/wa-snort1.

[23] 小张.在 Windows Server 2003 搭建 Snort 入侵检测系统步骤[EB/OL].http://chuan.blog.51cto.com/130796/65178.